教育部高等学校材料类专业教学
指导委员会规划教材 2022 年度建设项目

冶金工业出版社

普通高等教育“十四五”规划教材

# 冶金原理简明教程



主编　刘长友
参编　介万奇　谷

扫一扫查看
全书数字资源

扫一扫查看
全书视频

扫一扫查看
全书课件

扫一扫查看
历年试题

北　京
冶　金　工　业　出　版　社
2022

## 内 容 提 要

本书共分 9 章，主要内容包括绪论、湿法分离提纯过程、冶金熔体、化合物的生成-分解反应、还原过程、氧化过程、高温分离提纯过程、冶金过程动力学及电化学冶金等。为提高学习效果，本书配有视频、课件、试题等资料，读者可扫描二维码阅读。

本书可作为高等院校冶金专业的短学时（32~48 学时）核心课程教材，也可作为材料和机械等相关专业的少学时（24~32 学时）选修课程教材，并可供冶金工程技术人员参考。

**图书在版编目(CIP)数据**

冶金原理简明教程/刘长友主编. —北京：冶金工业出版社，2022. 12

普通高等教育“十四五”规划教材

ISBN 978-7-5024-9337-0

Ⅰ.①冶…　Ⅱ.①刘…　Ⅲ.①冶金—高等学校—教材　Ⅳ.①TF

中国版本图书馆 CIP 数据核字（2022）第 236595 号

**冶金原理简明教程**

**出版发行**　冶金工业出版社　　**电　　话**　(010)64027926

**地　　址**　北京市东城区嵩祝院北巷 39 号　　**邮　　编**　100009

**网　　址**　www. mip1953. com　　**电子信箱**　service@ mip1953. com

责任编辑　王　颖　美术编辑　吕欣童　版式设计　郑小利

责任校对　梁江凤　责任印制　窦　唯

北京虎彩文化传播有限公司印刷

2022 年 12 月第 1 版，2022 年 12 月第 1 次印刷

787mm×1092mm　1/16；14. 25 印张；345 千字；217 页

**定价 49. 90 元**

**投稿电话**　**(010)64027932**　**投稿信箱**　**tougao@cnmip. com. cn**

**营销中心电话**　**(010)64044283**

**冶金工业出版社天猫旗舰店**　**yjgycbs. tmall. com**

(本书如有印装质量问题，本社营销中心负责退换)

# 前　言

冶金原理又称为提取冶金、化学冶金、冶金物理化学或冶金热力学。“冶金原理”作为冶金学科的专业核心课程，国内外不乏优秀的教材。但是，对冶金、材料和机械相关专业而言，作者实感缺乏一本短学时的核心教程和少学时的选修课教程。因此，在作者多年讲授“冶金原理”选修课程的基础上，编写了这本《冶金原理简明教程》，重点从化学和物理化学的角度理解金属提炼过程。

本书力求精简、深入浅出，力求用较少的学时帮助非冶金专业学生快速建立冶金原理的主体框架和基本体系。本书的特色之一就是讲基础、讲主干，力求做到冶金原理核心课程教程的“简明”。本书在内容精简上遵循以下原则：

(1) 删除“冶金原理”课程中热力学、基础化学、物理化学、材料科学基础等相关的内容，如热力学基础、二元相图、凝固与结晶、火法精炼等；

(2) 删除例题、基础数据和附录图表；

(3) 删除冗余的图表绘制、公式推导过程与分析等相关内容。

对于非传统冶金专业的学生学习冶金原理，有必要补充一些冶金概论知识，因为学生缺乏这方面的知识储备。因此，适当地引入冶金技术与工艺是本书的另一特色。

本书主要内容包括火法、湿法和电冶金的化学热力学基本原理和动力学理论基础。热力学原理部分主要以化学平衡以及平衡移动的观点，作为分析和处理冶金参数选取与设计的依据，分析各种区域优势图，为各种冶炼工艺奠定基础。冶金动力学部分主要以边界层扩散理论和界面反应为基础，介绍冶金动力学的基本模型及其在3种主要冶金技术中的应用。在教学内容选取上兼顾传统冶金和新兴材料，既有钢铁、锌、铜等，又有铝、镍、镁等；课程注重理论分析的同时，又适当介绍冶炼工艺。学生通过对本课程的学习，可以掌握提取冶金领域的基本概念与工艺原理，拓宽专业视野，辅助其他相关专业课程的学习。

从化学反应平衡移动的观点出发讲授冶金热力学基本原理，以扩散和化学反应动力学为起点讲授冶金动力学基础，能引导学生由先修的课程入手，这样学习冶金原理的门槛（难度）将大大降低，这是本书编写的基调，也可以说是本书的又一特色。为此，本书在内容编排上也打破常规，先从湿法冶金技术内容讲起，便于衔接学生先修课程，易于接受。冶金中的一些名词、概念也是由这些先修课程中引用（申）过来或借用过来的，相同内容对比着讲解是帮助学生快速建立冶金基本概念的便捷途径。

本书第1~6章和第9章由刘长友编写，第7章由谷智编写，第8章由介万奇编写，全书由刘长友负责统稿。第2章为湿法冶金，第3~7章为火法冶金，第9章为电化学冶金。本书课件、课程MOOC视频、思考题答案、测试题等资料，均以二维码形式嵌入，通过扫码实现立体阅读，引导碎片化移动学习。

本书可作为高等院校冶金专业冶金原理的短学时（32~48学时）核心教材，也可作为材料和机械等相关专业的少学时（24~32学时）选修教材，还可作为冶金专业师生和冶金工程技术人员的参考资料。

本书作者在冶金原理教学工作中，根据教学需要收集了一些具有参考价值的图片和视频素材，本书在写作过程中引用了这些素材作为图例和教辅材料，在此，对这些素材作品的作者表示衷心的感谢！

本书获批教育部高等学校材料类专业教学指导委员会规划教材2022年度建设项目，感谢各位评审专家对书稿的意见和建议。感谢西北工业大学教材建设基金的资助（项目号：W013121）。

由于编者水平所限，书中不妥之处，恳请广大读者批评指正。

编 者

2022年仲夏于公字楼

# 目　　录

# 1 绪　　论

扫一扫
查看课件1

"冶金原理"是冶金学科的专业核心课程，可作为材料、机械专业和材料相关专业的选修课程。本教程是为选修冶金原理课程而编写的，本章主要内容包括课程介绍、冶金原理的研究对象与研究内容、冶金的概念与分类、冶金发展史、冶金技术的分类与工艺流程和现代冶金工业6个方面。

## 1.1 课程介绍

课程简介

本课程原属于冶金、材料学及相关专业的一门专业核心课程，主要阐述冶金过程的物理化学基础，以全面介绍冶金过程的共同理论为主线，分析各具体冶金过程原理，为解决有关技术问题、开拓新的冶金工艺、推进冶金技术的发展指明方向。课程内容包括冶金过程热力学、冶金过程动力学和冶金溶液。通过对本课程的学习，学生能学习和掌握提取冶金领域的基本概念、工艺原理等，利用物理化学的基本原理，分析和解决冶金过程理论和实际问题的能力，为其他专业课程的学习打下良好的基础。

本书可用于少学时核心课程。通过本课程的学习，学生要了解基本概念和基本原理的定义和含义，掌握冶金过程的基本原理和使用原理分析问题解决问题的方法，能运用所学的理论对基本冶金过程进行定性分析，能够初步解决具体的研究问题，为今后的专业学习和工作实践奠定基础。

作为选修课程，需要掌握基本概念和基本原理，了解几种冶金技术的基本流程，将本课程的有关内容融入其他相关学科领域。选修课程具体内容请参阅本书内容提要。

## 1.2 冶金原理的研究对象与研究内容

课程介绍实际上就已经交代了"冶金原理的研究对象与研究内容"：分析各具体冶金过程原理，内容包括冶金过程热力学、冶金过程动力学和冶金溶液。

## 1.3 冶金的概念与分类

冶金就是从矿石中提取金属或金属化合物，用各种加工方法将金属制成具有一定性能的金属材料的过程和工艺。

上述表述包含了两大类"冶金"，即提取冶金和物理冶金。提取冶金就是"从矿石中提取金属或金属化合物"，也就是化学冶金和冶金物理化学，也就是"冶金原理"这门课程的内容。物理冶金，是指通过非化学的方法处理金属，获得更好的力学性能等，主要是指金属的热处理。

## 1.4 冶金发展史

冶金的发展史实际上就是人类的发展历史。

冶金的主要原料是精矿或矿石，主要产品是金属。人类自进入青铜器时代和铁器时代以来，与冶金的关系日益密切。可以说，没有冶金的发展，就没有人类的物质文明。

人类早在远古时代（新石器时期），就开始利用金属，不过那时是利用自然状态存在的少数几种金属，如金、银、铜及陨石铁，后来（青铜器时代和铁器时代）才逐步发现了从矿石中提取金属的方法。首先得到的是铜及其合金——青铜，后来又炼出了铁。人类开始使用金属，此时的制陶技术（用高温还原气氛烧制黑陶）促进了冶金的发展，为人类提供了青铜、铁等金属及各种合金材料。到了近代，钢铁冶炼得到大规模的发展。随着物理化学在冶金中成功应用，冶金从工艺走向科学。

关于冶金史的拓展内容，读者可阅读《世界冶金发展史》及《冶金科学导游》这两本书。

## 1.5 冶金技术的分类与工艺流程

冶金发展到现在，冶金的技术主要包括火法冶金、湿法冶金以及电冶金。冶金就是采用这些技术从矿石中提取金属或金属化合物。

### 1.5.1 矿石

首先是矿物，矿物是地壳中具有固定化学组成和物理性质的天然化合物或自然元素。能够为人类利用的矿物，称为有用矿物。

其次，含有用矿物的矿物集合体，如其中金属的含量在现代技术经济条件下能够回收加以利用时，这个矿物集合体称为矿石。在矿石中，除了有用矿物之外，几乎总是含有一些废石矿物，这些矿物称为脉石，所以矿石由两部分构成，即有用矿物和脉石。根据矿石中金属存在的化学状态，矿石可分为：自然矿石、硫化矿石、氧化矿石和混合矿石。

矿石中有用成分的含量，称为矿石品位，常用质量百分数表示。如铁品位 40%，表示 100t 铁矿石中有 40t 铁。对于黄金等贵重金属矿石，用 1t 矿石中含若干克有用成分来表示。

按品位高低，金属矿石可分为富矿和贫矿。以磁铁矿为例，品位在 50%~55%之间为高炉富矿；品位在 30%~50%之间为贫矿。铜矿石的品位大于 1%即为富矿，小于 1%则为贫矿。

矿石品位没有上限，越富越好，而其下限则由技术和经济因素确定。矿石的品位越低，则获得每吨金属的冶炼费用就越高。

矿石及其分类如图 1-1 所示。为了降低冶炼费用总希望矿石品位越高越好。提高矿石品位的手段就是各种选矿方法。

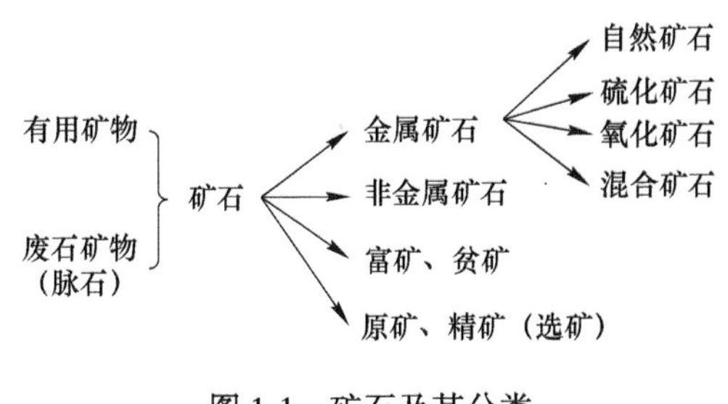


图 1-1　矿石及其分类

矿石与选矿

### 1.5.2　选矿

从矿山开采出来的矿石称为原矿。原矿的品位一般都较低，对这些矿石直接进行冶炼，技术困难，也不经济。为此，对低品位的矿石，必须在冶炼前进行选别（用不改变矿物的化学成分和结合形态的方法，处理矿石以从矿石中分出脉石部分的过程称为选矿）。其次，矿石中往往都含有多种有用成分，必须事先用选矿方法分离出其中的精矿，才能进一步被利用。此外，矿石中往往含有有害杂质，也必须在冶炼前尽可能用选矿方法除去，否则将会使冶炼过程复杂化和影响冶炼产品的质量。

因此，选矿的主要任务就是将矿石中的有用矿物和脉石矿物相互分离，除去有害杂质，并尽可能地综合回收矿石中的各种有用成分，充分而经济合理地利用国家矿产资源。

选矿是一个连续的生产过程，其工艺流程如图 1-2 所示，由选别前的准备作业、选别作业和选别后的脱水作业 3 个阶段组成。

#### 1.5.2.1　选别前的准备作业

为了从矿石中选出有用矿物，首先必须将矿石粉碎。选别前的准备作业就是通过破碎（或磨矿）等粉碎手段，使有用矿物和脉石矿物实现单体解离，达到入选粒度要求的过程。通常包括破碎筛分和磨矿分级。

A　破碎筛分

生产中，把矿山开采出来的矿石粉碎到选别作业所要求的粒度，一般不能一次完成，而需连续几次粉碎。目前，选矿工业主要是利用机械力粉碎矿石。常用的粉碎方法有压碎、劈碎、折断、磨碎和击碎，生产中采用两种或两种以上的方式联合进行。

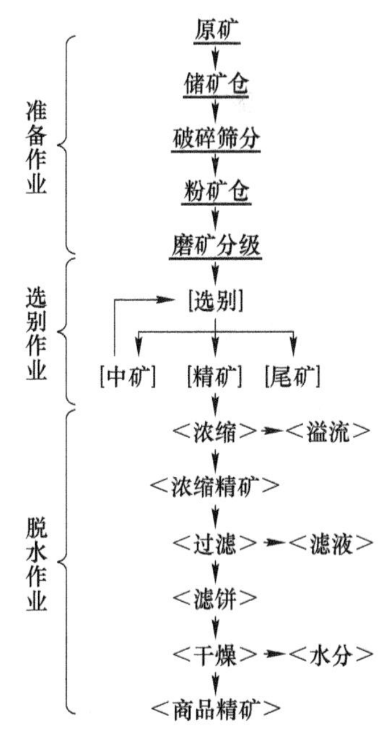


图 1-2　选矿工艺流程

B　磨矿分级

（1）磨矿作业是矿石破碎过程的继续，是选别前准备作业的重要组成部分。矿石经过磨矿加工以后，其中的有用矿物和脉石矿物能够全部或大部分达到单体解离，满足分选粒度要求，以便进行分选。

磨矿是在磨矿机中进行的。磨矿机内装有磨矿介质，根据介质的不同分为球磨机、棒磨机、砾磨机和矿石自磨机。

(2) 在介质（水或空气）中，对物料按其沉降速度的不同分成若干级别的过程，称为分级作业。分级作业的主要目的是使细的已经合格的物料粒子从粗的物料中分离出来及时送给选别作业，而不合格的粗粒送给磨矿机再磨，这样既能磨得细又可适当避免过粉碎。

分级设备一般有水力分级、风力分级和筛子分级 3 种不同类型。

1.5.2.2 选别作业

矿石中的各种矿物都具有固有的物理性质和物理化学性质，如粒度、形状、颜色、光泽、密度、摩擦系数、磁性、电性和表面的润湿性等。选别作业就是根据各种矿物的不同性质，采用适当的手段，使有用矿物和脉石矿物分选的工序。最常用的选矿方法有重力选矿法、浮游选矿法和磁选法。

矿石经过选矿后，可得到精矿、中矿和尾矿 3 种产品。经过选别后所得到的有用矿物含量较高、适于冶炼加工的最终产品，称为精矿。选别过程中得到的、尚需进一步处理的产品，称为中矿。选别后，其中有用矿物含量很低，不需进一步处理的产品，称为尾矿。

1.5.2.3 选别后的脱水作业

原矿经过选别后，有用矿物的含量得到了较大的提高，从而达到了冶炼或其他部门对最终精矿产品的要求。但由于绝大多数的选矿产品都含有大量的水分，对于运输和冶炼加工都很不利。因此，在冶炼以前，需要脱除选矿产品中的水分。脱水作业常常按浓缩、过滤、干燥几个阶段进行。

### 1.5.3 冶金技术

经过开采、选矿获得了矿石与精矿，有了这些原料，就可以利用各种技术来提取金属或化合物了。

在现代冶金中，由于矿石（或精矿）性质和成分、能源、环境保护以及技术条件等情况的不同，冶金方法是多种多样的。根据各种冶金方法的特点，进行细致的划分，如图 1-3 所示，冶金方法可分为火法冶金、湿法冶金、电冶金三大类。通常，人们习惯将冶金方法进行粗略划分，划分为火法冶金、湿法冶金两大类。

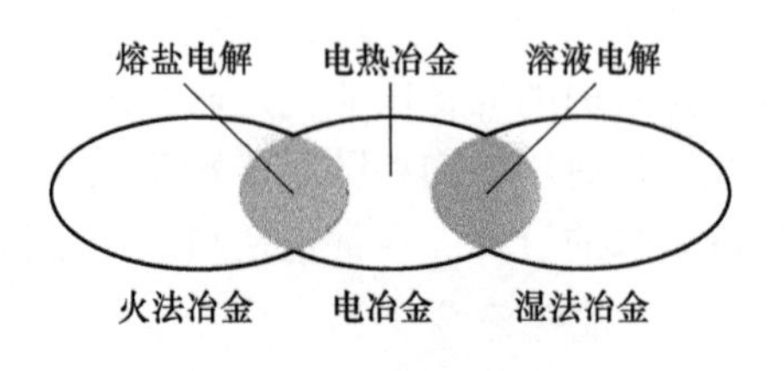


图 1-3 冶金技术的分类

(1) 火法冶金是指矿石（或精矿）经预处理、熔炼和精炼等，在高温下发生一系列物理化学变化，使其中的金属和杂质分开，获得较纯金属的过程。过程所需能源，主要靠燃料燃烧，个别的靠自身的反应生成热。例如，硫化矿氧化焙烧和熔炼、金属热还原等是靠自热进行的。

(2) 湿法冶金是指在低温下（一般低于 100℃，现代湿法冶金研发的高温高压过程，其温度可达 200~300℃）用溶剂处理矿石或精矿，使所要提取的金属溶解于溶液中，而其他杂质不溶解，通过液固分离等制得含金属的净化液，然后再从净化液中将金属提取和分离出来。主要过程有浸出、净化、金属制取（用电解、电积、置换等方法制取金属），这些过程均在低温溶液中进行。

电冶金是利用电能来提取、精炼金属的方法。按电能转换形式不同可分为电热冶金和电化学冶金两类。

（1）电热冶金：是利用电能转变为热能，在高温下提炼金属；电热冶金与火法冶金类似，其不同的地方是电热冶金的热能由电能转换而来，火法冶金则以燃料燃烧产生高温热源。但两者的物理化学反应过程是差不多的。所以，电热冶金可列入火法冶金一类中。

（2）电化学冶金：是利用电化学反应，使金属从含金属盐类的溶液或熔体中析出。电化学冶金又分为水溶液电化学冶金和熔盐电化学冶金两类。

1）水溶液电化学冶金（也称为水溶液电解精炼或水溶液电沉积）：在低温水溶液中进行电化学作用，使金属从含金属盐类的溶液中析出的过程（如铅电解精炼、锌电积），称为水溶液电化学冶金。它是在低温溶液中进行物理化学反应的、典型的湿法冶金，也可列入湿法冶金之中。

2）熔盐电化学冶金（也称为熔盐电解）：在高温熔融体中进行电化学作用，使金属从含金属盐类的熔体中析出的（如铝电解）过程，称为熔盐电化学冶金。它不仅利用电能转变为电化学反应，而且也利用电能转变为热能，借以加热金属盐类成为熔体。在高温熔融状态下进行物理化学反应是火法冶金的主要特征，因此，熔盐电化学冶金也可列入火法冶金一类中。

### 1.5.4　现代冶金生产工艺流程

冶金技术与工艺流程

火法冶金生产中常见的单元过程有原料准备（破碎、磨制、筛分、配料等）、原料炼前处理（干燥、煅烧、焙烧、烧结、造球或制球团）、熔炼（氧化、还原、造锍、卤化等）、吹炼、蒸馏、熔盐电解、火法精炼等过程，如图1-4（a）所示。

湿法冶金生产中常见的单元过程有原料准备（破碎、磨制、筛分、配料等）、原料预处理（干燥、煅烧、焙烧）、浸出或溶出、净化、沉降、浓缩、过滤、洗涤、水溶液电解或水溶液电解沉积等过程，如图1-4（b）所示。

现代冶金生产工艺多数是几种方法的综合，如图1-5所示。

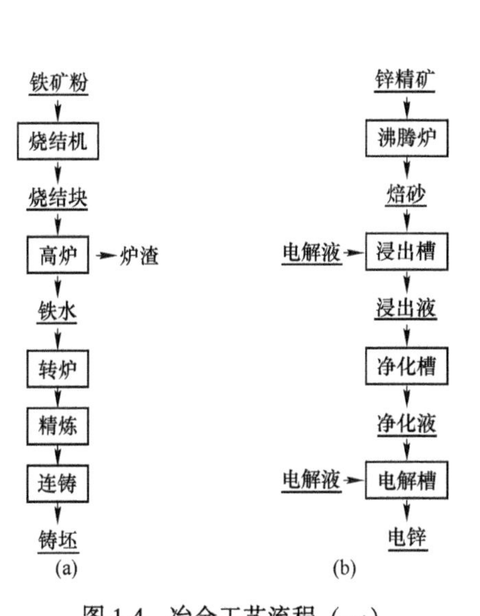


图1-4　冶金工艺流程（一）
（a）钢铁冶金流程；（b）湿法炼锌流程

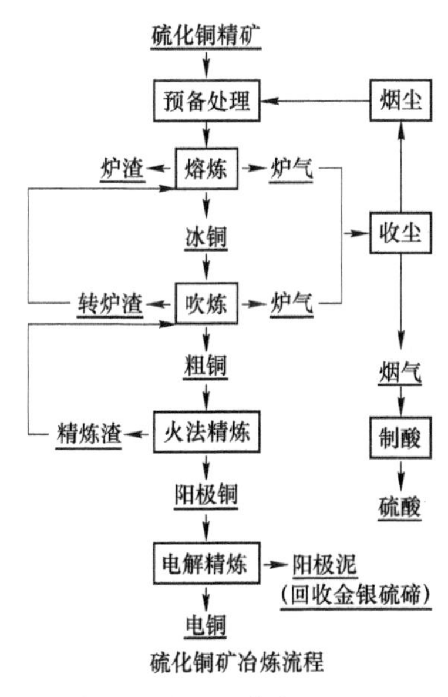


图1-5　冶金工艺流程（二）

## 1.6 现代冶金工业

冶金工业是指对金属矿物的勘探、开采、精选、冶炼，以及轧制成材的工业部门，包括黑色冶金工业和有色冶金工业两大类，是重要的原材料工业部门，为国民经济各部门提供金属材料，也是经济发展的物质基础。

冶金工业可以分黑色冶金工业和有色冶金工业，黑色冶金主要指包括生铁、钢和铁合金（如铬铁、锰铁等）的生产，有色冶金指包括其余所有各种金属的生产。

另外，冶金还包括稀有金属冶金工业和粉末冶金工业。其中，粉末冶金是制取金属，并用金属粉末（或金属粉末与非金属粉末的混合物）作为原料，经过成型和烧结，制造金属材料、复合材料以及各种类型制品的工艺技术。

### 复习思考题

1-1 冶金方法主要包括哪几种，主要过程有哪些？

1-2 选矿的目的和流程包括哪些？

# 2 湿法分离提纯过程

扫一扫
查看课件 2

湿法分离提纯过程属湿法冶金的研究内容，主要内容包括湿法冶金及其主要过程、水溶液中物质稳定性的影响因素、水的热力学稳定区、电位-pH 图的绘制方法与分析、绘制热力学平衡图的理论基础、浸出反应热力学、浸出液的净化和金属的电沉积。其中，金属的电沉积内容将在电冶金部分讲述。

## 2.1 湿法冶金及其主要过程

湿法冶金及其主要过程

冶金技术分为 3 类，火法冶金、湿法冶金和电冶金，也可以分为两大类，即火法冶金和湿法冶金。显然，湿法冶金是相对于火法冶金而言的，是发生在溶液中的过程，是指在低温下用溶剂处理矿石或精矿，使所要提取的金属溶解于溶液中，而其他杂质不溶解，通过液固分离等制得含金属的净化液，然后再从净化液中将金属提取和分离出来。

湿法冶金是利用某种溶剂，借助化学反应（氧化、还原、水解及络合等反应），对原料中的金属进行提取和分离的冶金过程。

### 2.1.1 湿法冶金技术与应用

湿法冶金技术具有以下特点：一是低温，一般低于 100℃，现代湿法冶金研发的高温高压过程，其温度可达 200~300℃；二是使用溶剂，一般为水；三是稳定性，湿法冶金是控制物质在溶剂中稳定性实现冶炼的。湿法冶金技术的主要过程包括浸出、净化和金属制取（用电解、电积、置换等方法制取金属）。

湿法冶金技术的优点很多。湿法冶金对低品位矿石（金、铀）及相似金属难分离情况都有较好的适用性。火法冶金处理低品位的矿石不经济。与火法冶金相比，湿法冶金中的材料周转相对简单，原料中有价金属综合回收程度高，有利于环境保护，生产过程较易实现连续化和自动化。湿法冶金技术也有不足之处，如占地面积大、工艺流程长、一次性投资成本高等。

湿法冶金在有色金属冶炼过程中应用广泛，在锌、铝、铜、铀的工业生产中占有重要地位。世界上全部的氧化铀、大部分锌和部分铜是用湿法生产的。湿法炼铜产量的比重不断增加，产品成本下降到仅为传统火法冶炼成本的 30%~50%。

### 2.1.2 湿法冶金技术的实现

图 2-1 是湿法炼锌的流程简图。首先将硫化锌精矿送入沸腾炉中，进行焙烧处理，获得焙砂。焙烧的目的是使难还原的硫化物转化为氧化物。硫化锌精矿焙烧获得氧化锌焙砂。然后，将焙砂放入浸出槽中，添加酸性（含稀硫酸）电解液，氧化锌与硫酸反应，

生成硫酸锌，硫酸锌溶于水。因此，焙砂中的锌溶解到电解液中，浸出的结果是获得了浸出液。在浸出过程中，杂质元素的氧化物也与硫酸反应，因此，浸出液中往往含有可溶性的杂质离子，如 Fe、Ni、Cu、Cd 和 Co 等杂质，需要进一步净化。净化是在净化槽中进行的，通常通过调节溶液的 pH 值，使杂质离子（如 Fe 离子）形成氢氧化物沉淀，而 $Zn^{2+}$ 与 $OH^-$ 的离子积还没有达到溶度积，$Zn^{2+}$ 不会形成沉淀物。对于 Cd、Co、Ni、Cu 和 Ag 等杂质，可加入锌粉将杂质置换出来，然后经过净化处理，就获得了净化液。最后，在电解槽中，以铝为阴极、铅银合金为阳极进行电解，在阴极上得到纯度为 99.5%的锌。要达到 99.97%以上纯度，则工艺流程更复杂。

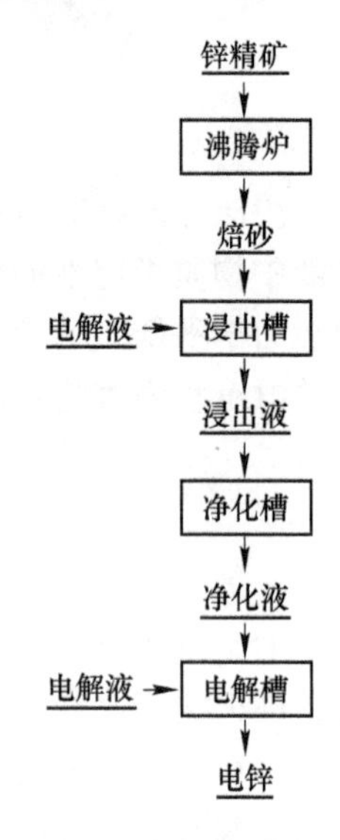


图 2-1 湿法炼锌的流程简图

焙砂在浸出槽中由电解液浸出金属 $Zn^{2+}$、获得浸出液的过程，称为浸出过程。浸出液在净化槽中净化获得净化液的过程，称为净化过程。净化液电解制取金属锌的过程，称为提取沉积过程。湿法冶金主要包括浸出、净化和沉积 3 个过程。

这 3 个过程都是靠控制过程的条件，即控制物质在水溶液中的稳定性而实现的。浸出过程是靠加入适当的溶剂，溶解矿物，使某种（或某些）金属离子化并稳定存在于溶液中。净化过程是靠加入某种物质，使某种（或某些）金属在溶液中稳定，另外一些金属在溶液中不稳定，或沉积或沉淀而实现分离的。沉积过程是加入某种物质或通入电流（一般是直流电），使某种（或某些）金属离子在溶液中不稳定而沉积析出。

这 3 个过程都是发生在水溶液中的，可见湿法冶金过程的实质就是根据生产的需要，控制物质在水溶液中的稳定性，来实现金属的分离和提取的。这里的稳定性程度是指物质在水溶液中的溶解度。

## 2.2 水溶液中物质稳定性的影响因素

水中物质和水的稳定性

当一种物质在水中溶解了，或是形成沉淀了，或者是电沉积析出了，就是说这种物质的稳定性发生了变化，发生了化学反应。由无机化学、物理化学知识可知，能否发生化学反应，是受反应的吉布斯自由能变化决定的。因此，影响反应吉布斯自由能变化的因素，自然就是影响溶剂中物质稳定性的因素。湿法冶金最常用的溶剂就是水。水溶液中物质反应的吉布斯自由能变化，与水溶液的 pH 值、物质的电极电位、浓度、温度、压强等有关。湿法冶金一般是在常温（低温）和常压（定压）下进行的，除去这两个因素，水中物质稳定性的影响因素主要是水溶液的 pH 值、物质的电极电位和浓度。

### 2.2.1 pH 值对反应的影响

当某种物质，例如 $Fe(OH)_3$ 与纯水接触时，它将溶解到一定程度后电离成离子，反应如下：

$$Fe(OH)_3 = Fe^{3+} + 3OH^- \tag{2-1}$$

根据 $Fe(OH)_3$ 的溶度积 $K_{sp}$ 和 $H_2O$ 的离子积 $K_w$，可以推导出反应式（2-1）298K 的平衡条件是：

$$pH = 1.6 - 1/3 \lg a_{Fe^{3+}}$$

同样，对于反应：

$$Fe(OH)_2 \longrightarrow Fe^{2+} + 2OH^- \qquad (2-2)$$

可以推导出反应式（2-2）298K 的平衡条件是：

$$pH = 6.7 - 1/2 \lg a_{Fe^{2+}}$$

可将这两个平衡条件关系式绘制在一张图上，如图 2-2 所示。前面刚讲过，物质在水溶液中的溶解度即是稳定性程度。对于 $Fe(OH)_3$ 和 $Fe(OH)_2$ 而言，活度这里不妨理解为溶解度，也就是稳定性程度。由式（2-1）、式（2-2）及其两个平衡条件关系式可知：

（1）pH 值增大，反应平衡向左移动，$a_{Fe^{2+}}$减小；反之，pH 值减小，反应平衡向右移动，$a_{Fe^{2+}}$增大。

（2）对于不同物质，如 3 价和 2 价的 Fe 离子，pH 值相同，$a_{Fe^{2+}}$不同。如 pH 值为 4 时，$Fe^{3+}$和 $Fe^{2+}$的平衡浓度分别为 $10^{-7}$mol/L 和 $10^5$mol/L。

（3）若体系中同时存在 $Fe^{2+}$和 $Fe^{3+}$，初始浓度 0.01mol/L，初始 pH 值为 1.0，如图 2-2 所示，$Fe^{2+}$和 $Fe^{3+}$可以稳定共存于体系中。如果将 pH 值增大至 4.0，$Fe^{3+}$为平衡浓度（约为 $10^{-7}$量级），而 $Fe^{2+}$浓度仍远小于平衡浓度（约为 $10^5$ 量级）。因此，pH 值增大至 4.0，$Fe^{3+}$不能稳定存在，$Fe^{2+}$可以稳定存在溶液中。

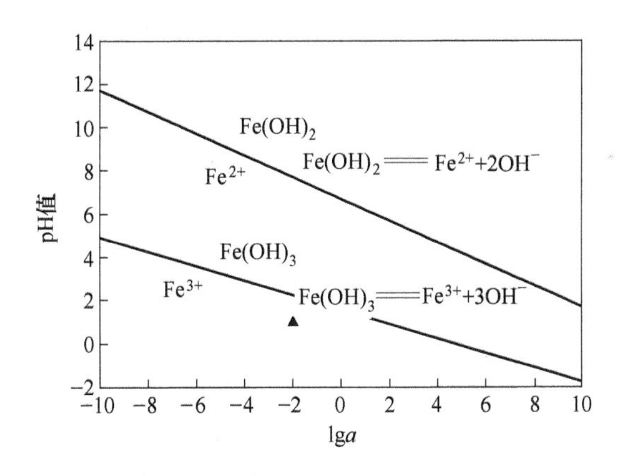


图 2-2　pH 值与金属离子活度的关系

综上所述，可以得出以下结论：控制溶液的 pH 值，可使同一物质或不同物质的反应向预定方向进行；可使某些物质在溶液中稳定，而另一些物质在溶液中不稳定发生沉淀，达到分离的目的。

### 2.2.2　电位对反应的作用

在湿法冶金过程中存在着许多氧化、还原反应（有电子参与的反应）。例如，在湿法炼锌过程中有如下反应：

$$2Fe^{2+} + MnO_2 + 4H^+ \longrightarrow 2Fe^{3+} + Mn^{2+} + 2H_2O$$

$$Cu^{2+} + Zn \longrightarrow Zn^{2+} + Cu$$

这些反应均可看成由氧化与还原的两半电池反应所构成，如净化过程中常用到的置换反应：

$$Zn - 2e = Zn^{2+}(\text{氧化})$$
$$Cu^{2+} + 2e = Cu(\text{还原})$$

一般说来，在湿法冶金过程中存在有两类氧化-还原反应。一类是简单离子的电极反应，例如：

$$Fe^{2+} + 2e = Fe$$

另一类是溶液中离子间的反应，例如：

$$Fe^{3+} + e = Fe^{2+}$$

（1）简单离子的电极反应。

该反应的通式是：

$$Me^{z+} + ze = Me$$

以 $Fe^{2+} + 2e = Fe$ 为例，此类反应的平衡电位（$\varepsilon_e$）与水溶液中金属离子活度之间的关系，可由能斯特公式给出：

$$\varepsilon_{Me^{z+}/Me} = \varepsilon^{\ominus}_{Me^{z+}/Me} + \frac{RT}{zF}\ln\frac{a_{Me^{z+}}}{a_{Me}}$$
$$\varepsilon_{Fe^{2+}/Fe} = -0.440 + 0.02955 \lg a_{Fe^{2+}}$$

（2）溶液中离子之间的反应。

以 $Fe^{3+} + e = Fe^{2+}$ 为例，此类反应的电极电位与溶液中离子活度之间的关系是：

$$\varepsilon_{Fe^{3+}/Fe^{2+}} = 0.771 + 0.0591\lg a_{Fe^{3+}} - 0.0591\lg a_{Fe^{2+}}$$

用同样方法可以计算出其他各半电池反应的平衡电极电位关系式。当溶液中离子活度已知时，便可算出在该条件下的平衡电极电位。

以上获得的是平衡电极电位，如果在一个电化学系统中，在溶液中插入金属电极和一个惰性电极就形成了一个电解池。在电极上施加一个电位，称为控制电位。当控制电位高于平衡电位时，反应要向着控制电位降低的方向进行。金属失去电子形成离子，溶液中 Me 离子浓度增大，电子则留在电极上使电极电位降低，电极反应向氧化的方向移动，直到控制电位与溶液的平衡电极电位相等时为止。反之，向还原的方向移动；也是至两电位相等时为止。这样就能够控制反应的方向和限度（即反应的进行程度）了。

控制电极电位的措施主要应用于电解和电沉积提取或精炼金属。

### 2.2.3 形成配合物对反应的作用

由能斯特方程式可知，影响平衡电极电位的因素之一就是浓度（活度）。活度的影响因素很多，比如形成沉淀、氧化还原、形成配合物等。在湿法冶金中，形成配合物对电极电位的影响有特殊的应用——贵金属的配合浸出（后面章节会详细介绍）。

设配合剂 L 不带电，形成配合物的反应通式为：

$$Me^{z+} + nL = MeL_n^{z+}$$
$$MeL_n^{z+} + ze = Me + nL$$
$$\varepsilon_{MeL_n^{z+}/Me} = \varepsilon^{\ominus}_{MeL_n^{z+}/Me} + \frac{RT}{zF}\ln a_{MeL_n^{z+}} - \frac{RT}{zF}\ln a_L^n$$

上式便是配合物的平衡电极电位计算式。如果已知配合物的活度、配合剂的活度和配合物的离解常数，就可以求出形成配合物的平衡电极电位值。

上式电极电位分析起来比较麻烦，不妨仍考虑简单离子电极反应的情况（因为是同一个氧化还原体系，两种情况最终平衡电极电位相等）：

$$\varepsilon_{Me^{z+}/Me} = \varepsilon^{\ominus}_{Me^{z+}/Me} + \frac{RT}{zF}\ln\frac{a_{Me^{z+}}}{a_{Me}}$$

形成配合物后，溶液中的金属离子 $Me^{z+}$的活度减小了，平衡电极电位降低。

形成配合物后平衡电极电位降低了，意味着还原出金属需要更负的控制电位，外界需要施加更负的控制电位；换句话说，金属以配合离子的形式稳定存在于溶液中。

平衡电极电位越负，说明离子在溶液中越稳定；反之，平衡电极电位越正，说明离子在溶液中越不稳定，容易被还原成金属单质。金、银等贵金属离子的平衡电极电位较正，其离子在溶液中不稳定，因此金银矿不容易浸出金银离子。浸出液中加了配体之后，情况就不同了，可以浸出金银离子了。以贵金属银为例，不生成配合离子时：

$$Ag^+ + e \xlongequal{\quad} Ag$$

$$\varepsilon^{\ominus}_{Ag^+/Ag} = 0.799V$$

生成配合离子时：

$$[Ag(CN)_2]^- + e \xlongequal{\quad} Ag + 2CN^-$$

当温度为 298K 时，令 $a_{[Ag(CN)_2]^-} = a_{CN^-} = 1$，有：

$$\varepsilon^{\ominus}_{[Ag(CN)_2]^-/Ag} = \varepsilon^{\ominus}_{Ag^+/Ag} + \frac{RT}{zF}\ln K_d = -0.31V$$

式中，$K_d$为配合物的解离常数。用同样的方法，可以求出：

$$\varepsilon^{\ominus}_{[Au(CN)_2]^-/Au} = \varepsilon^{\ominus}_{Au^+/Au} + 0.0591\lg K_d = -0.44V$$

$$\varepsilon^{\ominus}_{Au^+/Au} = 1.83V$$

以上计算结果表明，当生成配合离子后，显著降低了 Au 和 Ag 被氧化的电位。这是因为溶液中存在有 $CN^-$时，配合物显著降低了可被还原的 $Au^+$和 $Ag^+$有效浓度。$Au^+$和 $Ag^+$易被还原，而 $[Au(CN)_2]^-$和 $[Ag(CN)_2]^-$是较难还原的。所以，形成配合离子使金、银被氧化变得很容易，即金、银以配合离子稳定于溶液中，这是络合（配合）浸出的理论基础。

## 2.3　水的热力学稳定区

上一小节分析了水溶液中物质稳定性的影响因素，特别是电极电位的影响。在湿法冶金中，各种过程都是在水或溶液（酸、碱或盐）中进行的。不但要提取的物质会发生反应，水也有可能参与反应。水溶液中存在的氢离子、氢氧根离子以及水分子，在有氧化剂或还原剂存在的条件下，有可能不稳定，会被还原或氧化，析出氢气或氧气。因此，有必要了解作为溶剂的水的稳定性，有必要讨论“水的热力学稳定区”。

如果在给定条件下，溶液中有电极电位比氢的电极电位更负电性的还原剂存在，还原过程就可能发生。

酸性溶液 $2H^+ + 2e \Longrightarrow H_2$

碱性溶液 $2H_2O + 2e \Longrightarrow H_2 + 2OH^-$

氢电极电位：

$$\varepsilon_{H^+/H_2} = \varepsilon^{\ominus}_{H^+/H_2} + \frac{RT}{zF}\ln\frac{a^2_{H^+}}{p_{H_2}/p^{\ominus}}$$

$$\varepsilon_{H^+/H_2}(298K) = -0.0591pH - 0.0295\lg p_{H_2}/p^{\ominus}$$

如果在给定条件下，溶液中有电极电位比氧的电极电位更正电性的氧化剂存在，氧化过程就可能发生。

酸性溶液 $2H_2O - 4e \Longrightarrow O_2 + 4H^+$

碱性溶液 $4OH^- - 4e \Longrightarrow O_2 + 2H_2O$

氧电极电位：

$$\varepsilon_{O_2/OH^-} = \varepsilon^{\ominus}_{O_2/OH^-} - \frac{RT}{zF}\ln\frac{1}{(p_{O_2}/p^{\ominus})\cdot a^4_{H^+}}$$

$$\varepsilon_{O_2/OH^-}(298K) = 1.229 - 0.0591pH + 0.01481\lg p_{O_2}/p^{\ominus}$$

以电极电位为纵坐标、以pH值为横坐标绘图，就得到了电位-pH图，如图2-3所示。图2-3中1线为氧压为101325Pa(1atm)时氧电极电位随pH值的变化曲线，也称为氧线，常用ⓑ表示；2线为氢压为101325Pa(1atm)时氢电极电位随pH值的变化，也称为氢线，常用ⓐ表示。值得注意的是，图中的氢线是在惰性电极如Pt电极上析氢的数据，不是在任意金属电极上的析氢数据。在任意金属电极上析氢时，还应考虑动力学因素，即过电势$\eta$，这部分内容在后面章节中会详细讨论。

对水的电位-pH图进行分析，可以得到如下结论。

(1) 凡位于区域Ⅰ中其电极电位高于氧的电极电位的氧化剂（例如$Au^{3+}$）都会使水分解而析出氧气，直至导致两个电极电位值相等时为止。

(2) 凡位于区域Ⅲ中其电极电位低于氢的电极电位的还原剂（例如Zn），在酸性溶液中能使氢离子还原而析出氢气，直至导致两个电极电位值相等时为止。值得注意的是，上述分析是基于热力学条件的，如果考虑动力学条件（过电势），氢在锌电极上析出的电极电势更负，析氢将变得困难。正是由于过电势的存在，才使得水溶液电沉积法可以提炼金属锌。

(3) 电极电位处在图2-3中线$d$所示位置的$Ni^{2+}/Ni$体系及其他类似的体系，其特点是，此类体系可以与水处于平衡，也可以使水分解而析出氢气，这要看溶液的酸度如何而定。

(4) 以线1和线2所围成的区域Ⅱ，就是水的热力学稳定区。

(5) 由以上分析可见，电极电位在区域Ⅱ之内的一切体系，从它们不与水的离子或分子相互作用这个意义来说，将是稳定的。但是，如果气态氧或气态氢使这些体系饱和，那么金属单质或离子仍然可以被氧氧化或被氢还原。

(6) 图2-3对判断参与过程的各种物质与溶剂（水）发生相互作用的可能性提供了理论根据，而且它也是金属-$H_2O$系和金属化合物-$H_2O$系电位-pH图的一个组成部分。

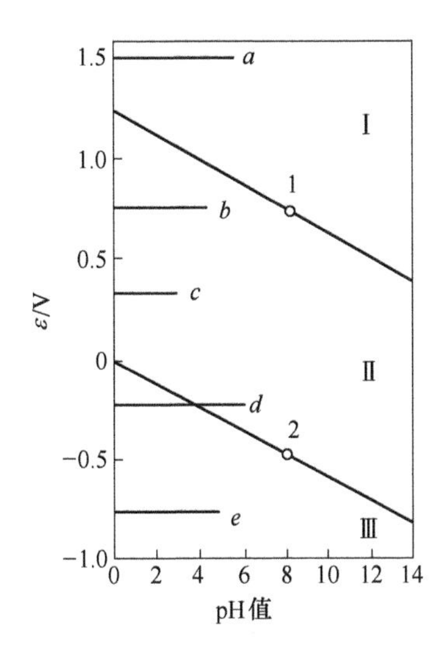


图 2-3　水的电位-pH 图

*a*—$Au^{3+}$/Au；*b*—$Fe^{3+}$/$Fe^{2+}$；*c*—$Cu^{2+}$/Cu；*d*—$Ni^{2+}$/Ni；*e*—$Zn^{2+}$/Zn；
1—氧线；2—氢线

扫一扫
查看课件 3

## 2.4　电位-pH 图的绘制与分析

电位-pH 图的
绘制与分析

上一节讨论了水的热力学稳定区域，水的稳定区是反映在一张图上的，图的横坐标是 pH 值，纵坐标是电极电位。这张图就是所谓的电位-pH 图。

在湿法冶金中，广泛采用电位-pH 图来研究影响物质在水溶液中稳定性的因素，它本质上是一种热力学平衡图。在冶金中，热力学平衡图又称作优势区域图、稳定区域图，它以图的形式来表示系统内平衡状态与热力学参数之间的关系，全面地揭示着系统平衡情况，通过这样的图能够一目了然地知道，为制取某种产品所需的条件以及应如何创造这些条件。

这一节首先介绍略复杂体系的电位-pH 图的绘制与分析方法，然后再归纳出绘制电位-pH 图必须遵循的原则，最后介绍其他优势区域图的绘制与分析。

### 2.4.1　电位-pH 图

电位-pH 图是在给定的温度和组分活度（常简化为浓度），或气体逸度（常简化为气相分压）下，表示反应过程电位与 pH 值的关系图。电位-pH 图取电极电位为纵坐标。因为 $\Delta G=-nEF$ 而 $\Delta G$ 是反应能否进行的判据，所以电极电位 $E(\varepsilon)$ 可以作为水溶液中氧化-还原反应趋势的量度。另外，电极电位相当于 $\Delta G$-$T$ 图（氧势图，一种热力学平衡图，详见第 4 章）中的 $\Delta G$。在绘制电位-pH 图时，习惯上把电极电位写为还原电极电位，反应方程式左边写氧化态的物质、电子或氢离子，反应方程式右边写还原态的物质。电位-pH 图取 pH 值作为横坐标，是因为水溶液中进行的反应大多与氢离子浓度有关，许多化合物在水溶液中的稳定性随 pH 值的变化而不同。

如前文所述，物质在水溶液中的稳定性取决于溶液的 pH 值、电极电位、反应物质的活度、压强以及温度等诸多因素，这些条件都能够集中体现于反应的吉布斯自由能变化，也就是说，反应的吉布斯自由能变化决定着水溶液中物质的稳定性。电位-pH 图是在指定的物质活度、温度和压强条件下绘制的，所以根据电位-pH 图，可方使地推断出各反应发生的可能性及生成物的稳定性，形象、直观地描述了溶液中化学平衡条件、反应进行方向、反应限度及某种组分的优势区域。电位-pH 图可以指明反应自动进行的条件，指出物质在水溶液中稳定存在的区域和范围，为湿法冶金浸出、净化、电解等过程提供热力学依据。

### 2.4.2 电位-pH 图一般绘制步骤

绘制金属-$H_2O$ 系和金属化合物-$H_2O$ 系电位-pH 图的方法：

(1) 先确定体系中可能发生的各类反应及每个反应的平衡方程式；

(2) 再利用参与反应的各组分的热力学数据计算反应的吉布斯自由能变化，从而求得反应的平衡常数 $K$ 或者标准电极电位；

(3) 由上述数据导出体系中各个反应的电极电位以及 pH 值的计算式；

(4) 根据电极电位 $\varepsilon$ 值和 pH 值的计算式，在指定离子活度或气相分压的条件下算出各个反应在一定温度下的 $\varepsilon$ 值和 pH 值；

(5) 最后，把各个反应的计算结果表示在以 $\varepsilon$(V) 为纵坐标和以 pH 值为横坐标的图上，再经过图形分析和处理，便得到所研究的体系在给定条件下的电位-pH 图。

### 2.4.3 Fe-$H_2O$ 系电位-pH 图的绘制

Fe-$H_2O$ 系电位-pH 图的绘制步骤如下。

(1) 先确定体系中可能发生的各类反应及每个反应的平衡方程式。体系中的反应物与生成物有：Fe、$Fe^{2+}$、$Fe^{3+}$、$H_2O$、$H^+$、$Fe(OH)_2$、$Fe(OH)_3$、$H_2$ 和 $O_2$。体系中可发生的独立反应有：

$$Fe^{2+} + 2e = Fe$$

$$Fe^{3+} + e = Fe^{2+}$$

$$Fe(OH)_2 + 2H^+ = Fe^{2+} + 2H_2O$$

$$Fe(OH)_3 + 3H^+ = Fe^{3+} + 3H_2O$$

$$Fe(OH)_3 + 3H^+ + e = Fe^{2+} + 3H_2O$$

$$Fe(OH)_2 + 2H^+ + 2e = Fe + 2H_2O$$

$$Fe(OH)_3 + H^+ + e = Fe(OH)_2 + H_2O$$

$$2H^+ + 2e = H_2$$

$$O_2 + 4H^+ + 4e = 2H_2O$$

(2) 利用参与反应的各组分的热力学数据计算反应的吉布斯自由能变化，从而求得反应的平衡常数 $K$ 或者标准电极电位。这里需要注意的是，要看好各热力学数据的标准状态。求解过程可以采取如下方式：

1) 直接查找 $\varepsilon^{\ominus}$；

2) 查找相关的平衡常数，利用 $\Delta G^{\ominus} = -RT\ln K^{\ominus}$ 和 $\Delta G^{\ominus} = -zF\varepsilon^{\ominus}$ 关系；

3）查找热力学数据，通过计算求解 $\Delta G^{\ominus}$，然后利用 $\Delta G^{\ominus}=-zF\varepsilon^{\ominus}$ 关系解出 $\varepsilon^{\ominus}$ 数据，其中求解 $\Delta G^{\ominus}$ 要利用如下热力学关系：

$$\Delta G^{\ominus} = \sum \Delta G_{p}^{\ominus} - \sum \Delta G_{r}^{\ominus}$$

$$H = U + PV$$

$$G = H - ST$$

$$Y = \sum n_i Y_i$$

（3）由上述数据导出体系中各个反应的电极电位以及 pH 值的计算式。例如：

$$Fe^{2+} + 2e = Fe$$

$$\varepsilon_{Fe^{2+}/Fe}^{\ominus} = -0.440V$$

$$\varepsilon = \varepsilon^{\ominus} - \frac{RT}{zF}\ln\frac{a_{还}}{a_{氧}}$$

$$\varepsilon = -0.440 + 0.02955\lg a_{Fe^{2+}}$$

（4）根据电极电位 $\varepsilon$ 值和 pH 值的计算式，在指定离子活度（$a=1$）或气相分压（$p=p^{\ominus}$）的条件下算出各个反应在一定温度下的 $\varepsilon$ 值和 pH 值：

$$Fe^{2+} + 2e = Fe \tag{2-3}$$

$$\varepsilon = -0.440 + 0.02955\lg a_{Fe^{2+}}$$

$$Fe^{3+} + e = Fe^{2+} \tag{2-4}$$

$$\varepsilon = 0.771 + 0.0591\lg a_{Fe^{3+}} - 0.0591\lg a_{Fe^{2+}}$$

$$Fe(OH)_2 + 2H^+ = Fe^{2+} + 2H_2O \tag{2-5}$$

$$pH = 6.7 - 0.5\lg a_{Fe^{2+}}$$

$$Fe(OH)_3 + 3H^+ = Fe^{3+} + 3H_2O \tag{2-6}$$

$$pH = 1.6 - 1/3\lg a_{Fe^{3+}}$$

$$Fe(OH)_3 + 3H^+ + e = Fe^{2+} + 3H_2O \tag{2-7}$$

$$\varepsilon = 1.057 - 0.177pH - 0.0591\lg a_{Fe^{2+}}$$

$$Fe(OH)_2 + 2H^+ + 2e = Fe + 2H_2O \tag{2-8}$$

$$\varepsilon = -0.047 - 0.0591pH$$

$$Fe(OH)_3 + H^+ + e = Fe(OH)_2 + H_2O \tag{2-9}$$

$$\varepsilon = 0.271 - 0.0591pH$$

$$2H^+ + 2e = H_2 \tag{2-10}$$

$$\varepsilon_{H^+/H_2}(298K) = -0.0591pH - 0.0295\lg p_{H_2}/p^{\ominus}$$

$$O_2 + 4H^+ + 4e = 2H_2O \tag{2-11}$$

$$\varepsilon_{O_2/OH^-}(298K) = 1.229 - 0.0591pH + 0.01481\lg p_{O_2}/p^{\ominus}$$

（5）最后，把各个反应的计算结果表示在以 $\varepsilon$(V) 为纵坐标和以 pH 值为横坐标的图上，便得到所研究的体系在给定条件下的初级电位-pH 图，如图 2-4（a）所示。

图 2-4（a）中①线～⑦线分别对应式（2-3）～式（2-9）。但是，图 2-4（a）中的线互相交错，无法获得有用的信息，需要作进一步处理，才能得到如图 2-4（b）所示的电位-pH 图。图 2-4（b）中ⓐ和ⓑ线分别是氢线和氧线，对应于式（2-10）和（2-11）。具体

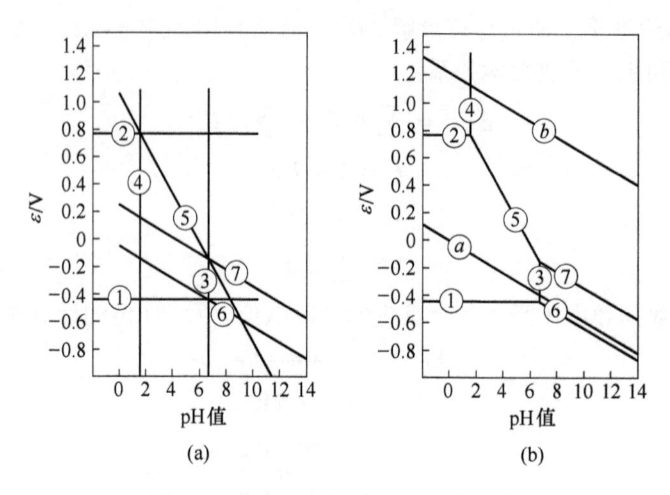


图 2-4 Fe-$H_2O$ 系电位-pH 图的绘制

处理方法介绍如下。

首先分析①线、②线和④线，如图 2-5（a）所示。三条线所对应的反应分别为：

$$Fe^{2+} + 2e \Longrightarrow Fe$$

$$Fe^{3+} + e \Longrightarrow Fe^{2+}$$

$$Fe(OH)_3 + 3H^+ \Longrightarrow Fe^{3+} + 3H_2O$$

①线是 $Fe^{2+}$获得两个电子 e 被还原为单质 Fe 的平衡线。只有在控制电位小于-0.44V 时，才能发生还原反应。高于-0.44V 时发生氧化反应。因此，①线下方的区域是 Fe 单质的稳定区，上方是 $Fe^{2+}$的稳定区，线上则是平衡状态。

同理，②线下方的区域是 $Fe^{2+}$的稳定区（优势区），上方是 $Fe^{3+}$的稳定区，线上则是平衡状态。④线左侧是 $Fe^{3+}$的稳定区，右侧是 $Fe(OH)_3$ 的稳定区，线上则是平衡状态。

关注②线和④线：②线上方才存在 $Fe^{3+}$ 的稳定区，也就是说②线下方与反应式（2-6）无关，因为没有 $Fe^{3+}$，所以②线下方的部分④线应去掉。去掉部分④线后的图如图 2-5（b）所示。

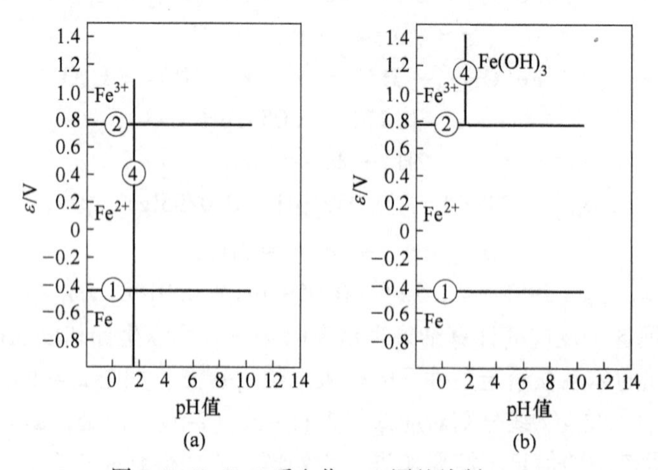


图 2-5 Fe-$H_2O$ 系电位-pH 图的绘制（一）

画出直线③线，如图 2-6（a）所示。③线所对应的反应为：

$$Fe(OH)_2 + 2H^+ \Longrightarrow Fe^{2+} + 2H_2O$$

该反应与 $Fe^{2+}$有关，与 $Fe^{3+}$和 Fe 无关，所以②线上方和①线下方的部分③线应去掉。去掉部分③线后的图如图 2-6（b）所示。

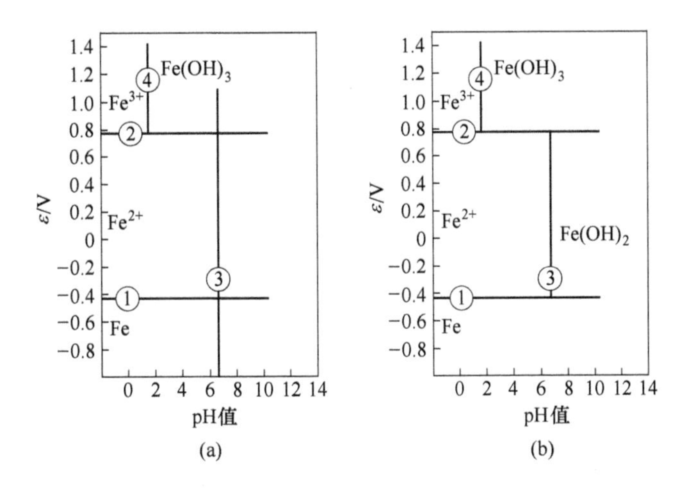


图 2-6 Fe-$H_2O$ 系电位-pH 图的绘制（二）

画出⑤线，如图 2-7（a）所示。

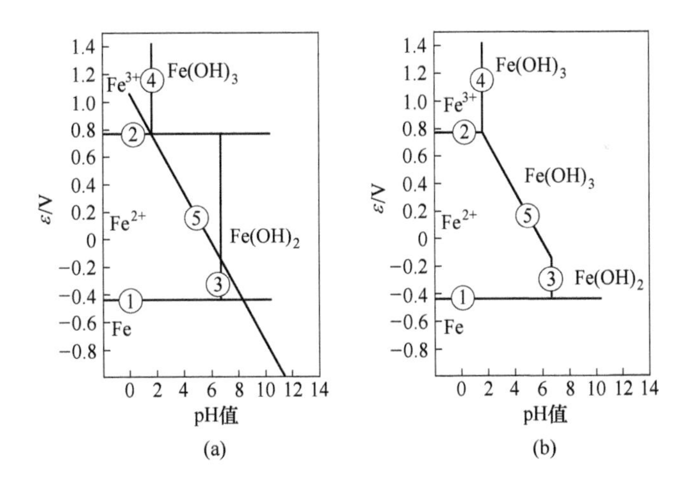


图 2-7 Fe-$H_2O$ 系电位-pH 图的绘制（三）

⑤线对应的反应为：

$$Fe(OH)_3 + 3H^+ + e \Longrightarrow Fe^{2+} + 3H_2O$$

反应式（2-4）+反应式（2-6）= 反应式（2-7），所以⑤线一定过②线和④线的交点。反应式（2-7）与 $Fe^{2+}$有关，与 $Fe^{3+}$、$Fe(OH)_2$ 和 Fe 无关，所以②线上方和③线右侧的部分⑤线应去掉。⑤线的右侧与 $Fe(OH)_3$ 有关，与 $Fe^{3+}$和 $Fe(OH)_2$ 无关，所以⑤线右侧的部分②线和③线应去掉。去掉部分⑤线、②线和③线后的图如图 2-7（b）所示。

画出⑥线，如图 2-8（a）所示。⑥线对应的反应为：

$$Fe(OH)_2 + 2H^+ + 2e \longrightarrow Fe + 2H_2O$$

由反应式（2-3）+反应式（2-5）= 反应式（2-8），所以⑥线一定过①线和③线的交点。

反应式（2-8）与 Fe 有关，与 $Fe^{2+}$无关，所以①线上方的部分⑥线应去掉。⑥线的右侧与 $Fe(OH)_2$ 有关，与 $Fe^{2+}$和 Fe 无关，所以⑥线右侧的部分①线应去掉。去掉部分⑥线和部分①线后的图如图 2-8（b）所示。

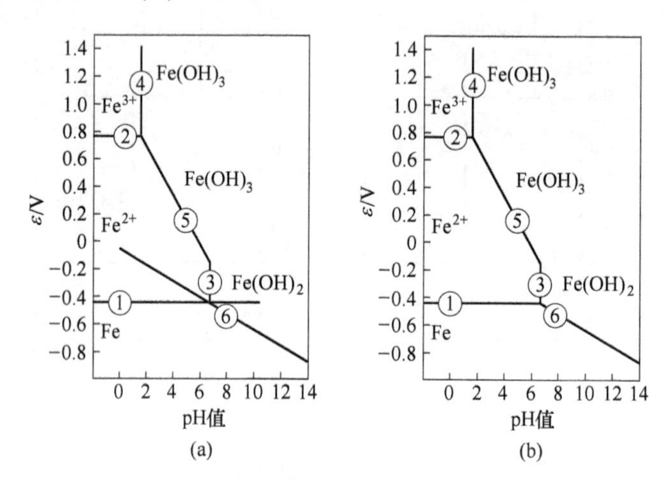


图 2-8 Fe-$H_2O$ 系电位-pH 图的绘制（四）

画出⑦线，如图 2-9（a）所示。⑦线对应的反应为：

$$Fe(OH)_3 + H^+ + e \longrightarrow Fe(OH)_2 + H_2O$$

反应式（2-7）-反应式（2-5）= 反应式（2-9），所以⑦线一定过③线和⑤线的交点。反应式（2-9）与 $Fe^{2+}$无关，所以在 $Fe^{2+}$的稳定区的部分⑦线应去掉。去掉部分⑦线后的图如图 2-9（b）所示。

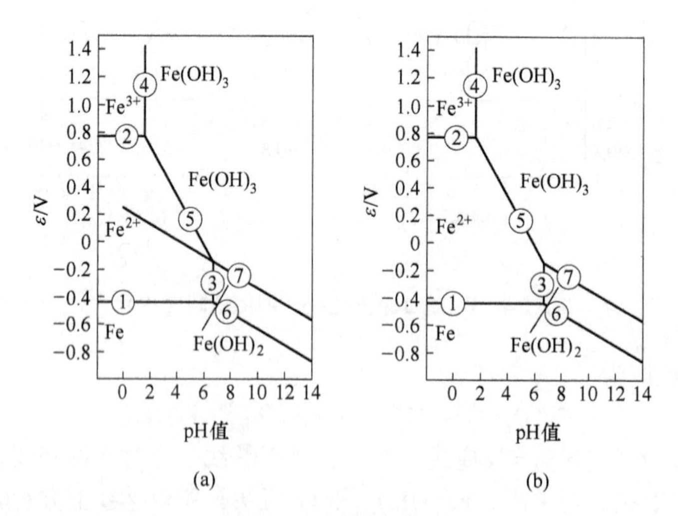


图 2-9 Fe-$H_2O$ 系电位-pH 图的绘制（五）

最后，再加上ⓐ和ⓑ线，各个区域加上标号，就获得了一张完整的电位-pH 图，如图 2-10 所示。

### 2.4.4 电位-pH 图的分析

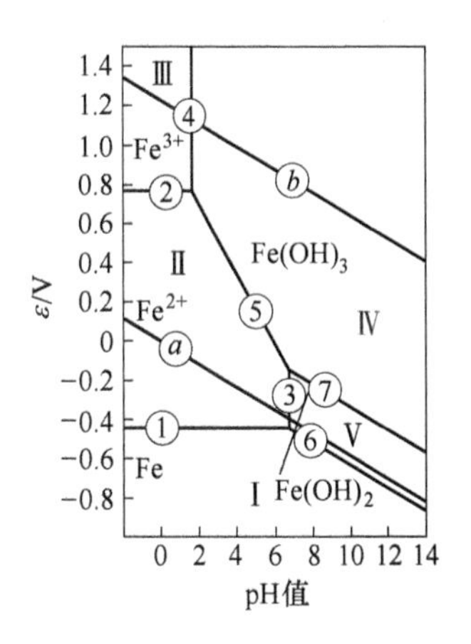


图 2-10 $Fe-H_2O$ 系 电位-pH 图的绘制（六）

分析电位-pH 图（见图 2-10）中的各点线面的意义。

氢线和氧线之间的区域为水的稳定区，氢线以下为 $H_2$ 的稳定区，氧线以上为 $O_2$ 的稳定区。

三线交点，表示 3 个反应平衡式的电位和 pH 值相等，已知两条线，可以求出第三条线。

电位-pH 图中线分三类。

第一类反应：电位与 pH 值无关，没有氢离子、只有电子参与的反应。此类反应只与电位有关，反应平衡时，它在电位-pH 图上是一条水平线。

第二类反应：只有氢离子而无电子参与的反应。此类反应只与溶液的 pH 值有关，与电位无关，在电位-pH 图上是一条竖直线。

第三类反应：既有氢离子又有电子参与的反应。此类反应，绘制在电位-pH 图上是一条斜线。

面表示某种组分的稳定区。Ⅰ区是 Fe 的稳定区，Ⅱ区是 $Fe^{2+}$ 的稳定区，Ⅲ区是 $Fe^{3+}$ 的稳定区，Ⅳ区是 $Fe(OH)_3$ 的稳定区，Ⅴ区是 $Fe(OH)_2$ 的稳定区，线ⓐ和ⓑ之间则是水的稳定区。

对湿法冶金而言，Ⅰ区是 Fe 的沉积区。Ⅱ、Ⅲ区是 Fe 的浸出区，即 Fe 以 $Fe^{2+}$ 或 $Fe^{3+}$ 稳定于溶液中。Ⅳ、Ⅴ区是 Fe 分别呈 $Fe(OH)_3$ 和 $Fe(OH)_2$ 沉淀析出区，而与稳定于溶液中的其他金属分离，所以一般又将Ⅳ、Ⅴ两区称为净化区（除铁）。

## 2.5 绘制热力学平衡图的理论基础

电位-pH 图是热力学平衡图，它遵循热力学平衡图绘制和分析的基本准则。掌握了电位-pH 图，有助于分析其他热力学平衡图。以下介绍绘制分析热力学平衡图要遵循的基本定律。

### 2.5.1 绘制与分析热力学平衡图的基本定律

绘制与分析热力学平衡图，要遵循热力学定律、相律、同时平衡原理以及逐级转变原则，以 $Fe-H_2O$ 体系的电位-pH 图（见图 2-10）为例来说明。

各线是遵循热力学定律计算得到的，这个很好理解。

关于相律：$f=C-\Phi+2$，$f$ 为自由度，$C$ 为独立组分数，$\Phi$ 为相数，2 为电位和 pH 值（常温常压，不考虑温度和压力）。

注：电位-pH 图绘制时，考虑 e 和 $H^+$ 离子的参与，二者都应作为组分看待，再考虑其他物质的浓度以及温度和压力，$f=C-\Phi+5$。式中，5 为两个组分（e 和 $H^+$）、1 个温度、1 个压力以及 1 个活度。绘图过程中各物质的活度是指定的，温度和压力也是确定的，所以实际分析电位-pH 图相律的时候，$f=C-\Phi+2$。

对于面而言，如 $Fe^{2+}$ 的稳定区，$C=1$（只有 $Fe^{2+}$）、$\Phi$ 为 1（只有液相），所以自由度 $f=2$。

对于线而言，如②线，组分数 $C'=2$（$Fe^{2+}$ 和 $Fe^{3+}$），限制条件 $r=1$［反应式（2-4）］所以 $C=C'-r=2-1=1$、$\Phi$ 为 2（$Fe^{2+}$ 和 $Fe^{3+}$ 液相），所以自由度 $f=1-2+2=1$。

对于点而言，如⑤线、③线和⑦线的交点，组分数 $C'=3$［$Fe^{2+}$、$Fe(OH)_3$ 和 $Fe(OH)_2$］，限制条件 $r=2$［反应式（2-5）、反应式（2-7）和反应式（2-9）取两个，另一个相关联］，所以 $C=C'-r=3-2=1$，$\Phi$ 为 3（液相和两个固相），自由度 $f=1-3+2=0$。

关于同时平衡原理，其含义是：凝聚相与液相（气相）存在多种反应，各反应都同时平衡存在，且液相（气相）各组分也彼此处于平衡状态。

例如，凝聚相为 $Fe(OH)_3$，与液相中的 $Fe^{2+}$、$Fe^{3+}$ 存在两个反应，两个反应都同时平衡存在，并且 $Fe^{2+}$ 与 $Fe^{3+}$ 也彼此处于平衡状态。

关于逐级转变原则，当系统中存在多种价态的化合物（或组分）时，往往是相邻的两级化合物（或组分）能平衡共存。

例如，Fe 先氧化成 $Fe(OH)_2$，$Fe(OH)_2$ 再氧化成 $Fe(OH)_3$；不能 Fe 直接氧化成 $Fe(OH)_3$。

利用逐级转变的原理，在进行平衡线计算时，就可将大量不存在的无效反应删去。

### 2.5.2 高温水溶液热力学和电位-pH 图

近四五十年来，对高温水溶液的物理化学的研究十分活跃，原因是现代科学技术发展的需要。在高温水溶液化学方面，曾经进行过溶解度、络合物和相平衡的研究，进而探讨高温水溶液中反应动力学和电极过程等非平衡态的问题。由于高温能加速化学反应达到平衡，故热压冶金已成为一门冶金新技术。

高温电位-pH 图的绘制方法与常温电位-pH 图完全一样。只是必须确定所研究条件下各反应物质的热力学数据，一般采用离子熵对应原理确定热力学基本数据，还要考虑电子的热力学性质、高温水溶液的电解质活度系数和 pH 值。这项计算目前只能应用一些经验公式进行，最终要用实验方法检验后才能证实。实验方法有热容法、溶解度法、平衡法和电动势法等。

其他热力学区域优势图有氧势图、氯势图、氮势图、分压-温度图以及分压-分压图等，绘制方法、分析与电位-pH 图相同。

扫一扫
查看课件 4

## 2.6 矿物浸出

浸出又称为浸取、溶出或湿法分解，不溶组分留在浸出渣中。

上一节讲述了电位-pH 图的绘制与分析，这一节主要讨论电位-pH 图在矿物浸出中的应用，其主要内容属于浸出反应热力学的范围，而关于浸出动力学内容，将在火法冶金热力学内容之后，与火法冶金动力学一起讨论。

浸出的概念与分类

本节主要内容包括浸出概念及其反应的分类、几种电位-pH 图（金属-

水系、非金属-水系和硫化物-水系)、电位-活度对数图以及各种浸出条件下电位-pH 图的分析等。主要内容是结合传统的湿法冶金原理教学内容和材料专业的设置情况来选择的，包括轻质金属 Al 合金、高温 Ti 合金和高温 Ni 基合金，这些材料在航空航天领域有着广泛的应用。Al 合金是飞机的结构材料，高温合金主要应用在飞机的高温部件上，如发动机上。介绍 S-$H_2O$ 系和 Me-S-$H_2O$ 系，主要是与金属矿物在自然界的存在形态有关，除了氧化矿之外，硫化矿是一种主要的存在形式，所以需要研究这些体系。另外，本节还要简单提及一下贵金属-$H_2O$ 系的电位-pH 图。

### 2.6.1 浸出的概念

矿物浸出就是利用适当的溶剂，在一定的条件下使矿石或精矿或焙烧矿中的一种或几种有价成分溶出，而与其中的脉石和杂质分离。

浸出所用的溶剂应具备以下一些性质：

(1) 能选择性地迅速溶解原料中的有价成分；

(2) 不与原料中的脉石和杂质发生作用；

(3) 价格低廉并能大量获得；

(4) 没有危险，便于使用；

(5) 能够再生使用。

### 2.6.2 浸出的分类

浸出的分类方案较多，比如在工业应用上按压力分类，有常压浸出、加压浸出；按设备分类，有槽池浸出、管道浸出、热球磨浸出；按作业方式分，有间歇浸出、连续浸出等。

按浸出过程主要反应（即有价成分转入溶液的反应）的特点划分，可将浸出分为三大类。

(1) 简单溶解。当有价成分在固相原料中呈可溶于水的化合物形态时，浸出过程的主要反应就是有价成分从固相转入液相的简单溶解。

(2) 物质化合价不发生变化的化学溶解。有三种情况：其一，金属氧化物或金属氢氧化物与酸或碱的作用，形成溶于水的盐。其二，某些难溶于水的化合物（如 MeS、$MeCO_3$ 等）与酸作用，化合物的阴离子形成气体。其三，难溶于水的有价金属 Me 的化合物与第二种金属 Me′的可溶性盐发生复分解反应，形成第二种金属 Me′的更难溶性盐和第一种金属 Me 的可溶性盐。

(3) 物质化合价发生变化的电化学溶解。多种情况下的氧化还原反应过程属于电化学溶解，如与酸、氧和氧化剂的反应，基于金属还原的溶解，基于阴离子氧化的溶解，基于形成配合物的溶解等。

除以上分类方法之外，还可按浸出液的特点来划分，如酸浸、碱浸、氧化浸出、氯化浸出、氰化浸出、细菌浸出、电化学浸出等，这里再简单介绍下细菌浸出。细菌浸出是利用细菌的作用从矿物中浸出有价金属，比如氧化铁硫杆菌，能破坏硫化矿中的 Fe 和 S，强化其发生氧化反应，使难溶的硫化矿变成可溶的硫酸盐：

$$CuFeS_2 + 4O_2 = CuSO_4 + FeSO_4 \text{(在细菌作用下)}$$

细菌利用上述反应释放的能量得以成活、生长和繁殖。

### 2.6.3　电位-pH 图的实例分析

浸出反应的分类方法本身就包含了浸出过程的原理信息。以下将结合几个具体的浸出过程，基于电位-pH 图，分析一下浸出的热力学过程。

#### 2.6.3.1　$Zn-H_2O$ 体系

Zn-$H_2O$ 体系电位-pH 图

前文介绍过湿法炼锌的工艺流程。在锌矿中，闪锌矿是最重要的锌矿石，几乎总与方铅矿（PbS，岩盐型结构）共生，是提炼锌的主要矿物原料。硫化锌精矿经焙烧后，所得产品称为锌焙砂，其主要成分是氧化锌，还有少量的氧化铜、氧化镍、氧化钴、氧化银、氧化砷、氧化锑和氧化铁等。锌焙砂用硫酸水溶液（或废电解液）进行浸出，浸出反应为：

$$ZnO + H_2SO_4 \xlongequal{} ZnSO_4 + H_2O$$

同时，杂质也由氧化物形态转化为离子形态存在于浸出液中。

图 2-11 是 $Zn-H_2O$ 系的电位-pH 图，图中还叠加了各种杂质的水体系的电位-pH 曲线。图 2-11 中各实线对应的反应如下：

①线　$$Zn^{2+} + 2e \xlongequal{} Zn \tag{2-12}$$

②线　$$Zn(OH)_2 + 2H^+ \xlongequal{} Zn^{2+} + 2H_2O \tag{2-13}$$

③线　$$Zn(OH)_2 + 2H^+ + 2e \xlongequal{} Zn + 2H_2O \tag{2-14}$$

①线和③线下方为 Zn 的稳定区，①线和②线左上方为 $Zn^{2+}$的稳定区，②线和③线右上方为 $Zn(OH)_2$ 的稳定区（沉淀区）。为了便于表达电位 $\varepsilon$ 与 pH 值和活度 $a$ 的关系，将 $Zn^{2+}$与 $OH^-$形成 $Zn(OH)_2$ 的反应写成式（2-13）的形式。

①线有电子参与反应，与 pH 值无关，为水平线。

②线有 $H^+$参与，与电子（电位 $\varepsilon$）无关，为垂直线。

③线有电子参与反应，也有 $H^+$参与，为斜线。

浸出过程一般要有中性浸出与酸性浸出两段工序。

中性浸出的任务，除把锌浸出外，还要保证浸出液的质量，即承担着中和水解除去有害杂质 Fe、As 和 Sb 等。例如，当 $Zn^{2+}$ 的浓度为 1.988mol/L 时，从溶液中沉积出 $Zn(OH)_2$ 的 pH 值约为 6.3，沉积析出的 pH 值比 $Zn(OH)_2$ 小的有 $Fe^{3+}$，而 $Cu^{2+}$ 与 $Zn^{2+}$的接近。图 2-11 中绘有两组 $Fe-H_2O$ 系的 $\varepsilon$-pH 曲线，其中一组的 $a_{Fe^{3+}}=1mol/L$，另一组的 $a_{Fe^{3+}}=10^{-6}\ mol/L$。当 pH 值控制在 5.2～5.3 之间时，$Fe^{3+}$几乎全部转化为 $Fe(OH)_3$，以沉淀形式从溶液中去除，而此时溶液中仍存在 $Fe^{2+}$。

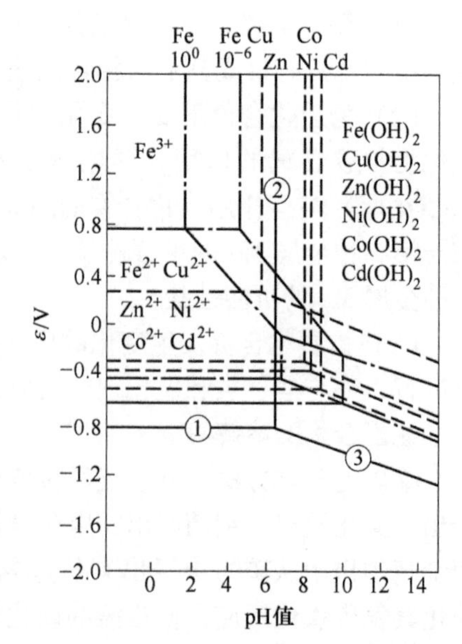

图 2-11　$Zn-H_2O$ 系电位-pH 图

由图 2-11 可知，当中性浸出终点溶液的 pH 值控制在 5.1～5.2 时，$Fe^{3+}$就以 $Fe(OH)_3$ 沉淀析出，

与溶液中的 $Zn^{2+}$ 分离。溶液中的 $Cu^{2+}$ 在活度较大的情况下，会有一部分水解沉淀，其余仍留在溶液中，比 $Zn^{2+}$ 水解沉淀 pH 值要大的 $Ni^{2+}$、$Co^{2+}$、$Cd^{2+}$ 和 $Fe^{2+}$ 等则与 $Zn^{2+}$ 共存于溶液中。

若想除净 Fe 杂质，须将 $Fe^{2+}$ 转化为 $Fe^{3+}$，这是一个基本原则。氧化剂通常为软锰矿（主要成分为 $MnO_2$）。

酸性浸出除考虑有害杂质尽可能少地溶解外，主要任务是使锌尽可能迅速和完全地溶解，以提高锌焙砂中锌的浸出率。

有的金属氧化物或氢氧化物可与酸、碱发生反应。既能与酸发生反应，也能与碱发生反应的氧化物，称为两性氧化物，如 $Al_2O_3$ 和 ZnO 等。

炼锌的另一类矿物原料是氧化锌矿。氧化锌矿矿物种类繁多，主要的氧化锌矿物有菱锌矿（$ZnCO_3$）、异极矿（$H_2ZnSiO_3$ 或 $Zn_2SiO_4 \cdot H_2O$）、红锌矿（ZnO）、硅锌矿（$Zn_2SiO_4$）和水锌矿［$3Zn(OH)_2 \cdot 2ZnCO_3$］等。

图 2-12 是锌焙砂（ZnO）碱性浸出时使用的电位-pH 图，该图与中性和酸性浸出时使用的图有所不同。一是 pH 值范围大了，因为碱性浸出，pH 值必然要高。二是考虑了碱性浸出反应，多了一条竖线。另外，还有一处区别在于 ZnO 和 $Zn(OH)_2$ 的稳定区。在碱性浸出时，经常使用稳定区为氧化物的电位-pH 图。中性浸出时，考虑到承担除去部分杂质的作用，杂质是以氢氧化物沉淀形式析出的，所以使用稳定区为氢氧化物的电位-pH 图更直观。而碱性浸出，锌焙砂主要成分为 ZnO，Zn 在溶液中不是以 $Zn^{2+}$ 存在的，而是以 $ZnO_2^{2-}$ 形式存在的，使用稳定区为氧化物的电位-pH 图，更容易确定浸出工艺。稳定区是 $Zn(OH)_2$ 还是 ZnO 没有本质区别，因为二者是相关的：

$$Zn(OH)_2 = ZnO + H_2O$$

请注意，有的书上也将 $ZnO_2^{2-}$ 的稳定区以 $Zn(OH)_4^{2-}$ 的稳定区代替。

图 2-12 分析方法与前面的中性、酸性浸出相同。碱性浸出的条件应该选在图中右侧偏上的 $ZnO_2^{2-}$ 稳定区域。

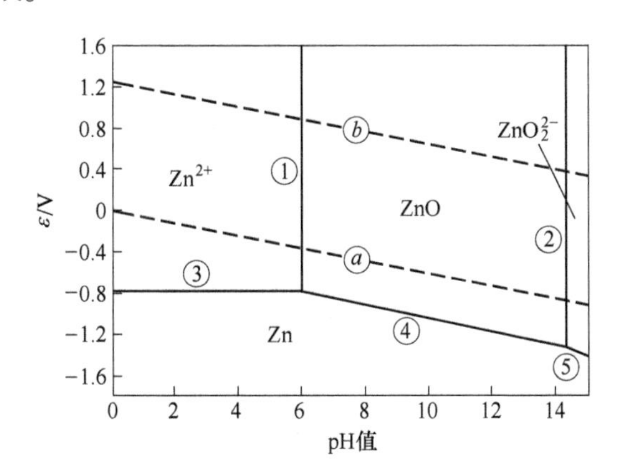


图 2-12　Zn-$H_2O$ 系电位-pH 图（碱性浸出）

由于苛性钠溶液在适当条件下能很好地溶解白铅矿和菱锌矿，相比于酸性、中性浸出过程，减少了焙烧预处理工艺，同时对氧化铅锌矿或烟化富集的铅锌烟尘也有较好的溶解性。苛性钠浸出所得的碱性溶液利用苯酸甲醛树脂作添加剂可有效地电积出金属锌。

氧化锌矿碱性浸出时，$Pb(OH)_4^{2-}$ 溶于水，因此碱性浸出存在杂质 Pb 的问题，读者可进一步参考《碱介质湿法冶金技术》这本书。

2.6.3.2 $Al-H_2O$ 系

铝在地壳中的含量约为 8.8%，地壳中的含铝矿物约有 250 种，但炼铝最主要的矿石资源只有铝土矿，世界上 95%以上的氧化铝是用铝土矿生产的。其主要含铝矿物为三水铝石（$Al_2O_3 \cdot 3H_2O$）、一水软铝石（$Al_2O_3 \cdot H_2O$，莫氏硬度 3.5~4）和一水硬铝石（$Al_2O_3 \cdot H_2O$，莫氏硬度 6.5~7），故可根据其主要含铝矿物的存在形态将铝土矿分为三水铝石型、一水软铝石型、一水硬铝石型以及混合型。

$Al-H_2O$ 和 $Ti-H_2O$ 体系电位-pH 图

铝合金在交通运输以及军事工业上用作汽车、装甲车、坦克、飞机以及舰艇的部件。由于铝的化学性质活泼，极易氧化而很难还原，它的冶炼方法与 Fe、Zn、Pb 和 Cu 等黑色金属、有色金属不同，不能用碳还原 $Al_2O_3$ 或者电解铝盐水溶液的方法以获得纯净的金属铝。例如，用碳还原氧化铝需要约 2100℃ 以上的高温，而得到的只是 Al、$Al_4C_3$ 与 $Al_2O_3$ 的混合熔体；电解铝盐水溶液时，只发生水的分解，金属 Al 不会在阴极上沉积。工业上，金属 Al 是通过电解 $Al_2O_3$ 的冰晶石熔体得到的。目前，冰晶石 $Al_2O_3$ 熔体电解技术仍然是工业上生产金属 Al 的唯一方法，所以 Al 生产包括从铝矿石中生产 $Al_2O_3$ 以及熔盐电解炼铝两个主要过程。

$Al_2O_3$ 生产这一步至关重要，$Al_2O_3$ 的纯度是影响原铝质量的主要因素，同时也影响电解过程的技术经济指标，并关系到原铝的最终生产成本。目前，全世界 90%以上的 $Al_2O_3$ 供电解炼铝用，随着铝工业的蓬勃发展，$Al_2O_3$ 生产已发展成比较大的工业之一，生产 $Al_2O_3$ 的工艺和技术得到不断发展和完善。目前，从铝矿中生产 $Al_2O_3$ 的方法大致可分为 4 类：碱法、酸法、酸碱联合法和热法。

碱法生产 $Al_2O_3$ 包括拜耳法、烧结法以及拜耳—烧结联合法等多种流程，它们的基本原理是：用碱（NaOH 或 $Na_2CO_3$）处理含铝矿石，使矿石中的 $Al_2O_3$ 变成 $NaAlO_2$ 溶液。

图 2-13 是 $Al-H_2O$ 系电位-pH 图，与 ZnO 碱法浸出相似，$Al_2O_3$ 的浸出要将 pH 值控制在较高的 $AlO_2^-$ 稳定区域，浸出 Al 液（拜耳法）的方程式为：

$$Al_2O_3 \cdot 3H_2O + 2NaOH \xlongequal{} 2NaAl(OH)_4$$

酸法是用硫酸、硝酸和盐酸等无机酸处理含铝原料，得到相应铝盐的酸性溶液。该法适用于高硅低铁铝矿物。

酸碱联合法先用酸法从高硅铝矿中制取含铁、钛等杂质的 $Al(OH)_3$，然后用碱法处理。该法的实质是用酸除掉硅，制取 Al 液［$Al(OH)_3$］，然后用碱法除去 Fe 和 Ti 杂质。

热法适用于处理高硅高铁的铝矿。热法实质是在电炉或高炉中还原熔融的矿石，获得硅铁合金（生铁），而氧化铝转移到炉渣中，利用密度差分离，然后再用碱法处理，从炉渣（高铝渣）中提取 $Al_2O_3$。

上述几种方法中最后都要用到碱法。到目前为止，$Al_2O_3$ 工业生产中用到的方法几乎全属于碱法，而全世界 90%以上的 $Al_2O_3$ 和 $Al(OH)_3$ 是用拜耳法生产的。图 2-14 是拜耳法的工艺流程。

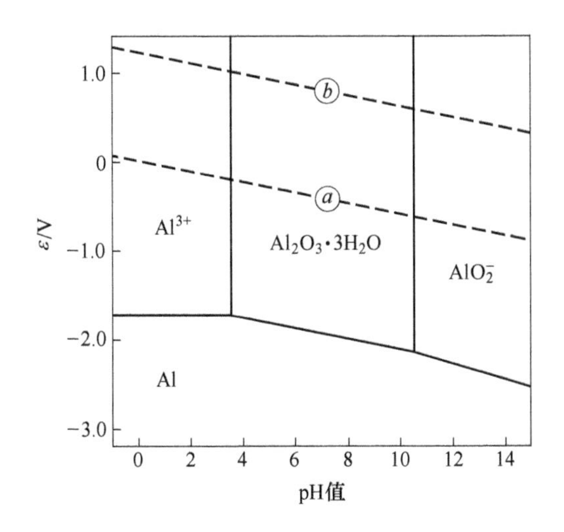


图 2-13 Al-$H_2O$ 系电位-pH 图

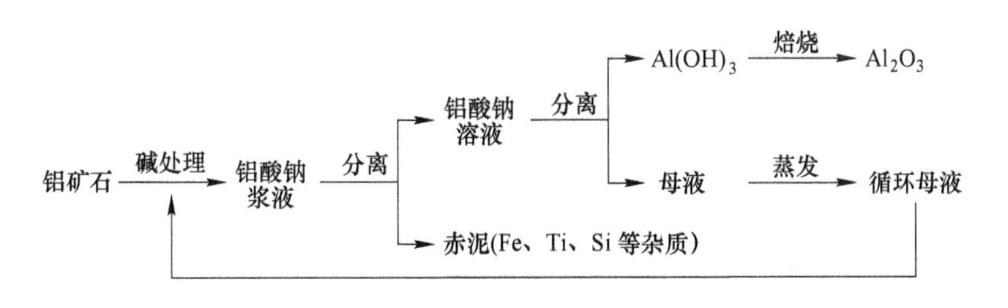


图 2-14 拜耳法的工艺流程

2.6.3.3 Ti-$H_2O$ 系

本小节介绍 Ti-$H_2O$ 系的电位-pH 图及 Ti 的浸出原理，重点是关注“人造”金红石（造钛渣）的思路，造钛渣实际上还要分析 Fe-$H_2O$ 系的电位-pH 图。

Ti 是重要的稀有高熔点金属，用途与 Al 相似，还可用在人工骨骼上，间隙杂质 O、C 和 N 等能使 Ti 的硬度和脆性增大，Ti 的碳化物不但熔点高，而且硬度大，是制造钨-钛硬质合金的主要成分。火箭发电机、燃气轮机所使用的抗氧化合金中也有 Ti 成分。$TiO_2$ 也是重要的颜料，俗称为钛白。

Ti 在地壳中的含量（质量分数）为 0.6%，比 Cu、Ni、Sn、Pb 和 Zn 等常见金属储量都大。目前，含 $TiO_2$ 量大于 1%的钛矿有 140 多种，其中有工业意义的是金红石（$TiO_2$）和钛铁矿（$FeTiO_3$）。钛铁矿含 $w(TiO_2)=6\%\sim35\%$，钛精矿含 $w(TiO_2)=43\%\sim60\%$。目前国内外钛的冶炼精矿都以钛铁矿精矿为主。

图 2-15 是 Ti-$H_2O$ 系的电位-pH 图。如图 2-15 所示，$Ti^{3+}$获得三个电子被还原为 Ti 的电极电位很低，比氢线低很多，和 Al 一样，不能采用水溶液电沉积的办法直接沉积出 Ti 金属。所以，分析这张图另有目的——要富集 $TiO_2$，造富钛渣。

钛铁精矿的处理有两种方法：一是还原熔炼生产高钛渣，以高钛渣或金红石为原料经氯化获得粗 $TiCl_4$，将其精制后得到纯 $TiCl_4$，然后从纯 $TiCl_4$（经 Mg 还原）制取海绵钛或钛白。二是先是用硫酸直接分解钛铁精矿或高钛渣，然后从硫酸溶液中析出偏钛酸，再制取钛白。

电炉还原熔炼法生产钛渣的方法，存在着电能消耗大，不能除去精矿中 CaO、MgO、$Al_2O_3$、$SiO_2$ 等杂质的缺点，它们在下一步氯化作业中使氯气消耗增大，冷凝分离系统负担加重，钛的总回收率降低等。为了解决这一问题，人们采用其他方法除去钛铁矿精矿中的铁，从而得到金红石型 $TiO_2$ 含量较高的富钛物料（称为人造金红石）。这些方法包括选择氯化法、锈蚀法、硫酸浸出法和循环盐酸浸出法等。

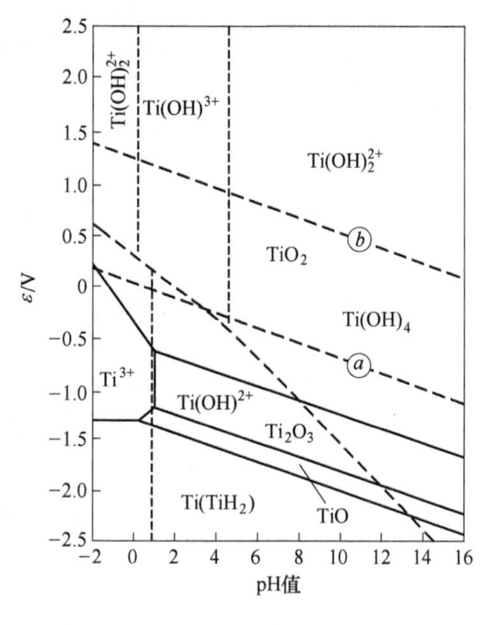

图 2-15 Ti-$H_2O$ 系电位-pH 图（85℃）

锈蚀法实质上是一种选择性浸出法，先将钛铁矿精矿中的氧化铁还原成金属铁，再用水溶液把其中的铁“锈蚀”出来，而使 $TiO_2$ 富集。此法的生产成本较低，在经济上有竞争力。

硫酸浸出法是用硫酸溶液对钛铁矿精矿进行浸出，使铁溶解进入溶液而钛则富集于不溶残渣中。硫酸浸出法多用于钛白生产上，也可用于生产人造金红石。此法适于处理含 $Fe_2O_3$ 高的钛铁矿，它要求还原焙烧使 $Fe_2O_3$ 还原成 FeO 占全铁的 95%以上，然后经磁选脱焦获得人造钛铁矿。浸出的方程式为：

$$FeO \cdot TiO_2 + H_2SO_4 \longrightarrow TiO_2 + FeSO_4 + H_2O$$

还可以使用 HCl，但 HCl 法的浸出速率较慢。

2.6.3.4 Ni-$H_2O$ 系

本小节介绍 Ni-$H_2O$ 系的电位-pH 图，重点是分析络合浸出的 Ni-$H_2O$ 系的电位-pH 图。

Ni-$H_2O$ 和 Ag-$H_2O$ 体系电位-pH 图

Ni 在地壳中的含量（质量分数）约为 3%，次于 Fe、O、Si 和 Mg，而居第五位。镍矿床分为硫化矿和氧化矿两大类。世界镍储量中，硫化矿含量（质量分数）约占 20%，而氧化镍矿含量（质量分数）约占 80%。硫化矿的主要矿物为（Fe，Ni）$_9S_8$ 镍黄铁矿和（Fe，Ni）$_3S_4$ 紫硫镍铁矿。在硫化矿中常常含有 Cu、Co 和 Pt 族元素等。现今镍的产量 50%~60%来自硫化矿，其原矿品位一般为 0.3%~1.5%，冶炼前必须先经过选矿，得到含镍（质量分数）4%~8%的精矿。一般含镍（质量分数）3%以上的富矿可直接冶炼。

氧化矿的主要矿物分为两大类：一类为硅酸镁镍矿和暗蛇纹石，都是高硅镁质的镍矿；另一类为红土矿，它是镍的氧化物和铁的氧化物（褐铁矿）组成的共生矿，含镍（质量分数）1%左右，含铁量（质量分数）高达 40%~50%。由于氧化镍矿难选，故目前占镍产量比重不大（只有约 40%）。但氧化矿占镍储藏量大，特别是红土矿（占 80%），因此是未来提镍的主要原料来源。

由于炼镍原料复杂，故处理工艺较多。镍的生产方法分为火法和湿法两大类，见表 2-1。硫化矿的火法冶炼占硫化矿提镍的 86%，其处理方法是先进行造锍熔炼制取镍锍

（含铜镍锍或称为低镍锍），然后对镍锍进行吹炼，类似于火法炼铜工艺。锍为 FeS 与含 S 量较低的金属硫化物形成的共熔物，在下一章冶金熔体中会详细介绍。吹炼是一种火法冶金技术，适用于黑色金属的精炼以及有色金属硫化物的初级冶金。氧化镍矿的火法冶炼基本上是以电炉还原镍铁为主，少数用鼓风炉进行还原硫化熔炼产出镍锍。

**表 2-1 镍矿的处理方法**

| 矿物 | 火法 | 湿 法 |
| --- | --- | --- |
| 硫化镍矿 | 造锍、吹炼占 86% | 高压氨浸；硫酸化焙烧、常压酸浸占 14% |
| 氧化镍矿 | 电炉还原<br>还原硫化<br>占 84% | 还原焙烧氨浸；高压酸浸占 16% |

硫化镍矿的湿法冶炼约占硫化矿提镍的 14%。通常采用高压氨浸或硫酸化焙烧、常压酸浸两种流程处理。高压氨浸反应方程式为：

$$Ni_3S_2 + 10NH_4OH + (NH_4)_2SO_4 + 9/2O_2 = 3Ni(NH_3)_4SO_4 + 11H_2O$$

为了提高浸出效果，需要提高 $O_2$ 压力，就是“高压氨浸”，优点是选择性溶解有价金属，因氨配体使金属溶出浓度高，其配合物稳定不水解。

氧化镍矿的湿法冶炼约占氧化矿提镍的 16%，通常采用还原焙烧氨浸和高压酸浸的流程处理。选择性还原焙烧是将 NiO 还原为 Ni，CoO 还原为 Co，以及 $Fe_2O_3$ 还原为 $Fe_3O_4$。

图 2-16 是 Ni-$H_2O$ 系的电位-pH 图，比前面的几幅图略复杂些，但是分析方法还是一样的。对于氧化矿酸性浸出的区域应在图中左侧区域。该区域的 pH 值低，需要高浓度的酸，但酸性浸出的范围较小。因此，为了找到更适合的工艺，需要将 $Ni^{2+}$稳定区扩大至中性或弱碱性的区域。Ni 是过渡族元素，其离子可与多种配体形成配离子，配离子有相对更高的稳定性。$NH_3$ 常用作配体，人们自然想到了 $NH_3$。图 2-17 就是 Ni-$NH_3$-$H_2O$ 系的电位-pH 图，图中 1～6 为 $Ni(NH_3)_n^{2+}$氨配体数 $n$ 的数值。在有 $NH_3$ 配体存在的情况下，形成了一个更大的水溶液稳定区。

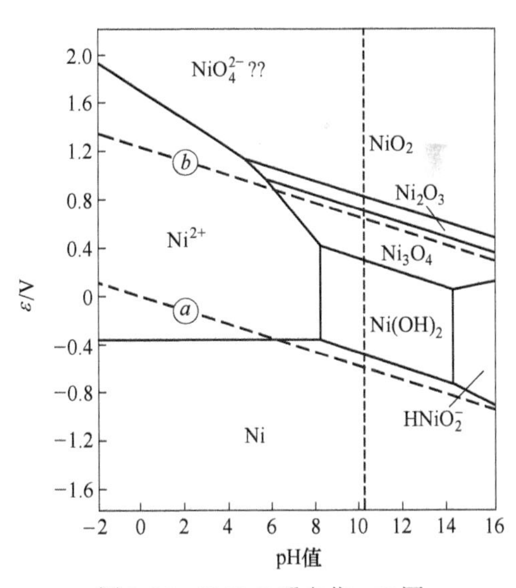

图 2-16 Ni-$H_2O$ 系电位-pH 图

红土矿为镍冶炼的主要矿物资源，其储量占全部镍资源的 75%左右，目前从红土矿提取镍的主要过程为：将原料中的 NiO/CoO 经还原成金属 Ni/Co 形态后，用氨络合浸出，使 Ni/Co 成氨络离子进入溶液，与主要伴生元素 Fe 等分离，再从溶液中提取 Ni/Co，其浸出的原理和工艺如下。

在红土矿还原焙砂中，Ni/Co 主要以金属形态存在，Fe 主要以氧化物形态存在，在氨浸出时，由于 $NH_3$ 与 $Ni^{2+}$ 和 $Co^{2+}$ 等形成稳定络合物，因此在有 $O_2$ 存在下，在

$(NH_4)_2CO_3$-$NH_4OH$ 溶液中金属 Ni 能被氧化成络离子进入溶液，反应为：

$$Ni + 0.5O_2 + nNH_3 + CO_2 = Ni(NH_3)_n^{2+} + CO_3^{2-}$$

当总镍浓度为 0.1mol/L，$NH_3$ 浓度为 5mol/L 时，一直到 pH 值为 12.6 左右才形成 $Ni(OH)_2$ 沉淀；当无 $NH_3$ 存在，则 pH 值为 6.5 时即产生 $Ni(OH)_2$ 沉淀。

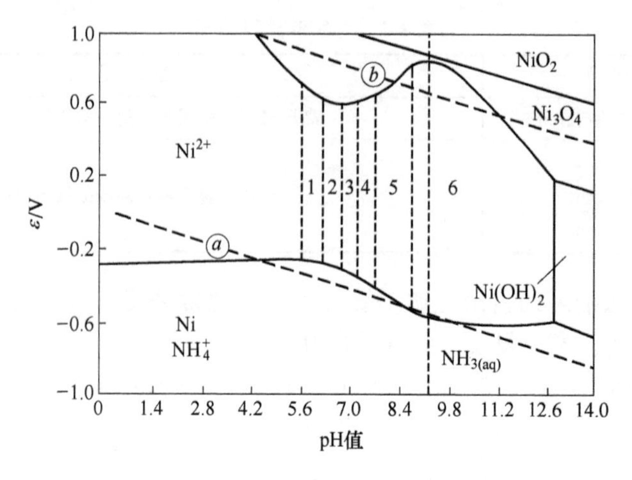


图 2-17　$Ni$-$NH_3$-$H_2O$ 系电位-pH 图

Me-S-$H_2O$ 体系电位-pH 图

### 2.6.3.5　S-$H_2O$ 系和 Me-S-$H_2O$ 系

二元系电位-pH 平衡图在冶金等领域中得到了广泛的应用。然而，严格地讲，二元系平衡图只适用于除了该元素的单质、氧化物、氢氧化物、氢化物、水及水的组成物和离子，以及元素本身组成的离子或水合离子外，不存在其他类型的能溶解的络合物（或其形成物）、不溶解的盐类或气态物质等情况。但是，实际体系往往比二元体系复杂得多。因此导致了平衡图向三元、四元甚至五元等多元系扩展。前一小节中 Ni 的络合浸出就是三元体系，这一小节中将重点介绍针对硫化矿的 S-$H_2O$ 系和 Me-S-$H_2O$ 系的电位-pH 图。

图 2-18 是 S-$H_2O$ 系的电位-pH 图。硫随系统中电极电位及 pH 值的不同而呈不同形态，有 S、$H_2S$、$H_2SO_4$、$SO_4^{2-}$ 以及 $HS^-$ 等。分析这个图与前文分析 Fe-$H_2O$ 系电位-pH 图一样，电位 $\varepsilon$ 高或 $\varphi$ 高时电极得电子、物质失电子，所以物质呈高价的氧化态，如电位为 0.8V 和 pH 值为 6.0 时 S 元素为 $HSO_4^-$ 和 $SO_4^{2-}$，是+6 价的高价态。当电位为−0.8V 和 pH 值为 6.0 时，电极提供电子，S 元素为 $S^{2-}$ 低价态离子。

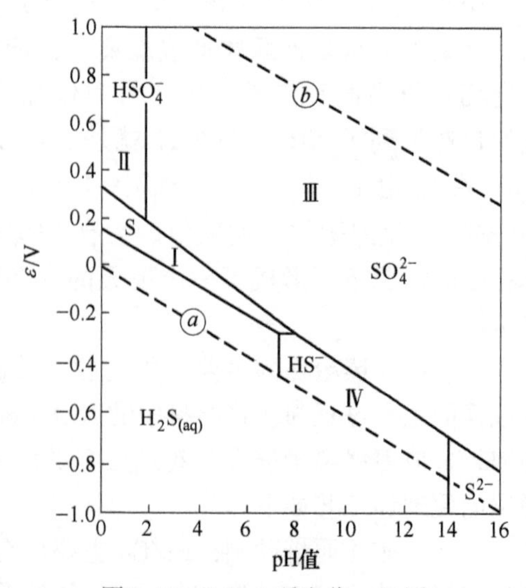


图 2-18　S-$H_2O$ 系电位-pH 图

同样，多元体系的金属元素可能形态有 $Me^{n+}$ 和 $Me(OH)_n$ 等，变价金属则能被还原或氧化，某些酸性较强的金属硫化物（如

$MoS_2$)，则可能成为含氧酸根（如 $WO_4^{2-}$ 和 $MoO_4^{2-}$ 等）。图 2-19 是 Zn-S-$H_2O$ 系的电位-pH 图。从这张图中，可以找到 Zn-$H_2O$ 系和 S-$H_2O$ 系电位-pH 图的影子。若要用 $H_2SO_4$ 浸出 Zn，产物为 $Zn^{2+}$和 $H_2S$，该浸出常称为简单浸出。ZnS 简单浸出要求 $H^+$的浓度很高，在实际生产中，ZnS 是在加压和高温（相对常温）条件下用 $H_2SO_4$ 浸出的。

用 $H_2SO_4$ 浸出 Zn 时，若产物为 $Zn^{2+}$和单质 S，该浸出常称为低酸浸出。对于 ZnS 来讲，在适当的电位和 pH 值条件下，低酸浸出是可行的。

控制溶液的 pH 值，在氧化剂存在的条件下浸出，使 S 或 $S^{2-}$氧化价态为+6 的 S，这种浸出称为氧化浸出。

图 2-20 是 Me-S-$H_2O$ 系电位-pH 图（部分金属硫化物）。对于氧化浸出，从图 2-20 中可见硫化物被氧化的难易程度。MnS 易于被 $O_2$ 氧化，而 CuS 则难以被 $O_2$ 氧化。MeS 被氧化的趋势，决定于氧电极与硫化物电极之间的电位差，电位差越大，硫化物越容易被氧化。请注意，图中最上面的水平线是 $Fe^{3+}/Fe^{2+}$的电势，远高于硫化物低酸性浸出时的电势，所以三价 $Fe^{3+}$可以作为有色金属硫化矿的氧化剂。图中实线对应的是 25℃的情况，两条斜的虚线对应 100℃。在高温下各平衡线的位置将发生移动，在有配体存在的情况下，金属络合离子的稳定区将比 $Me^{2+}$的稳定区扩大些。

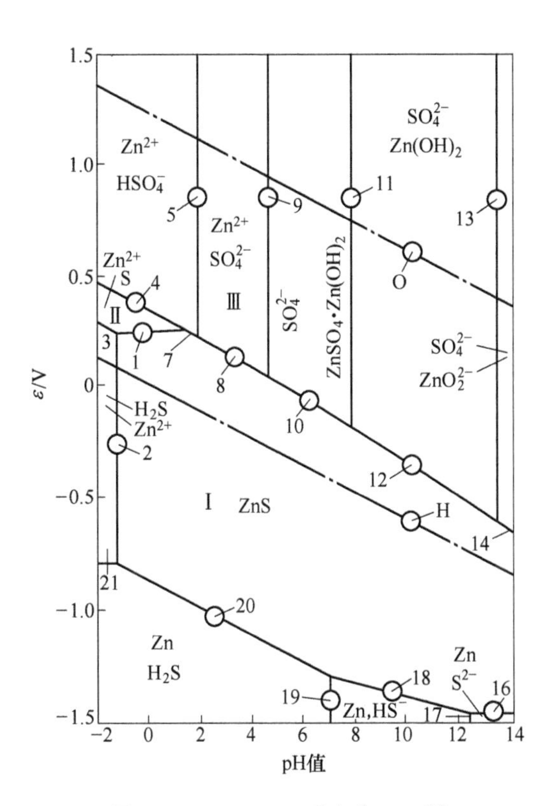


图 2-19 Zn-S-$H_2O$ 系电位-pH 图

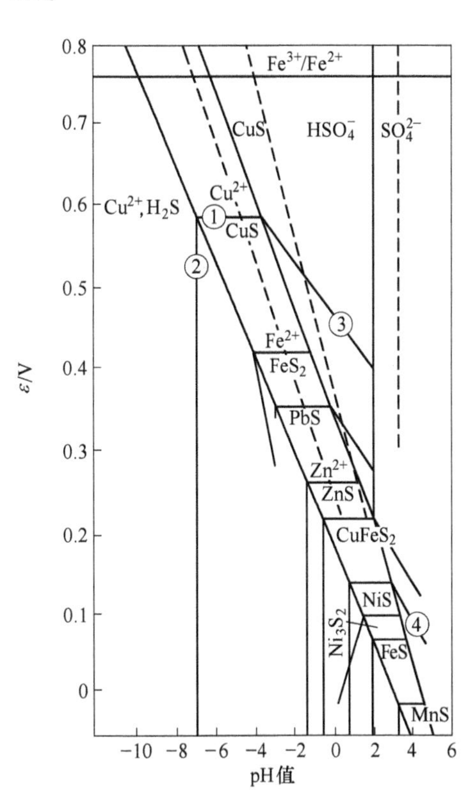


图 2-20 Me-S-$H_2O$ 系电位-pH 图(部分金属硫化物)

### 2.6.3.6 配合浸出

本节最后一个内容——配合浸出。实际上在前面介绍 Ni 的高压氨浸出时，已经涉及这方面的内容了。

这里需要注意的一个知识点还是配位离子使 $Ag^+$在电位-pH 图上的稳定区扩大了，这有利于浸出。

另外一个知识点是电位-pCN 图（电位-配体浓度对数图），如图 2-21 所示。其中，pCN 与 pH 定义相似，规定：

$$pCN = -\lg a_{CN^-} \tag{2-15}$$

在绘制电位-pCN 图时，只是将 pH 值表示为 pCN 的函数即可。

图 2-22 是氰化法提取 Au 和 Ag 的原理图。天然的 Ag 和 Au 矿中，由于 Au 和 Ag 的化学性质不活泼，矿中的金均为自然金。自然金不纯，杂质主要有 Ag、Cu 和 Fe 等。由于化学惰性，Au 和 Ag 难溶于酸、碱。所以，一般的浸出方法难以实现从矿物中浸出 Au 和 Ag。

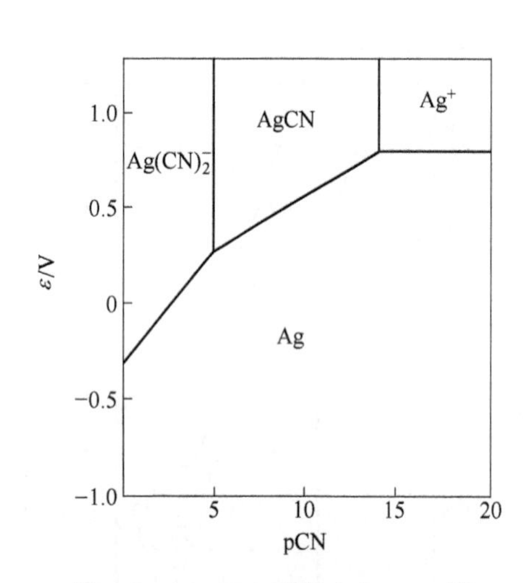


图 2-21　$Ag\text{-}H_2O$ 系的电位-pCN 图

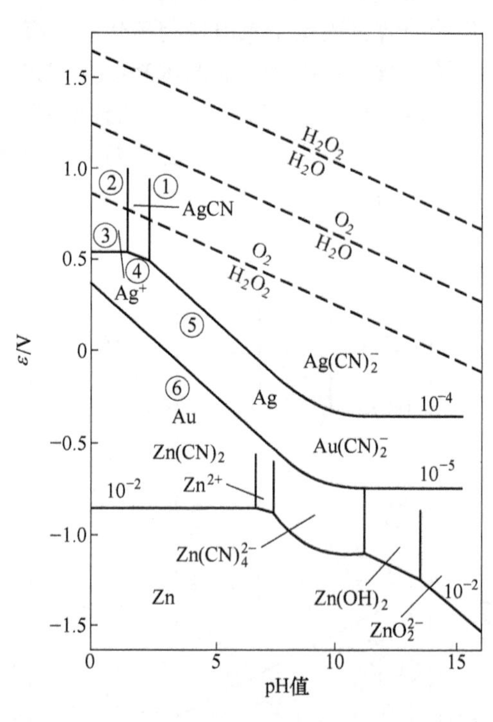


图 2-22　氰化法提取金银的电位-pH 图

但是，在有强氧化剂时，Au 能溶于某些无机酸、氰化物的水溶液。在这些情况下，金溶解都是以配合物形式存在的，而不是简单的 $Au^+$和 $Au^{3+}$等离子。在生产实践中，溶液的 pH 值控制在 8~10 之间，通入空气将 Au 或 Ag 氧化配合溶解，浸出反应如下：

$$2Au + 4NaCN + H_2O + 0.5O_2 = 2NaAu(CN)_2 + 2NaOH$$

$$2Ag + 4NaCN + H_2O + 0.5O_2 = 2NaAg(CN)_2 + 2NaOH$$

溶解得到的 Au 或 Ag 的配合物溶液，生产上通常用 Zn 粉还原出 Au 和 Ag，其反应为：

$$2Au(CN)_2^- + Zn = 2Au + Zn(CN)_4^{2-}$$

$$2Ag(CN)_2^- + Zn = 2Ag + Zn(CN)_4^{2-}$$

需注意，置换前必须将溶液中的空气除尽，以免析出的 Au 或 Ag 反溶，因为配离子间的电位差不大。

扫一扫
查看课件5

浸出液的
净化（1）

# 2.7 浸出液的净化

矿物在浸出过程中，当欲提取的有价金属从原料中浸出时，原料中的某些杂质也伴随进入溶液。为了提高电沉积提取金属的纯度，在沉积前必须将某些杂质除去，以获得尽可能纯净的溶液。例如，将Zn浸出液中的Fe、As、Sb、Sn、Co离子等除至规定以下，将Ni浸出液中的Fe、Cu、Co离子等除至规定的限度以下。这种水溶液中主体金属与杂质元素分离的过程称为水溶液的净化。

工业上经常使用的净化方法有离子沉淀法、置换法、共沉淀法、离子交换法、有机溶剂萃取法等。

## 2.7.1 离子沉淀法

离子沉淀法就是溶液中某种离子在沉淀剂的作用下，形成难溶化合物而沉淀的过程。离子沉淀法的基础是溶度积理论。

为了达到使主体有价金属和杂质彼此分离的目的，工业生产中有两种不同的做法：一是使杂质呈难溶化合物沉淀，而有价金属留在溶液中，这就是溶液净化沉淀法；二是相反地使有价金属呈难溶化合物沉淀，而杂质留在溶液中，这个过程称为制备纯化合物的沉淀法。

湿法冶金过程中经常遇到的难溶化合物有氢氧化物、硫化物、碳酸盐和草酸盐等，但是具有普遍意义的是形成难溶氢氧化物的水解法和呈硫化物沉淀的选择分离法。以下将分别讨论这两种方法的基本原理和应用。

### 2.7.1.1 氢氧化物及碱式盐的沉淀

生成难溶氢氧化物的反应都属于水解过程。金属离子水解反应可以用通式（2-16）表示：

$$Me^{n+} + nOH^- \xlongequal{} Me(OH)_n(s) \tag{2-16}$$

可以推导出$Me^{n+}$水解沉淀时平衡pH值的计算式（2-17）：

$$pH = \frac{1}{n}\lg K_{sp} - \lg K_w - \frac{1}{n}\lg a_{Me^{n+}} \tag{2-17}$$

式中，$K_{sp}$为难溶金属氢氧化物的溶度积；$K_w$为水的离子积，二者均为常数（恒温）。因此，水解平衡时，溶液中残留金属离子活度的对数与pH值呈直线关系，pH值越高，则残留金属离子的活度越小。

图2-23绘出了十几种金属离子活度与pH值的关系。由图2-23可见，随着pH值的增大，溶液中各种离子活度减小。物质的溶度积不同，同一pH值溶液中它们的活度也不同，溶度积越小，溶液中的离子活度越小。例如pH=6.0的竖线与活度线相交，如图2-23中三角符号标记的几种离子，交点越靠下方，金属离子的活度小、$K_{sp}$小；交点越靠上方，金属离子的活度大、$K_{sp}$大。同时还可以看到，在这张图上溶度积小的物质的离子在图的左侧。

在 pH 值较低的一侧，是 4 价的 Sn、3 价的 Co、4 价的 Ce 和 3 价的 Fe，如图 2-23 中浅灰六角形符号标记的离子。在 pH 值较高的一侧，是 2 价的 Co、3 价的 Ce 和 2 价的 Fe，如图中实心六角形符号标记的离子。由对比结果可知，高价金属离子在溶液中先析出。对 Sn 离子也是一样，4 价 Sn 离子对应的 pH 值较低，3 价 Sn 离子对应的 pH 值较高。高价离子氢氧化物的溶度积小，在溶液中比低价离子氢氧化物先析出。了解了这些离子氢氧化物的析出顺序之后，即可控制条件实现各种离子的分离。比如当溶液中含 $Cu^{2+}$ 和 $Fe^{3+}$，控制 pH 值为 4 左右，即可使大量的 $Fe^{3+}$ 以 $Fe(OH)_3$ 形态沉淀，残留量小于 $10^{-6}$mol/L，而 $Cu^{2+}$ 留在溶液中。

但是，图 2-23 是根据浓度积计算单一形态离子的平衡浓度得到的，而 $OH^-$ 是配体离子，因此溶液中金属可能呈多种离子形态。比如，在碱性水溶液中，Zn 就有可能形成 $Zn^{2+}$、$ZnOH^+$、$Zn(OH)_2$、$Zn(OH)_3^-$ 和 $Zn(OH)_4^{2-}$。Zn 的总浓度等于上述几种形态的总和，而要去除某种金属离子，是使其在溶液中的总浓度最低。利用配合物平衡常数、水的离子积和溶度积，可以求解出溶液中各种离子浓度和总浓度随 pH 值的变化关系，可以用图 2-24 表示。由图 2-24 可见，在 pH 值较低的范围内，各种金属离子从溶液中析出的顺序与单一形态离子情况大体相同；但是在高 pH 值范围内，则变化较大，所有的物质溶解度增大，这是因为形成了溶解的配离子的缘故。

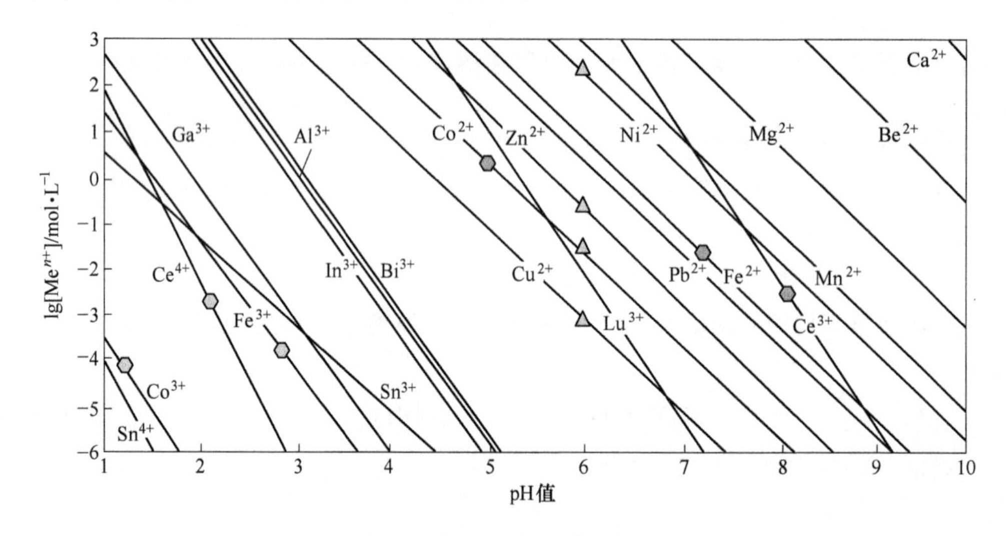


图 2-23 金属离子活度与 pH 值的关系

实践表明，纯净的氢氧化物只能从稀溶液中生成，而在一般溶液中常常是形成碱式盐沉淀析出，如 $ZnSO_4\cdot Zn(OH)_2$、$FeSO_4\cdot Fe(OH)_2$、$ZnCl_2\cdot 2Zn(OH)_2$ 和 $CuSO_4\cdot Cu(OH)_2$ 等。设有碱式盐，其形成反应可用式（2-18）表示：

$$(\alpha+\beta)Me^{n+}+\frac{n}{\gamma}\alpha A^{\gamma-}+n\beta OH^- \xlongequal{} \alpha MeA_{n/\gamma}\cdot\beta Me(OH)_n \tag{2-18}$$

同样可以推导出式（2-19）：

$$pH=\frac{\Delta G^{\ominus}}{2.303n\beta RT}-\lg K_w-\frac{\alpha+\beta}{n\beta}\lg a_{Me^{n+}}-\frac{\alpha}{\gamma\beta}\lg a_{A^{\gamma-}} \tag{2-19}$$

当溶液的 pH 值增加时，先沉淀析出的是金属碱式盐，也就是说对相同的金属离子来

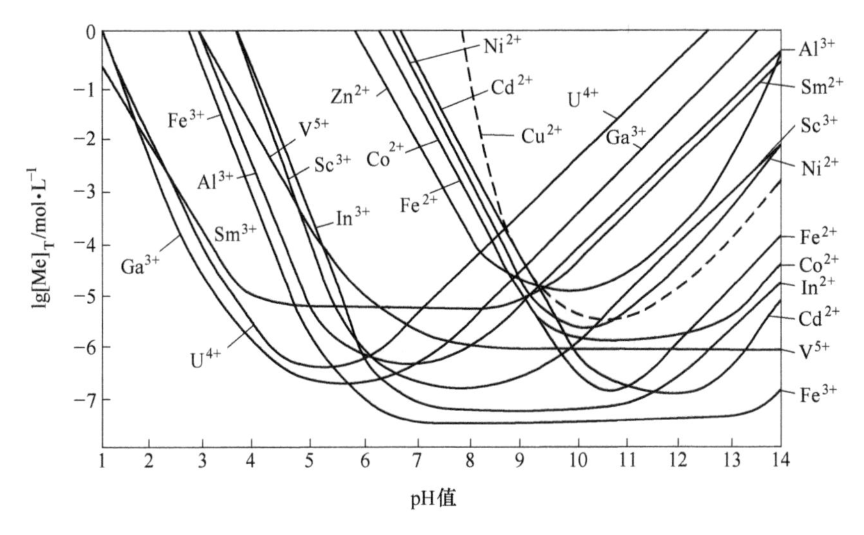


图 2-24 各种离子总浓度随 pH 值的变化关系

说，其碱式盐析出的 pH 值低于纯氢氧化物析出的 pH 值。与氢氧化物的情况一样，三价金属的碱式盐与同一金属二价碱式盐相比较，可以在较低的 pH 值下沉淀析出。因此，为了使金属呈难溶的化合物形态沉淀，在沉淀之前或沉淀的同时，将低价金属离子氧化成更高价态的金属离子是合理的。

2.7.1.2 硫化物沉淀

常见的金属离子，除氢氧化物沉淀之外，还可以形成硫化物沉淀。硫化物沉淀分离金属，是基于各种硫化物的溶度积不同，溶度积越小的硫化物越易形成硫化物而沉淀析出。硫化物在水溶液中的稳定性通常用溶度积来表示。金属硫化物在水溶液中的解离反应可写为：

$$Me_2S_n = 2Me^{n+} + nS^{2-} \quad (2\text{-}20)$$

则金属硫化物的溶度积为：

$$K_{sp} = a_{Me^{n+}}^2 \cdot a_{S^{2-}}^n \quad (2\text{-}21)$$

根据 298K 时 $H_2S$ 的解离常数、水的离子积和金属硫化物的溶度积，可导出一价、二价、三价金属硫化物沉淀的平衡 pH 值的计算式（$a_{H_2S}=0.1\text{mol/L}$），分别为：

$$pH = 11.5 + \frac{1}{2}\lg K_{sp(Me_2S)} - \lg a_{Me^+} \quad (2\text{-}22)$$

$$pH = 11.5 + \frac{1}{2}\lg K_{sp(MeS)} - \frac{1}{2}\lg a_{Me^{2+}} \quad (2\text{-}23)$$

$$pH = 11.5 + \frac{1}{6}\lg K_{sp(Me_2S_3)} - \frac{1}{3}\lg a_{Me^{3+}} \quad (2\text{-}24)$$

生成硫化物的 pH 值不仅与硫化物的溶度积有关，而且还与金属离子的活度和离子价数有关。当溶液的 pH 值大于平衡 pH 值时，生成硫化物沉淀，且采用 $H_2S$ 作硫化剂时，反应产生更强的酸，使溶液的 pH 值下降。因此，随着过程的进行应不断加入中和剂。高温高压有利于硫化沉淀，在现代湿法冶金中已发展出采用高温高压的硫化沉淀过程。

在现代湿法冶金中，形成金属硫化物的沉淀剂是$H_2S$。前文曾经提到过$H_2S$有毒，理应避免使用。但是，实践上之所以还使用$H_2S$，主要是出于经济因素，因为使用其他硫化物沉淀剂（如硫化钠、硫化铵等）的成本较高。

湿法冶金中硫化物沉淀方法的用途有两个：一是去除杂质，二是造某种金属的富集渣。要形成沉淀，首先是向溶液中通入$H_2S$气体，$H_2S$溶于水，解离出$H^+$和$HS^-$，$HS^-$继续解离出$S^{2-}$，然后$S^{2-}$与$Me^{2+}$，形成沉淀。溶液中金属离子的活度，与$H^+$和$S^{2-}$的浓度及金属离子的化合价有关。溶液中金属离子的平衡浓度随pH值升高而降低。因为pH值增大，$H_2S$解离度增大，$S^{2-}$的浓度增高。

但是，并不是pH值越高越有利于形成硫化物沉淀，实际操作上并不是依靠提高pH值来提高$S^{2-}$的浓度，而是提高$H_2S$的分压，使$H_2S$的浓度提高，进而提高$S^{2-}$的浓度。$H_2S$的分压增大，溶解的$H_2S$量增大，$S^{2-}$的浓度增大，所以金属离子浓度降低。

与形成碱式盐相似，在硫化物形成沉淀时，某些硫化物在一定条件下形成$H_2MeS_2$酸性化合物，这些物质的溶解度（溶度积）不是变小而是增大的，在这种情况下，沉淀的效果会变差，且影响因素较复杂。

实际应用中，如图2-25所示，比如镍钴矿高压酸浸得$Ni^{2+}$和$Co^{2+}$浸出液，浸出液中含有$Zn^{2+}$、$Cu^{2+}$、$Al^{3+}$和$Mn^{2+}$，当pH值控制在2.5~2.8时，$Ni^{2+}$、$Co^{2+}$、$Zn^{2+}$和$Cu^{2+}$均发生沉淀，得到硫化物精矿，而$Al^{3+}$（图中未示出曲线）和$Mn^{2+}$则存留在溶液中。

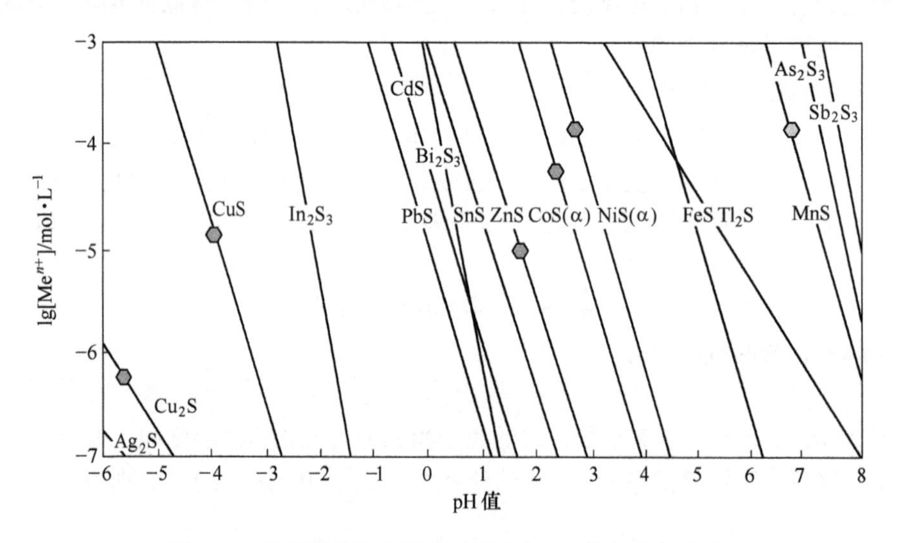


图2-25　某些硫化物金属离子浓度与pH值的变化关系

### 2.7.2　置换沉淀法

浸出液的净化（2）

用较负电性的金属从溶液中置换出较正电性金属的反应称为置换沉淀。置换沉淀法的基础是氧化还原理论。

#### 2.7.2.1　金属间置换

从热力学角度讲，任何金属均可能按其在电位序中的位置被较负电性的金属从溶液中置换出来。

用负电性的金属 Zn 去置换正电性较大的 Cu 比较容易，而要置换较 Zn 正得不多的 Cd 就困难一些。在 Zn 的湿法冶金中，用等物质量的 Zn 粉可以很容易沉淀 Cu，除 Cd 则要用多倍于等物质量的 Zn 粉。

在许多场合下，用置换沉淀法有可能完全除去溶液中被置换的金属离子。然而，置换过程不仅仅决定于热力学，还与一系列动力学因素有关。

影响置换过程及反应结果的重要因素有置换金属与被置换物结合物的组成、置换温度、置换金属用量、置换金属的比表面积、置换时搅拌的作用、溶液的阴离子和表面活性物质的作用以及氧的还原与氢气的析出。

在置换沉淀法实际应用过程中，必须避免副反应：金属的氧化溶解反应（如贵金属 Au 和 Ag 还原时不隔氧处理时发生氧化溶解）、氢的析出反应以及砷化氢或锑化氢的析出反应。

#### 2.7.2.2 加压氢还原

加压氢还原即用氢使金属从溶液中还原析出。氢还原过程所需的热力学条件：在电位-pH 图上只有当金属线高于氢线时，氢还原过程在热力学上才是可能的。为了提高氢还原的驱动力，增大还原程度有两个途径。

第一个途径是靠增大氢的压力和提高溶液的 pH 值来降低氢电极电位。氢的电极电位与 $H_2$ 的压力和 pH 值有关，$H_2$ 的压力增大，pH 值的提高，均可降低氢的电极电位，而且后者比前者更为有效。因为 $H_2$ 压力值增大 100 倍对电位移动的效果只抵得上 pH 值增加一个单位的效果。

第二个途径是靠增加溶液中金属离子浓度来提高金属电极的电位。随着金属离子被还原，$a_{Me^{2+}}$降低，相对地 $H^+$增大，pH 值降低，还原程度（驱动力）$\varepsilon(Me^{2+}/Me) - \varepsilon(H^+/H_2)$ 减小。为了使还原过程进行，溶液中必须保留一定金属最终浓度，同时必须中和掉还原产生的 $H^+$，因此，可以采用氨溶液中进行 $H_2$ 还原，反应方程式如式（2-25）所示。

$$MeSO_4 + H_2 + 2NH_4OH = Me + (NH_4)_2SO_4 + 2H_2O \tag{2-25}$$

由以上分析可以得到如下结论：正电性金属可以在任何酸度下用 $H_2$ 还原，标准电极电位为负的金属的还原，则需保持较高的 pH 值，采用氨缓冲溶液可以满足这个要求。

### 2.7.3 共沉淀法

利用胶体吸附特性除去溶液中的其他杂质的过程称为共沉淀法净化。共沉淀法的基础是吸附理论。

在沉淀过程中，某些未饱和组分也随难溶化合物的沉淀而部分沉淀，这种现象称为“共沉淀”。在介绍共沉淀法净化之前，首先了解一下分散体系的概念。一种物质分散成微粒分布在另一种物质中形成分散体系，被分散的物质称为分散质，分散质周围的介质称为分散剂。

分散体系依据分散质的尺寸可以分为溶液、溶胶和悬浊液 3 类。溶液中分散质被分散成单个的分子或离子，粒子直径在 $1\times10^{-7}$cm 以下。溶胶又称为胶体溶液，它的分散质是由许多分子聚集而成的颗粒，粒子直径在 $10^{-7}\sim10^{-5}$cm 之间。悬浊液中分散质也是由许多分子聚集而成的颗粒，但粒子的直径在 $10^{-5}\sim10^{-3}$cm 之间。

共沉淀产生的原因主要有形成固溶体、表面吸附、吸留和机械夹杂以及后沉淀等几种机制。

#### 2.7.3.1 混晶沉淀

在电解质溶液中，有两种难溶的电解质共存，当它们的晶体结构相同时，它们便以生成固溶体的形式一起沉淀下来，这种沉淀称为混晶沉淀。

例如在 Zn 电解沉积过程中，Zn 电解液（主要含 $ZnSO_4$ 和 $H_2SO_4$）中含有少量的 Pb，它会在阴极析出，从而影响电解 Zn 质量。为了降低电解液中的 Pb 含量，有意向电解液中加入 $SrCO_3$，$SrCO_3$ 在 $H_2SO_4$ 溶液中会转变成难溶的 $SrSO_4$。而 $SrSO_4$ 与 $PbSO_4$ 晶体结构相同，晶格大小相似，在 $SrSO_4$ 沉淀时，未饱和的 $PbSO_4$ 与之形成固溶体而沉淀下来。

#### 2.7.3.2 吸附共沉淀

由于胶体有高度分散性，使细小的胶体粒子具有巨大的表面积，正是由于胶体粒子具有这样巨大的总表面积，致使胶体粒子具有很大的吸附能力，能选择性地吸附电解质溶液中的一些有害杂质。

在湿法冶金过程中，物质在溶液中分散成胶体的现象是经常遇到的，例如锌焙砂中性浸出时，产生的 $Fe(OH)_3$ 就是一种胶体。胶体带有电荷，如 $Fe(OH)_3$ 带负电荷。$Fe(OH)_3$胶体优先吸附溶液中的 $As^{3+}$和 $Sb^{3+}$。加入沉淀剂后 $Fe(OH)_3$ 胶体沉淀时，被吸附的 $As^{3+}$和 $Sb^{3+}$随之一起沉淀。这种利用胶体吸附特性除去溶液中的其他杂质的过程称为吸附共沉淀法净化。

As、Sb 与 Fe 共沉淀的生产实践表明，As 和 Sb 除去的完全程度，主要决定于溶液中的 Fe 含量。Fe 含量越高，溶液中的 As 和 Sb 除去得越完全。一般要求溶液中的 Fe 含量为 As 和 Sb 含量的 10~20 倍。

#### 2.7.3.3 吸留与机械夹杂

吸留是指胶体颗粒快速长大时，吸附在颗粒表面的杂质来不及离开而被包入颗粒体内。机械夹杂是指颗粒间夹带的溶液（母液）中所带进的杂质。

#### 2.7.3.4 后沉淀

后沉淀是指沉淀之后，在静置过程中，溶液中的某些杂质可能慢慢地沉积到胶体颗粒表面上，比如向含 $Cu^{2+}$和 $Zn^{2+}$的酸性溶液中通入 $H_2S$ 时，CuS 沉淀，ZnS 不沉淀，但是 CuS 表面吸附 $S^{2-}$，使表面的 $S^{2-}$浓度增加，导致表面 $S^{2-}$和 $Zn^{2+}$的离子积超过 ZnS 的溶度积，从而 ZnS 沉积到 CuS 颗粒的表面。

影响共沉淀的因素有沉淀物的性质、浓度、温度、沉淀速度和沉淀剂的浓度。大颗粒结晶型沉淀物比表面积小，因而吸附杂质少，而无定型或胶状沉淀物比表面积大，吸附杂质量多。不论对固溶体或表面吸附而言，共沉淀的量均与共沉淀物质的性质密切相关，同时也与其浓度密切相关。对固溶体而言，固溶体中杂质浓度与杂质在溶液中的活度成正比；对表面吸附，单位固体物质吸附的溶质的量均随溶质浓度的增加而增加。温度升高往往有利于减少共沉淀，其原因主要有两个方面，一方面吸附过程往往为放热过程，升高温度对吸附平衡不利；另一方面升高温度往往有利于得到颗粒粗大的沉淀。沉淀剂浓度过大、加入速度过快，一方面导致沉淀物颗粒细，另一方面在溶液中往往造成沉淀剂局部浓度过高（搅拌不均匀的情况下更是如此），使某些从整体看来未饱和的化合物在某些局部过饱和而沉淀，这是形成共沉淀的主要原因之一。

### 2.7.4 离子交换法

浸出液的
净化（3）

接下来介绍离子交换法。离子交换是指当某些材料遇水时，能将本身含有的离子与水中带同类电荷的离子进行交换反应。离子交换与置换反应相似，但是交换不是在原子和离子之间进行的，而是在交换剂上的离子和溶液中的离子间进行的。

凡具有离子交换能力的物质称为离子交换剂，利用离子交换剂来分离和提纯物质的方法称为离子交换法。离子交换法的基础是离子交换反应。

在离子交换技术应用的初期，采用天然材料和无机质交换剂，目前使用的是合成树脂。离子交换树脂是一类带有活性基团的网状结构的高分子化合物，其分子结构可认为是由骨架和活性基团两部分组成。骨架具有庞大的空间结构，它支撑着整体化合物。打个比方，这个骨架就好比是一个毛线团，毛线绳就是高分子体，绳绕在一起成团后，就构成一个有空隙的、离子与小分子可以自由出入的空间结构。活性基团带有可交换的离子，它固定在高分子骨架上，起着提供交换离子的作用。活性基团也分为两部分，一是固定部分，与骨架结合牢固，不能自由移动，称为固定离子；二是活动部分，遇水可电离，并可以在一定范围内自由移动，可与周围水中的其他带同类电荷的离子进行交换反应，称为可交换离子。交换离子为阴离子的树脂，称为阴树脂，如带 $OH^-$ 的树脂，简写为 ROH；交换离子为阳离子的树脂，称为阳树脂，如带 $H^+$ 的树脂，简写为 RH。离子交换就是阳树脂上的阳离子与水中的阳离子交换，阴树脂上的阴离子与水中的阴离子交换，例如：

$$RH + Me^{2+} \longrightarrow RMe + H^+ \qquad (2\text{-}26)$$

离子交换过程通常包括两个阶段。

（1）吸附。含金属离子的水溶液通过离子交换树脂柱时，金属离子就从水相转入树脂相。当金属离子被吸附到饱和时，就停止供液，转入解吸阶段。

（2）解吸。向树脂柱内引入适当溶液以除去前面被吸附的金属离子，这时就得到一种浓的金属离子水溶液，可提取金属。同时树脂也得到再生，可返回使用。

在湿法冶金中最初使用离子交换的是从浸出液中提铀，随后大量研究工作花在提取其他金属上。离子交换过程特别适用于从很稀溶液（10μg/L，或更低）提取金属。对于高于 1%的浓溶液，它是不适用的。

用离子交换法可从含镍溶液中除去杂质锌，从铀矿的分解液中提纯和富集铀，从钨、钼生产废液中回收钨、钼等，都是简单离子交换分离法应用的实例。

### 2.7.5 溶剂萃取法

利用有机溶剂从与其不相混溶的液相中把某种物质提取出来的方法称为溶剂萃取法，它是把物质从一种液相转移到另一种液相的过程。溶剂萃取法的基础是利用物质在两种不互溶（或微溶）溶剂中溶解度或分配比的不同。

溶剂萃取是净化、分离溶液中有价成分的有效方法，是为适应核工业的需要而发展起来的，不仅适用于稀有金属，而且广泛用于有色金属的提取分离以及分析化学和各种化学工业过程；这种方法适合于处理贫矿、复杂矿和回收废液中的有用成分。它具有平衡速率快、选择性强、分离和富集效果好、产品纯度高、处理容量大、试剂消耗少、能连续操作以及有利于实现自动化生产等优点。

萃取在金属的提取冶金中广泛地应用于下列两个方面：（1）从浸出液提取或分离金属，如萃取提铜、镍钴的分离、稀土元素的分离等；（2）从浸出液中除去有害杂质，如镍钴电解液的净化。

## 复习思考题

2-1 水溶液中物质稳定性的影响因素有哪些，影响规律是什么？
2-2 水的 $\varepsilon$-pH 图中水的稳定区域在哪里，该区域随着 $H_2$ 或 $O_2$ 压力如何变化？
2-3 电位-pH 图中点、线、面各代表什么意义，如何选取冶金单元参数？
2-4 电位-pH 图在冶金中有哪些应用？
2-5 绘制热力学平衡图需要遵循哪些原则？
2-6 按浸出反应特点分类，浸出可分为几类，举例说明。
2-7 举例说明金属硫化物和贵金属（金银）的浸出原理。
2-8 根据电位-pH 图，简述 Al 的浸出和湿法生产钛富集渣的原理。
2-9 浸出液需要净化的原因是什么，常用的净化方法有哪些？
2-10 金属的沉淀可采用哪些方法？
2-11 离子沉淀净化的原理是什么，方法有哪些？
2-12 共沉淀净化的原理是什么，共沉淀常用方法有哪些？
2-13 什么是离子交换法，什么是萃取，用途有哪些？

# 3 冶金熔体

扫一扫
查看课件 6

火法冶金冶炼在于炼渣，熔渣就是一种冶金熔体。

冶金熔体的概念与分类

## 3.1 冶金熔体的概念、分类与作用

高炉炼铁、硫化铜的造锍熔炼等众多冶炼过程中，人们得到的是熔融态的产物或中间产品；炼钢、铝电解、粗铜的火法精炼都是在熔融的反应介质中进行的。冶金熔体就是在高温冶金过程中处于熔融状态的反应介质或反应产物（或中间产物）。根据主要成分的不同，冶金熔体分为金属熔体、熔渣、熔盐和熔锍，后三者为非金属熔体。

### 3.1.1 金属熔体

金属熔体是高温冶金过程中的液态金属和合金，如铁水、钢水、粗铜、铝液等。金属熔体不仅是火法冶金过程的主要产品，而且也是冶炼过程中多相反应的直接参加者。炼钢中的许多物理过程和化学反应都是在钢液与熔渣之间进行的。金属熔体的物理化学性质对冶炼过程的热力学和动力学都有很重要的影响。金属熔体的结构、性质等内容将在后面章节中讲述。

### 3.1.2 冶金熔渣

冶金熔渣主要是由冶金原料中的氧化物或冶金过程中生成的氧化物组成的熔体。熔渣是一种非常复杂的多组分体系，由 CaO、FeO、MnO、MgO、$Al_2O_3$、$SiO_2$、$P_2O_5$ 和 $Fe_2O_3$ 等组成。除氧化物外，炉渣还可能含有少量其他类型的化合物甚至金属，如氟化物（如 $CaF_2$）、氯化物（如 NaCl）、硫化物（如 CaS 和 MnS）、硫酸盐等。

熔渣组分有多种来源途径：来源于矿石或精矿中的脉石，如高炉冶炼中的 $Al_2O_3$、CaO 和 $SiO_2$ 等；来源于为满足冶炼过程需要而加入的熔剂，如 CaO、$SiO_2$ 和 $CaF_2$ 等，目的是改善熔渣的物理化学性能；来源于冶炼过程中金属或化合物（如硫化物）的氧化产物，如炼钢中的 FeO、$Fe_2O_3$、MnO、$TiO_2$ 和 $P_2O_5$ 等；来源于造锍熔炼过程，如 FeO 和 $Fe_3O_4$ 等；以及来源于被熔融金属或熔渣侵蚀和冲刷下来的炉衬材料，如碱性炉渣炼钢时 MgO 主要来自镁砂炉衬。

熔渣的量大，一般是 1~5 倍的金属熔体或熔锍的量。根据熔渣在冶炼过程中的作用，可将其分成四类，分述如下。

3.1.2.1 冶炼渣（熔炼渣）

冶炼渣或熔炼渣，是在以矿石或精矿为原料、以粗金属或熔锍为冶炼产物的熔炼过程中生成的，主要作用是汇集炉料（矿石或精矿、燃料和熔剂等）中的全部脉石成分、灰分以及大部分杂质，从而使其与熔融的主要冶炼产物（金属与熔锍等）分离。

高炉炼铁中，铁矿石中的大量脉石成分与燃料（焦炭）中的灰分以及添加的熔剂（石灰石、白云石和硅石等）反应，形成炉渣，从而与金属铁分离。

造锍熔炼中，Cu 和 Ni 的硫化物与炉料中铁的硫化物熔融在一起，形成熔锍；Fe 的氧化物则与造渣剂 $SiO_2$ 及其他脉石成分形成熔渣。

3.1.2.2 精炼渣（氧化渣）

精炼渣或氧化渣是粗金属精炼过程的产物，其主要作用是捕集粗金属中杂质元素的氧化产物，使之与主金属分离。例如，在冶炼生铁或废钢时，原料中杂质元素的氧化产物与加入的造渣熔剂融合成 CaO 和 FeO 含量较高的炉渣，从而除去钢液中的 S 和 P 等有害杂质，同时吸收钢液中的非金属夹杂物。

3.1.2.3 富集渣

富集渣是某些熔炼过程的产物，其主要作用是使原料中的某些有用成分富集于炉渣中，以便在后续工序中将它们回收利用。钛铁矿常先在电炉中经还原熔炼得到高钛渣，再从高钛渣进一步提取金属钛。对于 Cu、Pb 和 As 等杂质含量很高的锡矿，一般先进行造渣熔炼，使绝大部分锡（90%）进入渣中，而只产出少量集中了大部分杂质的金属锡，然后再冶炼含锡渣提取金属锡。

3.1.2.4 合成渣

合成渣指由为达到一定的冶炼目的、按一定成分预先配制的渣料熔合而成的炉渣。如电渣重熔用渣、铸钢保护用渣、钢液炉外精炼用渣等。常见的电焊条的外皮就是一层合成渣。这些炉渣所起的冶金作用差别很大。电渣重熔渣一方面作为发热体，为精炼提供所需要的热量；另一方面还能脱出金属液中的杂质、吸收金属液中的非金属夹杂物。保护渣的主要作用是减少熔融金属液面与大气的接触、防止其二次氧化，减少金属液面的热损失等。

熔渣作为金属液滴或锍的液滴汇集、长大和沉降的介质，在竖炉（如鼓风炉）冶炼过程中，炉渣的化学组成直接决定了炉缸的最高温度。对于低熔点渣型，燃料消耗量的增加，只能加大炉料的熔化量而不能进一步提高炉子的最高温度。在许多金属硫化矿物的烧结焙烧过程中，熔渣是一种黏合剂。烧结时，熔化温度较低的炉渣将细粒炉料黏结起来，冷却后形成了具有一定强度的烧结块或烧结球团。在金属和合金的精炼时，熔渣覆盖在金属熔体表面，可以防止金属熔体被氧化性气体氧化，减小有害气体（如 $H_2$ 和 $N_2$）在金属熔体中的溶解。

熔渣也有副作用，如熔渣对炉衬的化学侵蚀和机械冲刷，会大大缩短炉子的使用寿命。炉渣带走大量热量，大大增加燃料消耗。渣中含有各种有价金属，因此降低了金属的直收率。

### 3.1.3 熔盐

熔盐实际上是一种特殊组成的炉渣、盐的熔融态液体，通常指无机盐的熔融体，常见的熔盐是由碱金属或碱土金属的卤化物、碳酸盐、硝酸盐以及磷酸盐等组成的。

熔盐一般不含水，具有许多不同于水溶液的性质。例如，熔盐的高温稳定性好，蒸气压低，黏度低，导电性能良好，离子迁移和扩散速率较高，热容高，具有溶解各种不同物质的能力等。由于其由离子组成，具有电解质特征，电解过程遵循电化学的基本规律。

熔盐电解对有色金属冶炼来说具有特别重要的意义，在制取轻金属冶炼中，熔盐电解不仅是基本的工业生产方法，也是唯一的方法。如 Mg、Al、Ca、Li 和 Na 等金属，都是用熔盐电解法制得的，Al 和 Mg 的熔盐电解已形成大规模工业生产。又如其他的碱金属、碱土金属、Ti、Nb 和 Ta 等高熔点金属以及某些重金属（如 Pb）的熔盐电解法生产；利用熔盐电解法制取合金或化合物，如 Al-Li 合金、Pb-Ca 合金、RE-Al 合金、WC 和 $TiB_2$ 等。

### 3.1.4　熔锍

熔锍是含硫量比较低的金属硫化物（如 $Cu_2S$、$Ni_3S_2$ 和 CoS 等）与硫化亚铁（FeS）的共熔体，其中往往溶有少量金属氧化物及金属，工业上常称为冰铜。熔锍是 Cu、Ni 和 Co 等重金属硫化矿火法冶金过程的重要中间产物，如硫化铜精矿的火法处理——造锍熔炼，就产出铜锍。金属硫化物熔合，获得锍相；脉石成分与造渣剂熔合，获得渣相；贵金属获得锍相；熔锍一般经过下一步的吹炼过程产出粗金属。

熔锍的性质对于有价金属与杂质的分离、冶炼过程的能耗等都有重要的影响。为了提高有价金属的回收率、降低冶炼过程的能耗，必须使熔锍具有合适的物理化学性质，如熔化温度、密度和黏度等。

## 3.2　冶金熔体的相平衡图

相图是研究和解决相平衡问题的重要工具，也是冶金、材料、硅酸盐和化工等学科理论基础的重要组成部分。火法冶金中如还原熔炼、造锍熔炼、熔盐电解以及火法精炼等高温冶金过程的冶金反应，多发生在不同的相组成的复杂体系中。对这些复杂体系的分析与研究，需要借助相平衡、相律和二元系相图的基本知识。

物理化学等课程介绍过相图的基础知识，例如二元系相图。“材料科学基础”和“金属热处理”等专业基础课和专业课也专门讲述相图内容。这些课程中讲述相图，主要关注的是使用温度下固体材料组织、性能及二者之间的联系。但是，在“冶金原理”中情况就不同了，“冶金”关注的是液态的熔体。在提取冶金中研究相图，不是关注熔渣、熔锍、熔盐或合金的固相组织和力学性能等，相反的是关注固态物质是在什么温度与气氛下变为熔体的，熔融过程是怎样演化的，不同组成物变为熔体后，该熔体的性能如何，关注它的熔化温度、黏度、密度、导电性、扩散系数、表面与界面性能、酸碱性、氧化性、还原性、组分的活度以及它的结构与性能之间的关系，也就是熔体的组成与结构、物理性能、化学性能的关系。以下将回顾一下几类简单的二元相图。

“材料热力学”或“物理化学”中介绍过的“液-气”平衡相图，可以用 $p$-$x$（压强-成分）或 $T$-$x$（温度-成分）图来表示。根据不同情况，$p$ 可以出现极大值、极小值以及无极值。对于二组分完全不互溶系统和完全互溶系统，根据相律，$f$（自由度）= $C$(独立组分数) $-\Phi$(相数) +2，$C=2$，$f=4-\Phi$。对于液-固平衡图，$f_{max}=3$，分别为 $p$、$T$ 和 $x$。对于凝聚体系（不含气相或气相可以忽略的体系）来说，在温度和压强这两个影响系统平衡的外界因素中，压强对不包含气相的固液相之间的平衡影响不大，变化不大的压强实际上不影响凝聚体系的平衡状态。

因此，对凝聚相系统，通常可以认为压力（压强）是固定的，$f=2$，可用温度-组分图来讨论。这个温度-成分图（$T$-$x$）就是通常所说的“相图”。

### 3.2.1 二元相图简单回顾

二元相图按互溶、反应化合与否可分为：

（1）形成简单低共熔混合物的二元合金系统，就是“材料科学基础”中的“共晶”相图，包括完全共晶、部分共晶（低共熔物可部分互溶）；

（2）形成完全互溶的固溶体的二元合金系统，就是“材料科学基础”中的“匀晶”相图；

（3）转熔型部分互溶的二元合金系统，就是“材料科学基础”中的“包晶”相图；

（4）形成化合物的相图。

此外，还有其他类型的相图，如共析、包析、偏晶、熔晶、无序-有序转变和同素异晶转变等，这些相图在物理化学中都讲述过，在专业课、专业基础课中，又对它们赋予了新的“名词”，术语改变了，内容上并没有新的东西。有关二元相图更详细的内容，请参阅《物理化学》、《材料科学》等相关书籍，以下介绍有关三元相图的分析方法和典型冶金熔体的相图。

### 3.2.2 三元相图基础

浓度三角形的性质

根据相律$f=C-\Phi+2$，这里“2”指温度和压力。通常在恒压条件下讨论熔体的相平衡，因为压力对液固平衡的影响不大，所以$f=C-\Phi+1$。对于三元凝聚体系，$C=3$，$f=4-\Phi$。体系至少有1个相，$f=3$，即三元体系的最大自由度为3。这三个自由度分别是温度和两个组分浓度。因此，要完整地描述三元凝聚体系的状态，必须采用三维空间图形。在这种立体图中，底面上的两个坐标表示体系的组成（即组分的浓度），垂直于底面的坐标表示温度。

#### 3.2.2.1 浓度三角形

与二元系一样，三元系的组成既可以用质量分数，也可以用摩尔分数表示。通常采用三条边被均分成一百等份的等边三角形来表示三元系的组成，这个三角形被称为浓度三角形，如图3-1所示。浓度三角形的三个顶点表示三个纯组分A、B、C；三条边分别代表AB、BC和CA三个二元系，其组成表示法与二元系完全一样。三角形内部的任意一点都表示一个含有A、B、C三个组分的三元系的组成。

设三元系中任一体系的组成为$P$点，如图3-1（a）所示，则该体系中三个组分的含量可用下述方法求得：过$P$点分别作BC、AC和AB三条边的平行线$II'$、$JJ'$和$KK'$，按逆时针（或顺时针）方向读取平行线在各边所截取线段的长度$a$、$b$和$c$，则$P$点所表示的体系中组分A、B、C的浓度分别为$a\%$、$b\%$和$c\%$。

根据等边三角形的几何性质，不难证明所截三条线段的长度$a$、$b$、$c$之和等于该等边三角形的边长，即

$$a+b+c=\mathrm{AB}=\mathrm{BC}=\mathrm{CA}=100 \tag{3-1}$$

实际上，$P$ 点的组成可用双线法确定。如图 3-1（b）所示，过 $P$ 点引三角形两条边 AB 和 AC 的平行线，与 BC 边分别交于 $j$ 点和 $k$ 点，则线段 $jk$、$k$C 和 B$j$ 的长度分别表示 $P$ 体系中组分 A、B 和 C 的含量。

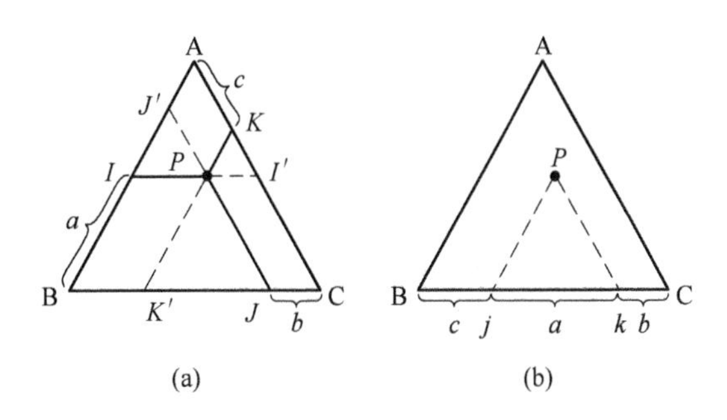


图 3-1　浓度三角形表示法

### 3.2.2.2　浓度三角形的性质

A　等含量规则

如图 3-2 所示，在浓度三角形中平行于某边的任一直线上，其所有体系点中对面顶点组分的含量均相等。

B　等比例规则

如图 3-3 所示，在浓度三角形某一顶点到其对边的任一直线上，各物系点中所含另两个顶点所表示的组分的量之比为一定值。

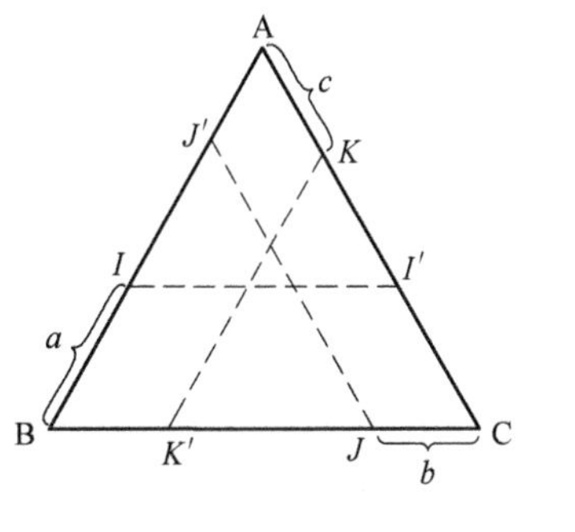


图 3-2　等含量规则

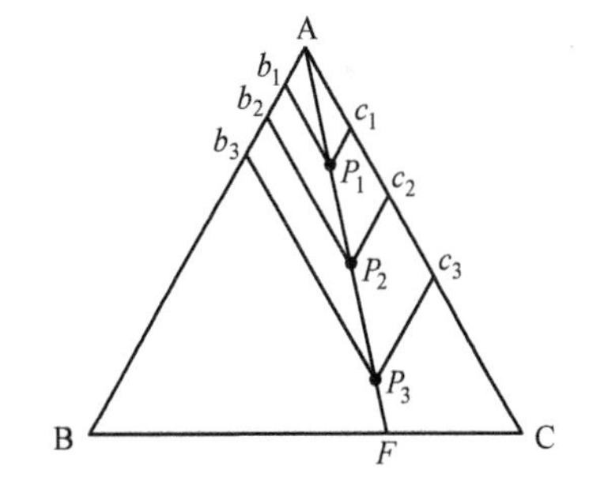


图 3-3　等比例规则

C　背向规则

如图 3-4 所示，随着冷却凝固过程的进行，液相中 A 组分的含量不断减少，据等比例规则可知，剩余液相的组成点 $L$ 必定在 A$P$ 连线的延长线 A$S$ 上变化，因此 $L$ 点将沿着 A$S$ 线、朝着背向顶点 A 的方向移动。

D　直线规则

如图 3-5 所示，当由 $M$ 和 $N$ 两个物系混合成一个新物系 $P$ 时，则物系 $P$ 的组成点必落在 $MN$ 连线上，其具体位置根据杠杆原理确定。

E　重心规则

如图 3-6 所示，在浓度三角形 ABC 中，当由物系 $M$、$N$ 和 $Q$ 构成一新物系 $P$ 时，则

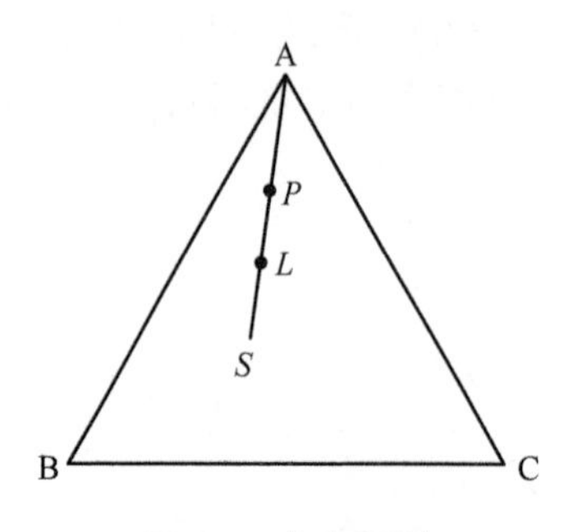

图 3-4 背向规则

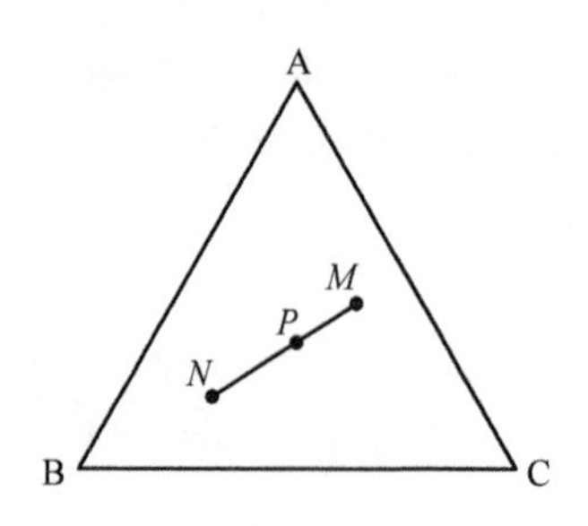

图 3-5 直线规则

物系 *P* 的组成点必定落在三角形 *MNQ* 的重心位置上，这就是重心规则。需要强调的是，这里所讲的重心是三个原始物系的物理重心，而不是浓度三角形的几何重心。只有当三个原始物系的质量（或摩尔分数）相等时，这两个重心才会重合。*P* 点的具体位置可以两次运用直线规则来确定。

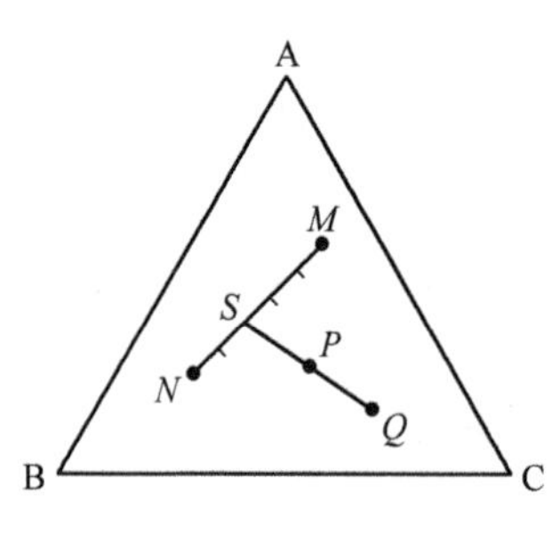

图 3-6 重心规则

F 交叉位规则

如图 3-7 所示，当由物系 *M* 与 *N* 混合成新物系 *P* 时，必须从 *M* 与 *N* 的混合物取出若干量的 *Q* 才行。反之，若想从物系 *P* 中分离出物系 *M* 和 *N*，则必须向 *P* 中加入一定量的 *Q*。

G 共轭位规则

如图 3-8 所示，若要由物系 *Q* 得到新物系 *P*，必须从物系 *Q* 中取出若干量的物系 *M* 和 *N*。反之，若想从物系 *P* 中分离出物系 *Q*，则必须向物系 *P* 中加入一定量的物系 *M* 和 *N*。

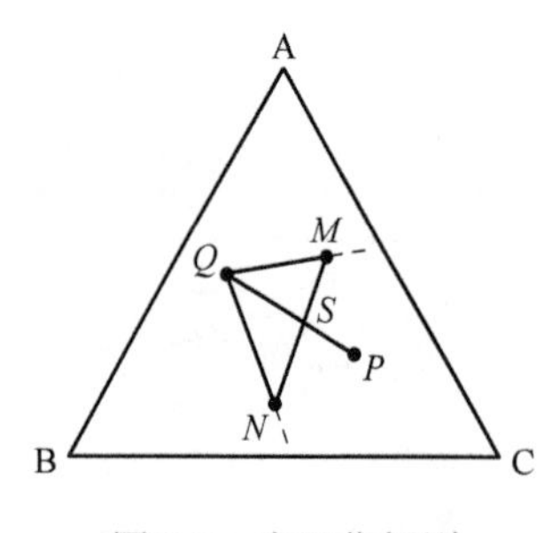

图 3-7 交叉位规则

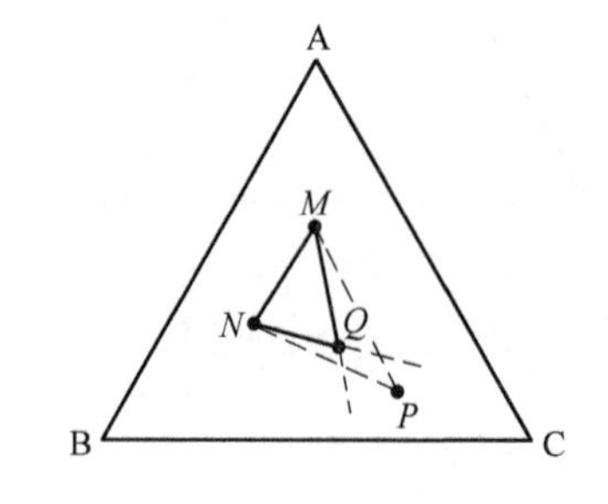

图 3-8 共轭位规则

3.2.2.3 简单三元共晶相图

简单三元共晶相图

三元系相图必须用立体图形来表示。它是一个以浓度三角形为底面，以垂直于底面的纵坐标表示温度的三棱柱体。在实际应用中，一般采用平面投影图和等温截面图来描述三元系的相平衡。

图 3-9 是具有一个低共熔点的简单三元低共熔体系的立体状态图，在材料科学中称为简单三元共晶，两种称谓的区别是材料科学关注冷却过程，而冶金领域关注

熔化过程。图 3-9 中三个侧面分别表示 AB、BC 和 CA 3 个具有一个低共熔点的简单二元系相图，$E_1$、$E_2$ 和 $E_3$ 为相应的二元低共熔点（共晶点）。该体系的特点是，三个组分 A、B、C 在液态时完全互溶，而在固态时完全不互溶，体系中不生成化合物，只形成一个三元低共熔混合物。

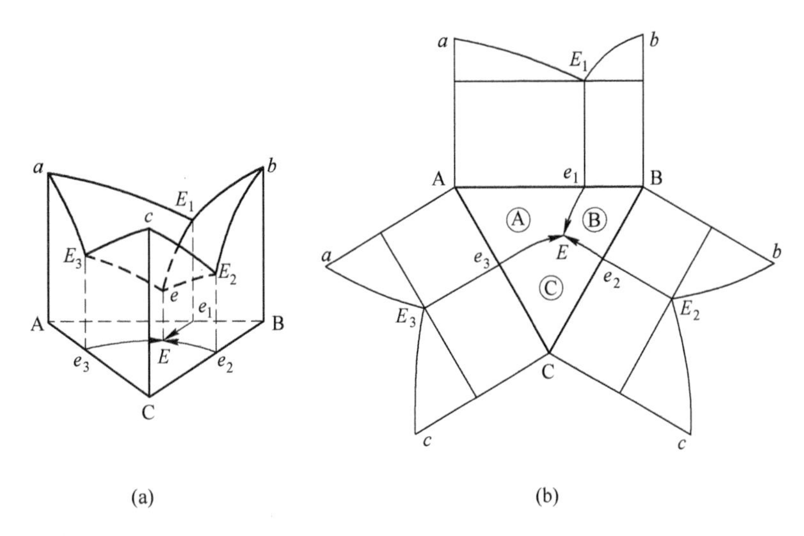


图 3-9　简单三元共晶相图

（a）立体图；（b）展开图

简单三元共晶相图在“材料科学基础”课程中有详细介绍，这里仅回顾一下该三元系相图中面、线、点及空间区域的内容。

液相面又称为初晶面，自由度$f=2$，液相与 1 个固相相平衡，例如：

$$L \longrightarrow A \tag{3-2}$$

界线又称为沟线，即两个液相面相交得到的空间曲线，自由度$f=1$，液相与两个固相相平衡，例如：

$$L \longrightarrow A + B \tag{3-3}$$

无变点是三元共晶点，三元无变点是三条界线（或三个液相面）的交点，也称为三元零变点，自由度$f=0$，液相与三个固相相平衡，发生三元共晶反应：

$$L \longrightarrow A + B + C \tag{3-4}$$

关于空间区域，如图 3-10 所示，在三个液相面上部的空间是熔体的单相区，$f=3$。通过三元低共熔点 $e$、平行于浓度三角形底面的平面称为固相面，在固相面以下的空间区域为固相区，体系处于三相平衡状态，$f=1$。值得注意的是，这里指的固相面仅仅是为便于区分立体相图的空间区域而定义的，实际上它是四相平衡的相区，这个相区是由共面的四个点（$a_0$、$b_0$、$c_0$ 和 $e$）组成的。

在液相面与固相面之间的空间为液相与固相平衡共存的区域，称为结晶空间（或结晶区，准确地讲应为凝固区），实际上结晶空间并不是一个整体，对于简单三元低共熔体系，它是由 3 个一次结晶空间和 3 个二次结晶空间构成的。

在一次结晶空间中，液相与一个固相共存，体系处于两相平衡状态，$f=2$，如图 3-11（a）所示。

二次结晶空间是液相与两个固相平衡共存的区域，此时体系处于三相平衡状态，$f=1$，如图 3-11（b）所示。

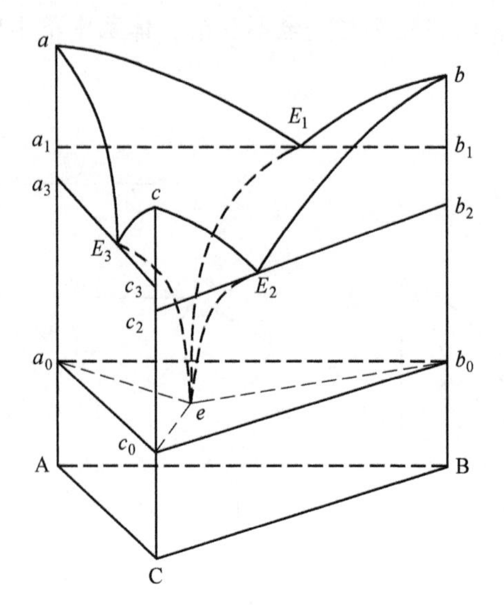


图 3-10　简单三元共晶相图的立体图

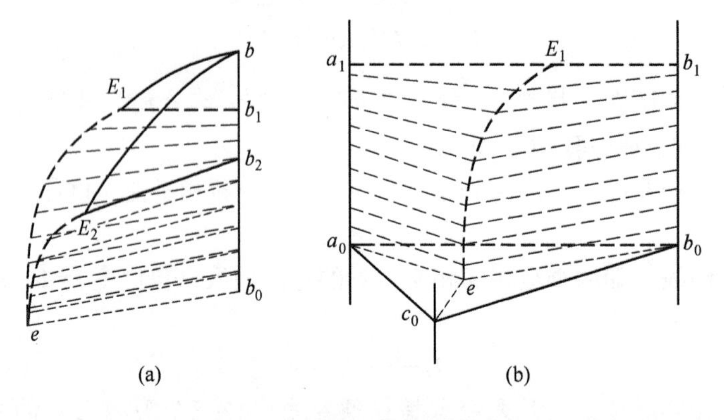


图 3-11　简单三元共晶相图
（a）一次空间；（b）二次空间

三元系统的立体状态图虽然有助于建立三元相图的立体概念，但不便于实际应用，为此把立体图向浓度三角形底面投影成平面图，如图 3-9（b）所示，展开图中间的三角形就是一个平面投影图。在平面投影图上，立体图上的三个空间曲面（液相面）分别投影为相应的平面区域，即三个初晶区Ⓐ、Ⓑ和Ⓒ；三条空间界线 $E_1e$、$E_2e$ 及 $E_3e$ 相应地投影为平面界线 $e_1E$、$e_2E$ 及 $e_3E$，并且用箭头表示其温度下降的方向。

为了能在平面投影图上表示温度，还需要在投影图中标出等温线。三元相图中的等温线是利用等温截面得到的。等温截面是指立体图上平行于浓度三角形底面、与立体图相截的平面，如图 3-12 所示。以一定的温度间隔作一系列的等温截面，与液相面相截得到一系列的截线，即空间等温线。将所得的空间等温线投影到底面上，并标出相应的温度值，即得到平面投影图上的等温线。等温线严格地说是体系中所有熔化温度相同的体系组成点的连线。关于熔化温度的概念，将在后面内容中详细讲述。

虽然大多数实际三元系的相图非常复杂，但它们通常都是由一些基本的三元系相图组合而成的。根据体系中化合物的性质（一致熔融或不一致熔融）以及组分在液相和固相中溶解的情况（完全不互溶、部分互溶和完全互溶等），可将三元系相图分为5种基本类型，即低共熔型三元相图、生成一致熔融化合物的三元相图、生成不一致熔融化合物的三元相图、固相完全互溶型三元相图和具有液相分层的三元相图。一致熔融化合物就是“材料科学基础”中讲到的稳定的化合物；不一致熔融化合物，就是不稳定的化合物。这里主要讨论前三种类型的三元相图，并分析典型熔体的冷却过程（绘出冷却曲线）。

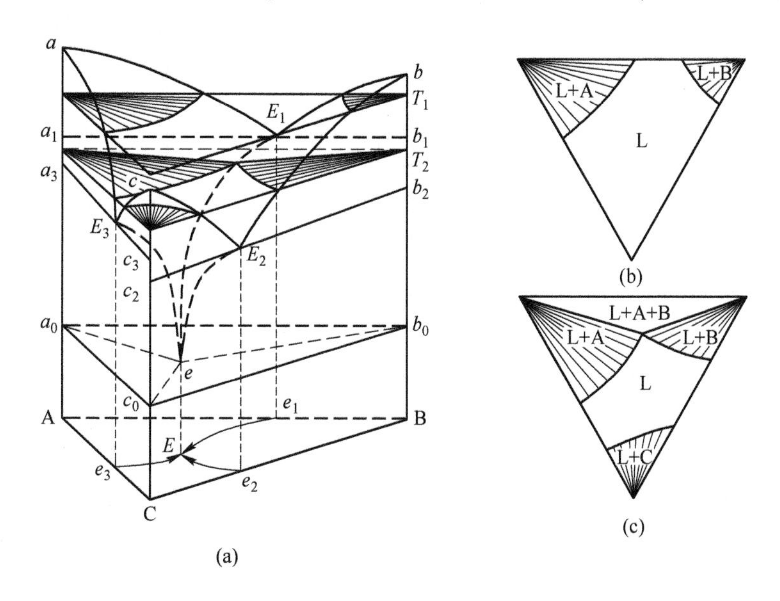


图 3-12 简单三元共晶相图的等温截面图

（a）立体截面图；（b）$T_1$ 温度下的截面图；（c）$T_2$ 温度下的截面图

在简单三元共晶相图中任取一物系点 $M$，如图 3-13 所示，在冷却过程中，当与初晶面 $Be_1Ee_2B$ 相交于 $M$ 点时，则开始由液相析出组元 B，即 L→B。

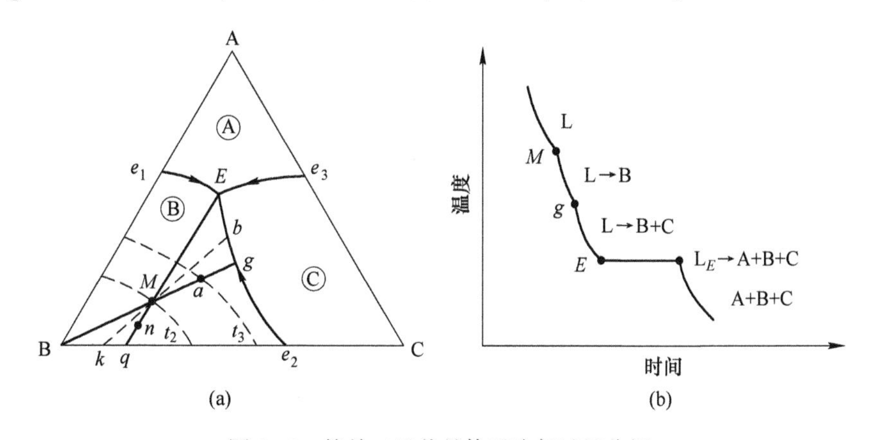


图 3-13 简单三元共晶体系冷却过程分析

（a）$M$ 成分合金冷却过程分析；（b）$M$ 成分合金冷却曲线

剩余的液相将按背向浓度三角形纯组元 B 的方向移动，此过程直至与 $e_2E$ 线相交于 $g$ 点为止。此时，初晶 B 的相对量可用 $Mg/Bg$ 线段之长度比来表示。

继续冷却时，液相成分线沿二元共晶沟线 $e_2E$ 移动，同时析出 B 和 C 的二元共晶，其反应为 L→B+C。

当冷却至 $b$ 时，液相的相对量可用 $kM/kb$ 表示。固相的相对总量为（$1-kM/kb$），而固相中 B 与 C 的相对量是多少，可由杠杆规则求得，$k$ 点的相组成为 B+C，其中 B 的含量用线段 C$k$ 表示，C 的含量用线段 B$k$ 表示。

当冷却至 $E$ 时，剩余的液相发生三元共晶反应，即 L→A+B+C。

在 $E$ 点自由度 $f=0$，在冷却曲线上出现平台，直到液相耗尽，全部转化为固相。再继续冷却时，为固相 A+B+C 的降温。

#### 3.2.2.4 生成一致熔融化合物的三元系相图

一致熔融化合物指的是在熔融时所产生液相的组成与化合物固相的组成完全相同的化合物。一致熔融化合物与正常的纯物质一样具有确定的熔点，就是“材料科学基础”中的稳定化合物。这里介绍 3 种该类相图：生成一个二元一致熔融化合物、两个二元一致熔融化合物和一个三元一致熔融化合物的情况。

生成化合物的三元相图

##### A 生成一个二元一致熔融化合物

该体系特点如图 3-14 所示，生成一个二元一致熔融化合物 D，有 4 个初晶区、5 条界线（二元低共熔线 $e_1E_1$、$e_2E_2$、$e_3E_2$、$e_4E_1$ 和 $E_1E_2$）和两个无变点（三元低共熔点——$E_1$ 和 $E_2$），D 的组成点位于其初晶区内，CD 将 ABC 三元系划分为两个子三元系。熔体落在某一子三元系内，则液相必在相应的无变点结束析晶。$m$ 点是整条 $E_1E_2$ 界线上的温度最高点。

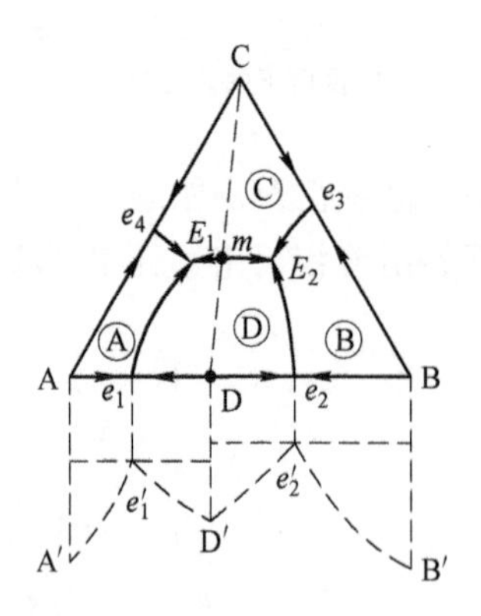


图 3-14 生成一个二元一致熔融化合物的三元体系相图

##### B 生成两个二元一致熔融化合物

该体系特点如图 3-15 所示，生成两个二元一致熔融化合物 D 和 F，有 5 个初晶区，7 条界线（二元低共熔线—— $e_1E_1$、$e_3E_1$、$e_2E_2$、$e_4E_3$、$e_5E_3$、$E_1E_2$、$E_2E_3$），3 个无变点（三元低共熔点—— $E_1$、$E_2$、$E_3$），D、F 的组成点均位于其初晶区内，可以用两条连线将原三元系划分成 3 个子三元系。形成多个化合物时，需正确划分子三角形。

欲正确划分子三角形，还需要了解一下“连线”的概念。三元相图中的界线代表了液相与两个固相平衡共存的状态。在三元相图中，连线指的是连接与界线上的液相平衡的两个固相组成点的直线。一般地，在三元相图中，每一条界线都有与之相应的连线。BD连线是错误的，因为没有与该连线相对应的界线。

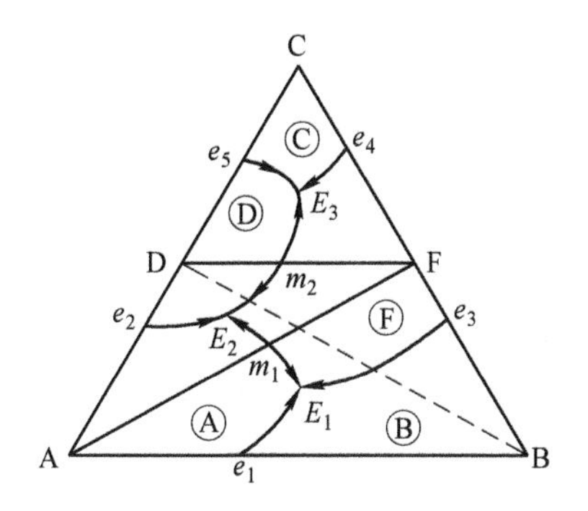


图 3-15　生成两个二元一致熔融化合物的三元体系相图

C　生成一个三元一致熔融化合物

该体系特点如图 3-16 所示，生成了一个三元一致熔融化合物 D，D 的组成点位于其初晶区内，AD、BD 和 CD 分别代表一个独立的二元系。$m_1$、$m_2$ 和 $m_3$ 分别是这三个二元系的低共熔点。ABC 三元系被划分成 3 个简单三元系。

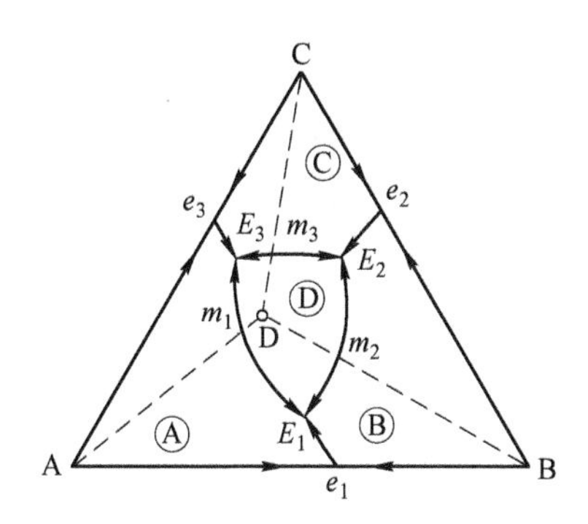


图 3-16　生成一个三元一致熔融化合物的三元体系相图

### 3.2.2.5　生成不一致熔融化合物的三元相图

如果一个化合物被加热至某一温度时发生分解，形成一个液相和另一个固相，且二者的组成皆不同于化合物固相的组成，则称该化合物为不一致熔融化合物。不一致熔融化合物是一种不稳定的化合物，它既可以是二元化合物，也可以是三元化合物。

A　生成一个二元不一致熔融化合物

该体系特点如图 3-17 所示，A 和 B 两组元间生成一个不一致熔融化合物 D，D 的组成点不在其初晶区范围内。原因是在 AB 二元相图中，D 的组成点不在与 D 平衡的液相线组成范围内。

判断化合物性质的规则如下：一致熔融化合物的成分点在其初晶区之内，而不一致熔融化合物的成分点在其初晶区之外。

连线 CD 不代表一个真正的二元系，不能将 ABC 三元系划分成两个独立的子三元系。因为 D 点与其初晶区必然联系在一起，不能分开讨论。

在三元相图中规定用单箭头表示低共熔线的温度下降方向，用双箭头表示转熔线的温度下降方向。转熔就是对应“材料科学基础”中发生包晶反应的过程，转熔点的液相与初晶反应生成不稳定的化合物，详见下述冷却过程分析，如图 3-18 所示。

成分点“1”的情况：

液相点：$1 \xrightarrow[f=2]{L \rightarrow B} a \xrightarrow[f=1]{L \rightarrow B+C} \underset{f=0}{P}$，在 $P$ 点发生包晶反应：

$$L_P + B \longrightarrow D + C \tag{3-5}$$

固相点：$B \xrightarrow{B+C} b \xrightarrow{B+C+D} 1$

成分点“2”的情况：

液相点：$2 \xrightarrow[f=2]{L \rightarrow B} a \xrightarrow[f=1]{L \rightarrow B+C} \underset{f=0}{P}(L_P + B \rightarrow C + D) \xrightarrow[f=1]{L \rightarrow C+D} \underset{f=0}{E}(L_E \rightarrow A + C + D)$

固相点：$B \xrightarrow{B+C} n \xrightarrow{B+C+D} d \xrightarrow{C+D} h \xrightarrow{A+C+D} 2$

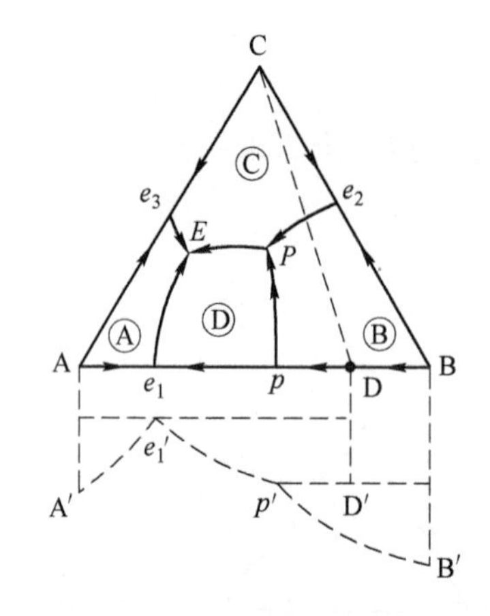


图 3-17　生成一个二元不一致熔融化合物的三元体系相图

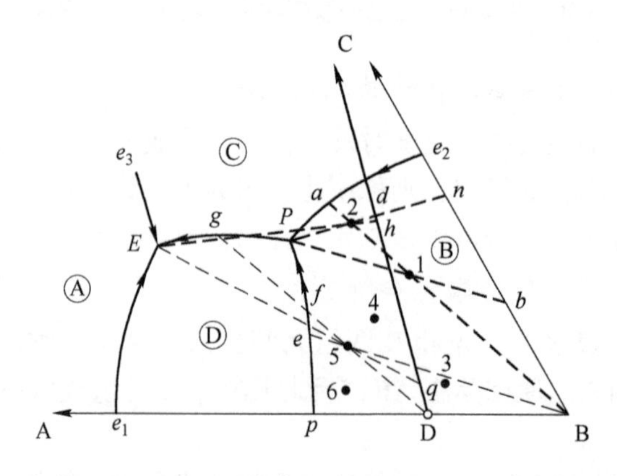


图 3-18　生成一个二元不一致熔融化合物的三元体系相图（富 B 角）

B　生成一个三元不一致熔融化合物

该体系特点如图 3-19 所示，三元化合物 D 不在其初晶区内，是不一致熔融化合物，是不稳定化合物。限于课程的性质，这里不做深入讨论，请查阅其他著作。

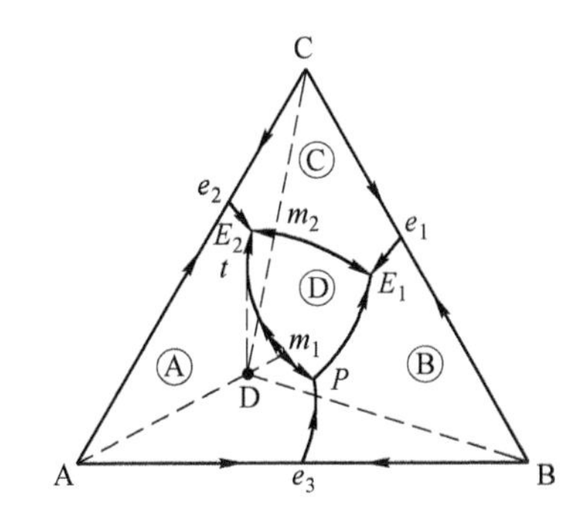


图 3-19　生成一个三元不一致熔融化合物的三元体系相图

### 3.2.3　熔渣的相平衡图

扫一扫
查看课件 7

学习三元相图基础知识目的是分析冶金熔体的相平衡图，特别是熔渣的三元相图，这些内容包括 $CaO-Al_2O_3-SiO_2$ 三元熔渣体系的相平衡图（三角形划分、化合物及其性质判别、无变点及其性质判别）、$CaO-FeO-SiO_2$ 三元熔渣体系的相平衡图（相图分析、等温截面图及其炼钢中的应用）、$Na_3AlF_6-AlF_3-Al_2O_3$ 三元相图分析以及 Cu-Fe-S 三元相图（相图分析、等温截面图及其造锍熔炼中的应用）。在介绍这些冶金熔体三元相图之前，需要学习与之相关的重要的二元相图（二元熔渣体系、二元熔盐和二元熔锍的相平衡图），为理解三元相图做准备工作。

#### 3.2.3.1　重要的二元熔渣系相平衡图

重要的二元
熔渣相图

把相图基础理论与冶金生产实践相结合，是学习相图的根本目的。实际应用的相图远较前面介绍的复杂，一方面是因为炉渣的化学组成复杂，另一方面是因为炉渣的温度随成分变化。冶金反应主要涉及液态渣，所以在研究复杂二元、三元相图时，主要关注液相面附近区域。

$CaO-Al_2O_3-SiO_2$ 三元系和 $CaO-FeO-SiO_2$ 三元系是冶金炉渣的基本体系，是高炉渣、碱性炼钢炉渣和有色冶金炉渣的基本体系，它们的相图是研究其他炉渣相图的基础，同时 $CaO-Al_2O_3-SiO_2$ 三元系在硅酸盐材料领域也占有重要地位。因此，在学习二元渣系的时候，主要考虑 $CaO-SiO_2$、$Al_2O_3-SiO_2$、$CaO-Al_2O_3$、$FeO-SiO_2$、CaO-FeO 与 $CaO-Fe_2O_3$ 二元渣系的平衡相图，重点分析各体系的特点（化合物、一致熔融性、共熔、转熔、各物质的作用），为三元系熔渣相图分析打基础。

A　$CaO-SiO_2$ 伪二元相图

图 3-20 是 $CaO-SiO_2$ 伪二元相图，该体系中形成了多种性质不同的硅酸钙，而且还普遍存在多晶转变现象，所以相图比较复杂。相图中有 4 个化合物 $3CaO \cdot SiO_2$（$C_3S$，C 代表 CaO，S 代表 $SiO_2$，限于本小节）、$2CaO \cdot SiO_2$（$C_2S$）、$3CaO \cdot 2SiO_2$（$C_3S_2$）和 $CaO \cdot SiO_2$（CS），其中，$C_2S$ 和 CS 是一致熔融化合物。虽然一致熔融化合物 $C_2S$ 和 CS 都是稳

定的化合物，但二者的稳定程度是不同的。$C_2S$ 是比较稳定的化合物，熔化时只部分分解；CS 在熔化时则几乎完全分解。$C_3S$ 和 $C_3S_2$ 是不一致熔融化合物，且 $C_3S$ 只能在一定温度范围内存在。

根据形成稳定化合物的数量，两个稳定化合物 $C_2S$ 和 CS 将整个相图分成 CaO-$C_2S$、$C_2S$-CS 和 CS-$SiO_2$ 3 个子区域。

在 CaO-$C_2S$ 子区域中有横线（水平线），说明有相变反应发生。在 2065℃ 发生共晶反应（$L_1 \rightarrow C+\alpha C_2S$）；在 1900℃ 形成化合物（$C+\alpha C_2S \rightarrow C_3S$）；在 1250℃ 发生共析反应（$C_3S \rightarrow C+\alpha' C_2S$）；在 1420℃ 发生无序-有序转变（$\alpha C_2S \rightarrow \alpha' C_2S$）；在 725℃ 发生同素异构转变（严格应称为异晶转变，$\alpha' C_2S \rightarrow \gamma C_2S$）。

在 $C_2S$-CS 子区域中，在 1475℃ 发生生成不一致熔融化合物的包晶反应（$L_1+\alpha C_2S \rightarrow C_3S_2$）；在 1455℃ 发生共晶反应（$L_1 \rightarrow C_3S_2+\alpha CS$）；在 1420℃ 时发生无序-有序转变（$\alpha C_2S \rightarrow \alpha' C_2S$）；在 1210℃ 时异晶转变（$\alpha CS \rightarrow \beta CS$）；在 725℃ 发生异晶转变（$\alpha' C_2S \rightarrow \gamma C_2S$）。

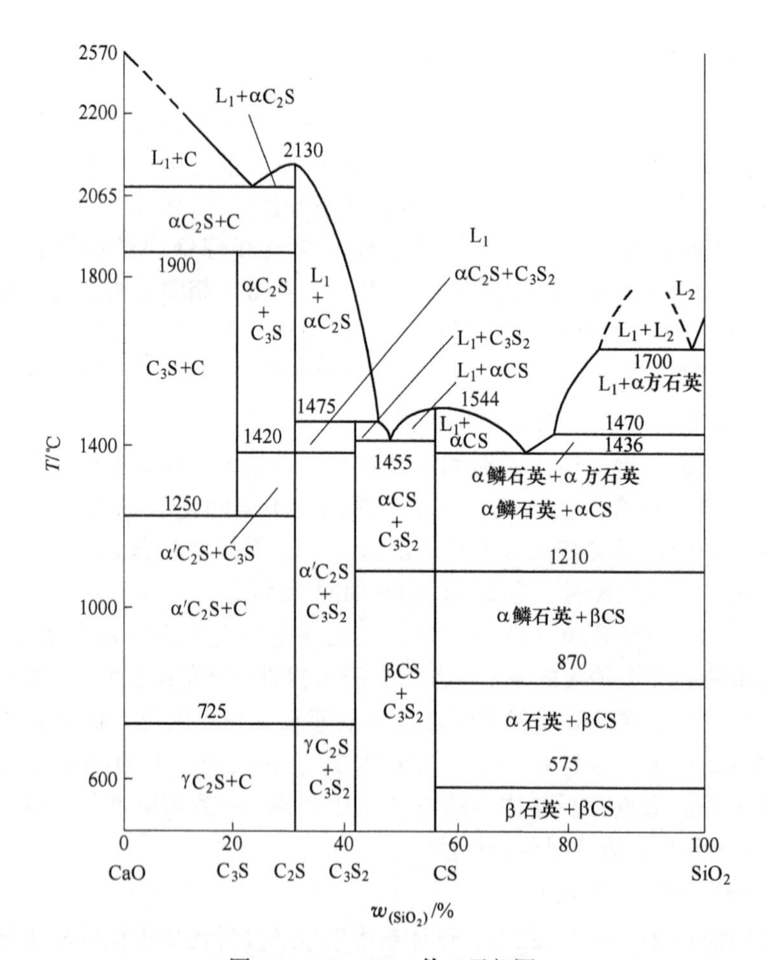


图 3-20　CaO-$SiO_2$ 伪二元相图

在 CS-$SiO_2$ 子区域中，温度高于 1700℃ 时，在 $SiO_2$ 质量分数为 74%～99.4% 范围内，液相出现分层现象；在 1700℃ 发生偏晶反应（$L_2 \rightarrow L_1+\alpha$ 方石英或方英石）；在 1470℃ 发

生异晶转变（α 方石英→α 鳞石英）；在 1436℃发生共晶反应（$L_1$ →αCS+α 鳞石英）；在 1210℃发生异晶转变（αCS →βCS）；在 870℃发生异晶转变（α 鳞石英→α 石英）；在 575℃发生异晶转变（α 石英→β 石英）。

在 3 个子二元相图中，C-$C_2$S 图中的液相线温度很高，炉渣一般都不选择在此区域；CS-$SiO_2$ 图中共熔点右侧的液相线温度也很高，$C_2$S-CS 图中共熔点左侧的液相线温度随 CaO 含量增大快速上升，所以炉渣也不选择在这两个区域；炉渣成分选择在两个低共熔点附近的区域，比如 CaO 含量（质量分数）在 35%~50%的范围内。

B　$SiO_2$-$Al_2O_3$ 伪二元相图

图 3-21 是 $SiO_2$-$Al_2O_3$ 伪二元相图，$Al_2O_3$ 的熔点较高，是优质的耐火材料。$SiO_2$-$Al_2O_3$ 体系有 1 个一致熔融化合物 $A_3S_2$（A 代表 $Al_2O_3$；$A_3S_2$ 为 $3Al_2O_3 \cdot 2SiO_2$，莫来石，熔点较高，是陶瓷、黏土质耐火材料），实际化合物的组成是不确定的（形成固溶体），成分落在用虚线表示的区域。相图还有两个低共熔物（$E'$和 $E$），以及 1 个发生于 1470℃的异晶转变。液相线温度高于 1600℃，且随着 $Al_2O_3$ 含量的增大，液相线温度升高，高于 CaO-$SiO_2$ 渣系的液相线温度。因此，对于三元系而言，$SiO_2$ 和 $Al_2O_3$ 含量增大，多元渣系的熔化温度升高。

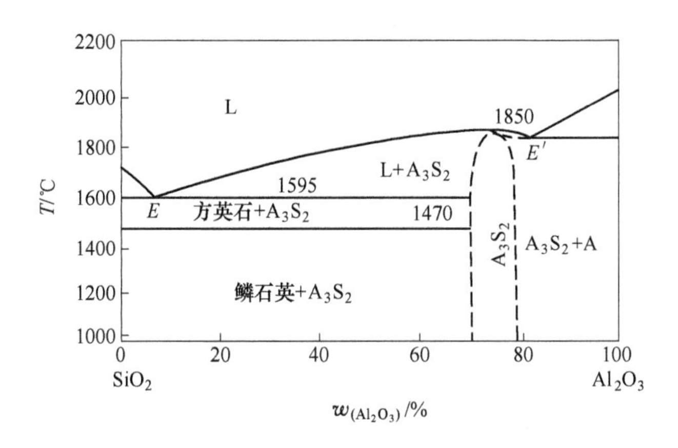


图 3-21　$SiO_2$-$Al_2O_3$ 伪二元相图

C　CaO-$Al_2O_3$ 伪二元相图

图 3-22 是 CaO-$Al_2O_3$ 伪二元相图，该体系有 5 个化合物，其中 $C_3A$ 和 $CA_6$ 为不一致熔融化合物。在 CaO 含量（质量分数）为 45%~52%范围内，在 1450~1550℃温度范围内二元系出现液相区，所以炼钢中配制的炉外合成渣常选择这一组成范围。

以上讲述了 3 个二元系相图，它们是 CaO-$Al_2O_3$-$SiO_2$ 渣系的基础。在选择渣系的时候，优先考虑形成低共熔物的成分范围，对于三元系也是这样的。

D　FeO-$SiO_2$ 伪二元相图

以下介绍与 CaO-FeO-$SiO_2$ 三元渣系相图相关的二元相图。CaO-$SiO_2$ 伪二元相图在前面已经介绍过了，接下来介绍 FeO-$SiO_2$ 伪二元相图，如图 3-23 所示。相图的左侧，前面已经分析过了，因此这里主要分析相图的右侧。在右侧，相图中有一个一致熔融化合物 $F_2S$（正硅酸铁，又称为铁橄榄石，F 代表 FeO，限于本小节）；另外，还有 1 个低共熔

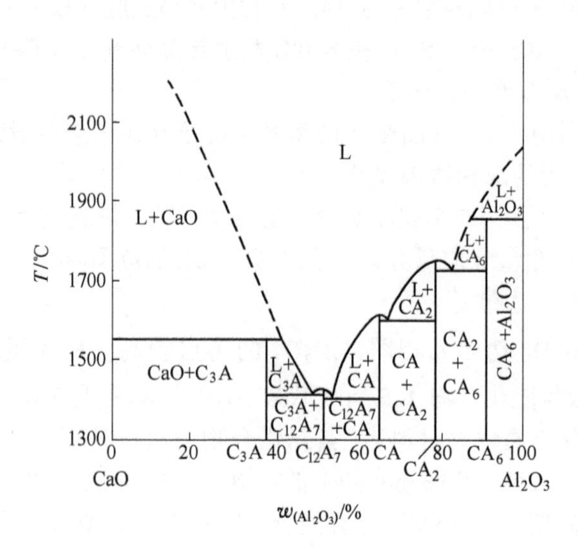


图 3-22　$CaO-Al_2O_3$ 伪二元相图

物，低共熔点温度 1180℃。需要注意的是，右侧还有 1 个称为"浮氏体"的物质。Fe 的氧化物有 $Fe_2O_3$、$Fe_3O_4$ 和 FeO 3 种，理论含氧量（质量分数）分别为 30.06%、27.64% 和 22.28%。但实际上，FeO 中氧含量（质量分数）在 23.16%～25.60%之间变化，是一种非化学计量比的 FeO，称为"浮氏体"（常用 $Fe_xO$ 表示，其中 $x<1$）。

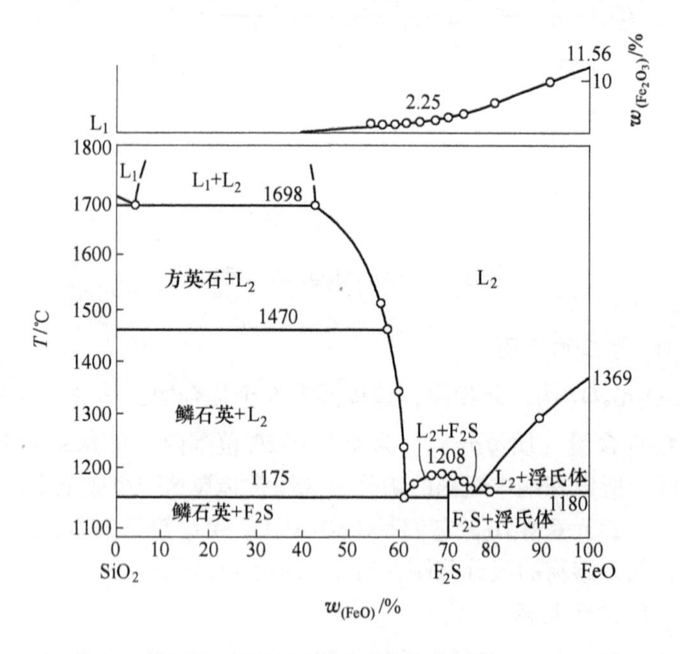


图 3-23　$FeO-SiO_2$ 伪二元相图

在 Fe-O 系中，不可避免地存在一些高价铁的氧化物，如 $Fe_2O_3$ 或 $Fe_3O_4$，在绘制相图时，通常须将 $Fe_2O_3$ 或 $Fe_3O_4$ 折算为 FeO。图 3-23 顶部给出了常压（1atm）下、相应的液相线温度下，熔体中 $Fe_2O_3$ 的含量曲线。在 $SiO_2$ 含量（质量分数）为 20%~30%范围内时，亚铁硅酸盐炉渣的熔化温度为 1200℃左右。

E CaO-FeO 伪二元相图

图 3-24 是 CaO-FeO 的伪二元相图，实际上该体系不是一个真正的伪二元系，而是与 Fe 金属平衡的 CaO-FeO-$SiO_2$ 三元渣系相图在 CaO-FeO 边上的投影图，体系中有 1 个不一致熔融化合物 $C_2F$，分解温度为 1133℃。

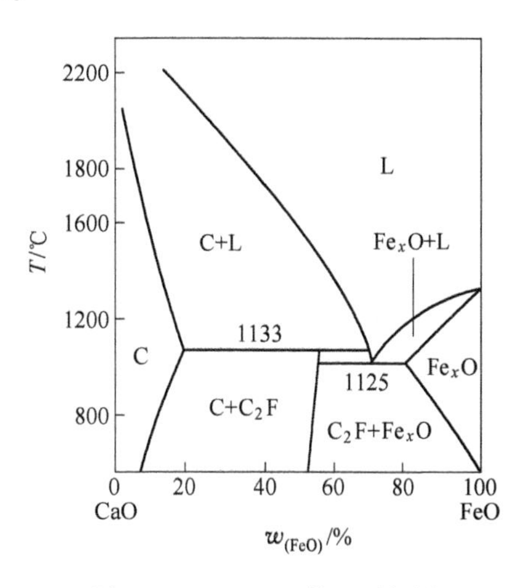


图 3-24 CaO-FeO 伪二元相图

F CaO-$Fe_2O_3$ 伪二元相图

图 3-25 是 CaO-$Fe_2O_3$ 的伪二元相图，该体系有 1 个一致熔融化合物 $C_2F$，有两个不一致熔融化合物 CF 和 $CF_2$，二者分解温度都在 1250℃以下。CaO 的熔点在 2570℃，形成低共熔物后，共熔温度在 1200℃左右，因此，$Fe_2O_3$ 是 CaO 的有效助熔剂。

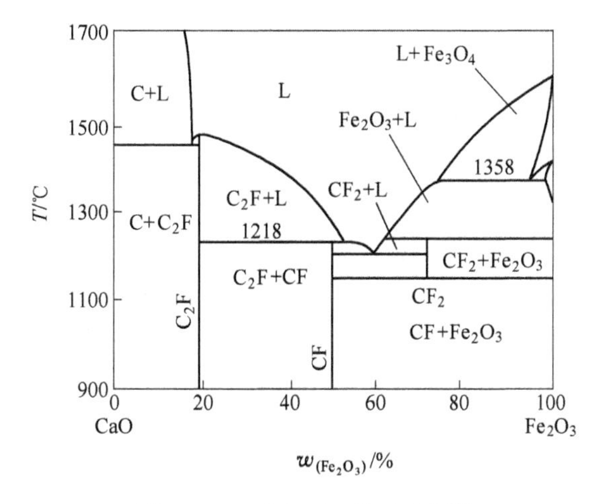


图 3-25 CaO-$Fe_2O_3$ 伪二元相图

到此为止，几个重要的二元渣系相图介绍完了，接下来介绍 CaO-$Al_2O_3$-$SiO_2$ 三元系相图。

3.2.3.2 CaO-$Al_2O_3$-$SiO_2$ 三元系相图

重要的三元熔渣相图

分析这个三元系相图的目的，如图 3-26 所示，是想要从相图上获得高炉渣系组成的信息。分析复杂三元相图，无外乎要遵循子三角形的划分、反应性质的判断、确定共熔点及转熔点等几个原则。基本步骤如下。

(1) 要确定图中稳定及不稳定的化合物。该渣系有 10 个二元化合物（详见 3 个二元系相图分析内容）、2 个三元化合物（$CAS_2$ 和 $C_2AS$）和 3 个基本组元化合物，因此共有 15 个化合物，相应地有 15 个初晶区。

(2) 要正确连线。把相邻相区化合物的成分点用直线连起来，用“连线规则”和

“化合物熔融性质”来确定各分界线上的最高温度点及每条线的性质。

（3）确定共熔点（共晶点）及转熔点（包晶点）。将 $CaO-Al_2O_3-SiO_2$ 复杂的三元系划分为若干个简单的子三元系，$CAS_2$-CS-S 子三元系，是由一个液态互溶型二元系与两个共熔型二元系组成的。CS-$CAS_2$-$C_2AS$ 子三元系，为典型共晶三元系。CS-$C_2AS$-$C_2S$ 子三元系，为典型的生成一个不稳定二元化合物的三元系。$C_{12}A_7$-$C_2S$-C 子三元系，是生成两个不稳定二元化合物的三元系。

体系在质量百分数组成为62%的 $SiO_2$、23%的 CaO、15%的 $Al_2O_3$ 和 42% 的 $SiO_2$、38%的 CaO、20% 的 $Al_2O_3$ 处，分别是三元低共熔点 1 和 2，其平衡温度分别为 1170℃ 和 1265℃。组成位于以这些低共熔点为中心的周围区域中的炉渣体系具有较低的熔化温度，因此高炉渣的组成通常位于此区域内。

图 3-27 给出了该三元系在不同领域的应用：冶金炉渣，如高炉炼铁炉渣、铸钢保护渣、炉外精炼渣、锡电炉炉渣以及氧化铝生产熟料；硅酸盐领域，如耐火材料、玻璃、水泥和陶瓷等。

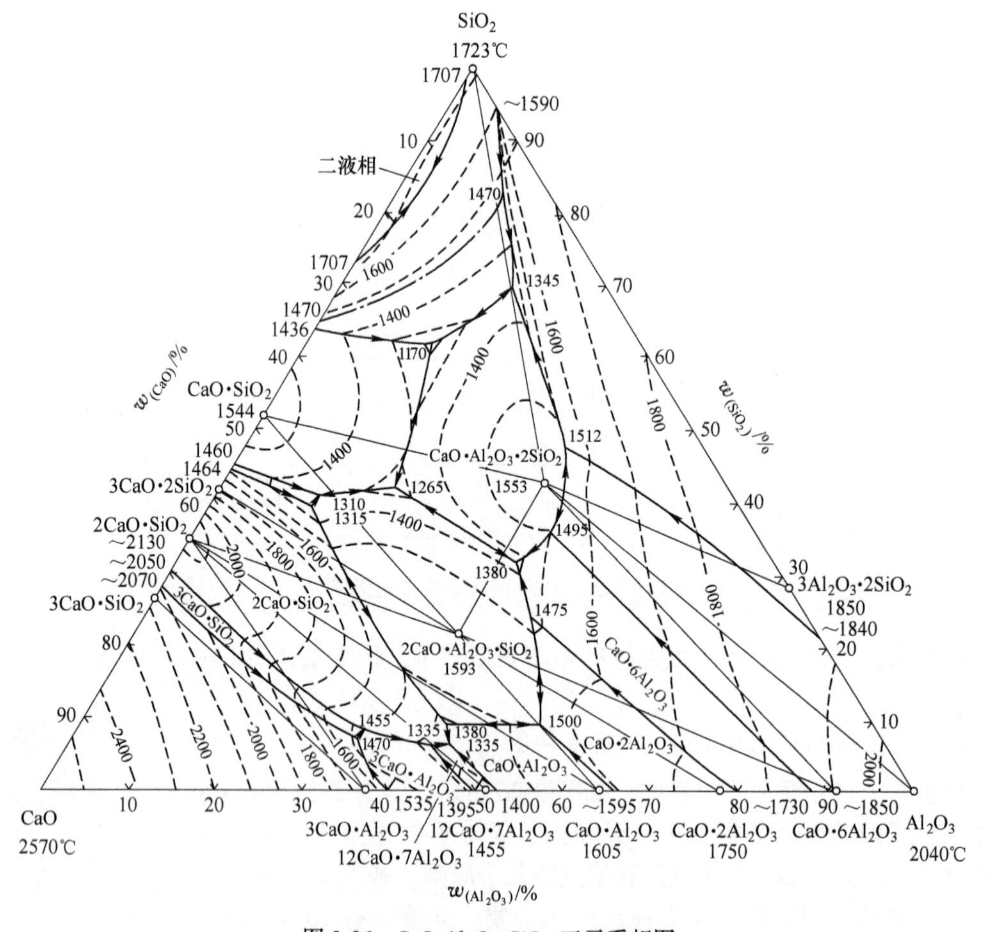


图 3-26 $CaO-Al_2O_3-SiO_2$ 三元系相图

### 3.2.3.3 $CaO-FeO-SiO_2$ 三元系相平衡图

$CaO-FeO-SiO_2$ 三元系相平衡图，如图 3-28 所示，但该相图是在与金属铁液平衡的条

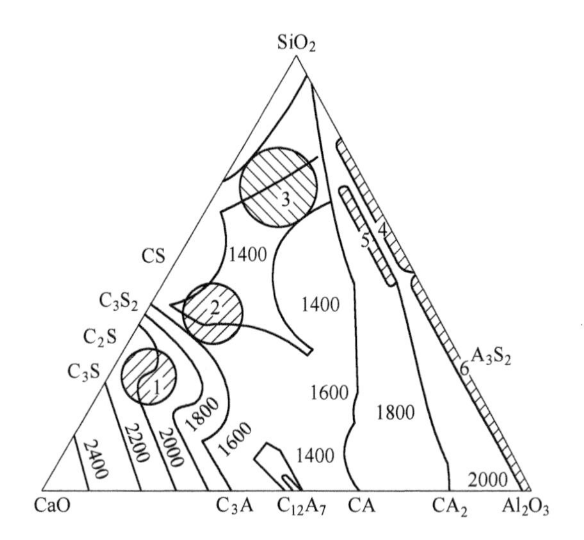


图 3-27 $CaO-Al_2O_3-SiO_2$ 三元系相图的应用

1—硅酸盐水泥；2—高炉渣；3—玻璃；4—耐火材料；5—陶瓷；6—高铝砖、莫来石及刚玉

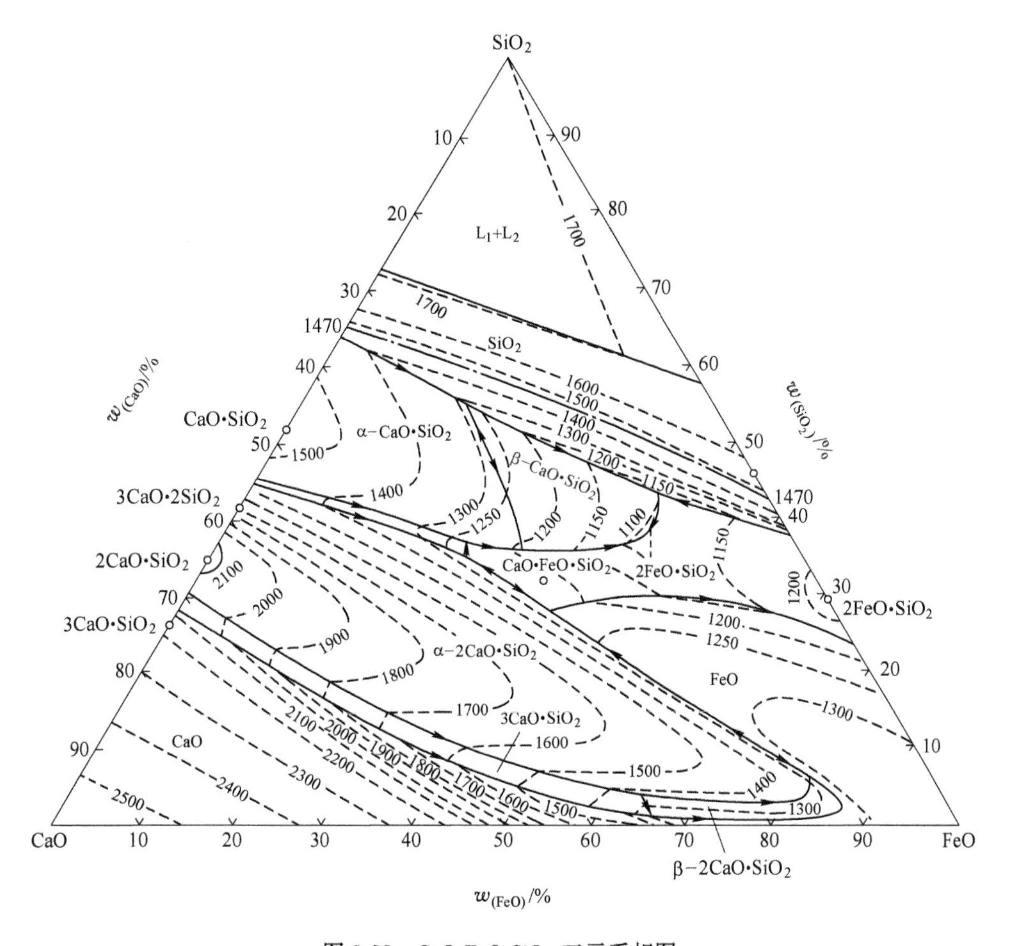


图 3-28 $CaO-FeO-SiO_2$ 三元系相图

件下绘制的，不是一个真正的三元系。体系存在一系列固溶体和不一致熔融化合物，FeO易分解、氧化成 $Fe_2O_3$ 或 $Fe_3O_4$，测试较困难，测得的相图有一定差异，某些细节还有待完善，但已广泛地应用于钢铁冶金领域。该相图的分析方法、步骤与 $CaO-Al_2O_3-SiO_2$ 三元相图相同、相似。

稳定化合物有 CS（硅灰石，熔点 1554℃）、$C_2S$（正硅酸钙，熔点约 2130℃）、$F_2S$（熔点 1208℃）和 CFS（钙铁橄榄石，熔点 1230℃）。不稳定化合物有 $C_3S_2$（硅钙石，1464℃分解）和 $C_3S$（硅酸三钙，1800~1250℃分解）。图 3-28 中化合物未考虑偏硅酸亚铁 FS（已用小圆圈标注）。FS 温度低于 1208℃分解为 $F_2S$ 和 $SiO_2$，仅存在于熔体中。

由于 $CaO-FeO-SiO_2$ 渣系是金属氧化熔炼中出现的渣系，利用它的等温截面图可以了解冶炼过程中熔渣组成改变、相态的变化，从而调整熔渣组成，使之获得利于冶炼进行的性质。但它不是材料制造过程中的渣系，所以这里就不讨论该相图有关的子三角形划分等问题了，而是考虑相区图，如图 3-29 所示。

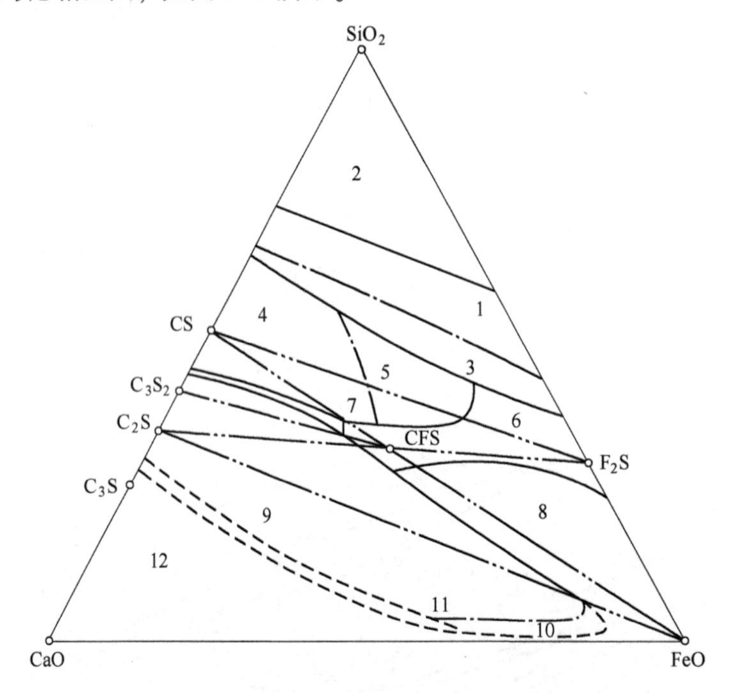


图 3-29　$CaO-FeO-SiO_2$ 三元系相区图

1—方石英；2—两液相区；3—鳞石英；4—α 硅灰石区；5—β 硅灰石区；6—橄榄石区；7—硅钙石区；8—浮氏体区；9—α 正硅酸钙区；10—β 正硅酸钙区；11—硅酸三钙区；12—石灰区

体系中有 5 个二元化合物、1 个三元化合物和 3 个组元，共 9 种物质，应有 9 个初晶区，其中 3 个区域又有转变（见图 3-29 说明的 1 与 3、4 与 5、9 与 10)，所以共有 12 个区域。2 区为宽广的液相分层区；9 区和 10 区为很大的正硅酸钙（$C_2S$）初晶面；体系内有某些系列的连续固溶体（8 区）；固相内发生复杂的化学变化（如化合物的分解或生成)，有两条晶型转变线：α方石英→ α鳞石英和$\alpha C_2S \rightarrow \beta C_2S$。但是，在图 3-29 上这 12 个区域并非完全是初晶区，而是将 $SiO_2$ 区域分成了液相区和石英区，将铁橄榄石和钙铁橄榄石区合并为 1 个区域，统称为橄榄石区。加了 1 个，又减了 1 个，结果仍是 12 个。

如图 3-28 所示，靠近 CaO 顶角和 $SiO_2$ 顶角的区域，其熔化温度都很高；$CS\text{-}F_2S$ 连线上靠近铁橄榄石的一个斜长带状区域，是该三元系熔化温度比较低的区域，是可供选择的渣系组成范围。但是，渣系组成也不是一成不变的。渣型的选择通常取决于熔炼时冶金炉内要求达到的温度。

图 3-30 给出了不同要求冶炼时炉渣的组成区域，如有色冶金炉渣，炼铜炉渣、炼锡炉渣、炼铅炉渣；碱性炼钢炉渣，转炉渣、电炉渣。除了熔化温度，炉渣的选择还应考虑其他因素，如密度和黏度等。这里以黏度为例来说明。黏度简单地讲就是黏稠度，糨糊黏稠度大，水的黏稠度小。在冶金中，黏度是个重要的概念，后面还会进一步讲述。

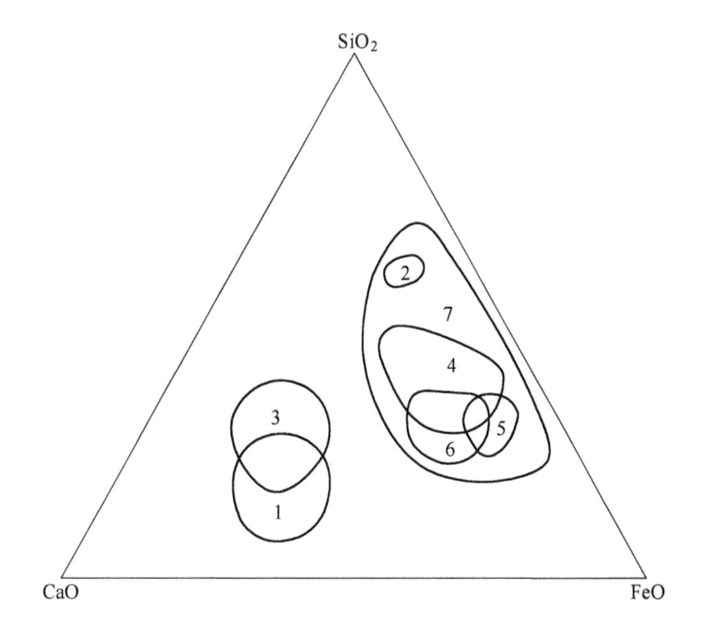


图 3-30　CaO-FeO-$SiO_2$ 三元系相图的应用

1—碱性炼钢平炉；2—酸性炼钢平炉；3—碱性氧气转炉；4—铜反射炉；5—铜鼓风炉；6—铅鼓风炉；7—炼锡炉渣

下面以“氧气顶吹转炉炼钢过程中初渣和终渣成分范围的选择”为例，讨论冶炼中如何调节熔渣的成分，如图 3-31 和图 3-32 所示。

图 3-31 是 1400℃ 三元系 CaO-FeO-$SiO_2$ 的等温截面图。如图所示，除 12 区以外，其他区域均处于液固两相或三相区。由图 3-30 可知，转炉炼钢炉渣成分处于图 3-31 上的 7、8 区，这两个区域是固液两相区和三相区。由于固相的出现，原有液相的黏度增加，而液相黏度增大不利于脱硫反应的进行。为了降低黏度，需要使炉渣处于液相区，这就需要升高温度，扩大 12 区的范围。

图 3-32 是 CaO-FeO-$SiO_2$ 三元系 1600℃ 下的等温截面图。12 区域虽然增大了，但是它的基本形状没有太大的变化。

氧气顶吹转炉炼钢炉渣可简化为 CaO-FeO-$SiO_2$ 三元系。吹炼初期，铁水中的 Si、Mn 和 Fe 氧化，迅速形成含 FeO（包括其他铁氧化物）很高的初渣，其成分点位于 $L$ 点，如图 3-32 所示。随着温度上升，渣中 FeO 含量增加，造渣料中的石灰（脱 P 和脱 S）逐渐溶于初渣，熔渣成分沿着 $LS$ 连线向 $S$ 点移动。炉渣成分在 $LO_1$ 线段内，石灰完全溶解，

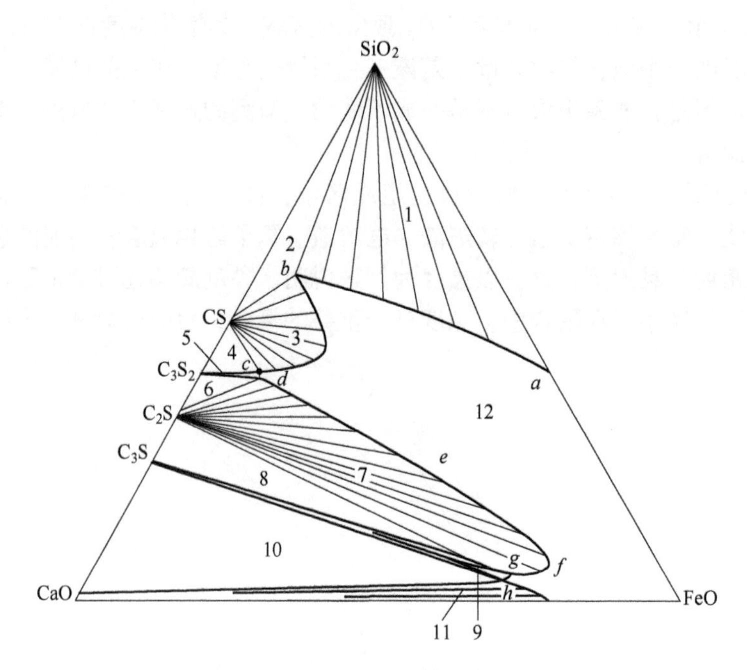


图 3-31 CaO-FeO-$SiO_2$ 三元系等温截面图（1400℃）

1—L+鳞石英；2—L+α-CS+鳞石英；3—L+α-CS；4—L+α-CS + $C_3S_2$；5—L+$C_3S_2$；6—L+$C_3S_2$+$C_2S$；7—L+$C_2S$；8—L+$C_2S$+$C_3S$；9—L+$C_3S$；10—L+$C_3S$+CaO；11—L+CaO；12—液相（L）

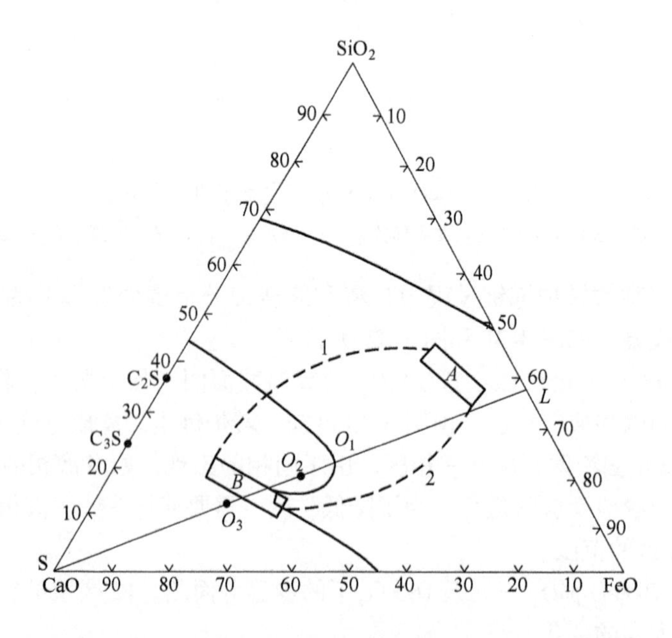


图 3-32 CaO-FeO-$SiO_2$ 三元系等温截面图（1600℃，简化图）

形成液态渣。随着 CaO 的加入，炉渣成分位于 $C_2S$ 初晶区内（$O_2$ 点），石灰块表面形成致密的 $C_2S$ 壳层，阻碍熔渣对石灰块的溶解。为了加速石灰块的溶解或造渣，须采取适当措施：降低炉渣熔化温度、提高熔池温度、加入添加剂或熔剂（如 MgO、MnO、$CaF_2$、

$Al_2O_3$ 和 $Fe_2O_3$）等、增大渣中 FeO 含量（显著降低 $C_2S$ 初晶面的温度；破坏 $C_2S$ 壳层，促进石灰块的溶解）。

一般转炉吹炼初期渣的组成位于图中的 *A* 区；根据工艺要求（主要是脱除磷和硫），终渣成分需达到图中的 *B* 区。炉渣成分可沿 1 和 2 两条不同的途径从 *A* 区变化到 *B* 区。当炉渣中 FeO 含量缓慢增加时，炉渣成分将沿途径 1 到达 *B* 区，即通过液固两相区（*L*+$C_2S$）。炉渣黏度较大，处于“返干状态”，不利于脱磷和脱硫。当渣中 FeO 含量增加的速率比较快时，熔渣成分在液相区内沿途径 2 到达 *B* 区。熔渣的黏度比较小，有利于 P、S 的脱除。炉渣中 FeO 含量的增加速率直接影响到熔渣的状态、性质以及杂质的脱除效果。

### 3.2.4 熔盐的相平衡图

熔盐与熔锍的相平衡图

熔盐是盐的熔融液体，通常所说的熔盐是指无机盐的熔融体。从熔盐相平衡图，可以获得许多有价值的信息，如熔盐的相图可作为选择熔盐电解或熔盐电镀的电解质体系的重要依据。熔盐种类繁多，这里仅以与工业铝电解质相关的熔盐相图为例，来分析熔盐体系的相平衡。

工业铝电解质的主要成分为冰晶石（$Na_3AlF_6$，溶剂）、氟化铝（$AlF_3$，溶剂）、氧化铝（$Al_2O_3$，炼铝原料）和其他氟化物（$CaF_2$、$MgF_2$、LiF、NaF 等，添加剂）。铝电解质的基本体系有 NaF-$AlF_3$ 二元系、$Na_3AlF_6$-$Al_2O_3$ 二元系和 $Na_3AlF_6$-$AlF_3$-$Al_2O_3$ 三元系。这里还是按照先二元后三元的顺序分析各个相图。

#### 3.2.4.1 NaF-$AlF_3$ 伪二元相图

图 3-33 是 NaF-$AlF_3$ 伪二元相图。该体系中生成了一致熔融化合物（冰晶石，$Na_3AlF_6$，熔点 1010℃）和一个不一致熔融化合物（亚冰晶石，$Na_5Al_3F_{14}$，转熔点 734℃）。冰晶石在固态下有 3 种变体，分别为单斜晶系、立方晶系和六方晶系，相变温度分别为 565℃ 和 880℃，分别是单斜晶系向立方晶系转变和立方晶系向六方晶系转变。冰晶石组成点处液相线较平滑，表明冰晶石在熔化时发生一定程度的分解，分解率约为 30%。

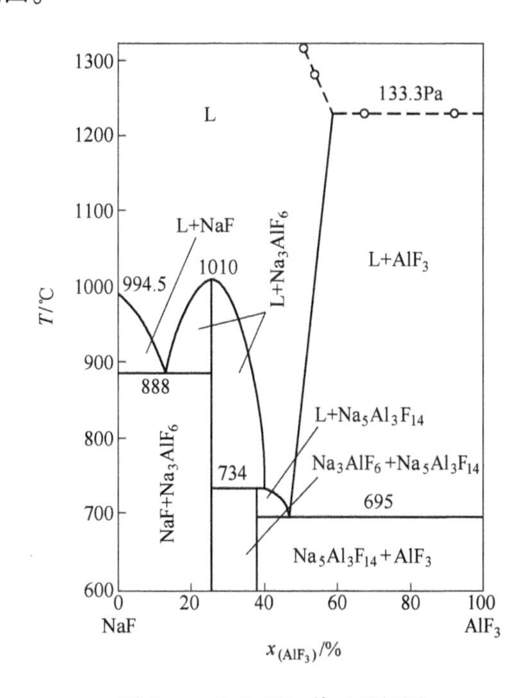


图 3-33 NaF-$AlF_3$ 伪二元相图

冰晶石将 NaF-$AlF_3$ 伪二元体系分为 NaF-$Na_3AlF_6$ 和 $Na_3AlF_6$-$AlF_3$ 两个分二元系。NaF-$Na_3AlF_6$ 分二元系属简单低共熔型，低共熔温度 888℃。$Na_3AlF_6$-$AlF_3$ 分二元系属带有包晶（转熔）反应的低共熔型，734℃生成不一致熔融化合物亚冰晶石（$Na_5Al_3F_{14}$），低共熔点温度为 695℃。由于在高浓度下 $AlF_3$ 具有很高的蒸气压，造成实验技术上的困难，因此 NaF-$AlF_3$ 伪二元系相图只研究到 75% $AlF_3$ 为止。

由于冰晶石稳定，且 $NaF$-$AlF_3$ 体系最低共熔点在 $Na_3AlF_6$-$AlF_3$ 分二元系，所以实际生产上是以冰晶石代替 $NaF$ 作为溶剂。因此，以下讨论 $Na_3AlF_6$-$Al_2O_3$ 伪二元系相图。

#### 3.2.4.2　$Na_3AlF_6$-$Al_2O_3$ 伪二元相图

$Na_3AlF_6$-$Al_2O_3$ 伪二元相图如图 3-34 所示，属简单低共熔型相图，不存在固溶体，低共熔点处 $Al_2O_3$ 质量分数为 10.0%～11.5%（注意，相图中横坐标有两个，下面的为摩尔分数，上面的为质量分数），温度为 960～962℃。在铝电解温度下，$Al_2O_3$ 在电解质中的溶解度不大。$Al_2O_3$ 的熔点很高（约 2050℃），而电解铝时的温度不高于 1000℃，所以 $Na_3AlF_6$-$Al_2O_3$ 伪二元相图只有冰晶石一侧的数据。

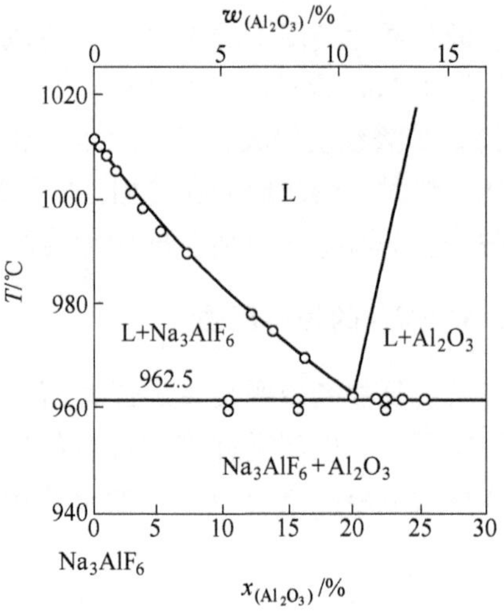

图 3-34　$Na_3AlF_6$-$Al_2O_3$ 伪二元相图

由于 $AlF_3$ 具有挥发性，高浓度 $AlF_3$ 具有很高的蒸气压，因此不考虑 $Al_2O_3$-$AlF_3$ 伪二元系相图。

以下分析 $Na_3AlF_6$-$AlF_3$-$Al_2O_3$ 三元系相图。

#### 3.2.4.3　$Na_3AlF_6$-$AlF_3$-$Al_2O_3$ 三元系相平衡图

由于 $AlF_3$ 的挥发性很大，至今尚无完整的 $Na_3AlF_6$-$AlF_3$-$Al_2O_3$ 三元系相图。现有的研究工作及相图资料只限于对铝电解有实际意义的冰晶石一角，如图 3-35 所示。

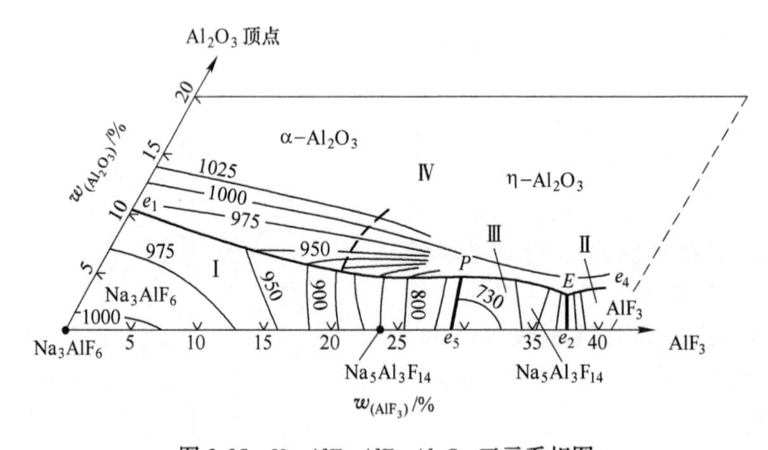


图 3-35　$Na_3AlF_6$-$AlF_3$-$Al_2O_3$ 三元系相图

亚冰晶石（$Na_5Al_3F_{14}$）为二元不一致熔融化合物，图中有 4 个初晶区：Ⅰ为 $Na_3AlF_6$ 初晶区；Ⅱ为 $AlF_3$ 初晶区；Ⅲ为 $Na_5Al_3F_{14}$ 初晶区；Ⅳ为 $Al_2O_3$ 初晶区。4 个二元无变点（自由度为 0）分别为 $e_1$（$Na_3AlF_6$-$Al_2O_3$ 二元系的二元低共熔点 961℃）、$e_2$（$Na_3AlF_6$-$AlF_3$ 二元系的二元低共熔点 694℃）、$e_4$（$AlF_3$-$Al_2O_3$ 二元系的二元低共熔点 684℃）和 $e_5$（$Na_3AlF_6$-$AlF_3$ 二元系的二元转熔点 740℃）。$e_5$ 处转熔反应为：

$$L_{e_5} + Na_3AlF_6 \longrightarrow Na_5Al_3F_{14} \tag{3-6}$$

在 5 条界线中，$e_1P$、$PE$、$e_2E$ 和 $e_4E$ 为共熔界线；$e_5P$ 为转熔界线，平衡反应为：

$$L + Na_3AlF_6 \longrightarrow Na_5Al_3F_{14} \tag{3-7}$$

*P* 点为三元转熔点，其质量分数组成为 67.3%的 $Na_3AlF_6$、28.3%的 $AlF_3$ 和 4.4%的 $Al_2O_3$，平衡反应为：

$$L_P + Na_3AlF_6 \longrightarrow Na_5Al_3F_{14} + Al_2O_3 \tag{3-8}$$

*E* 点为三元低共熔点（684℃），其质量分数组成为 59.5%的 $Na_5Al_3F_{14}$、37.3%的 $AlF_3$ 和 3.2%的 $Al_2O_3$，平衡反应为：

$$L_E \longrightarrow Na_5Al_3F_{14} + AlF_3 + Al_2O_3 \tag{3-9}$$

向 $Na_3AlF_6$-$Al_2O_3$ 二元系中添加 $AlF_3$ 后，初晶温度显著降低。例如，添加质量分数为 10%的 $AlF_3$，使 $Na_3AlF_6$-$Al_2O_3$ 熔体的初晶温度约降低 20℃。在铝电解生产中，综合考虑熔化温度、黏度、电导、密度和表面张力等物理化学性质，常采用的电解质质量分数组成为 86%~88%的 $Na_3AlF_6$、8%~10%的 $AlF_3$ 和 3%~5%的 $Al_2O_3$，正常电解质温度为 950~970℃，仅比电解质的初晶温度高 10~20℃。

### 3.2.5 熔锍的相平衡图

冶金熔体相图的最后一部分内容是熔锍的相平衡图。与前面一样，仍然先介绍与三元系有关的二元系相图，以铜锍体系为例，说明熔锍相图的特点。

造锍熔炼广泛应用于铜、镍硫化矿的火法冶炼。对于造锍熔炼过程而言，如何确定合适的熔锍品位是至关重要的。熔锍相图不仅能够为熔锍品位的选择提供理论依据，而且还可以帮助人们了解熔炼过程中熔锍状态的变化，从而更好地控制冶炼过程。铜锍的主要成分为 $Cu_2S$ 和 FeS，其中 Cu、Fe 和 S 三者之和占 80%~90%（质量分数）。铜锍的基本体系有 Cu-S 二元系、Fe-S 二元系、Cu-Fe 二元系、$Cu_2S$-FeS 二元系和 Cu-Fe-S 三元系。

#### 3.2.5.1 Cu-S 二元系相图

图 3-36 是 Cu-S 二元系 Cu-$Cu_2S$ 部分相图。纯 $Cu_2S$ 为一致熔融化合物，含 S 质量分数为 20.14%，熔点 1130℃，但 $Cu_2S$ 易溶解 S 形成固溶体。在 1105℃以上，体系中有一个范围很大的液相分层区，因此当 $Cu_2S$ 脱 S 时，熔化温度下降，在 1105℃时开始液相分层。一层（$L_1$）为被 S 饱和的 Cu 溶液，另一层（$L_2$）以 $Cu_2S$ 为主，含有饱和的金属 Cu，两层因密度不同而分开（按液-固两相平衡共存理解）。二元体系存在液相分层区，对应的三元体系中也出现分层现象。在 S 质量分数为 1%~20%范围内，在 1105℃处发生偏晶反应。体系中靠近 Cu 一侧有一个低共熔点，温度为 1067℃。

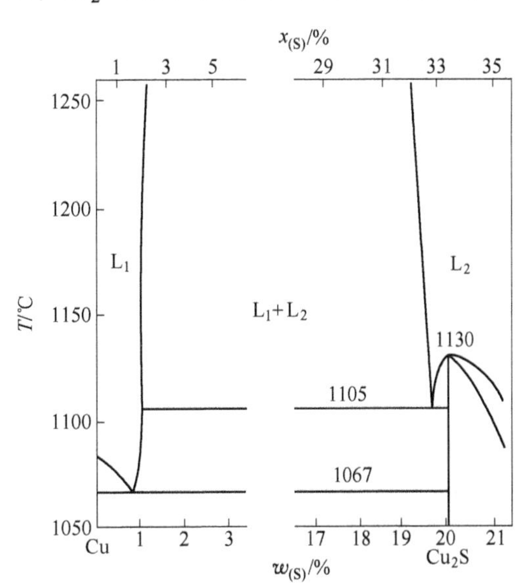


图 3-36 Cu-S 二元系相图

#### 3.2.5.2 Fe-S 二元系相图

图 3-37 为 Fe-S 二元系相图，实际上只是该相图的 Fe-FeS 部分。图 3-37 中的硫化亚

铁并不是整化学计量比的 FeS，而是采用了更为合理的非化学计量比形式 $FeS_{1.08}$（磁硫铁矿，一致熔融化合物），含质量分数 38.5%的 S，熔点 1190℃，容易溶解 S 或 Fe 形成固溶体。在纯 Fe 一侧，在不同的温度下，纯 Fe 可溶解少量 S 分别形成 δ、γ 和 α 三种固溶体。$Fe\text{-}FeS_{1.08}$二元系属于生成有限固溶体的低共熔体系，低共熔温度为 988℃。液相线（a）可视为纯 Fe 中 S 的溶解度曲线，说明含 S 量增大将导致 δ 固溶体的熔化温度降低。

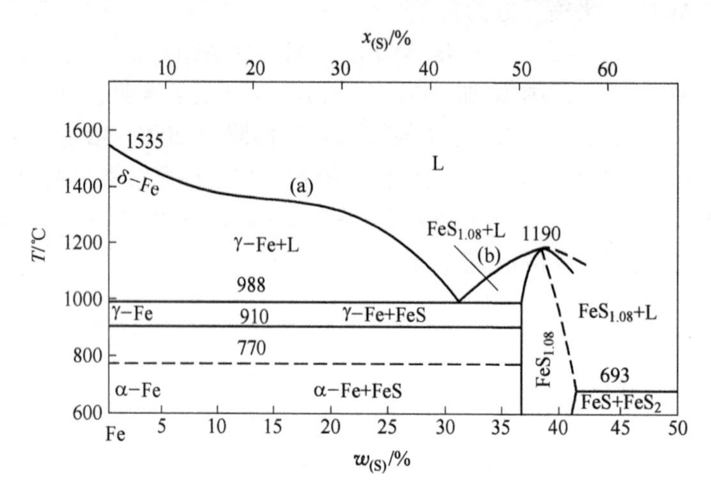


图 3-37 Fe-S 二元系相图

#### 3.2.5.3 Fe-Cu 二元系相图

图 3-38 是 Fe-Cu 二元系的相平衡图。如图 3-38 所示，在两侧均形成了固溶体。纯 Fe 一侧，在 900℃ 以下，Fe 溶解少量 Cu 形成固溶体 α 相；在 850~1484℃范围内，Fe 与 Cu 形成固溶体 γ 相，其中溶解的 Cu 量随着温度升高略有增加，质量分数可达约 10%；在 1400℃以上，Fe 则能溶解少量 Cu 形成固溶体 δ 相；而且，1484℃、1093℃和 850℃分别发生包晶、包晶和共析反应。纯 Cu 一侧，在熔点（1083℃）以下，Cu 溶解少量 Fe 形成固溶体 ε 相，其中溶解的 Fe 量随着温度升高而增大，在 1094℃时质量分数约为 4%。在 Cu 熔炼温度 1100~1400℃范围内，当 Cu 中溶解的 Fe 量超过其平衡浓度时，如果不相应地升高温度，则 Cu-Fe 进入液相与 γ 固溶体平衡共存的区域，故从液体中析出固溶体 γ 相。

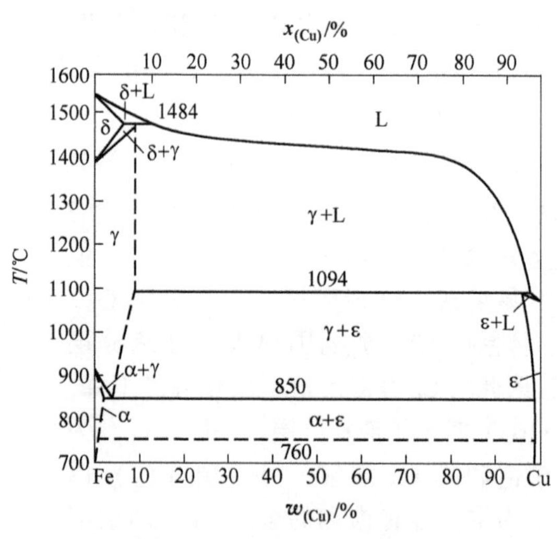


图 3-38 Fe-Cu 二元系相图

由此可见，在一定的温度下，随着含 Fe 量的增加，将不断有 Cu-Fe 合金相析出；而当含 Fe 量一定时（Cu 侧，Cu 质量分数高于 80%），随着温度的降低，γ 相也会从液体中析出。在造锍熔炼中，这两种情况在精矿含 S 量低时都有可能出现。γ 相熔化温度高，易沉积于炉底且难于清除，在熔炼过程中应防止其产生。

#### 3.2.5.4 $Cu_2S$-FeS 伪二元系相图

图 3-39 是 $Cu_2S$-FeS 伪二元系相图，它反映了铜锍的相组成及其熔化温度与组成的关系，因为铜锍的主要成分为 $Cu_2S$ 和 FeS。

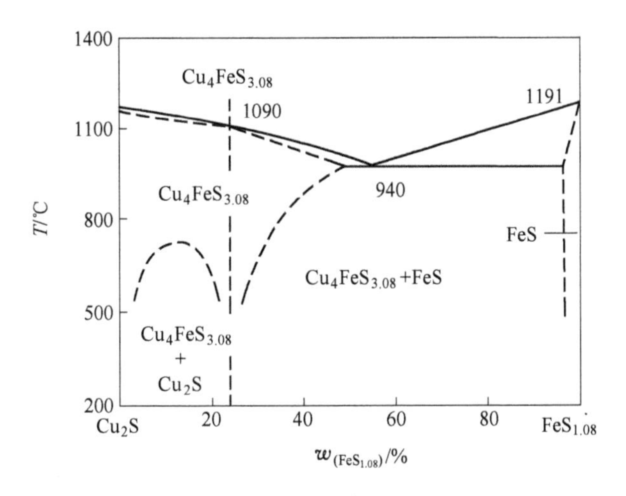


图 3-39 $Cu_2S$-FeS 伪二元系相图

硫化亚铁是以非整化学计量比形式 $FeS_{1.08}$ 出现的。相图中可能存在一个一致熔融化合物（即 $2Cu_2S \cdot FeS_{1.08}$），熔点为 1090℃。该一致熔融化合物将该二元系分成两个子伪二元系。前者属于在液态和固态均完全互溶的二元系，后者则为形成有限固溶体的低共熔型体系，低共熔温度为 940℃。

由图 3-39 可见，二元系的熔化温度都不太高，在 940~1191℃之间。因此，当熔炼温度在 1200℃左右时，铜锍呈液态。

#### 3.2.5.5 Cu-Fe-S 三元系相图

图 3-40 是 Cu-Fe-S 三元系相图，图中只给出了 Cu-$Cu_2S$-FeS-Fe 梯形部分，因为当 Cu、Fe 和 S 3 种组分混熔时，如果 S 含量超过 $Cu_2S$-FeS 熔体中 S 的化学计量比，多余的 S 在熔化过程中会挥发逸去。所以，相图中 $Cu_2S$-FeS-S 部分对在高温和大气压力下进行的造锍熔炼过程的研究没有实际意义。图中硫化亚铁采用整化学计量比形式的 FeS，而且未考虑 $Cu_2S$-FeS 间可能形成的化合物。

如图 3-40 所示，图中共有 4 个初晶区，它们分别是：Ⅰ区 Cu$e_1Pp_1$Cu 面（左上角插图）为 Cu（固溶体）的初晶区，L→Cu（固溶体）两相平衡。Ⅱ区 Fe$p_1PDKFEe_2$Fe 面为 Fe（固溶体）的初晶区，L→Fe（固溶体）两相平衡。Ⅲ区 FeS-$e_2Ee_3$-FeS 面为 FeS（固溶体）的初晶区，L→FeS（固溶体）两相平衡。Ⅳ区由 $Cu_2S$-$e_3EFf$-$Cu_2S$ 面（$Ⅳ_1$）和 $e_1PDde_1$ 面（$Ⅳ_2$）两部分构成，为 $Cu_2S$（固溶体）的初晶区，L→$Cu_2S$（固溶体）两相平衡。$Cu_2S$（固溶体）的初晶区被液相分层区所截，故分成了两个部分。Ⅴ区 *dDKFfd* 液相分层区，跨越 $Cu_2S$（固溶体）和 Fe（固溶体）两个初晶区，此液相分层区被分成 $Ⅴ_1$ 和 $Ⅴ_2$ 两个部分。在 $Ⅴ_1$ 区域内，平衡反应为 L→$L_1$+$L_2$ ⟷ $Cu_2S$（固溶体），$L_1$ 和 $L_2$ 分别与 *dD* 和 *fF* 线上的共轭成分点相对应。在 $Ⅴ_2$ 区域内，平衡反应为 L→$L_1$+$L_2$ ⟷Fe

（固溶体），$L_1$ 和 $L_2$ 分别与 *DK* 及 *FK* 线上的共轭成分点相对应。

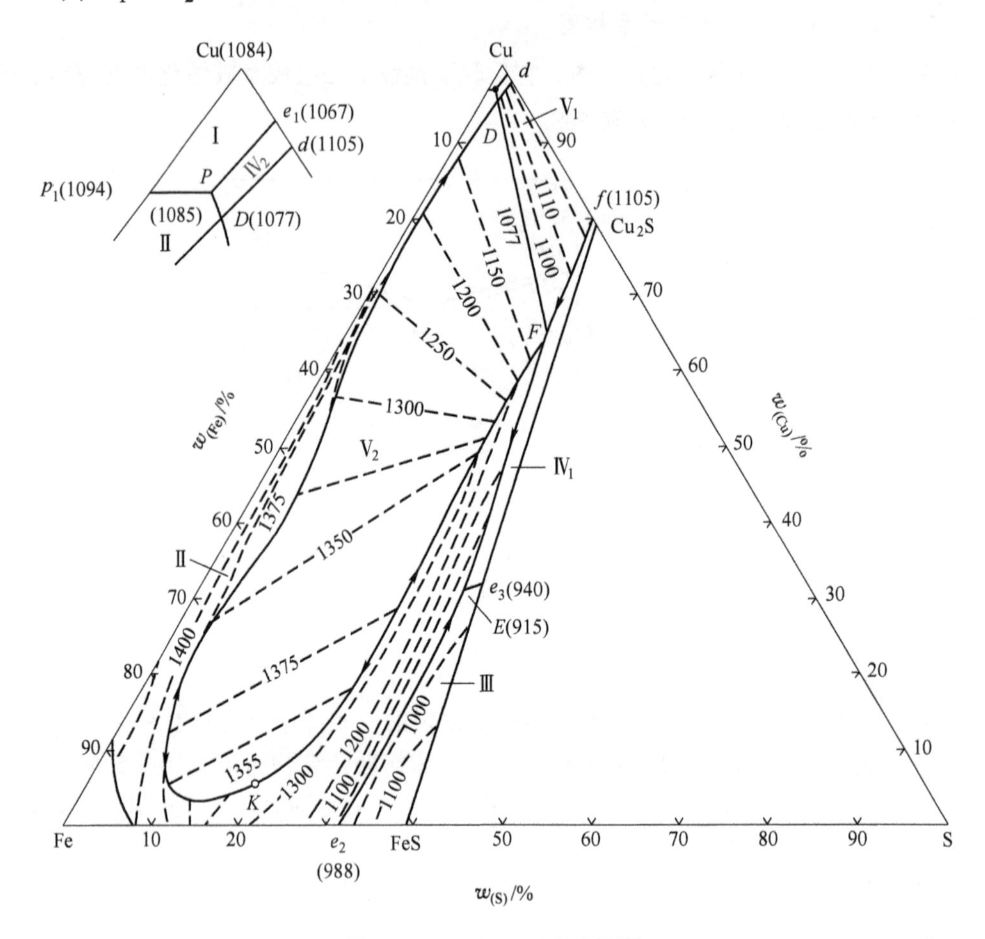


图 3-40 Cu-Fe-S 三元系相图

成分点落在“舌形”区域Ⅴ的物系，在高于对应的熔化温度时，会形成分层的液相。其中，$L_1$ 以 Cu-Fe 合金为主，饱和了硫（或铜锍）；$L_2$ 以铜锍为主，饱和了 Cu-Fe 合金。由热力学知识可知，分层是因为 $L_1$ 和 $L_2$ 化学势相等，因而两相共存。Cu-Fe 合金的密度较大，Cu 的密度为 8.9g/cm$^3$，Fe 的密度为 7.8g/cm$^3$；铜锍的密度在 4.8~5.5g/cm$^3$；由于两相存在较大密度差而分开。

相图中共有 5 条界线，它们分别是：$e_1P$ 为 Cu 和 $Cu_2S$ 的低共熔线；$e_2E$ 为 Fe 和 FeS 间的低共熔线；$e_3E$ 为 $Cu_2S$ 和 FeS 间的低共熔线；*FE* 和 *DP* 为 $Cu_2S$ 和 Fe 间的低共熔线，也因被液相分层区截断而分成两部分；$p_1P$ 为 Fe 和 Cu 间的转熔线，其平衡反应为：

$$L + Fe(\text{固溶体}) \longrightarrow Cu(\text{固溶体}) \quad (3\text{-}10)$$

相图中共有两个三元无变点，它们分别是三元低共熔点 *E* 和三元转熔点 *P*。在 *E* 点进行低共熔反应：

$$L \longrightarrow Cu_2S(\text{固溶体}) + FeS(\text{固溶体}) + Fe(\text{固溶体}) \quad (3\text{-}11)$$

在 *P* 点进行转熔反应：

$$L + Fe(\text{固溶体}) + Cu(\text{固溶体}) \longrightarrow Cu_2S(\text{固溶体}) \tag{3-12}$$

前面介绍了液相分层区，这个液相分层现象可以指导制定铜锍的冶炼工艺。Cu 熔炼炉中的熔体温度在 1250℃左右，因此可用 Cu-Fe-S 三元系 1250℃时的等温截面图近似说明铜锍中的相平衡关系，如图 3-41 所示。当富 Cu 的熔融铜锍含硫量降低时，熔体中将出现富 Cu 的 Cu-Fe 合金液相，从而在熔池中出现液相分层现象；当贫 Cu 的熔融铜锍含硫量减少时，熔体中将出现贫 Cu 的 Cu-Fe 合金液相，从而在熔池中也出现液相分层现象。分层后铜锍的密度下降，影响渣与铜锍的分离效果，造成冶炼效率的下降。随着 S 含量的减少，$V_1$ 区两液相平衡时会形成 $Cu_2S$，$V_2$ 区两液相平衡时会析出 Fe 固溶体，Fe 固溶体的析出将会发生炉缸积铁，影响设备正常工作。

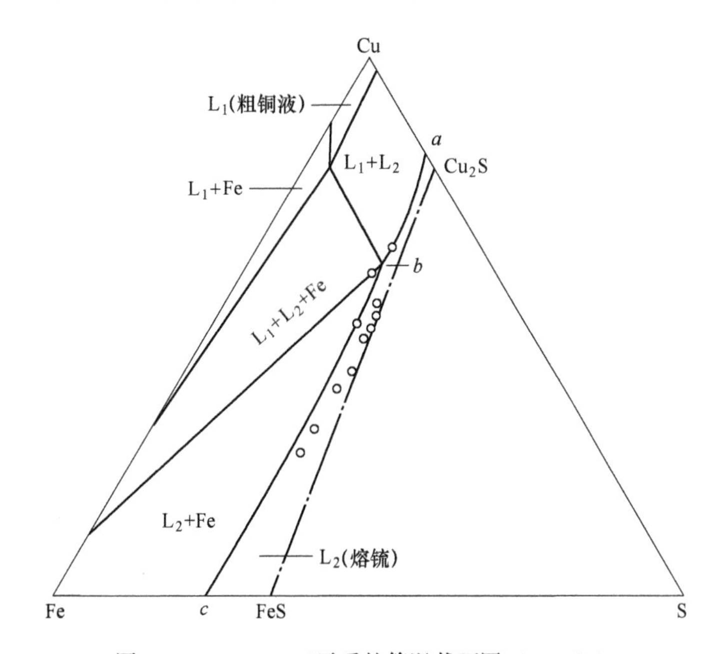


图 3-41　Cu-Fe-S 三元系的等温截面图（1250℃）

另外，铜锍的含 S 含量也不能超过 FeS-$Cu_2S$ 连线，否则硫会挥发逸出。

只有铜锍组成位于 $Cu_2S$-*a*-*b*-*c*-FeS-$Cu_2S$ 区域内时，铜锍才会以单一均匀的液相存在，既不出现液相分层或析出固体，也不会发生 S 的挥发。

## 3.3　冶金熔体的结构

扫一扫
查看课件 8

前面介绍了冶金熔体的相平衡图，熔体在不同温度、不同成分下具有不同的相。在研究相图的时候，所说的熔体实际上并非强调它液体的状态，而是作为一个体系来研究，主要关注的是液相线附近的区域。然而，本小节中的熔体却是特指液态的、熔融态的反应介质或反应物。

液体或熔体的比较对象是晶体，认识熔体的结构，是从其与晶体的结构对比中得来的。晶体是由三维方向上以一定距离呈现周期重复的、有序排列的原子或离子构成的，物质结构具有长程有序的特性，经过数学抽象得到了空间点阵，并由此定义了晶胞、晶格常数、配位数、晶格节点等。反之，将基元（被抽象为阵点的原子、分子、离子及其集团）代入空间点阵，就得到无数种晶体结构。常见的晶体结构包括面心立方、体心立方、密排六方、闪锌矿结构、纤锌矿结构、金红石结构和氯化钠型结构等。几种固体间可以形成固溶体、包括置换固溶体、间隙固溶体。对于气体而言，其不具有长程有序的结构。对于液体和熔体，有关金属熔体的基本事实，可以说明金属熔体结构的特点。

### 3.3.1 金属熔体的结构

冶金熔体的结构（一）

金属熔体的结构模型是基于以下基本事实提出的。

金属的熔化潜热仅为汽化潜热的 3%～8%，对于纯铁，熔化潜热为 15.2kJ/mol，汽化潜热是 340.2kJ/mol，金属熔化时，熵值的变化也不大，为 5～10J/(K·mol)。熔化时金属中原子分布的无序度改变很小。熔化时大多数金属的体积仅增加 2.5%～5%，相当于原子间距增加 0.8%～1.6%，在液态和固态下原子分布大体相同，原子间结合力相近。液态和固态的比热容差别一般在 10%以下，而液态和气态比热容相差为 20%～50%。所以液态和固态金属中原子的运动状态相近。

大多数金属熔化后电阻增加，且具有正电阻温度系数，液态金属仍具有金属键结合。在熔化温度附近，液态和固态金属具有相同的结合键和近似的原子间结合力；原子的热运动特性大致相同，原子在大部分时间仍是在其平衡位（结点）附近振动，只有少数原子从一平衡位向另一平衡位以跳跃方式移动。液态金属中原子之间的平均间距比固态中原子间距略大，而配位数略小，通常在 8～10 范围内，熔化时形成空隙使自由体积略有增加，固体中的远程有序排列在熔融状态下会消失而成为近程有序排列，如图 3-42 所示。金属熔体在过热度不高的温度下具有伪晶态的结构——熔体中接近中心原子处原子基本上呈有序的分布，与晶体中的相同（保持了近程有序状态）；在稍远处原子的分布几乎是无序的（远程有序状态消失）。

为了揭示液态金属原子分布的结构，自 20 世纪 60 年代以来，先后提出了几种与实验结果较为相符的液态金属结构模型。其中，典型的模型有两种：局部规则排列模型和随机密堆模型。

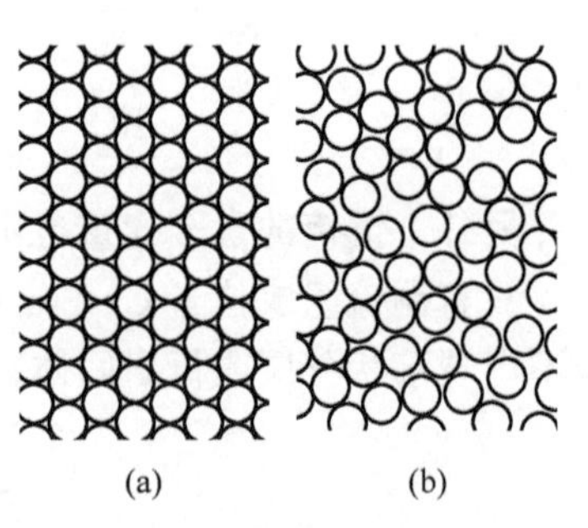

图 3-42 纯金属的固体和液体结构模型
(a) 固体；(b) 液体

(1) 模型Ⅰ(局部规则排列模型)。接近熔点时，液态金属中部分原子的排列方式与固态金属相似，它们构成了许多晶态小集团。这些小集团并不稳定，随着时间延续，不断分裂消失，又不断在新的位置形成。这些小集团之间存在着广泛的原子紊乱排列区。模型Ⅰ突出了液态金属原子存在局部排列的规则性。

(2) 模型Ⅱ(随机密堆模型)。液态金属中的原子相当于紊乱的密集球堆，这里既没有晶态区，也没有能容纳其他原子的空洞。在紊乱密集的球堆中，有着被称为“伪晶核”的高致密区。模型Ⅱ突出了液态金属原子的随机密堆性。

液态金属的结构实际上是有起伏的，液态金属中的“晶态小集团”或“伪晶核”都在不停地变化，它们的大小不等，时而产生又时而消失，此起彼伏。结构起伏的尺寸大小与温度有关。温度越低，结构起伏的尺寸越大。

关于金属熔体结构的内容就介绍到这里，读者要进一步学习可以查阅“高温熔体的界面物理化学”等相关的资料。熔体的结构在凝固、晶体生长等领域有着重要的应用。下面几小节将介绍非金属熔体的结构。

### 3.3.2 熔盐的结构

相比于金属熔体，虽然熔盐的体系较为复杂，但是作为熔体，其结构也具有相似性。X射线及中子衍射研究表明，熔盐的结构与液体金属的结构大体相似，为短程有序、远程无序的结构。熔盐和熔盐混合物都属于离子体系。在熔盐的离子溶液中，决定溶液热力学和结构性质的因素是离子间的库仑作用力。在离子熔体中，每个阳离子的第一配位层内都由阴离子所包围；在每个阴离子的第一配位层内由阳离子包围。阴、阳离子随机统计地分布在熔体中。

熔盐是由至少两种阴、阳离子组成的，因此它们必须具有保持电中性那样的排列，这一点与液体金属的结构不同。分析熔盐结构与性质时，必须注意带正负电荷的离子、离子对、缔合离子、络合离子和分子的作用。根据对熔盐结构的研究结果，人们提出了熔盐结构的空穴模型。这里的空穴理解为空位更为合适，是类似于金属熔体结构中正常位置上的质点空位，本来应该有质点的地方，却缺少了一个。

熔盐的结构模型也是基于大量基本事实提出的。

熔盐在熔化时体积的增加比金属熔体大得多。对于碱金属卤化物，体积可增加20%以上，大多数金属的体积仅增加2.5%~5%。假定体积的增加是由于液体最近邻的离子间距的增加引起的，离子间平均距离至少增加6%~7%。但是，X射线衍射分析结果却是离子间距稍有减少。因此，熔盐熔化时的体积增加不是自由体积的增加。

为了说明熔盐在熔化时体积增加显著，须假定有空穴存在。在类似于金属熔体结构中插入空穴后，平均配位数减少，如LiCl的配位数随着熔融而从6减少到4。空穴是在作为谐振子作用的球状的阴阳离子间形成的。空穴体积相当于熔融时的体积膨胀量，空穴是均匀分布的。计算表明，对于碱金属卤化物，空穴占据总位置数的1/6~1/5。

### 3.3.3 熔锍的结构

熔锍主要是指由Cu、Ni、Fe和S组成的熔体。主要由Cu、Fe和S组成的熔锍也称为冰铜。主要由Ni、Fe和S组成的熔锍也称为镍锍或冰镍。含Ni质量分数在40%以上的冰镍称为高冰镍，含Ni质量分数在20%以下的冰镍称为低冰镍。工业熔锍成分复杂，除含Cu、Ni、Fe和S之外，还含有O、Co、Pb、Zn、Cd、As、Sb、Bi以及贵金属等。

熔锍中的组元以离子形式存在，其中金属组元为阳离子，S形成缔合的阴离子，缔合的阴离子的大小与组成有关。Fe-S中硫的缔合阴离子比Ni-S和Cu-S中缔合阴离子大。Fe-S与Ni-S中有相当数量的自由电子，类似于金属。Cu-S自由电子少，S的缔合阴离子小，类似于离子熔体。Cu-Fe-S、Ni-Fe-S、Cu-Ni-S以及Cu-Ni-Fe-S则随其中S与Fe、Cu与Ni相对含量的不同，S缔合阴离子的大小不同，含有自由电子数量不同，或类似于金属，或类似于半导体，或类似于离子熔体。

作为近似，可以用完全离子模型和缔合溶液模型描述熔锍结构，详情请参阅其他资料。

### 3.3.4 熔渣的结构

冶金熔体的结构（二）

熔渣的物理化学性质，熔渣与金属熔体或熔锍、熔渣与气体之间的化学反应等，主要与熔渣的微观结构有关。人们常说，火法冶金在于炼渣，了解和研究熔渣的结构，对认识熔渣的高温冶金过程是十分必要的。

由前文可知，熔渣的组成来源于脉石、冶金过程中金属被氧化产生的氧化物、炉衬氧化镁以及添加剂，如 CaO、$SiO_2$ 和 $CaF_2$ 等。其中，脉石的主要成分是氧化物和硅酸盐。因此，熔渣的主要成分也是这些氧化物和硅酸盐。这些物质在固态时，往往不是按一种键合方式结合的，对于氟化物、氧化物和硫化物而言，其离子键合的百分数依次递减，共价键的百分数则增大。不同键型的化合物熔化为液态时，原有的键型在一定程度上保留下来，即离子性强的化合物，液态时依然具有离子键型；共价键强的化合物，液态时依然具有强的共价键成分。由于炉渣的温度很高，大部分碱金属和碱土金属氧化物会分解为离子态，即阳离子和氧离子，而且氧离子又易于与共价键强的 $SiO_2$ 和 $P_2O_5$ 等氧化物形成离子团，即硅酸根和磷酸根离子。因此，熔渣的成分可以认为是硅酸盐和磷酸盐。这些硅酸盐和磷酸盐的结构，就决定了熔渣的结构，或者说，熔渣的结构与硅酸盐和磷酸盐的结构相似。

#### 3.3.4.1 氧化物的结构

在介绍熔渣的热力学模型之前，有必要首先了解一下固态氧化物和硅酸盐晶体的结构。

X 射线研究结果指出，简单氧化物及复杂化合物的基本组成单元均为离子，即带电的质点，例如 CaO、FeO、MnO、NiO 和 CoO 等氧化物均具有氯化钠型结构，每个 $Me^{2+}$ 阳离子被 6 个 $O^{2-}$ 包围，而每个 $O^{2-}$ 也被 6 个 $Me^{2+}$ 阳离子包围，形成配位数为 6 的八面体结构，如图 3-43（a）所示。

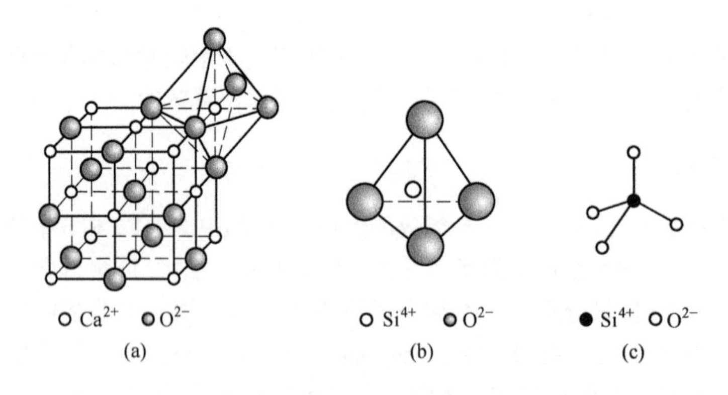


图 3-43 CaO 和 $SiO_2$ 结构示意图

（a）CaO 的结构；（b）$SiO_4^{4-}$ 四面体的结构；（c）$SiO_4^{4-}$ 四面体简示图

二氧化硅的晶体结构与上述几种氧化物完全不同，其基本单元为共价的 Si 原子的周围有 4 个 $O^{2-}$ 的正四面体结构，配位数为 4，如图 3-43（b）和（c）所示。这些四面体通过共用顶角的 O 形成有序排列的岛状、链状、网状以及三维空间架状结构，如图 3-44 和图 3-45 所示。复杂化合物是 Me 离子与 Si-O 阴离子或其他阴离子组成的。

CaO 具有离子型氯化钠型结构，而 $SiO_2$ 具有共价型四面体结构。这是由金属或半金

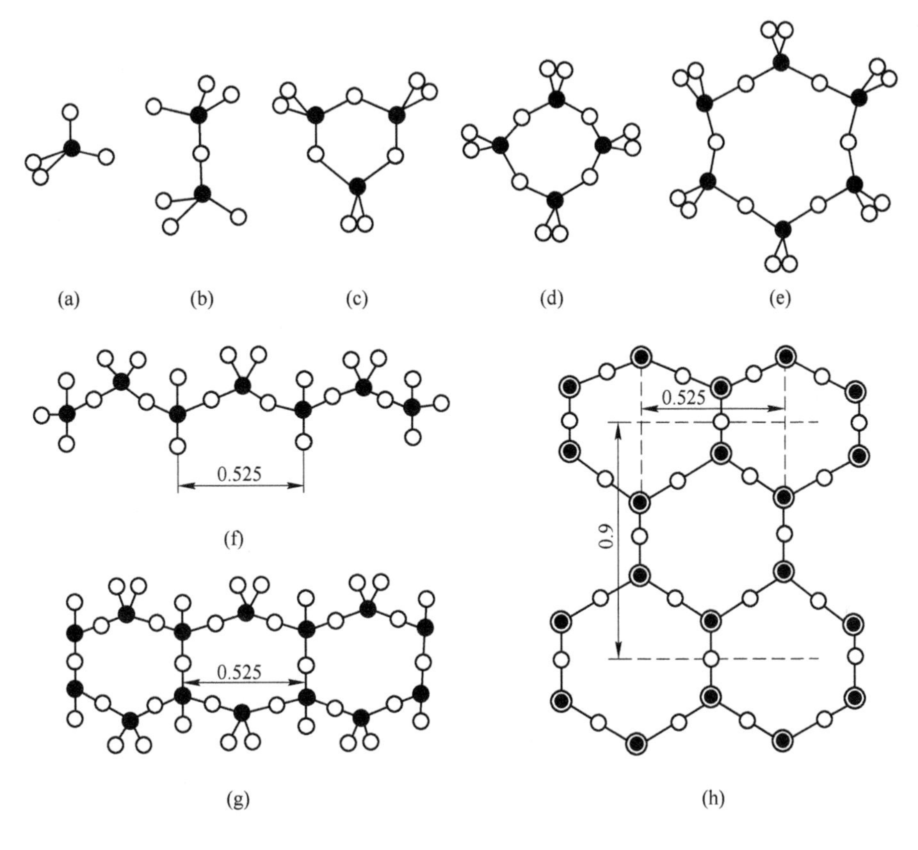


图 3-44 硅氧复合离子结构示意图（数字单位为 nm）

(a) $SiO_4^{4-}$；(b) $Si_2O_7^{6-}$；(c) $Si_3O_9^{6-}$；(d) $Si_4O_{12}^{8-}$；(e) $Si_6O_{18}^{12-}$；

(f) $[Si_2O_6]_n^{4n-}$；(g) $[Si_4O_{11}]_n^{6n-}$；(h) $[Si_4O_{10}]_n^{4n-}$

属阳离子-氧离子间的作用力（单键强度）大小不同造成的。换句话说，是由于阳离子争夺氧离子的能力强弱决定的。离子型氧化物的键能小于甚至是远小于共价键的单键键能。在熔融时，离子结构的氧化物解离出金属离子和氧离子。共价型的氧化物，其金属或半金属原子不仅维持对自身氧原子的束缚，还会吸引或束缚额外的氧离子，形成含氧酸根。

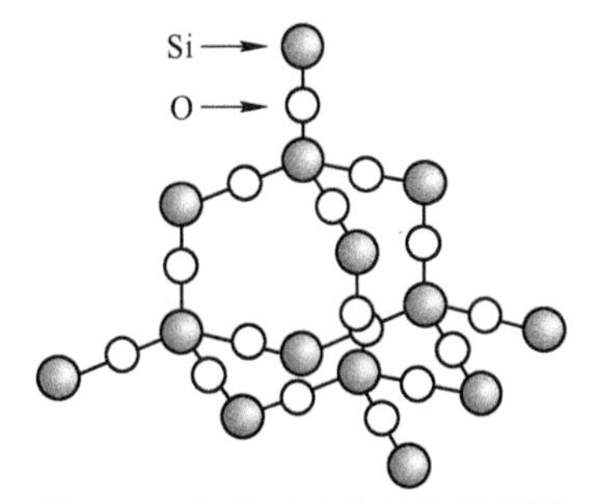


图 3-45 架状硅酸盐结构示意图

根据氧化物熔融时对 $O^{2-}$ 的行为，是吸收 $O^{2-}$，还是放出 $O^{2-}$，可将氧化物分为 3 大类。

第一类是碱性氧化物，即能供给 $O^{2-}$ 的氧化物，如 CaO、MnO、FeO、MgO、$Na_2O$ 和 TiO 等，如：

$$CaO = Ca^{2+} + O^{2-} \tag{3-13}$$

第二类是酸性氧化物，即能吸收 $O^{2-}$ 而形成复合阴离子的氧化物，如 $SiO_2$、$P_2O_5$ 和 $V_2O_5$ 等，如：

$$SiO_2 + 2O^{2-} = SiO_4^{4-} \tag{3-14}$$

第三类是两性氧化物，即在强酸性渣中可供给 $O^{2-}$ 而呈碱性，而在强碱性渣中会吸收 $O^{2-}$ 形成复合阴离子而呈酸性的氧化物，如 $Al_2O_3$、$Fe_2O_3$、$Cr_2O_3$ 和 ZnO 等，如：

$$Al_2O_3 = 2Al^{3+} + 3O^{2-} \tag{3-15}$$

$$Al_2O_3 + O^{2-} = 2AlO_2^- \tag{3-16}$$

单键强度越大，氧化物酸性越强；单键强度越小，氧化物碱性越强。按氧化物的 Me-O 单键强度的大小，熔渣中氧化物碱性或酸性强弱的次序为：

CaO、MnO、FeO、MgO、$CaF_2$、$Fe_2O_3$、$AL_2O_3$、$TiO_2$、$SiO_2$、$P_2O_5$

碱性增强←—中性（两性）—→酸性增强

对于同一种金属，通常其高价氧化物显酸性或两性，而其低价氧化物显碱性，如 $FeO/Fe_2O_3$、$VO/V_2O_3$ 和 $VO_2/V_2O_5$ 等。

矿物中的脉石主要含有 CaO 和 $SiO_2$ 等，既含有酸性氧化物也含有碱性氧化物。众所周知，酸和碱相遇会形成盐。酸性氧化物和碱性氧化物在高温下发生反应形成对应的盐。对于熔渣而言，主要就是硅酸盐。

硅酸盐晶体都有一个共同的特点，存在一个共同的结构单元——硅氧四面体 $SiO_4^{4-}$。这些基本单元通过共用 O 原子，形成岛状、组群状、链状、层状和架状结构。$SiO_2$ 是以聚合态存在的。硅酸盐体系中还有很多其他金属阳离子，如 $Ca^{2+}$、$Fe^{3+/2+}$、$Mg^{2+}$、$Mn^{n+}$、$Al^{3+}$ 及 $Ti^{4+}$ 等。硅酸盐中的这些阳离子大体上可以分为两类：一类阳离子争夺氧的能力比较强，与 Si 相似，在熔体中与桥氧呈四次配位，形成四面体，参与网格形成，增大聚合度，如 $Ti^{4+}$、$P^{5+}$、$Sn^{4+}$ 等；另一类争夺氧的能力比较弱，在网络空格中电离，形成离子，网格则是离子运动的通道。因此，总体上说含有 $SiO_2$、$P_2O_5$ 和 $AL_2O_3$ 的熔渣结构与硅酸盐的结构相似。

以上就是氧化物和硅酸盐的结构，以下介绍冶金中熔渣的几种结构模型。学习熔渣结构模型，目的是建立熔渣组分活度和其他热力学性质的计算方法。

#### 3.3.4.2 熔渣分子结构理论

熔渣分子结构理论（分子理论）是最早出现的关于熔渣结构的理论。分子理论的提出是基于对固态炉渣结构的研究结果。目前，分子结构理论在熔渣结构的研究中已很少应用了，但在冶金生产实践中仍常用分子结构理论来讨论和分析冶金现象。

分子理论的基本观点如下。

熔渣是由电中性的分子组成的。有的分子是简单氧化物，或称为自由氧化物，如 CaO、MgO、FeO、MnO、$SiO_2$ 和 $Al_2O_3$ 等。有的分子是由碱性氧化物和酸性氧化物结合形成的复杂化合物，或称为结合氧化物，如 $2CaO \cdot SiO_2$、$CaO \cdot SiO_2$、$2FeO \cdot SiO_2$ 和 $3CaO \cdot P_2O_5$ 等。分子间的作用力为范德华力。这种作用力很弱，使得熔渣中的分子运动比较容易。在高温时分子呈无序状态分布，可假定熔渣为理想溶液，其中各组元的活度可以用其浓度表示。在一定条件下，熔渣中的简单氧化物分子与复杂化合物分子间处于动态平衡，如：

$$CaO + SiO_2 = CaO \cdot SiO_2 \tag{3-17a}$$

$$\Delta G^{\ominus} = -992470 + 2.15T \quad J/mol \tag{3-17b}$$

因此，在一定温度下必有平衡的 CaO、$SiO_2$ 和 $2CaO \cdot SiO_2$ 存在。熔渣的性质主要取决于自由氧化物的浓度，只有自由氧化物参加与熔渣中其他组元的化学反应。

以下讨论分子理论的应用及存在的问题。

熔渣具有氧化能力。熔渣的氧化能力取决于其中未与 $SiO_2$ 或其他酸性氧化物结合的自由 FeO 的浓度；在熔渣-金属熔体界面上氧化过程的强度及氧从炉气向金属液中转移的量都与渣中自由 FeO 的浓度有关。

分子理论的应用主要涉及熔渣的脱硫及脱磷能力。

熔渣从金属液中吸收有害杂质 S 及 P 的能力决定于渣中存在的自由 CaO；脱硫和脱磷过程的强度及限度也与自由 CaO 的浓度有关。根据分子理论，脱硫反应写作：

$$(CaO) + [FeS] = (CaS) + (FeO), \quad \Delta H > 0 \tag{3-18}$$

式中，( ) 为渣相中的物质；[ ] 为金属熔体中的物质。在稀溶液的情况下，熔渣被视为理想溶液。一般情况下必须用活度来代替浓度进行热力学计算。脱硫反应的平衡常数及金属熔体中 FeS 的活度可表示为：

$$K = \frac{x_{(CaS)} \cdot x_{(FeO)}}{x_{(CaO)} \cdot a_{[FeS]}} \tag{3-19a}$$

$$a_{[FeS]} = \frac{1}{K} \cdot \frac{x_{(CaS)} \cdot x_{(FeO)}}{x_{(CaO)}} \tag{3-19b}$$

在一定温度下，$K$ 为常数，当 $x_{(CaO)}$ 增大或 $x_{(FeO)}$ 减小时，当增大渣量使 $x_{(CaS)}$ 减小时，均可使 $a_{[FeS]}$ 下降，即有利于硫的脱除。脱硫反应为吸热反应，升高温度有利于脱硫反应。因此，脱硫的基本原则是“三高一低”：高温、高碱度、高渣量和低氧化性。

虽然熔渣的分子理论成功地解释了熔渣的氧化性和脱硫脱磷等现象，但是该理论仍然存在缺陷。首先，不能运用分子理论进行定量计算。对于脱硫反应，将一定温度下平衡时各组元的活度值代入上面的平衡常数 $K$ 表达式中，结果发现 $K$ 不为常数。进一步假定熔渣中存在 $2CaO \cdot Al_2O_3$、$CaO \cdot Fe_2O_3$ 和 $2CaO \cdot SiO_2$ 等复杂分子，对 $K$ 的计算加以修正，但修正后计算的 $K$ 值仍然在 0.084~0.184 的范围内变化，而不是常数。

其次，分子理论不能解释 FeO 在脱硫中的作用。根据分子理论，降低渣的 FeO 含量有利于脱硫。但实验发现，无论是纯 FeO 渣还是含 FeO 的渣（质量分数为 17%的 FeO、42%的 CaO 和 41%的 $SiO_2$）均具有一定的脱硫作用。实验结果与分子结构理论的结论（只有 CaO 才有脱硫作用）不一致。

最后，分子理论与熔渣性能间缺乏有机的联系，而且更为重要的是无法解释熔渣的导电性。熔渣既可以导电又可以电解，说明熔渣中的结构单元应是带电的离子，而非中性分子。

因为熔渣分子结构理论存在缺陷，人们又提出了离子结构理论和聚合物理论。

#### 3.3.4.3 熔渣离子结构理论

熔渣离子结构理论（离子理论）的提出基于如下事实。熔渣具有电导值，其电导随着温度升高而增大；熔渣可以电解；以铁作电极，用 $FeO-SiO_2-CaO-MgO$ 和 $Fe_2O_3-CaO$ 渣电解，阴极上析出铁。在熔渣-熔锍体系中存在电毛细现象，说明熔渣具有电解质溶液的特性；可以测出硅酸盐熔渣中 $K^+$、$Na^+$、$Li^+$、$Ca^{2+}$ 和 $Fe^{2+}$ 等阳离子的迁移数，说明熔渣中的最小扩散单元为离子；X 射线结构分析表明，组成炉渣的简单氧化物和复杂化合物的基本单元均为离子；统计热力学为离子理论的建立提供了理论基础。

离子结构理论基本观点如下。

(1) 炉渣是由荷电质点（离子）构成的，其间作用力为库仑力；每个离子周围是异号离子，阴阳离子所带总电荷相等，熔渣总体呈电中性。

(2) 在高温液态时，碱性氧化物呈简单离子状态；酸性氧化物吸收氧离子，形成复杂阴离子。

(3) 随着熔渣组成和温度的变化，复杂阴离子发生聚合和解聚。

上述离子理论中，硅酸盐的阴离子是呈岛状的。如果进一步发展，聚合度再进一步增大，阴离子成链状、空间架状，那么这种离子理论模型就称为聚合物模型。

熔渣的离子理论有成功的一面，但仍存在诸多问题。例如，不少复合离子的结构是人为揣测和假定的，如铝氧离子 $AlO_2^-$、$AlO_3^{3-}$ 和 $Al_2O_4^{2-}$，铁氧离子 $FeO_2^-$、$Fe_2O_4^{2-}$、$Fe_2O_5^{4-}$ 和 $FeO_3^{3-}$。熔渣中同时存在游离的离子、游离氧化物和类似于化合物分子的络合物，它们之间同时存在着热解离平衡和电离平衡。

正因为这两种模型同样存在缺陷，人们又提出了分子与离子共存理论，它考虑了炉渣中未分解的化合物。

#### 3.3.4.4 熔渣分子与离子共存结构理论

分子与离子共存理论提出的主要依据如下。

$SiO_2$ 或 $Al_2O_3$ 的熔体几乎不导电，$SiO_2$-$Al_2O_3$ 熔体的电导非常低，不能将全部炉渣当作电解质。CaO-$SiO_2$、MgO-$SiO_2$、MnO-$SiO_2$ 和 FeO-$SiO_2$ 等渣系在含 $SiO_2$ 较多的一侧熔化时会出现两层液体，其中一层成分与 $SiO_2$ 相近，证明 $SiO_2$ 存在于熔渣中。不同渣系固液相同成分熔点的存在，说明熔渣中有分子存在。某些研究结果否定了 CaO-$SiO_2$ 系炉渣中 $SiO_3^{2-}$、$Si_3O_9^{6-}$ 以及复合分子 $Ca_3Si_3O_9$ 的存在。

分子与离子共存理论的基本观点如下。

熔渣由简单离子（$Na^+$、$Ca^{2+}$、$Mg^{2+}$、$Mn^{2+}$、$Fe^{2+}$、$O^{2-}$、$S^{2-}$ 和 $F^-$ 等）和 $SiO_2$、硅酸盐、磷酸盐及铝酸盐等分子组成。简单离子与分子间进行着动态平衡反应。不论在固态或液态下，自由的 $Me^{2+}$ 和 $O^{2-}$ 均能保持独立而不结合成 MeO 分子。熔渣内部的化学反应服从质量作用定律。

## 3.4 冶金熔体的化学性质

扫一扫查看
课件 9

学习冶金熔体的结构模型，目的之一就是研究冶金熔体的化学性质，特别是炉渣的化学性质，如酸度与碱度、氧化性、组元活度和溶解性等。

### 3.4.1 酸度与碱度

冶金熔体的
化学性质

熔渣的碱度或酸度是为了表示炉渣酸碱性的相对强弱而提出的。熔渣主要是由氧化物组成的，因此熔渣的化学性质主要取决于占优势的氧化物的化学性质。熔渣碱度或酸度的高低对火法冶金过程常常有较大的影响。例如，在高炉冶炼及炼钢生产中，高碱度渣有利于金属液中 S 和 P 的脱除。此外，它对熔渣的黏度和氧化能力等性质以及熔渣对炉子耐火材料的侵蚀等都有显著的影响。

在钢铁冶金中，常用碱度表示熔渣的酸碱性。碱度是指熔渣中主要碱性氧化物含量与主要酸性氧化物含量（质量）之比，一般用 $R$ 表示，也有用 $B$ 或 $v$ 表示的。常见的碱度表达式有以下几种：

$$R=\frac{w_{(CaO)}}{w_{(SiO_2)}} \tag{3-20a}$$

$$R=\frac{w_{(CaO)}}{w_{(SiO_2)}+w_{(Al_2O_3)}} \quad 或 \quad R=\frac{w_{(CaO)}+w_{(MgO)}}{w_{(SiO_2)}+w_{(Al_2O_3)}} \tag{3-20b}$$

$$R=\frac{w_{(CaO)}}{w_{(SiO_2)}+w_{(P_2O_5)}} \tag{3-20c}$$

$$R=\frac{w_{(CaO)}+w_{(MgO)}+w_{(MnO)}}{w_{(SiO_2)}+w_{(Al_2O_3)}+w_{(P_2O_5)}} \tag{3-20d}$$

上述表示方法分别对应如下情况：渣中其他氧化物较少时，$Al_2O_3$ 或 MgO 含量较高的炉渣（高炉渣），$P_2O_5$含量较高的炼钢炉渣，以及考虑了 MgO、MnO、$Al_2O_3$ 和 $P_2O_5$对碱度的影响。

在有色冶金中，习惯上用酸度（硅酸度）表示熔渣的酸碱性。酸度，即熔渣中结合成酸性氧化物的氧的质量与结合成碱性氧化物的氧的质量之比，一般用 $r$ 表示：

$$r=\frac{\Sigma m_O(酸性氧化物)}{\Sigma m_O(碱性氧化物)} \tag{3-21}$$

一般来说，酸度小于或等于 1 的渣属于碱性渣。

在炉渣离子理论中，还可用渣中自由 $O^{2-}$的活度（即 $a_{O^{2-}}$）的大小作为熔渣酸碱性的量度。碱性氧化物向渣中提供 $O^{2-}$，酸性氧化物吸收渣中的自由 $O^{2-}$。碱性氧化物提高渣中 $O^{2-}$的活度，酸性氧化物降低渣中 $O^{2-}$的活度。$a_{O^{2-}}$越大，则熔渣的碱度越大；反之，$a_{O^{2-}}$越小，则熔渣的酸度越大。熔渣 $a_{O^{2-}}$值的大小不表示该渣氧化性的强弱。

炉渣的酸碱性与熔渣中各种氧化物的数量及种类有关，而熔渣的氧化性只与其中能提供氧的组分（如炼钢渣中的 FeO，铜氧化精炼渣中的 $Cu_2O$ 等）的含量有关。

### 3.4.2 氧化性

熔渣可分为氧化渣和还原渣。氧化渣是能向金属液（金属熔体）输送氧、使金属液被氧饱和或使金属液中的杂质氧化的渣。还原渣是能从金属液中吸收氧，即使金属液发生脱氧过程的渣。

熔渣的供氧能力或吸收氧的能力取决于熔渣中与金属液中氧的化学势的相对大小。当熔渣中氧的化学势大，此炉渣为氧化性渣；当熔渣中氧的化学势小，此炉渣为还原性渣。

熔渣的氧化性与渣的组成和温度有关。熔渣的氧化性用渣中能提供氧的组分的含量进行表征。钢铁冶金中，用渣中氧化亚铁（FeO）的含量来表示熔渣的氧化性。在讨论熔渣的氧化能力时，还应考虑熔渣中 $Fe_2O_3$ 的贡献。通常将 $Fe_2O_3$ 的含量折合为 FeO 的含量，得到熔渣中总氧化亚铁的含量，并以之表示熔渣的氧化性，

$$\Sigma w_{(FeO)}=w_{(FeO)}+0.9w_{(Fe_2O_3)} \tag{3-22}$$

严格地讲，应以渣中 FeO 活度 $a_{(FeO)}$ 值的大小来表示熔渣氧化性的强弱，其依据如下：熔渣的各种氧化物（如 CaO、MgO、MnO 和 FeO 等）中，FeO 的稳定性最差，即 FeO 的供氧可能性最大；只有 FeO 能在金属液（钢液）中溶解。

在钢铁冶金中，通常将一定温度下，铁液中氧的活度与熔渣中 FeO 的活度之比定义为氧在铁液与熔渣之间的分配比，用符号 $L_O$ 表示。

$$(FeO) = [Fe] + [O] \tag{3-23a}$$

$$K^{\ominus} = \frac{a_{[Fe]} \cdot a_{[O]}}{a_{(FeO)}} = \frac{a_{[O]}}{a_{(FeO)}} \tag{3-23b}$$

其中，铁液以纯物质为标准态，由于［Fe］的浓度很高，所以 $a_{[Fe]}=1$。铁液中的［O］浓度很低，可视为稀溶液，故 $a_{[O]}=w_{[O]}$。所以 $L_O$ 可表示为：

$$L_O = K^{\ominus} = \frac{w_{[O]}}{a_{(FeO)}} \tag{3-24}$$

### 3.4.3 组元活度

物理化学和材料热力学课程讲述过活度的定义式，在物质 B 的化学势表达式 $\mu_B=\mu_B^{\ominus}+RT\ln a_B$ 中，$a_B$ 就是活度，它等于活度系数乘以组分浓度。

为了能够定量地处理金属液与熔渣之间反应的热力学问题，需要掌握熔渣组元的活度与其组成的关系。为此，在熔渣结构理论的基础上建立了各种关于熔渣的热力学模型，导出了相应的熔渣组元活度的计算公式。经典热力学模型假定硅酸盐熔渣中的各种复合阴离子和氧离子之间存在着聚合-解聚的化学反应平衡。利用这类反应的平衡常数可计算熔渣组元的活度。统计热力学模型则利用统计方法分别由离子间的作用能（用混合热表示）和离子分布的组态来计算离子溶液的偏摩尔形成焓变化和偏摩尔形成熵变化，再由此计算出熔渣组元的活度。

但是实际上，各种计算熔渣组元活度的热力学模型一般只适用于简单的熔渣体系或某些特殊的熔渣（如高碱度的炼钢渣），普适性差，而且所得的数值往往与实测值有一定的偏差。因此，熔渣组元的活度主要还是通过实验测定的。通常将所测得的活度值绘成二元系和三元系的等活度曲线图或等活度系数曲线图。

图 3-46 为 $CaO-Al_2O_3-SiO_2$ 渣系的等活度曲线图。它是先利用电动势法测定出 $SiO_2$ 活度，再利用吉布斯-杜亥姆方程由 $SiO_2$ 活度曲线计算出 CaO 和 $Al_2O_3$ 活度曲线。

由图 3-46（a）可见，$a_{SiO_2}$ 受熔渣组成的影响，即碱度（$CaO/SiO_2$）和 $Al_2O_3$ 浓度的影响。随着碱度的增加，$a_{SiO_2}$ 减小，当碱度高时，其值非常小，为 $10^{-4} \sim 10^{-3}$ 数量级。$Al_2O_3$ 的影响则与碱度有关。碱度高时，$Al_2O_3$ 呈酸性，与渣中 CaO 结合，故 $a_{SiO_2}$ 随着 $Al_2O_3$ 含量的增加而增大；而碱度低时，$Al_2O_3$ 呈碱性，与渣中 $SiO_2$ 结合，故 $a_{SiO_2}$ 随着 $Al_2O_3$ 含量的增加而减小。

熔渣中的 MgO 对 $SiO_2$ 活度的影响与 CaO 相似，但当其含量很高时（大于 10%），由于尖晶石（$MgO \cdot Al_2O_3$）的形成，使熔渣的液相区缩小，$SiO_2$ 活度也有不同程度的降低。温度对 $a_{SiO_2}$ 的影响较小，当温度从 1500℃ 上升到 1700℃ 时，$a_{SiO_2}$ 仅有较小的增加。

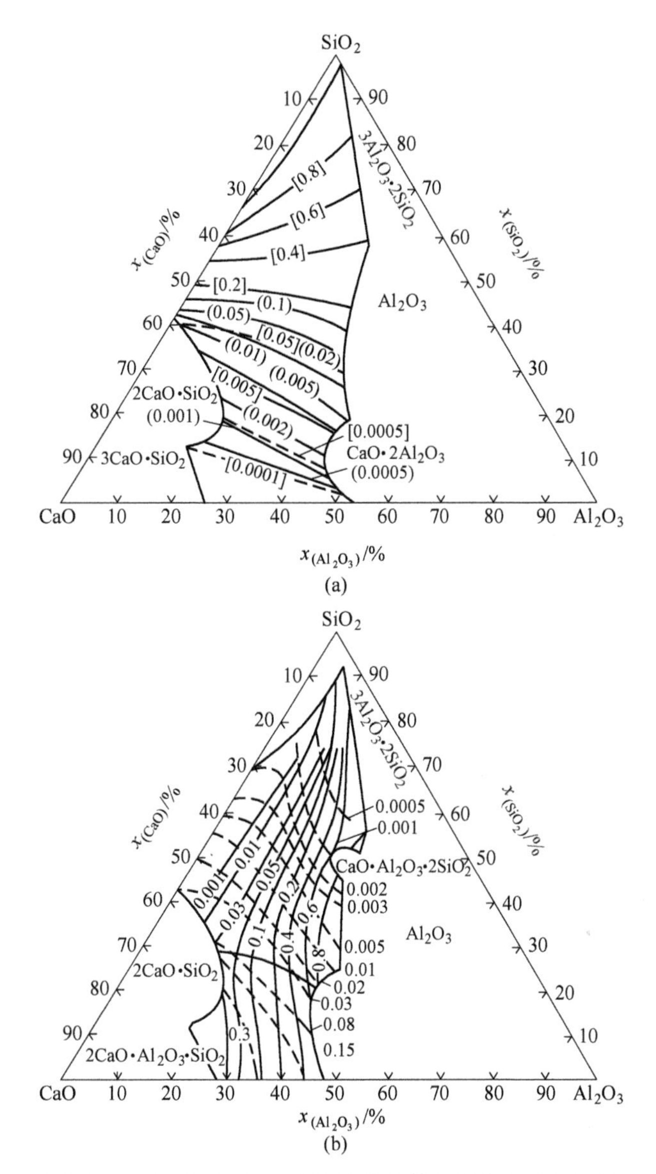


图 3-46 $CaO\text{-}Al_2O_3\text{-}SiO_2$ 渣系组分的等活度曲线（1600℃）

（a）$SiO_2$ 的活度；（b）CaO 的活度（实线）和 $Al_2O_3$ 的活度（虚线）

图 3-47 为 $CaO\text{-}FeO\text{-}SiO_2$ 渣系的 FeO 等活度曲线图。由图 3-47 可见，FeO 的活度随着碱度的增加先增大后减小，如 FeO 含量为 10%的等含量线上的组分活度变化。以下将分别以熔渣的分子理论和离子理论来解释这一现象。

（1）分子理论的解释。随着碱度的提高，$a_{FeO}$增大。CaO 的碱性远强于 FeO，与 $SiO_2$ 结合，致使自由状态的 FeO 的量增多。碱度为 2 时，形成 $2CaO \cdot SiO_2$，$a_{FeO}$达到很高的值。继续增加碱度，$a_{FeO}$降低。形成铁酸钙（$CaO \cdot Fe_2O_3$），导致自由状态的 FeO 的浓度下降。每条活度曲线在从 FeO 顶角绘出的 $CaO/SiO_2$ 的等比线上，$a_{FeO}$有极大值。

（2）离子理论的解释。随着碱度的提高，熔渣中 $O^{2-}$的浓度增加，$a_{FeO}$增加。复杂的硅氧复合阴离子解体，形成比较简单的结构。$O^{2-}$与 $Fe^{2+}$形成强离子对 $Fe^{2+}-O^{2-}$，所以

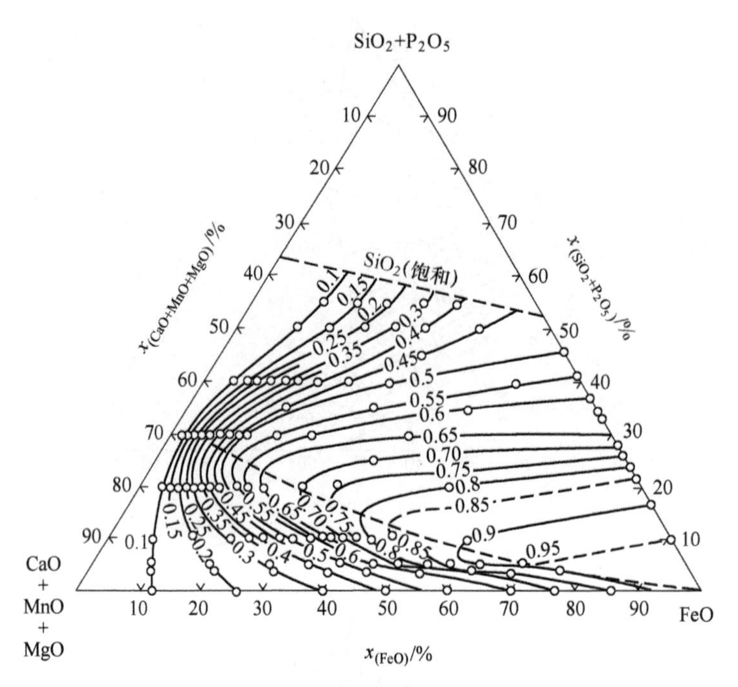


图 3-47 CaO-FeO-$SiO_2$ 渣系 FeO 组分的等活度曲线（1600℃）

$a_{FeO}$增大；$Ca^{2+}$与复合阴离子周围，形成弱离子对。碱度达到 2 时，复合阴离子以最简单的形式 $SiO_4^{4-}$ 存在，进入的 $O^{2-}$不再使复合阴离子解体。此时，根据平衡移动原理，$Fe^{2+}$和 $O^{2-}$反应生成的 FeO 浓度达到最大值，故 $a_{FeO}$达到其最大值。

$$Fe^{2+} + O^{2-} = FeO \quad (3\text{-}25)$$

进一步提高碱度，出现组成近似于铁酸钙的离子团，$Fe^{2+}$和 $O^{2-}$的浓度降低。根据平衡移动原理，上式平衡向左移动，FeO 分解，故 $a_{FeO}$减小。

### 3.4.4 溶解性

溶解性是指气体在冶金熔体中的溶解性，这里要特别强调气体在熔渣中的溶解，它涉及气体与熔渣之间的反应，涉及它们通过熔渣向金属液传递的过程。这些气体包括 $S_2(SO_2)$、$H_2(H_2O)$、$N_2$ 和 CO 等，例如 $S_2$ 和 $H_2O$ 涉及的反应如下：

$$1/2S_2 + (O^{2-}) = 1/2O_2 + (S^{2-}) \quad (3\text{-}26a)$$

$$1/2S_2 + 2SiO_4^{4-} = 1/2O_2 + (S^{2-}) + Si_2O_7^{6-} \quad (3\text{-}26b)$$

强碱性渣：$$H_2O(g) + (O^{2-}) = 2(OH^-) \quad (3\text{-}26c)$$

碱性渣：$$H_2O(g) + 2SiO_4^{4-} = 2(OH^-) + Si_2O_7^{6-} \quad (3\text{-}26d)$$

酸性渣：$$H_2O(g) + (\text{Si-O-Si}) = 2(\text{Si-OH}) \quad (3\text{-}26e)$$

由于这些气体是中性分子，而熔渣是离子熔体，气体必须吸收电子（即发生还原反应）转变为阴离子后才能进入熔渣。这种还原反应所需要的电子通常是由熔渣中的 $O^{2-}$的氧化反应提供的。因此，气体在熔渣中的溶解反应是有 $O^{2-}$参加的电化学反应。

这些气体的溶解过程是电化学反应过程，熔渣的酸碱性对反应过程有影响，影响产物的存在形态。熔渣与液态金属间的反应涉及 Si、Mn 和其他合金元素的氧化与还原，以及钢液的脱氧、脱磷和脱硫等炼钢过程中重要的反应。这些反应也是电化学反应。

熔渣是由金属阳离子、硅氧阴离子和氧阴离子等组成的离子溶液，而液态金属为金属键结构，因此当熔渣与金属液接触时，就会有带电质点（离子和电子）在两相之间转移。例如，当熔渣对金属液脱硫时，金属液中的硫成为带负电荷的 $S^{2-}$ 并向熔渣中转移，使得熔渣表面出现了过剩的负电荷，而金属液表面带有过剩的正电荷，因此在熔渣-金属液界面形成了双电层，阻止硫继续从金属液向熔渣中转移，如图 3-48 所示。

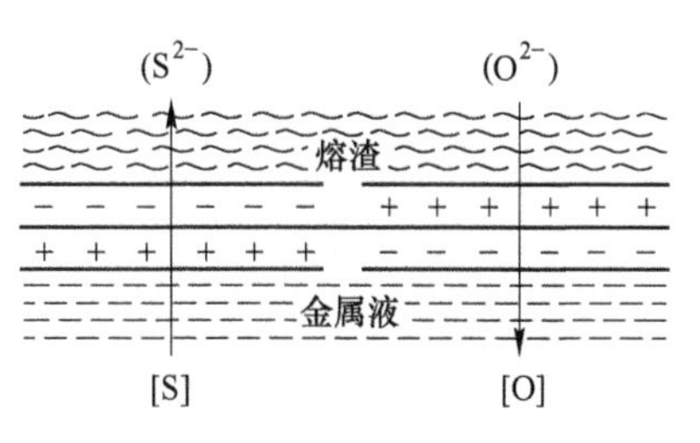


图 3-48 熔渣-液态金属间的电化学反应模型

另一方面，熔渣中带负电荷的离子（如 $O^{2-}$）向金属液中转移，使金属液表面将带过剩的负电荷，而熔渣表面出现过剩的正电荷，于是在熔渣-金属液界面形成了另一个双电层，其极性与由 $S^{2-}$ 转移形成的双电层的极性相反。

这两个极性相反的双电层互相抵消，使 $S^{2-}$ 得以继续从金属液向熔渣中转移。因此，可将上述金属液的脱硫过程可写成如下电化学反应。

$$\begin{array}{rl} & [S] + 2e = (S^{2-}) \\ +) & (O^{2-}) = [O] + 2e \\ \hline & [S] + (O^{2-}) = (S^{2-}) + [O] \end{array} \tag{3-27}$$

## 3.5 冶金熔体的物理性质

冶金熔体的物理性质（一）

熔体的物理化学性质直接影响到金属与熔渣的化学反应与分离等过程，直接影响到冶炼过程能否顺利进行，以及技术经济指标是否符合要求。本节将介绍冶金熔体的物理性质，包括熔化温度、密度、黏度、电导率、扩散系数和表面张力等。

### 3.5.1 熔化温度

冶金熔体通常都是十分复杂的多元体系，不像晶体那样具有确定的熔点，它是在一定温度范围内完成熔化的。比如，熔渣不是纯物质，没有一个固定的熔点，熔融从开始熔化到完全熔化，是在一定的温度范围内完成的，即从固相线到液相线温度区间。

为与晶体材料的熔点相对应，人们提出一个熔化温度的概念，它是指冶金熔体由其固态物质完全转变为均匀的液相时的温度。同样，人们也可以指定一个温度，作为熔体的凝固温度或者凝固点——冶金熔体开始析出固相的温度。冶金熔体从开始凝固到完全凝固，也是在一个温度区间内完成的。这里所说的熔体的凝固点，和纯物质晶体的凝固点在物理意义上是有差别的。这样定义之后，在相图上凝固点和熔化温度是相同的，这样就与纯物质的熔点、凝固点、初晶温度相对应上了。

值得注意的是，在熔盐体系中，熔化温度也称为熔度，熔盐体系的相图也称为熔度图。

冶金熔体是个非常复杂的体系，因此，它的熔化温度与其组成相关。对于金属熔体来说，如铁液，其中的非金属元素 C、O、S、P 等，能使其熔化温度降低；含 C 量为 1%的铁液，熔化温度比纯铁熔点低 90℃，而 Mn、Cr、Ni、Co、Mo 等的影响很小。对于熔渣而言，加入 $CaF_2$、$Na_2O$、$Na_2CO_3$ 等，能显著降低熔渣的熔化温度，而且这些物质对冶炼生产不产生不利的影响，人们把这类物质称为助熔剂。熔盐体系中，也可以添加助熔剂，以达到降低熔盐初晶温度的目的。

### 3.5.2 密度

密度（$\rho$）就是单位体积物质的质量。密度影响金属与熔渣、熔锍与熔渣以及金属与熔盐的分离，影响金属的回收率，分离得好，回收效率高。

当几种物理化学性质相近的金属形成金属熔体时，其密度具有加和性。

$$1/\rho = \sum (w_{Me}/\rho_{Me}) \tag{3-28}$$

熔渣是由氧化物组成的，它的密度也具有加和性，如以下公式所描述：

$$1/\rho = \sum (w_{MeO}/\rho_{MeO}) \tag{3-29}$$

温度高于熔化温度（$T_m$）时，熔体的密度减小，且与高出的温度成比例，其关系式为：

$$\rho_T = \rho_m - \alpha(T - T_m) \tag{3-30}$$

式中，$\rho_T$和$\rho_m$分别为熔体在温度 $T$ 和 $T_m$下的密度；$\alpha$ 为比例系数。

冶炼金属时，金属液滴最初出现在熔渣中，金属液滴与熔渣间的分离速度与二者的密度有关，可以用斯托克斯公式描述，密度差越大分离速度越快。

$$u = \frac{2gr_{Me}^2}{9\eta_S}(\rho_{Me} - \rho_S) \tag{3-31}$$

式中，$g$ 为重力加速度；$r_{Me}$为金属液滴的半径；$\eta_S$为熔渣的黏度；$\rho_{Me}$和 $\rho_S$分别为金属（或熔锍）和熔渣的密度。

对于 $CaO-Al_2O_3-SiO_2$ 渣系，如图 3-49 所示，熔渣的密度随着 $SiO_2$ 含量的增大而减小，随着 CaO 含量的增大而增大。对于 CaO-FeO-$SiO_2$ 渣系，如图 3-50 所示，熔渣的密度随着 $SiO_2$ 含量的增大而减小，而随着 FeO 含量的增大而增大。

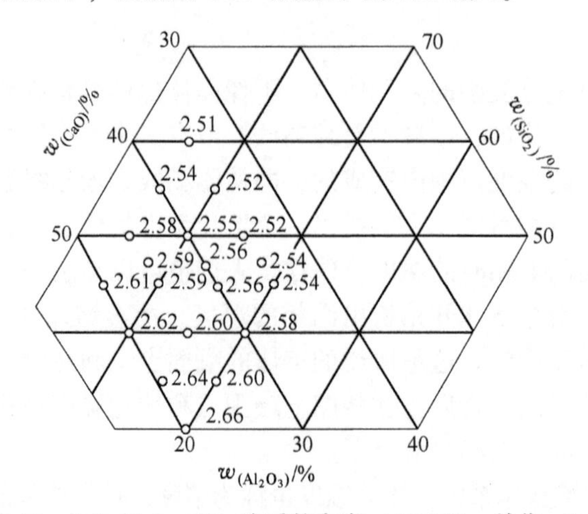


图 3-49 $CaO-Al_2O_3-SiO_2$ 渣系的密度（1550℃，单位 g/cm³）

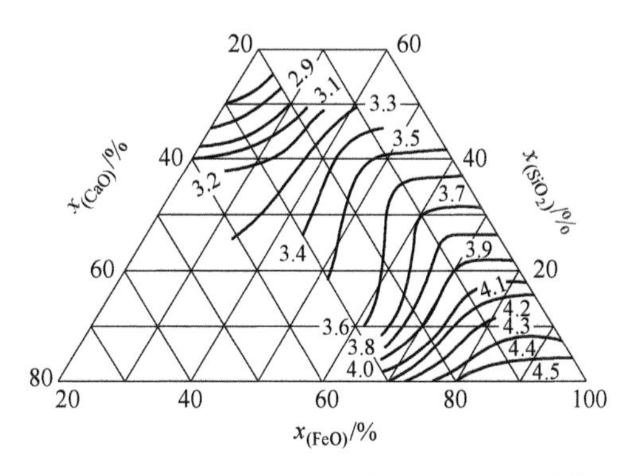


图 3-50 CaO-FeO-$SiO_2$ 渣系的密度（1400℃，单位 g/$cm^3$）

### 3.5.3 黏度

冶金熔体的物理性质（二）

黏度是冶金熔体的重要物理性质。

#### 3.5.3.1 黏度的概念

在流体力学中，黏度是一个非常重要的概念。冶金熔体在熔融的状态下，也具有流动性，也可以认为是一种流体。由于在流动的液体中各液层的定向运动速度不同，相邻液层之间发生了相对运动，因此相邻两液层之间产生了内摩擦力，以阻止这种运动的延续，使液体的流速减慢，这就是黏滞现象。根据牛顿黏性定律，两液层之间的内摩擦力正比于两液层的接触面积和速度梯度：

$$F = -\eta A \frac{du}{dx} \tag{3-32}$$

式中，$F$ 为内摩擦力，N；$A$ 为相邻两液层的接触面积，$m^2$；$du/dx$ 为垂直于流体流动方向上的速度梯度，$s^{-1}$；$\eta$ 为黏度系数，动力黏度，简称黏度，Pa · s（kg/(m · s)）。

黏度的意义在于它反映了在单位速度梯度下，作用于平行的液层间单位面积上的摩擦力。黏度的单位为 Pa · s、泊（P）或厘泊（cP）。黏度除以密度即为运动黏度（$\nu$）：

$$\nu = \eta/\rho \tag{3-33}$$

运动黏度的单位是 $m^2/s$ 或 St（$1m^2/s = 10^4 St$，斯托为 CGS 制中的单位）。运动黏度的倒数称为流体的流动性。

表 3-1 列举了各类液体的黏度范围，液态金属和熔盐在熔点附近的黏度都很小，熔渣的黏度较大，熔锍的黏度介于液态金属和熔渣的黏度之间。

**表 3-1 各类液体的黏度范围**

| 液体 | 物质 | 温度/K | 黏度/Pa · s |
|---|---|---|---|
| 液态金属 | Fe | 1823 | 0.005 |
| | Cu | 1473 | 0.0032 |
| 熔盐 | KCl | 1308 | 0.0007 |
| | $MgCl_2$ | 1081 | 0.041 |

续表 3-1

| 液体 | 物质 | 温度/K | 黏度/Pa·s |
|---|---|---|---|
| 熔渣 | $FeO-SiO_2$ ［$SiO_2$（质量分数）：0~4%］ | 1673 | 0.04~0.3 |
| | $CaO-SiO_2$ ［$SiO_2$（质量分数）：45%~60%］ | 1825 | 0.02~1.0 |
| 熔锍 | | 1273 | 约 0.01 |
| 玻璃 | $Na_2O-SiO_2$ ［$SiO_2$（质量分数）：50%~80%］ | 1473 | 1~10 |
| 水 | $H_2O$ | 298 | 0.001 |

黏度随着温度的升高而降低，如图 3-51 所示。

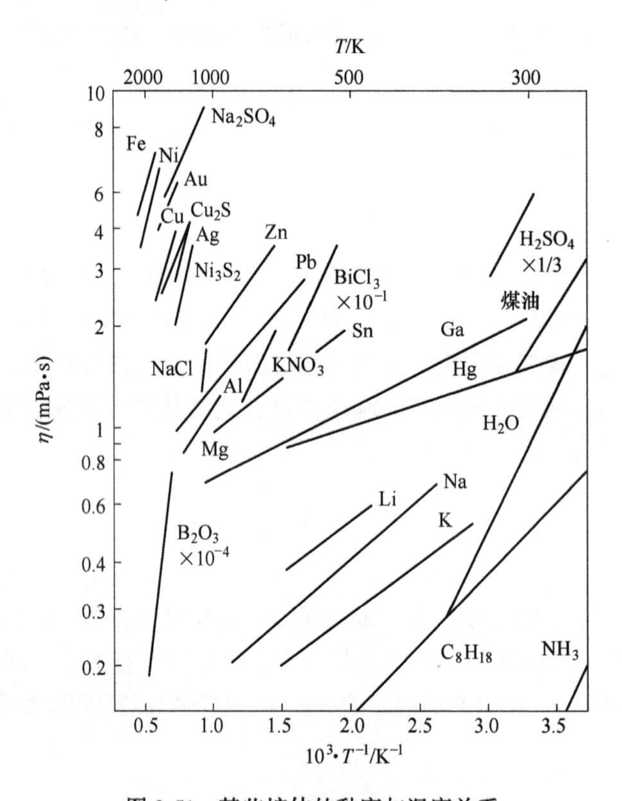


图 3-51 某些熔体的黏度与温度关系

升高温度有利于质点克服在熔体中流动的能垒 ——黏流活化能。黏度与温度之间的关系呈指数关系，可用阿累尼乌斯公式表示：

$$\eta = A_\eta \exp\left(\frac{E_\eta}{RT}\right) \tag{3-34}$$

式中，$A_\eta$ 为常数；$E_\eta$ 为黏流活化能。对于大多数冶金熔体，黏度与温度的关系均遵守指数关系式。

### 3.5.3.2 金属熔体的黏度

纯液态金属的黏度范围在 $(0.5\sim8)\times10^{-3}$ Pa·s，接近于熔盐或水的值，远小于熔渣的黏度值。金属熔体的黏度与其中的合金元素有关。例如，1600℃时液态铁的黏度，当铁中其他元素的总量不超过 0.02%～0.03%时，为（4.7～5.0）×$10^{-3}$ Pa·s；当其他元素总量为 0.100%～0.122%时，升高至（5.5～6.5）×$10^{-3}$ Pa·s。铁液中其他元素对黏度有影响：Si、Mn、Cr、As、Al、Ni、Co、Ge 等元素使铁液的黏度下降；V、Ta、Nb、Ti、W、Mo 等使铁液的黏度增加；Cu、H、N 等元素对铁液黏度的影响很小；C 含量（质量分数）在 0.5%～1.0%范围内可使铁液黏度降低 20%～30%；C 含量（质量分数）在 0.5%以下时对铁液黏度的影响比较复杂。

### 3.5.3.3 熔渣的黏度

图 3-52 是 1900℃时 $CaO-Al_2O_3-SiO_2$ 渣系的黏度图。

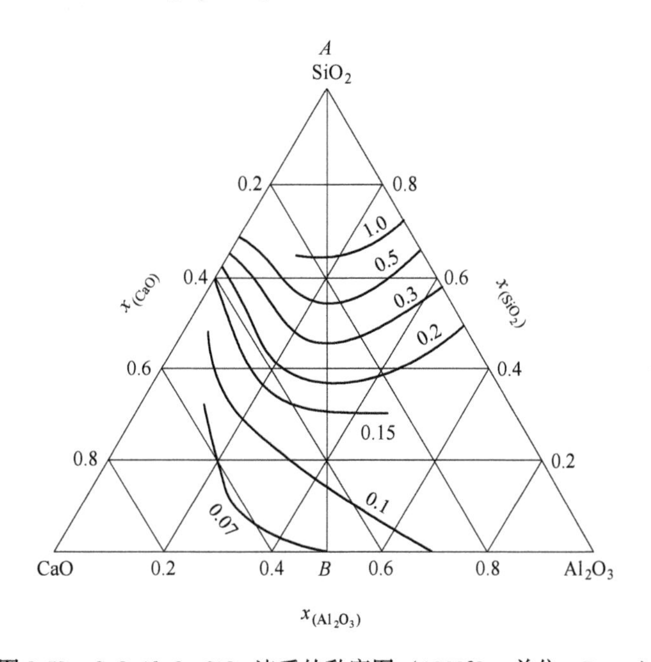


图 3-52 $CaO-Al_2O_3-SiO_2$ 渣系的黏度图（1900℃，单位：Pa·s）

在 $Al_2O_3$ 含量不大的碱性渣区域，等黏度线几乎平行于 $SiO_2-Al_2O_3$ 边。当渣中 CaO 含量一定时，用 $Al_2O_3$ 取代 $SiO_2$ 时不影响黏度值。这是因为在碱性渣范围内 $Al^{3+}$可以取代硅氧阴离子中的 $Si^{4+}$而形成硅铝氧阴离子，即 $Al_2O_3$ 呈酸性。

在酸性渣和高 $Al_2O_3$ 的区域，当 CaO 含量不变时，用 $Al_2O_3$ 取代 $SiO_2$ 则渣的黏度降低。$Al_2O_3$ 呈碱性，对硅氧阴离子有一定的解聚作用。在 $CaO/Al_2O_3$ 摩尔比等于 1 的直线 *AB* 以左的 CaO 一侧，$Al_2O_3$ 表现出酸性氧化物的性质；在 *AB* 线以右的 $Al_2O_3$ 一侧，$Al_2O_3$ 表现出碱性氧化物的性质。

现代熔渣结构理论认为，黏度升高是由于熔体中形成了复杂的离子团，它的排列秩序堆积较为紧密，所以使熔体中的质点由某一个位置移动到另一个平衡位置时阻力增大，所以黏度升高。

提高温度，加入助熔剂，如 MgO、BaO、$Na_2O$、$Na_2CO_3$、$CaF_2$ 等均能降低渣的熔化温度，并使复杂阴离子解体——它们都使渣的黏度降低。

适当增加渣中 FeO 的含量，可以有效地促进渣中石灰块的迅速溶解，使渣转变为均匀的液相。氧化熔炼时，熔渣中应保持足够的 FeO 含量。

对同一体系，1600℃时，$CaO-Al_2O_3-SiO_2$ 系的黏度如图 3-53 所示。

当 CaO 浓度增加时（左下区域），等黏度曲线分布的密度增大，即黏度增加得很快。对于冶金生产来说，熔渣黏度的稳定性极为重要。熔渣的稳定性是指一定的温度下熔渣成分在一定范围内变化时，其黏度不急剧发生变化；或者说当熔渣组成一定时温度变化而黏度变化很小。为了顺利地进行冶炼，不希望熔渣黏度急剧变化。图 3-53 中左下区域等黏度线靠得很近的区域表明熔渣黏度的稳定性小，所以此成分范围内的渣不宜选用。此区域成分的渣系黏度波动大，是因为熔渣中出现固相物（生成化合物）使渣的熔化温度升高。

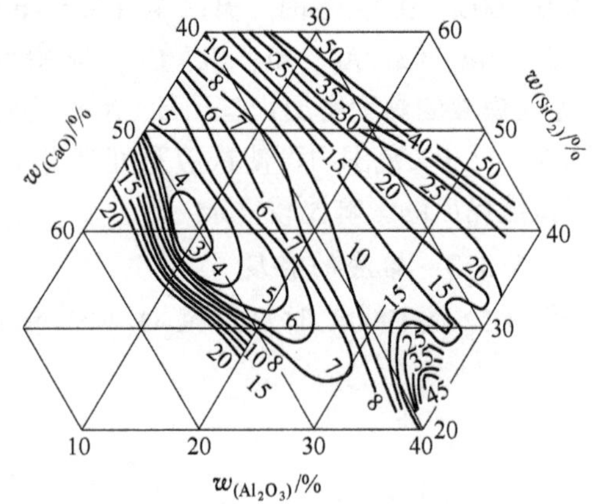


图 3-53 $CaO-Al_2O_3-SiO_2$ 渣系的黏度（1600℃，单位 Pa·s）

当 $SiO_2$ 含量增加时，或 $SiO_2$ 含量不变而 CaO 含量降低时，等黏度线分布变疏，黏度增大。根据熔渣的结构理论模型可知，随 $SiO_2$ 含量增加，硅氧复杂阴离子进一步聚合形成结构单元更大的离子，致使黏流活化能进一步增大。

$Al_2O_3$ 对该渣系黏度的影响没有碱度明显。当碱度一定时，如 $R=1.1\sim1.2$，当 $Al_2O_3$ 含量小于 10%（质量分数）时，渣的黏度较小，而且熔化温度低。当 $Al_2O_3$ 含量（质量分数）大于 10%时，渣的熔化温度升高，黏度显著提高。

3.5.3.4 熔盐和熔锍的黏度

关于熔盐的黏度，这里以工业电解铝使用的熔盐体系为例，如图 3-54 所示，熔体黏度随着 $Al_2O_3$ 浓度的增大而增大。

这是因为熔体中生成了如体积庞大的铝氧氟络离子 $AlOF_2^-$、$AlOF_3^{2-}$ 等。随着 $Al_2O_3$ 浓度的进一步增大，这些络离子数目增多，而且还会缔合生成含有 2~3 个氧原子的更加庞大的络离子。在工业铝电解质的组成范围内（图 3-54 中虚线之间的范围，$NaF:AlF_3=2.33\sim3$），随着 $Al_2O_3$ 浓度的增大，铝电解质的黏度显著增大；增加 $AlF_3$ 的含量，电解质的黏度则显著降低。

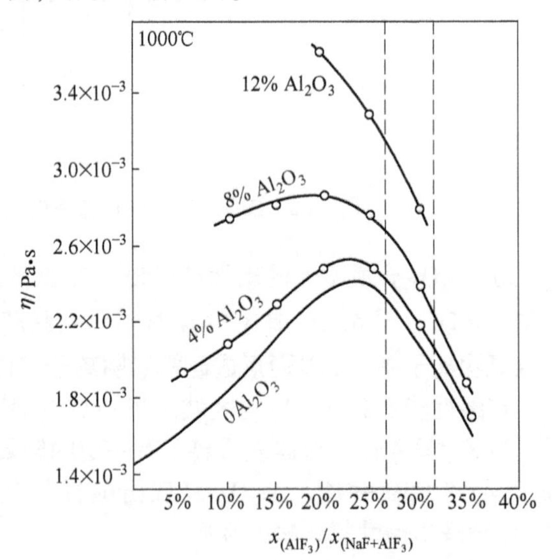


图 3-54 $Na_3AlF_6-AlF_3-Al_2O_3$ 三元系的黏度

在冶炼温度下，熔锍的黏度约为 0.01Pa·s。熔锍的黏度远小于熔渣的黏度，与熔融金属和熔盐比较接近。

### 3.5.4 热容和热导率

热容，在物理化学中，可以将其分为定压摩尔热容和定容摩尔热容。对于凝聚态而言，通常采用定压摩尔热容，$c_p$。定压摩尔热容越大，反映 1mol 物质温度升高 1℃或 1K 时所吸收的热量越多，升温速率一定时所需要的外加热功率就越大。

物质导热性质可以用热导率来表示，热导率越大，单位时间内向体系外传导的热量就越多，若要维持体系的温度，就需要越大的热源供给功率。

这两个参数和冶金过程热工艺参数相关，需要综合考虑反应物的供给量和加热功率。

### 3.5.5 电导率

冶金熔体的导电性能对一些冶金工艺的控制是非常重要的。例如，电弧炉炼钢、电渣重熔等都是利用电流通过熔渣产生的热量进行冶炼的。因此，熔渣的电导率直接影响到熔池中的温度和电能的消耗。在熔盐电解过程中，在一定的电流密度和温度下，电极间距离取决于电解质的导电性。在一定范围内，导电性越好，电极间的距离可以越大，电流效率就越高。而且，在相同的极间距条件下，提高熔盐电解质的导电性，可以降低电能消耗。

熔体的导电性可以用电导率 $\gamma$ 表示，电导率是电阻率的倒数。

金属熔体通常都是电的良好导体。熔渣的电导率则差别很大，它取决于其中氧化物的结构。酸性氧化物浓度的增加将导致熔渣的电导率下降。

熔渣的电导率随着碱度的增加而增大。$CaF_2$ 加入熔渣后，既可使复杂阴离子解体，又能提供导电性强的简单离子（$Ca^{2+}$、$F^-$ 等）浓度，可使熔渣的电导率值显著增大。

熔盐是离子熔体，通常都具有良好的导电性能。不同熔盐的导电性能有很大的差别。随着熔盐结构中离子键分数的减小，阳离子价数的增加和离子晶格向分子晶格的过渡，熔盐的电导率都会降低。熔盐混合物的电导率与其组成的关系通常都比较复杂，而且与熔盐结晶时体系中是否形成化合物或新的络合离子有关。

在 $Na_3AlF_6$-$Al_2O_3$ 体系中，电导率随着 $Al_2O_3$ 浓度的增加而线性下降。在 $Na_3AlF_6$-$AlF_3$-$Al_2O_3$ 三元系中，$Al_2O_3$ 和 $AlF_3$ 浓度的增加均会导致电导率减小，这与熔盐中 $Na^+$浓度的降低有关。工业铝电解质的电导率约为 200S/m。

熔锍导电性能非常好，在冶炼温度下（1150～1400℃）其电导率高达（5～8）×$10^4$S/m。熔锍的电导率远高于熔盐和熔渣的电导率，但明显低于金属熔体的电导率。

电导率与温度的关系与熔体的类型有关。金属熔体及熔锍属于第一类导体（电子导电），当温度升高时，它们的电导率下降。熔盐和熔渣属于第二类导体（离子导电），当温度升高时，它们的电导率增大，且具有如下关系：

$$\gamma = A_\gamma \exp\left(-\frac{E_\gamma}{RT}\right) \tag{3-35}$$

式中，$A_\gamma$为常数；$E_\gamma$为电导活化能。

对于一定组成的熔盐或熔渣，降低黏度有利于离子的运动，从而使电导率增大。电导率与黏度的关系可用下式描述：

$$\gamma^n \cdot \eta = K' \tag{3-36}$$

式中，$n$ 为黏流活化能（$E_\eta$）与电导活化能（$E_\gamma$）之比，即 $n=E_\eta/E_\gamma$；$K'$为常数。对熔渣来说，电导率主要取决于尺寸小、迁移速率快的简单离子的运动，而黏度则决定于尺寸大、迁移速率慢的复合阴离子的运动。

### 3.5.6 扩散系数

凡是有熔体参与的冶金反应，其反应机理中（动力学）均包括反应物或产物在熔体中的扩散过程，而且，扩散过程往往是整个反应的速率限制环节，例如，渣-钢间的脱磷脱硫反应、石灰在熔渣中的溶解、熔渣对耐火材料的侵蚀等都与扩散过程有着密切的联系。熔体中组分的扩散对冶金过程的速率起着非常重要的作用，而扩散系数是冶金动力学计算中重要的基础数据。熔体中组分的扩散系数与温度、熔体的组成、黏度等因素有关。

根据菲克第一定律，单位时间内在垂直于扩散方向上通过单位横截面的物质的量（扩散通量）与浓度梯度成正比：

$$J = -D\frac{\mathrm{d}C}{\mathrm{d}x} \tag{3-37}$$

式中，$J$ 为扩散通量；$\mathrm{d}C/\mathrm{d}x$ 为浓度梯度；$D$ 为扩散系数；负号表示物质运动方向与浓度梯度方向相反。

与电导率性质相类似，扩散系数与温度、黏度也存在相类似的关系：

$$D = A_D \exp\left(-\frac{E_D}{RT}\right) \tag{3-38}$$

$$D_i^n \cdot \eta = K'' \tag{3-39}$$

式中，$A_D$为常数；$E_D$为扩散活化能；$i$ 表示某组元；$n$ 为黏流活化能（$E_\eta$）与扩散活化能（$E_D$）之比（即 $n=E_\eta/E_D$）；$K''$为常数。

扩散系数与熔体的组成有关。扩散系数与扩散物质的半径及原子间的键能有关。质点半径越小，与邻近原子的键能越小，则其扩散系数越大。能形成共价键分数高的群聚团的组分，其扩散系数很小。例如，铁液中氧的扩散系数比许多其他元素低，可能是由于氧不是以氧原子（离子），而是以 FeO 群聚团的形式在铁液中扩散。

图 3-55 为铁液中一些合金元素的扩散系数曲线。1600℃时，铁液中元素的扩散系数在 $10^{-8} \sim 10^{-9}\,\mathrm{m^2/s}$ 数量级，而且不同元素的扩散系数相差不到 1 个数量级。Mo、Cr 和 Si 在铁液中的扩散系数分别为 $0.3\times10^{-9}\,\mathrm{m^2/s}$、$0.9\times10^{-9}\,\mathrm{m^2/s}$ 和 $2.4\times10^{-9}\,\mathrm{m^2/s}$。

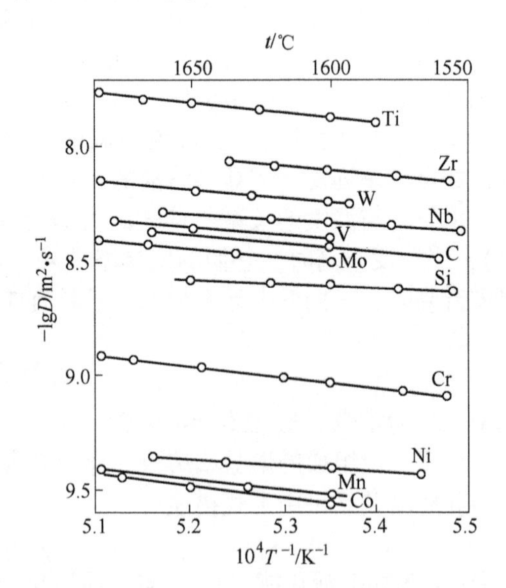

图 3-55　铁液中一些合金元素的扩散系数

能降低熔体黏度的第三组分的存在，均能使扩散系数增大。例如，Si、Mn、Ti、Cr、W 等均能降低铁液的黏度，故它们使 N 在铁液的扩散系数增大，而 V 和 Nb 则会降低 N 的扩散系数。

组分在熔渣中的扩散系数比在熔融金属中的低 1～2 个数量级。1450℃时，在 CaO、$SiO_2$ 和 $Al_2O_3$ 组成（质量分数）为 40%～45%、35%～40%和 18%～20%的熔渣中，氧的扩散系数最大，达 $6.5\times10^{-10}\,\mathrm{m^2/s}$；其次是 Ca、P 和 Fe，它们的扩散系数在 $10^{-11} \sim 10^{-10}\,\mathrm{m^2/s}$ 之间；Si 的扩散系数最小，仅为 $1.3\times10^{-11}\,\mathrm{m^2/s}$。

图 3-56 为 CaO-FeO-$SiO_2$ 熔渣中氧的扩散系数等值曲线，由图可见，当熔渣中 FeO 含

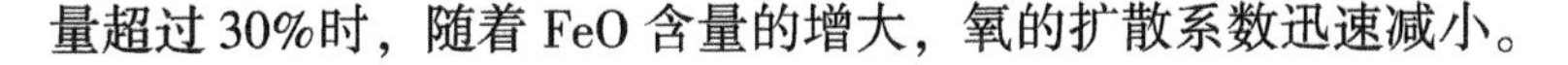
量超过30%时，随着 FeO 含量的增大，氧的扩散系数迅速减小。

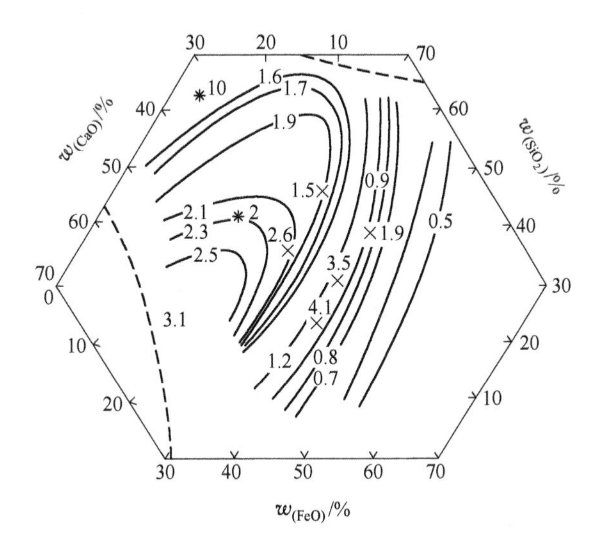


图 3-56　CaO-FeO-$SiO_2$ 熔渣中氧的扩散系数（$\times10^{-8}m^2/s$，1600℃）

### 3.5.7　表面张力

冶金熔体的物理性质（三）

表面张力是冶金熔体的一个非常重要的物理性质。表面张力的概念在大学物理、物理化学等课程中均有介绍。这里从冶金的角度，再探讨一下表面张力的本质。

冶金反应大多是多相反应，是在相界面上进行的，因此反应速率与相界面的大小和性质（主要是表面张力和界面张力）密切相关。例如，熔渣的表面张力和熔渣-金属液间的界面张力对气体-熔渣-金属液的界面反应有很重要的影响；熔渣对耐火材料的侵蚀、熔渣的起泡、渣-金属乳化、金属（或熔锍）与熔渣的分离、反应中新相的形成等，都与熔体的表面张力、熔体间的或熔体-固体材料间的界面张力有关。

液体的表面习惯上是指液体与空气之间的界面。液体表面层的质点与其内部质点所处的环境是不同的，因为液体内部质点所受四周邻近质点的作用力是对称的，各个方向的作用力彼此抵消；但是处在液体表面层的质点，一方面受到液体内部质点的作用力，另一方面受到气相中质点的作用力，而且前者大于后者，因此表面层的质点所受的作用力不能相互抵消，而是受到被拉入液体内部的作用力。这是表面张力的形成原因。

如果要把质点（原子、分子、离子等）从液体内部移到液体表面，或可逆地增加液体的表面积，就必须克服体系内部质点之间的作用力，对体系做功。当温度、压力和组成恒定时，可逆地增加单位表面积时所必须对体系做的可逆非膨胀功等于体系吉布斯自由能的增加值，称为表面吉布斯自由能，或简称表面自由能，用符号 $\sigma$ 表示。

由于表面层的质点受到被拉入液体内部的作用力，使表面有自动收缩到最小的趋势，因此在液体表面上存在着一种张力，它垂直于表面的边界，指向液体方向并与表面相切。作用于单位长度边界线上的这种力称为表面张力，也用符号 $\sigma$ 表示。表面张力和表面自由能在数值上是相等的，转化后量纲也相同，因此在使用时可以互相取代。通常所说的表面张力，实际上是液体与空气的界面张力。表面张力的影响因素有物质的种类、接触相的性质、温度和熔体的成分等。

对于金属熔体，如铁液，其表面张力随吸附物质的不同而不同，如图3-57所示。Ti、V、Mo、H等，对表面张力几乎没有影响。Si、Cr、C、P等影响较小，Mn大些。但是，对于O、N和S则不同，少量的O、N和S就能使铁液的表面张力急剧下降，这些物质称为表面活性物质，也就是表面活性剂。

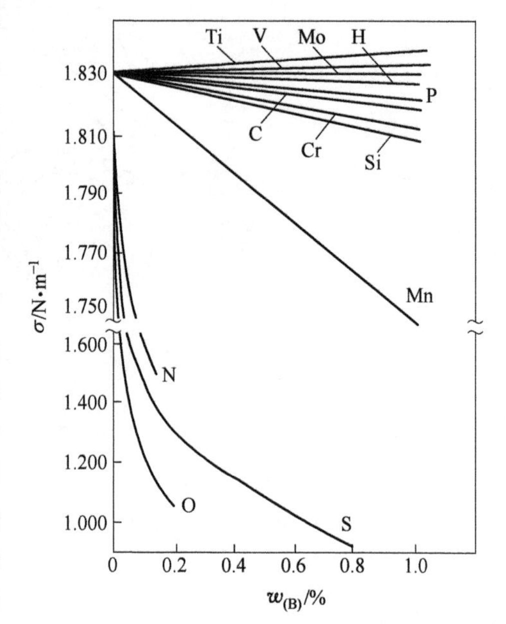


图3-57 铁液的表面张力（1600℃）

表面活性剂能使液体的表面张力急剧下降。这里以O为例加以说明：Fe—O键比Fe—Fe键键能大，FeO群聚团与周围Fe的作用力小，FeO的密度比Fe的小，FeO被排斥到表面。拓展表面时，克服FeO与周围Fe间的作用所做的功要小，自由能增加量小，表面张力就小了。O的表面活性又比S大，降低表面张力的作用更大。FeO群聚团中的Fe—O键比FeS群聚团中的Fe—S键强，FeO群聚团与其周围Fe原子的作用力小于FeS群聚团与其周围Fe原子的作用力，FeO群聚团更易被排至铁液表面，吸附在表面。

微量溶质氧和硫的存在对铜熔体的表面性质影响很大，如图3-58和图3-59所示。

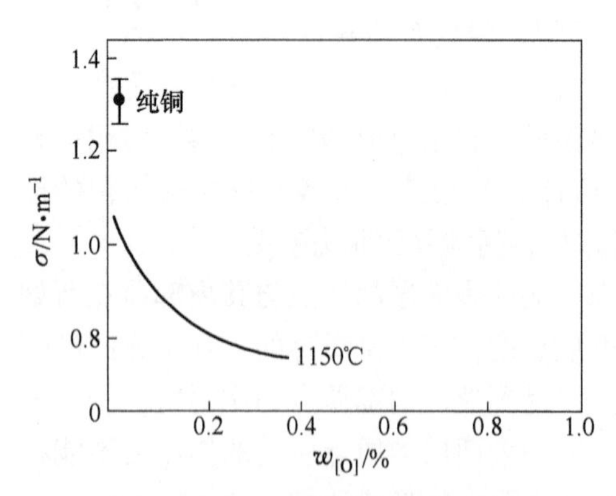


图3-58 氧对铜液表面张力的影响

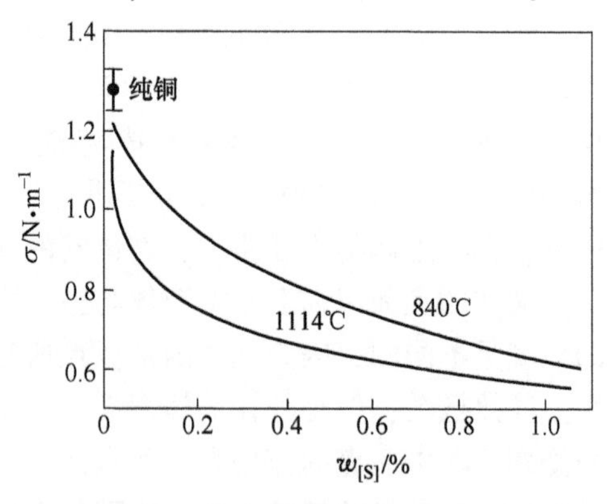


图3-59 硫对铜液表面张力的影响

对熔盐而言，当阴离子相同时，其表面张力与阳离子半径及离子价有关。因为表面张力主要取决于熔盐内部的离子与表面离子间的作用力。显然，阳离子半径越大，这种作用力越弱，因而表面张力越低。例如，碱金属氯化物的表面张力从LiCl至CsCl逐渐降低，如图3-60所示。同理，与低价态的阳离子相比，离子价高的阳离子与表面离子间的作用力较大，因而其卤化物的表面张力也较大。

类似地，对于同一金属离子，熔盐的表面张力与阴离子种类有关。例如，同种金属卤化物的表面张力从大到小的顺序为：氟化物>氯化物>溴化物。

图 3-61 和图 3-62 给出了常用两个渣系的表面张力曲线。由图可见，这两种熔渣的表面张力均随着 $SiO_2$ 含量的增大而降低，随着 CaO 含量的增大而升高。这是因为当熔渣中 $SiO_2$ 含量增加时，硅氧阴离子的聚合程度加大，因而其离子半径增大，与金属阳离子之间的作用力减弱；为了降低体系的能量，这些硅氧阴离子总是被排挤到熔渣表面，从而使熔渣的表面张力降低。与此相反，当 CaO 含量的增大会导致硅氧阴离子的解聚，使得解聚后的硅氧阴离子与金属阳离子间的作用力增强，从而使熔渣的表面张力升高。相对来讲，$Al_2O_3$ 或 FeO 含量的变化对硅氧阴离子聚合程度的影响不大，因而它们对熔渣表面张力的影响也较小。

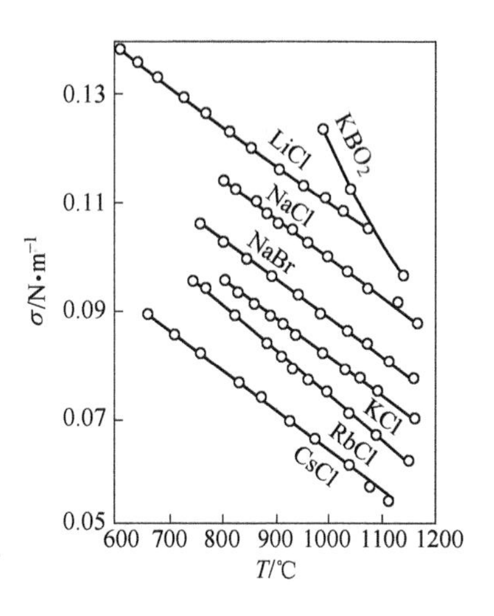

图 3-60　熔盐表面张力与温度的关系

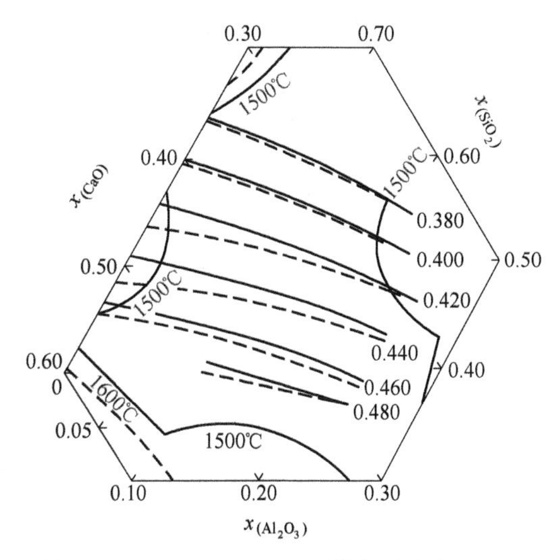

图 3-61　$CaO-Al_2O_3-SiO_2$ 系的表面张力(N/m)

实线—1500℃；虚线—1600℃

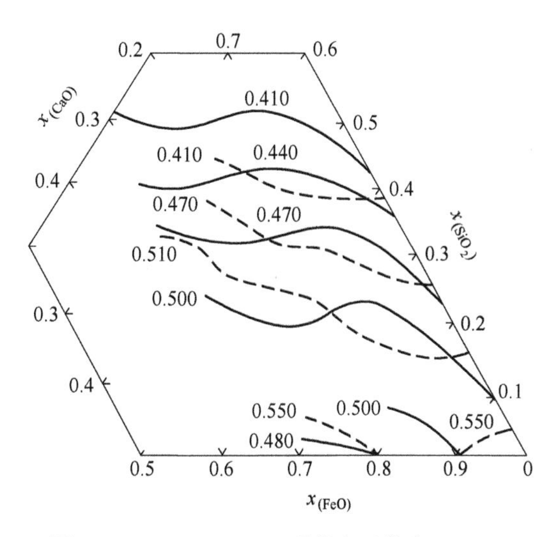

图 3-62　$CaO-FeO-SiO_2$ 系的表面张力(N/m)

实线—Kowai；虚线—Kazakevitch

由上述的论述可知，在熔渣中形成复合阴离子的氧化物均会使熔渣的表面张力显著降低。因为它们的静电场强比简单 $O^{2-}$的小，使它们与阳离子间的键能减弱，从而被排斥至熔渣表面层，发生吸附，因此降低了熔渣的表面张力。这类氧化物有 $SiO_2$、$P_2O_5$、$TiO_2$、$Fe_2O_3$ 等。$CaF_2$ 含量的增大也会导致熔渣的表面张力降低，这是由于 $F^-$的静电场强比 $O^{2-}$小，容易被排斥至表面层的缘故。对于熔渣而言，$Na_2O$ 和 $K_2O$ 也是表面活性物质，因为 $Na^+$和 $K^+$的静电场强比其他阳离子小，它们与熔渣中阴离子间的作用力较弱。

由于实验测定上的困难，熔渣表面张力的数据还很不全面。在这种情况下，可用加和性规则进行近似计算。

冶金中经常遇到熔体与固相材料相接触的情形，如金属熔体、熔锍、熔渣或熔盐与炉衬或电极材料间的接触等，会出现不同的接触情况，如图 3-63 所示。

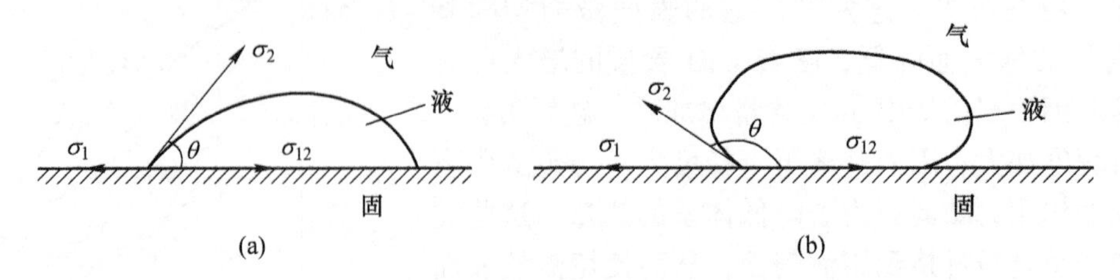


图 3-63 固-液界面张力示意图

（a）$\theta<90°$；（b）$\theta>90°$

当熔体与固体材料接触，并将它们置于气相中时，固相与气相间存在表面张力 $\sigma_1$，熔体与气相间存在表面张力 $\sigma_2$，固相与熔体间则存在界面张力 $\sigma_{12}$，它们的方向均为三相接触点处两相界面的切线方向。当 3 个张力达到平衡时，各相的状态不变，三者之间满足：

$$\sigma_{12} = \sigma_1 - \sigma_2\cos\theta \tag{3-40}$$

式中，$\theta$ 为接触角或润湿角，是液体对固体材料的润湿性能的量度。当 $\theta<90°$时，液体对固体的润湿性好；当 $\theta>90°$时，液体对固体的润湿性差。在极端情况下，当 $\theta=0°$时，固体被液体完全润湿，二者不易分离；而当 $\theta=180°$时，固体则完全不被液体润湿。显然，液体与固体材料间的界面张力越小，接触角也越小，液体对固体的润湿性越好，反之亦然。

以铝电解为例，电解质对碳素材料的润湿性能对电解过程本身和电解槽的寿命都有很大的影响。电解质的润湿性太好，会加速电解质对电解槽内衬和槽底的渗透和侵蚀，造成电解槽过早的破损；润湿性太差，又容易发生阳极效应，导致槽电压急剧上升、电能消耗增加。电解质对碳素材料的润湿性能与电解质的组成、添加剂以及温度等因素有关。例如，添加 $MgF_2$ 会导致电解质的润湿性变差，升高温度或添加 NaCl 则会使润湿性变好。因此，必须通过选择合理的电解质组成或在电解质中加入适当的添加剂使电解质具有合适的润湿性能。

很多火法冶炼过程都利用两种不同熔体物理化学性质的差异实现金属与杂质的分离。这时相互接触的两相是两种不同的熔体，如熔渣与液态金属、熔渣与熔锍、液态金属与熔盐、熔渣与熔盐等。除密度影响熔渣与其他熔体的分离效果之外，表面张力也是很重要的因素，二者表面张力相差越大，分离效果越好。

图 3-64 为两种密度不同并且不互相混溶的熔体相互接触的情形。图 3-64 中熔体 1 为密度较大的熔体（如金属液），在其表面漂浮有一滴密度较小的熔体 2（如熔渣）。当达到平衡时，熔渣与金属液间的界面张力可表示为：

$$\sigma_{ms} = \sqrt{\sigma_m^2 + \sigma_s^2 - 2\sigma_m \cdot \sigma_s\cos\alpha} \tag{3-41}$$

式中，$\sigma_{ms}$为熔渣与金属液间的界面张力 $\sigma_{12}$；$\sigma_m$为金属液与气相间的表面张力 $\sigma_1$；$\sigma_s$为熔渣与气相间的表面张力 $\sigma_2$；$\alpha=\theta-\beta$。熔渣和金属熔体不润湿时容易分离，这要求二者之间的界面张力 $\sigma_{ms}$尽可能的大，即 $\alpha$ 尽可能的大。当金属熔体与熔渣接触时，若二者间的界面张力太小，则金属易分散于熔渣中造成有价金属的损失。只有当二者间的界面张力足够大时，分散在熔渣中的金属微滴才会聚集长大并沉降下来，从而与熔渣分离。

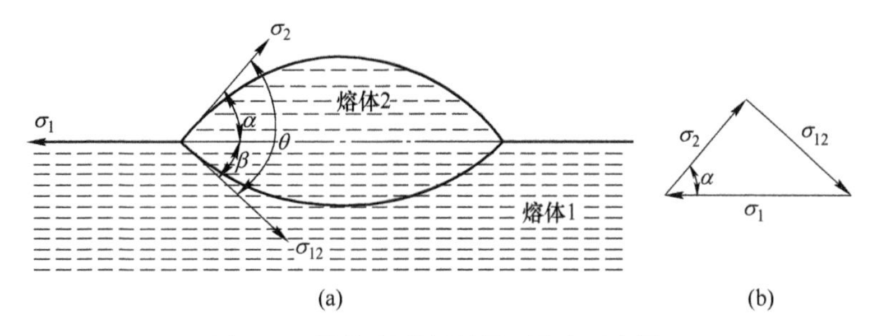


图 3-64 熔体-熔体间的界面张力示意图
（a）熔渣和金属接触界面示意图；（b）三相点平衡态受力分析

熔渣-金属液间的界面张力一般在 0.2~1.0N/m 范围内，与熔渣和金属液的组成及温度有关。例如，铁液中 O 和 S 的含量是决定熔渣-铁液间界面张力的重要因素。如图 3-65 所示，铁液中的微量 O 含量都会导致界面张力的急剧下降，这是由于铁液中 O 的存在使得铁液与熔渣的界面结构趋于接近，降低了表面质点所受作用力的不对称性。铁液中的 S 虽然也能使铁液的表面张力明显降低，但其对熔渣-铁液间界面张力的影响比氧小得多。熔渣组成的变化对熔渣铁液间界面张力也有很大影响。如图 3-66 所示，FeO 和 MnO 可使界面张力显著降低，这是由于向金属液中加入 FeO 和 MnO 相当于向其提供氧的缘故。

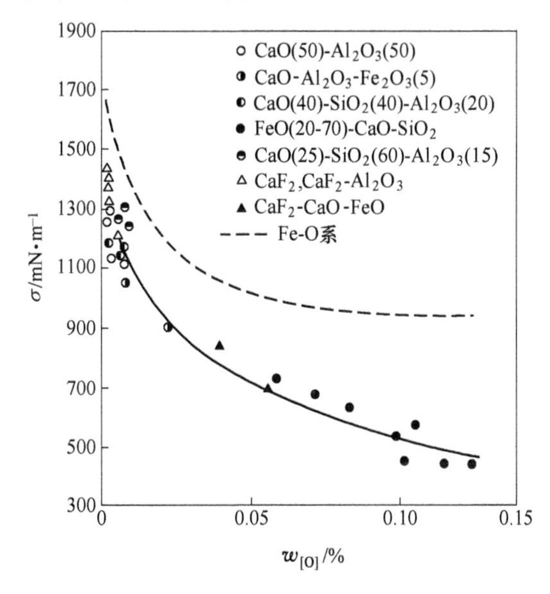


图 3-65 熔渣-铁液间的界面张力与铁液氧含量的关系

熔渣-熔锍间的界面张力远比熔渣-金属间的界面张力小。与熔渣-金属体系相比，在熔渣-熔锍体系中，熔锍易分散于熔渣中，导致金属在炉渣中损失。对于熔渣和铜锍而言，二者之间的界面张力随着铜锍中 $Cu_2S$ 含量的上升逐渐增大，如图 3-67 所示。这是因为铜锍中 FeS 含量高（即 $Cu_2S$ 含量低）时，由于 FeS 与渣中 FeO 结构的相似性，使得铜锍和熔渣的界面结构比较相似；随着铜锍中 FeS 含量的不断降低（$Cu_2S$ 含量不断上升），两种熔体的界面结构的差别越来越大，因而界面张力逐渐增大。

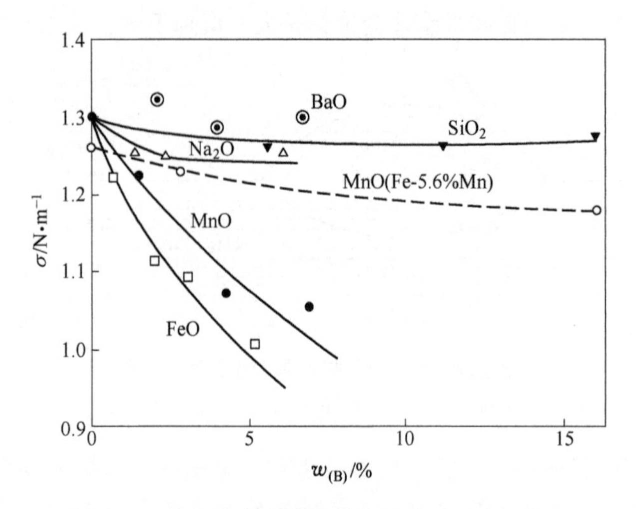


图 3-66 熔渣组成对铁液-熔渣间界面张力的影响

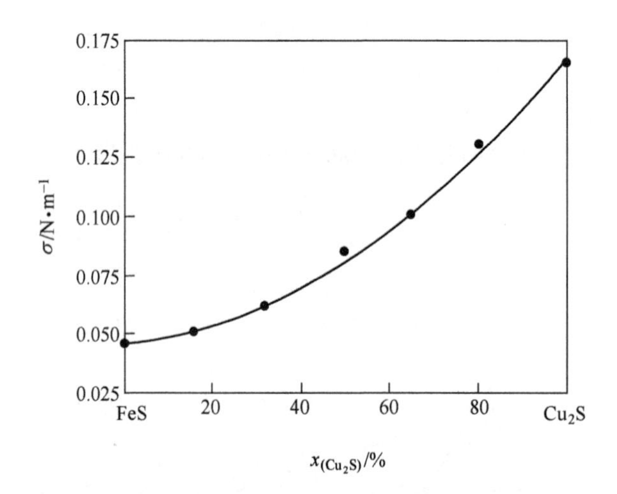


图 3-67 1300℃时熔渣-熔锍间的界面张力

熔渣成分（$w$）：47.5% FeO，31.2% $SiO_2$，13.3% CaO，8% $Al_2O_3$

图 3-68 反映了 1000℃时各种添加剂对铝电解质熔体-铝液界面张力的影响。从该图可以看出，$BeF_2$、$AlF_3$、$MgF_2$、$CaF_2$ 等使界面张力明显增大，LiF 只使界面张力略有上升，而 KF 则使界面张力显著减小。这是因为铝电解质中的主要阳离子为 $Na^+$，对于其中的主要阴离子 $F^-$而言，$Be^{2+}$、$Al^{3+}$、$Mg^{2+}$、$Ca^{2+}$、$Li^+$等的静电场强都大于 $Na^+$的静电场强，它们与 $F^-$之间的作用力都要大于 $Na^+$与 $F^-$之间的作用力，因此这些阳离子会使界面张力增大。而 $K^+$的静电场强小于 $Na^+$的静电场强，所以它会使界面张力减小。至于 NaCl，则是因为 $Cl^-$的静电场强小于 $F^-$的静电场强，所以它都会使铝电解质熔体-铝液的界面张力减小。

生产实践也表明，在铝电解质熔体中添加适量的 $MgF_2$ 和 $CaF_2$ 可增大表面张力、强化分离效果，使铝的溶解损失明显降低。

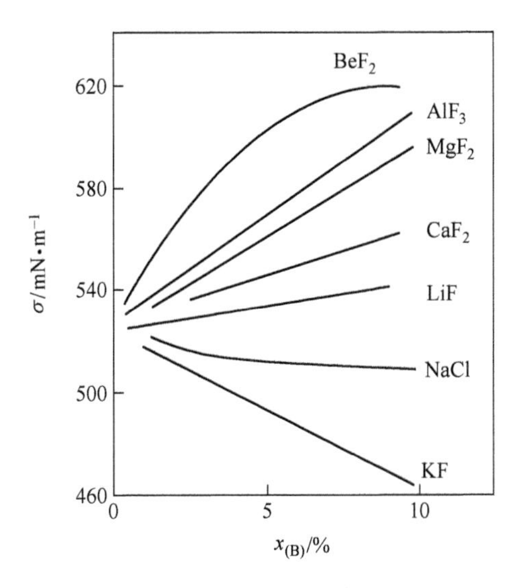


图 3-68　1000℃时添加剂对铝电解质熔体-铝液间界面张力的影响

电解质成分（$w$）：88% $Na_3AlF_6$，12% $Al_2O_3$，$NaF/AlF_3=2.5$

## 复习思考题

3-1 冶金熔渣分为哪几类，作用分别是什么，熔渣对冶金过程有何不利影响？

3-2 对三元系某一组成的熔体的冷却过程进行分析时，有哪些基本规律？

3-3 分析三元体系等温线有何意义？

3-4 试说明图 3-69 中 $M_1$ 和 $M_2$ 点的冷却过程。

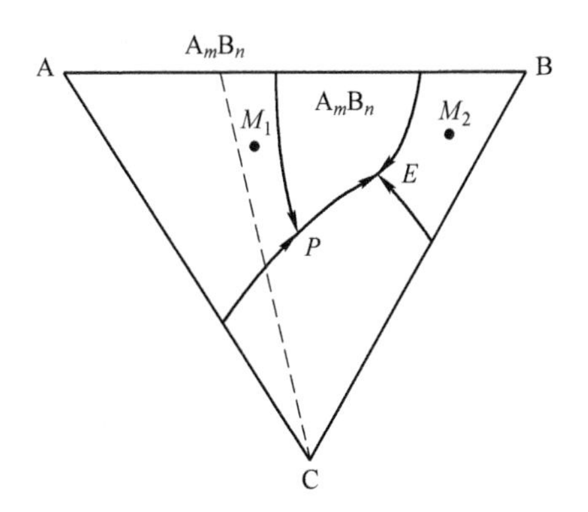


图 3-69　复习思考题 3-4 用图

3-5 根据相图，炉渣组成通常选择在什么区域，试指出炼钢炉渣、高炉渣的组成在对应相图的什么区域？

3-6 硫含量对富铜和贫铜的熔融铜锍有何影响？冶炼铜锍时，熔锍组成应控制在哪个区域？

3-7 在 $Na_3AlF_6$-$AlF_3$-$Al_2O_3$ 三元系相图中，4 个初晶区分别在何处，铝电解生产中电解质组成处于哪个区域？

3-8 金属熔体的结构模型有几种，要点是什么？

3-9 空穴模型认为熔盐的结构是什么，提出的事实依据是什么？

3-10 如何判别酸性氧化物和碱性氧化物，为什么同种金属的低价氧化物呈碱性，而高价氧化物呈酸性？

3-11 简述熔渣结构的分子理论、离子理论、聚合物理论和共存理论的要点。

3-12 冶金熔体有哪些物理性质，受哪些因素影响，在冶金生产中如何指导实践?

3-13 什么是熔渣的酸度和碱度?

3-14 熔渣的氧化性如何表示?

3-15 试用熔渣的分子理论和离子理论解释 $CaO-FeO-SiO_2$ 三元渣系 FeO 活度随成分变化的原因。

# 4 化合物的生成-分解反应

化合物的生成与分解反应实际上是一个平衡反应的两个方面。在冶金领域中无论是从理论上还是从工艺上来说，它都是非常重要的。火法冶金过程大部分属于还原和氧化过程，化合物生成与分解反应的热力学原理，是分析还原过程和氧化过程的热力学基础，是火法冶金原理的基础。另外，许多冶炼工艺过程往往就是以分解反应为主的，例如煅烧和焙烧。同时也有许多过程常常伴随生成与分解反应。因此，研究生成与分解反应的热力学条件是冶金工作的重要任务之一。

扫一扫
查看课件 10

化合物生成反应的热力学内容，主要涉及各种优势图，包括氧势图、氯势图、硫势图等，这里首先需要交代一下“生成与分解反应”的概念。

## 4.1 生成与分解反应的概念

氧势图（一）

在冶炼的原料及各种中间产品中，金属及其伴生元素往往以各种化合物形态存在，如含氧盐、氢氧化物、硫化物、氧化物等，这些化合物只在一定条件下是稳定的，某些化合物在高温或一定真空条件下能分解（或称为离解）产生金属和一种气体，或产生一种简单化合物和一种气体，这类反应总称为分解反应。这样定义是有专业特殊性的，因为冶金处理的多是氧化物、硫化物或二者组成的矿物，这些物质在高温下要分解；不是处理合金和固溶体等。比如：

$$AB(s,\ l) = A(s,\ l) + B(g)$$

这些反应是可逆的，一定温度下，当分压超过一定限度，或分压一定而温度低于一定限度，反应将向生成的方向进行，称为生成反应。

常见的化合物的生成与分解反应有：

$$2Fe_3O_4 = 6FeO + O_2\uparrow$$

$$H_2WO_4 = WO_3 + H_2O\uparrow$$

$$2FeS_2 = 2FeS + S_2\uparrow$$

$$CaCO_3 = CaO + CO_2\uparrow$$

$$2CuCl_2 = 2CuCl + Cl_2\uparrow$$

$$2CO_2 = 2CO + O_2\uparrow$$

研究生成与分解反应的目的在于：一是了解各种化合物的分解条件；二是比较各种化合物在相同条件下稳定性的高低；三是由生成-分解反应的热力学数据求出各种氧化-还原反应的热力学数据。

# 4.2 化合物生成反应的热力学分析

### 4.2.1 氧势图

在冶金矿物中，有价金属大部分以氧化物、硫化物及氯化物形式存在，在它们的分解反应中，产生对应的气体。常用气体的平衡分压来反映物质的稳定性，气体分压越大，表明反应化合物越不稳定。在压强不太大的范围内，气相中氧的化学势 $\mu_{O_2(g)}$ 与其分压的关系为：

$$\mu_{O_2(g)} = \mu^{\ominus}_{O_2(g)} + RT\ln(p_{O_2}/p^{\ominus}) \tag{4-1}$$

式中，$\mu^{\ominus}_{O_2(g)}$ 为标准状态下（$p_{O_2} = p^{\ominus}$）氧的化学势；$p_{O_2}$ 为气相氧的分压。

多相平衡时，各相中氧的化学势应相等：

$$\mu_{O_2(s)} = \mu_{O_2(l)} = \mu_{O_2(g)} = \mu^{\ominus}_{O_2(g)} + RT\ln(p_{O_2}/p^{\ominus}) \tag{4-2}$$

式中，$p_{O_2}$ 为多相平衡时气相中 $O_2$ 的平衡分压。

对于氧化物，$O_2$ 的化学势越高，平衡时 $O_2$ 在气相的平衡分压越大，$O_2$ 逸出的趋势越大，氧化物越不稳定。在一定温度下，$\mu^{\ominus}_{O_2(g)}$ 为常数；对于不同的氧化物，其 $O_2$ 的化学势的大小决定于氧势：

$$\text{氧势} = RT\ln(p_{O_2}/p^{\ominus}) \tag{4-3}$$

它可以作为衡量氧化物相对稳定性的依据。

同理，对于硫化物、氯化物和氮化物体系而言，分别采用硫势、氯势和氮势作为衡量其相对稳定性的依据，定义分别如下：

$$\text{硫势} = RT\ln(p_{S_2}/p^{\ominus}) \tag{4-4}$$

$$\text{氯势} = RT\ln(p_{Cl_2}/p^{\ominus}) \tag{4-5}$$

$$\text{氮势} = RT\ln(p_{N_2}/p^{\ominus}) \tag{4-6}$$

由物理化学和材料热力学知识可知，衡量化合物相对稳定性的另一个重要参数是 $\Delta_f G^*_{(MeO)}$（或 $\Delta_f G^*_{m(MeO)}$，亦或 $\Delta_f G^*$），它是标准状态下金属 Me 与 1mol $O_2$ 作用生成氧化物 MeO 的标准吉布斯自由能变化值。该值越负，MeO 物质越稳定。值得注意的是，这个参数是用星号“*”标识的，以区别于物理化学中所述的生成 1mol 金属氧化物 MeO 时标准吉布斯自由能变化值符号“$\ominus$”。对应的反应为：

$$\frac{2x}{y}\text{Me} + O_2 = \frac{2}{y}\text{Me}_x\text{O}_y \tag{4-7}$$

$$\Delta G = \frac{2}{y}\mu_{Me_xO_y} - \frac{2x}{y}\mu_{Me} - \mu_{O_2}$$

对于有纯凝聚态和气相 $O_2$ 参与的理想气体反应，凝聚相的化学势等于标准状态下的化学势。

$$\mu_B = \mu^{\ominus}_B$$

而 $O_2$ 的化学势可以表示为：

$$\mu_{O_2} = \mu^{\ominus}_{O_2} + RT\ln(p_{O_2}/p^{\ominus})$$

所以：

$$\Delta G = \frac{2}{y}\mu^{\ominus}_{Me_xO_y} - \frac{2x}{y}\mu^{\ominus}_{Me} - \mu^{\ominus}_{O_2} - RT\ln(p_{O_2}/p^{\ominus})$$

又因为：

$$\Delta_f G^* = \frac{2}{y}\mu^{\ominus}_{Me_xO_y} - \frac{2x}{y}\mu^{\ominus}_{Me} - \mu^{\ominus}_{O_2}$$

$$\Delta G = \Delta_f G^* - RT\ln(p_{O_2}/p^{\ominus}) \tag{4-8}$$

化学反应式（4-7）达到平衡时，$\Delta G = 0$，所以：

$$\Delta_f G^* = RT\ln(p_{O_2}/p^{\ominus})$$

即氧化物的氧势与其 $\Delta_f G^*_{(MeO)}$ 值是相同的。$\Delta_f G^*_{(MeO)}$ 越小（或越负），金属对氧的亲和势越大，MeO 越稳定。

根据热力学定律，氧化物标准摩尔生成吉布斯自由能变化可以表示为：

$$\Delta_f G^* = \Delta H^* - \Delta S^* \cdot T$$

为了直观地表示各种金属对氧亲和势的大小，可绘制氧化物标准生成吉布斯自由能变化与温度（$\Delta_f G^*$-$T$）的关系图，如图 4-1 所示。因为氧化物生成反应平衡时的氧势与 $\Delta_f G^*_{(MeO)}$ 数值相等，所以这个关系图就是人们所说的氧势图，也称为埃林汉姆图（Ellingham diagram）。某一温度下的氧势可由氧势线 $RT\ln(p_{O_2}/p^{\ominus})$ 与 $\Delta_f G^*$-$T$ 线的交点唯一确定，具体应用见下小节所述。

如图 4-1 所示，图中有许多直线和折线。直线在纵坐标轴（$T$=0K）上的截距代表标准反应焓变 $\Delta H^*$，斜率代表标准反应熵变的负值“$-\Delta S^*$”。在线的折点处，由于物相发生变化，如熔化、沸腾等，引起相变熵，标准反应熵变也发生变化，出现“折点”。

$\Delta_f G^*$-$T$ 直线的斜率主要取决于反应前后气体摩尔数的变化。当凝聚态的金属与氧反应生成凝聚态的氧化物时，$\Delta_f G^*$-$T$ 线的斜率为正且大体相等，即直线向上倾斜，且线大致相互平行。凝聚态金属和氧化物的 $S^{\ominus}$（Me 或 MeO）都较小（可以忽略不计），因此 MeO 生成反应的 $\Delta S^*$ 主要取决于气态氧的 $S^{\ominus}$（$O_2$）大小［298K 时为 205J/(K · mol)］。由 $\Delta_f G^* = \Delta H^* - \Delta S^* \cdot T$ 可知，$\Delta_f G^*$-$T$ 线的斜率为正。

如图 4-1 所示，C 氧化生成 CO 反应的 $\Delta_f G^*$-$T$ 线的斜率为负，CO 氧化生成 $CO_2$ 反应的 $\Delta_f G^*$-$T$ 线的斜率为正，C 氧化生成 $CO_2$ 反应的 $\Delta_f G^*$-$T$ 线的斜率约为 0［实际为 6J/(K · mol)，近似为 0J/(K · mol)］。

$$2C + O_2 = 2CO \qquad \Delta_r S^{\ominus}_{298} = 183J/(K\cdot mol)$$

$$2CO + O_2 = 2CO_2 \qquad \Delta_r S^{\ominus}_{298} = -173J/(K\cdot mol)$$

$$C + O_2 = CO_2 \qquad \Delta_r S^{\ominus}_{298} = 6J/(K\cdot mol)$$

对于反应 $2H_2+O_2=2H_2O$，$\Delta_r S^*_{298}$ 约为-89J/(K · mol)，$\Delta_f G^*$-$T$ 线的斜率为正，但较一般金属氧化物的 $\Delta_f G^*$-$T$ 线的斜率为小。$H_2$-$H_2O$ 线与反应 $2CO+O_2=2CO_2$ 的 $\Delta_f G^*$-$T$ 线相交于 1083K（810℃）。高于此温度时，$H_2$ 的还原能力强于 CO。

如图 4-1 所示，$\Delta_f G^*$-$T$ 线会发生转折。前文已经给出了说明，这里再强调一下。凝聚态物质被加热发生相变（熔化、升华、气化）时，要吸收热能（$\Delta_{tr}H^{\ominus}>0$），而液相（或气相）的焓比固相（或液相）的焓高出 $\Delta_{tr}H^{\ominus}$（J/mol），物质的熵值增大了 $\Delta_{tr}S^{\ominus} = \Delta_{tr}H^{\ominus}/T_{tr}$［J/(K · mol)］。如果参与反应的物质之一由液态转变为气态，曲线将会发生明显的转折。物质的气化熵远大于熔化熵，故直线的斜率在沸点处比在熔点处的变化率大得多。根据 MeO 的生成反应，金属 Me 熔化与沸腾使曲线斜率增大，氧化物 MeO 熔化与沸腾使曲线斜率减小。

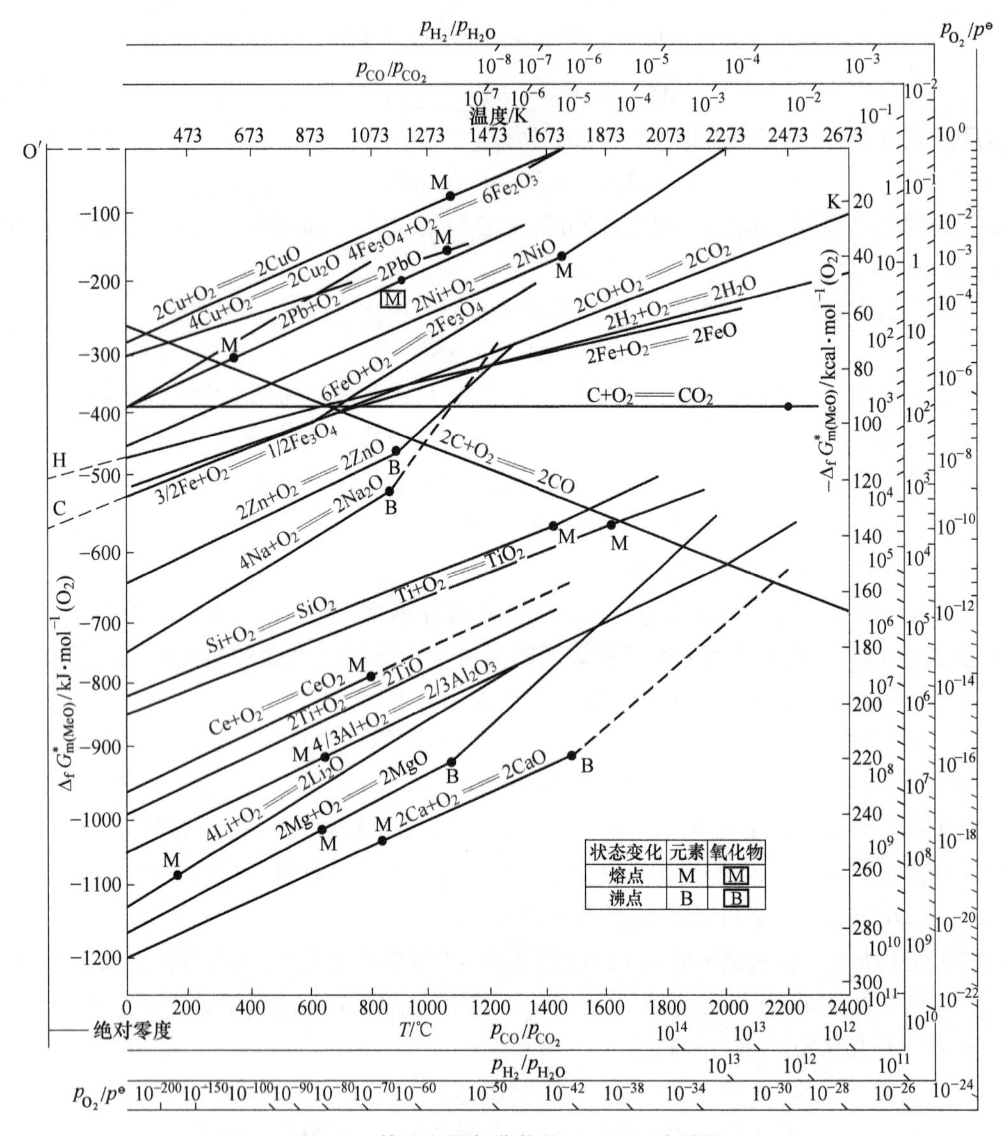


图 4-1 某些金属氧化物的 $\Delta_f G^*$-$T$ 关系图

## 4.2.2 $\Delta_f G^*$-$T$ 图的应用

### 4.2.2.1 氧化物的稳定性

氧化物在一定温度下的稳定性可用 $\Delta_f G^*$ 表示，它在不同温度下的值可直接从 $\Delta_f G^*$-$T$ 图中读出。几乎所有氧化物（$Ag_2O$、HgO 等除外）在冶炼温度范围的 $\Delta_f G^*$ 皆为负值；温度对氧化物稳定性的影响可由 $\Delta_f G^*$-$T$ 直线斜率的特性确定。除 CO 和 $CO_2$ 外，几乎所有的氧化物的 $\Delta_f G^*$ 值皆随温度升高而增大。$\Delta_f G^*$-$T$ 直线与 $\Delta_f G^*=0$ 水平线交点的温度是该氧化物在标准态（$p^{\ominus}=101325Pa$）的分解温度。氧化物在此分解温度的平衡氧分压为 101325Pa。

#### 4.2.2.2 氧化物的相对稳定性

$\Delta_f G^*$ 的越负或氧势越小的氧化物，其稳定性越大，它在图中的 $\Delta_f G^*-T$ 直线的位置就越低。对于任意的两个氧化物，$\Delta_f G^*-T$ 直线位置低的氧化物中的金属元素或低价氧化物能从直线位置高的氧化物中夺取氧，而将后一氧化物中的金属元素还原出来。例如 Mg 可以还原 $TiO_2$，反应的热力学分析如下：

$$TiO_2 + 2Mg = Ti + 2MgO\ (1000℃)$$

$$2Mg(s) + O_2(g) = 2MgO(s) \qquad \Delta_f G^*_{m\,(MgO)} = -940kJ/mol$$

$$-)\quad Ti(s) + O_2(g) = TiO_2(s) \qquad \Delta_f G^*_{m\,(TiO_2)} = -660kJ/mol$$

$$TiO_2 + 2Mg = Ti + 2MgO \qquad \Delta_r G^*_m = \Delta_f G^*_{m\,(MgO)} - \Delta_f G^*_{m\,(TiO_2)} = -280kJ/mol$$

还原反应的 $\Delta_r G^*_m$ 小于 0，反应能自发进行。再如元素 Al 能还原 FeO，Al 能还原 $TiO_2$，CO 能还原 $Cr_2O_3$（大于 1300 ℃）。考虑到经济效果，冶金中常用的还原剂为 CO、$H_2$ 和 C。

#### 4.2.2.3 金属氧化物的还原

$CO-CO_2$ 和 $H_2-H_2O$ 反应的 $\Delta_f G^*-T$ 直线位置较高，CO 和 $H_2$ 只能用来还原位置比其更高的氧化物，如标准状态下的 $Cu_2O$、PbO、NiO、CoO、$Fe_2O_3$、$Fe_3O_4$、FeO、$SnO_2$ 等。$2C+O_2=2CO$ 反应的 $\Delta_f G^*-T$ 直线斜率为负，升高温度时可用 C 作还原剂还原更多的氧化物，如 1300K 以下可还原 NiO、CaO、$Cu_2O$、PbO、FeO 等，1300~1800K 下可还原 MnO、$Cr_2O_3$、ZnO 等，1800~2300K 下可还原 $TiO_2$、VO、$SiO_2$、MgO 等；2300~2400K 以上可还原 CaO、$Al_2O_3$ 等。

由于用 C 作还原剂时，有一些还原生成的金属如 Fe、Mn、Ca、W、Si 等会与 C 生成碳化物而污染金属，因而除非碳化物的生成是允许的（如生铁中含 C）或碳化物本身就是产品（$CaC_2$、SiC 等）外，不能用 C 作还原剂。对于位置比 CO、$H_2$ 和 C 的氧化反应曲线还要低的氧化物，CO、$H_2$ 和 C 不能使之还原，只能用位置比其更低的金属作为还原剂，即金属热还原。由于各氧化物的 $\Delta_f G^*-T$ 直线斜率不同，因而常出现两直线相交的情况，交点温度为反应的转化温度。

#### 4.2.2.4 专用标尺

专用标尺使用说明示意图如图 4-2 所示。MeO 的 $\Delta_f G^*-T$ 图配合 $p_{O_2}/p^{\ominus}$ 专用标尺（由氧势线演化而来，见图 4-1 最右侧、最下方的刻度线）可用来直接读出各 MeO 在给定温度下的分解压 $p_{O_2}$，或在给定外压 $p_{O_2}$ 下的分解温度。MeO 的 $\Delta_f G^*-T$ 图配合 $p_{CO}/p_{CO_2}$ 或 $p_{H_2}/p_{H_2O}$ 专用标尺（见图 4-1）可用来读出各 MeO 在给定温度下用 CO 或 $H_2$ 还原的气相平衡分压比，或在给定气相分压比条件下的还原温度。$p_{CO}/p_{CO_2}$ 和 $p_{H_2}/p_{H_2O}$ 专用标尺也是由 CO 和 $H_2$ 与 1mol $O_2$ 反应生成 $CO_2$ 和 $H_2O$ 时的氧势确定的。在应用氧势图时应注意标准状态和物质的相态，注意各 $\Delta_f G^*-T$ 直线对应反应的适用温度范围。

氧势图（二）

A $p_{O_2}/p^{\ominus}$标尺

对给定系统而言，系统的氧势与其氧分压$p_{O_2}$的关系也可用氧势等于$RT\ln(p_{O_2}/p^{\ominus})$表示，因此在氧分压一定时，系统的氧势与温度$T$呈直线关系，这条直线称为氧势线。由氧势定义可知，$T$=0K时氧势为0。相应地，不同$p_{O_2}$时的氧势与温度的关系形成一直线簇，这些直线在0K时相交于O′点，如图4-2所示。将O′点与$p_{O_2}/p^{\ominus}$标尺上各刻度连接，则得到不同氧分压下系统的氧势与温度的关系线（氧势线）。同样当已知一定温度下的氧势，则利用直线簇可求出系统中相对应的氧分压，例如已知系统的氧势相当于E点，则将E与O′点相连并外延到与$p_{O_2}/p^{\ominus}$标尺相交，交点读数为$10^{-5}$，则说明对应的$O_2$分压为$10^{-5}$ atm。

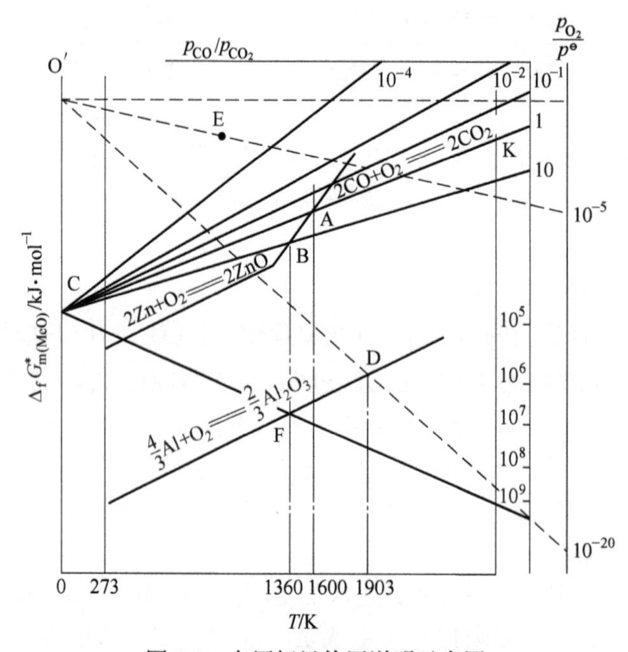


图4-2 专用标尺使用说明示意图

利用上述直线簇也可求出在一定温度下氧化物的平衡氧分压（分解压）。例如为求1630℃（1903K）下$Al_2O_3$的平衡氧分压，可首先从1903K作垂线与$Al_2O_3$的$\Delta_f G^*$-$T$线相交，求出1903K时$Al_2O_3$的氧势相当于D点，同样将D点与O′点用直线连接且外延与$p_{O_2}/p^{\ominus}$轴相交，交点为$10^{-20}$，说明在1903K时$Al_2O_3$的氧势与系统中$O_2$分压为$10^{-20}$atm时的氧势相同，因此可求出$Al_2O_3$的平衡$O_2$分压为$10^{-20}$atm。

B $p_{CO}/p_{CO_2}$标尺

为了说明$p_{CO}/p_{CO_2}$标尺的意义及应用，这里先介绍一下CO和$CO_2$体系混合气体中的氧势与CO和$CO_2$分压的关系。在CO和$CO_2$体系混合气体中存在平衡反应：

$$2CO + O_2 = 2CO_2 \tag{4-9}$$

$$Q_P = (p_{CO_2}/p^{\ominus})^2/[(p_{CO}/p^{\ominus})^2(p_{O_2}/p^{\ominus})] = (p_{CO_2}/p_{CO})^2/(p_{O_2}/p^{\ominus})$$

式中，$Q_p$为以压力（压强）表示的反应熵。由物理化学和热力学知识可知反应式（4-9）的吉布斯自由能变化为（按1mol氧气计）：

$$\Delta_r G_m = \Delta_r G_m^{\ominus} + RT\ln Q_p = \Delta_r G_m^{\ominus} - 2RT\ln(p_{CO}/p_{CO_2}) - RT\ln(p_{O_2}/p^{\ominus})$$

对比式（4-8）可知，反应方程式（4-9）的 $\Delta_r G_m^{\ominus} - 2RT\ln(p_{CO}/p_{CO_2})$ 就是前面定义的 $\Delta_f G^*$。实际上式（4-8）中也包含 $RT\ln(a_{Me}/a_{MeO})$，其中，$a$ 为活度，只不过凝聚态的Me和MeO活度 $a$ 都为1，对数项为0消掉了，没有体现出来。根据物理化学和热力学知识，可知：

$$\Delta_r G_m = \Delta_r H_m^{\ominus} - T\Delta_r S_m^{\ominus} - 2RT\ln(p_{CO}/p_{CO_2}) - RT\ln(p_{O_2}/p^{\ominus})$$

反应平衡时，$\Delta_r G_m = 0$，所以有：

$$\text{氧势} = RT\ln(p_{O_2}/p^{\ominus}) = \Delta_r H_m^{\ominus} - T\Delta_r S_m^{\ominus} - 2RT\ln(p_{CO}/p_{CO_2}) = \Delta_f G^*_{m\,(2CO_2)}$$

在氧势图上，此种情况的氧势可以表达为温度 $T$ 和 $p_{CO}/p_{CO_2}$的函数。$T$=0K 时，$-T\Delta_r S_m^{\ominus} - 2RT\ln(p_{CO}/p_{CO_2})$ 为0，故系统的氧势线在不同 $p_{CO}/p_{CO_2}$的情况下形成一直线簇，这些线簇在 $T$=0K 时相交于C点，如图4-2中实线所示（图中C点对应 $\Delta_r H_m^{\ominus}$）。

利用该线可查明不同比例的CO和$CO_2$气体在不同温度下的氧势，进而对比其氧势与金属氧化物氧势的相对大小，查明在CO-$CO_2$体系中进行氧化还原反应的条件。

例如求1600K时CO还原ZnO制取金属锌气体所需的最低$p_{CO}/p_{CO_2}$比值（设锌蒸气的分压为$p^{\ominus}$）：

$$\begin{array}{lll} & 2CO + O_2 = 2CO_2 & \Delta_r G_{m\,(2CO_2)}\ (1') \\ -) & 2Zn + O_2 = 2ZnO & \Delta_f G^*_{m\,(2ZnO)}\ (2') \\ \hline & 2ZnO + 2CO = 2Zn + 2CO_2 & \Delta_r G_{m\,(2Zn)}\ \ (3') \end{array}$$

还原反应方程式（3′）可以看成是方程式（1′）和式（2′）的差。CO作为还原剂时，只有生成$CO_2$的$\Delta_r G_{m(CO_2)}$低于生成ZnO的$\Delta_f G^*_{m(2ZnO)}$时，还原才可能发生，因此最低的$p_{CO}/p_{CO_2}$比值应对应反应式（3′）的平衡情况。采用图解方法，如图4-2所示，在1600K时ZnO的氧势相当于A点，将A点与C点相连并外延至与$p_{CO}/p_{CO_2}$专用标尺相交于K点，读出CK线相当于$p_{CO}/p_{CO_2}$为1.0时的CO-$CO_2$气体中的氧势线，说明在1600K时，ZnO的氧势与$p_{CO}/p_{CO_2}=1$时生成$CO_2$的氧势相等，即两个反应同时达到平衡。在1600K时，当$p_{CO}/p_{CO_2}>1$，则其氧势将低于ZnO的氧势，还原反应才能发生。因此最低的$p_{CO}/p_{CO_2}$比值为1.0。

同理，还可以求出$p_{CO}/p_{CO_2}$比值为10时还原ZnO所需的最低温度。图解如下：$p_{CO}/p_{CO_2}=10$时生成$CO_2$的氧势线与生成ZnO的$\Delta_f G^*$-$T$线相交于B点，即在B点对应的温度下（约1360K）两者的氧势相等，ZnO与气相保持平衡，高于1360K则ZnO的氧势高于$p_{CO}/p_{CO_2}=10$系统的氧势，故还原反应将自发进行。所以，最低还原温度为1360K。

C $p_{H_2}/p_{H_2O}$标尺

$p_{H_2}/p_{H_2O}$专用标尺的原理和使用方法与$p_{CO}/p_{CO_2}$标尺相似，不再详述。

### 4.2.3 氯势图、硫势图及其应用

氯势图如图4-3所示，氯化物系列中各元素的$\Delta_f G^* - T$线的相对顺序与氧化物大体相同。与氧化物系列相似，在较高的温度下，在标准状态下，氢都可作为还原剂将$FeCl_3$、$CuCl_2$、$AsCl_3$等氯化物还原成金属。但其主要差别在于在氯化物系列中碱金属的$\Delta_f G^* - T$线的相对位置比氧化物系列要低得多，碱金属可作为氯化物的良好还原剂。而碳则与之相反，其相对位置很高，碳不可能作为氯化物的还原剂。

硫势图如图4-4所示，金属对硫的亲和势的顺序与氧化物系列大体相似，但其特点是硫对氢及碳的亲和势都很小，因此一般氢和碳都不能作为金属硫化物的还原剂。

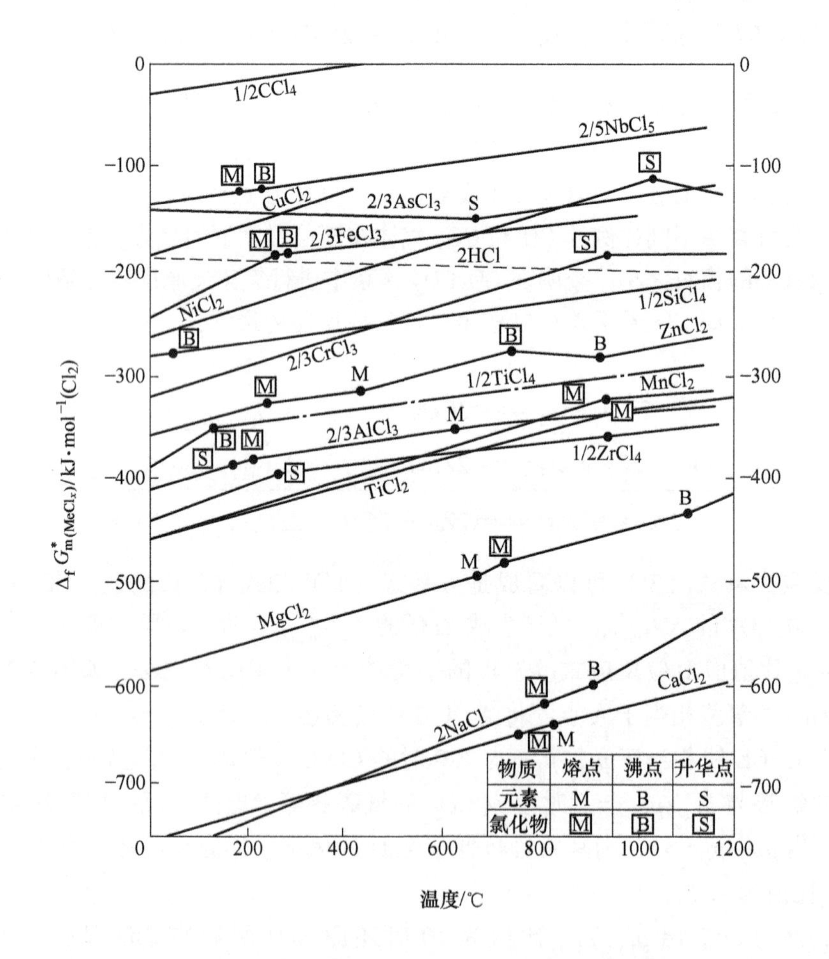


图4-3 某些金属氯化物的$\Delta_f G^* - T$关系图（氯势图）

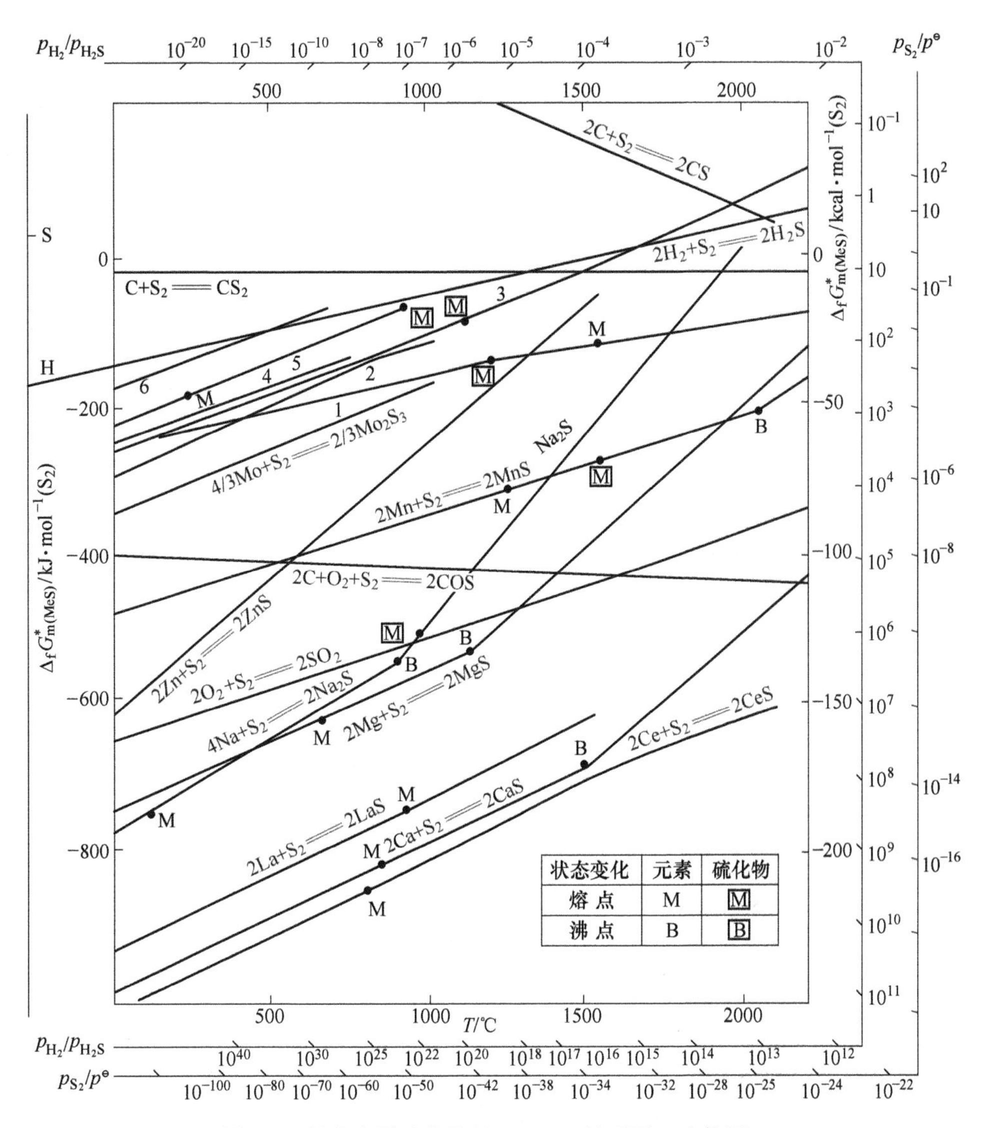


图 4-4 某些金属硫化物的 $\Delta_f G^*$-$T$ 关系图（硫势图）

# 4.3 化合物分解反应的热力学分析

## 4.3.1 氧化物的分解

扫一扫查看
课件 11

### 4.3.1.1 氧化物的分解压

这一节将介绍有关分解反应的内容。首先需要了解一个非常重要的概念——氧化物的分解压。对于反应：

$$2MeO(s,\ l) = 2Me(s,\ l) + O_2(g) \tag{4-10}$$

假设 Me 和 MeO 均以凝聚相存在，且不相互溶解；气体为理想气体。根据相律 $f=(3-1)-$

3+2=1，氧分压是温度函数，即 $p_{O_2}=f(T)$。根据反应的平衡常数分析，也能够得到这一结果。反应式（4-10）的平衡常数可表示为：

化合物的分解压

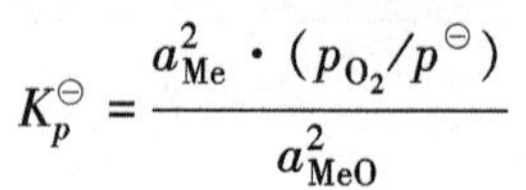

$$K_p^{\ominus}=\frac{a_{Me}^2\cdot(p_{O_2}/p^{\ominus})}{a_{MeO}^2}$$

式中，凝聚相 Me 和 MeO 活度均为 1，所以氧分压可表示为：

$$p_{O_2}=\frac{K_p^{\ominus}\cdot p^{\ominus}\cdot a_{MeO}^2}{a_{Me}^2}=K_p^{\ominus}\cdot p^{\ominus}$$

式中，$K_p^{\ominus}$ 是温度的函数；$p^{\ominus}$为标准压力。因此，氧化物分解反应的氧分压具有平衡常数的性质，是反映氧化物稳定性的参数。氧化物的生成和分解是一个反应的两个方面。所以，一定的温度下氧化物生成与分解反应达到平衡时氧气的分压，又称为氧化物的分解压。

根据平衡常数 $K_p^{\ominus}$与反应标准吉布斯自由能变化 $\Delta_r G^*_{(MeO)}$ 的关系，可以将氧分压表示为温度的函数。由于氧化物的生成和分解是一个反应的两个方面，平衡时的氧分压是同一个值，所以分析氧化物分解反应时仍使用氧化物生成反应的热力学数据。就是说，氧化物的分解压就是氧化物生成反应平衡时的氧分压，所以分解压可表示为：

$$\ln(p_{O_2}/p^{\ominus})=\frac{\Delta_f G^*_{(MeO)}}{RT} \tag{4-11}$$

式中的吉布斯自由能变化可写为反应焓、熵和温度的表达式，该表达式具有如下的形式：

$$\Delta_f G^*_{(MeO)}=A+B\cdot T$$

式中，$A$ 为反应焓，在冶炼温度范围内可认为是与温度无关的常数；$B$ 为反应熵，也可认为是与温度无关的常数。所以分解压还可表示为：

$$\lg(p_{O_2}/p^{\ominus})=\frac{A'}{T}+B' \tag{4-12}$$

其中，$A'$与反应焓相关，在冶炼温度范围内可认为是与温度无关的常数；$B'$与反应熵相关，也可认为是与温度无关的常数。

氧化物分解压的大小是衡量氧化物稳定性的依据。氧化物的分解压越大，此氧化物越不稳定，越容易分解析出金属；分解压越小，此氧化物越稳定，要使它分解就需要更高的温度或更高的真空度。

对于化合物而言，也有对应的分解压。一定的温度下化合物生成-分解反应达到平衡时产生的气体的分压，又称为化合物的分解压。若化合物分解出的气体产物不止一种，则分解压为所有气体产物压力之和。相应地，化合物在任一温度下的分解压的数值，也可由热力学数据计算出来。

图 4-5 是某些金属氧化物分解压与温度的关系图。如图 4-5 所示，氧化物的分解压随着温度的升高而增大。这是因为式（4-12）中 $A'$反映的是金属氧化物的生成焓，该值为负值。温度 $T$ 升高，温度的倒数 $1/T$ 减小，$A'/T$ 增大，所以分解压增大。

习惯上，分解压与温度的关系常用范特霍夫公式表达（按 1mol 氧气计）：

$$\lg(p_{O_2}/p^{\ominus})=\frac{\Delta_f H^{\ominus}_{(MeO)}}{2.303RT}+B' \tag{4-13}$$

对于某一金属氧化物，生成焓为负值（放热），分解时的焓为正值（吸热）。在一般冶炼温度范围（873～1873K），除 $Ag_2O$、$Hg_2O$ 和 CuO（$CuO \to Cu_2O$）的分解压可达到大气压力外，绝大多数氧化物的分解压都很低，不可能利用加热分解的方法由氧化物制取金属。

各金属氧化物的 $p_{O_2}$-$T$ 线相对次序与 $\Delta_f G^*$-$T$ 图中 $\Delta_f G^*$-$T$ 线的相对次序相同。金属氧化物的 $p_{O_2}$-$T$ 线在 $p_{O_2}$-$T$ 图中的位置越低，其分解压越小，该氧化物越稳定。氧化物的分解压与其分散度有关。粒度越细，则其表面能越大，分解压越大。颗粒在不太细（大于 0.1μm）的情况下，粒度对分解压的影响可忽略不计。

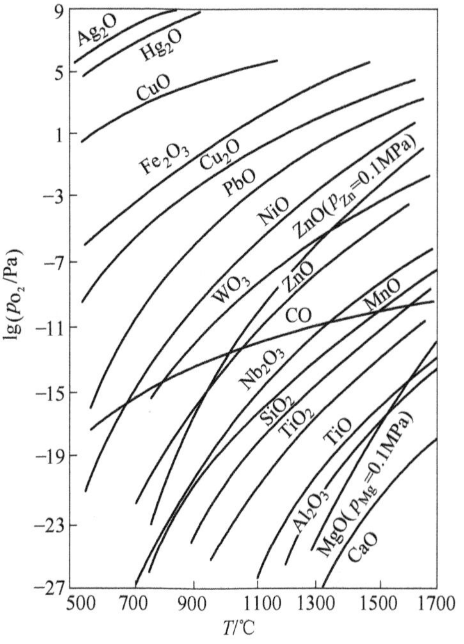

图 4-5 某些金属氧化物分解压与温度的关系图

#### 4.3.1.2 分解温度

由氧化物的分解压定义和式（4-11）～式（4-13）可知，分解压主要决定于温度，反之利用这些公式，可以计算给定体系的氧化物分解温度，包括开始分解温度（$T_{开}$）和沸腾分解温度（$T_{沸}$）。

$T_{开}$是指当氧化物的分解压 $p_{O_2(MeO)}$ 与系统中氧的分压 $p_{O_2}$ 相等时的温度。当系统温度超过 $T_{开}$时，氧化物将分解。由式（4-12）可知：

$$T_{开} = \frac{A'}{\lg(p_{O_2}/p^{\ominus}) - B'}$$

$T_{沸}$是指当氧化物的分解压 $p_{O_2(MeO)}$ 与系统总压 $p_{总}$ 相等时的温度。当系统温度达到 $T_{沸}$时，氧化物的分解急剧进行。

$$T_{沸} = \frac{A'}{\lg(p_{总}/p^{\ominus}) - B'}$$

#### 4.3.1.3 形成溶液时氧化物的分解

当氧化物生成溶液时其分解压会发生变化，比如形成熔渣和金属熔体。这里仍用生成反应分析氧化物的分解压。假设 Me 溶于另一金属中形成金属溶液，用［Me］表示；MeO 溶于其他氧化物中形成熔渣，用（MeO）表示；分解反应对应的生成反应方程式为：

氧化物分解影响因素

$$2[Me] + O_2 = 2(MeO)$$

此时体系的自由度 $f=(5-1)-3+2=3$（注：5 指纯 Me、Me′溶剂、纯 MeO、MeO′溶剂和 $O_2$），在影响反应平衡的因素 $T$、$p_{O_2}$、$a_{[Me]}$ 和 $a_{(MeO)}$ 中，有三个可独立改变，所以氧化物的分解压将取决于温度、金属熔体中 Me 的活度和熔渣中 MeO 的活度。

$$p_{O_2} = f(T,\ a_{[Me]},\ a_{(MeO)})$$

根据生成反应的平衡常数，可以求出 $f(T, a_{[Me]}, a_{(MeO)})$ 的具体表达式。

$$K_p^\ominus = \frac{a_{(\mathrm{MeO})}^2}{a_{[\mathrm{Me}]}^2 \cdot (p_{O_2}/p^\ominus)}$$

$$p_{O_2} = \frac{a_{(\mathrm{MeO})}^2 \cdot p^\ominus}{a_{[\mathrm{Me}]}^2 \cdot K_p^\ominus}$$

$$\lg p_{O_2} = -\lg K_p^\ominus + \lg p^\ominus + 2\lg(a_{(\mathrm{MeO})}/a_{[\mathrm{Me}]}) \tag{4-14}$$

由式（4-14）可知，$a_{(\mathrm{MeO})}$越小，$p_{O_2}$越小，氧化物的稳定性越大。$a_{[\mathrm{Me}]}$越小，$p_{O_2}$越大，氧化物的稳定性越小。

4.3.1.4　相变对分解压的影响

在氧化物加热分解过程中，若温度升高至金属熔点或氧化物的熔点或沸点时，就会出现相变，相变必然引起分解反应焓的变化，根据范特霍夫公式［见式（4-13）］可知，相变一定会引起氧化物分解压的变化。利用吉布斯-亥姆霍兹方程可分析相变对平衡常数的影响。若相变前后金属和氧化物均为纯物质，由吉布斯-亥姆霍兹方程可获得如下关系：

$$\frac{\partial(\ln K_p^\ominus)}{\partial T} = -\frac{\partial \ln(p_{O_2}/p^\ominus)}{\partial T} = \frac{\Delta H^\ominus}{RT^2}$$

$$\frac{\partial \ln(p_{O_2}/p^\ominus)}{\partial T} = -\frac{\Delta H^\ominus}{RT^2} \tag{4-15}$$

下面分别讨论金属熔化和氧化物熔化时氧化物分解压的变化情况。

A　金属 Me 熔化

这里仍用生成反应分析氧化物的分解压。这样处理的好处是与氧势图、硫势图、氯势图等分析方法统一起来。金属熔化时氧化物的生成反应可以看成是金属没有熔化时的生成反应与金属熔化平衡反应的合反应：

$$\begin{array}{lll} & 2\mathrm{Me(s)} + \mathrm{O_2(g)} =\!=\!= 2\mathrm{MeO(s)} & \Delta H_1^\ominus \\ -) & 2\mathrm{Me(s)} =\!=\!= 2\mathrm{Me(l)} & 2\Delta_{\mathrm{fus}} H_{\mathrm{Me}}^\ominus \\ \hline & 2\mathrm{Me(l)} + \mathrm{O_2(g)} =\!=\!= 2\mathrm{MeO(s)} & \Delta H_2^\ominus \end{array}$$

$$\Delta H_2^\ominus =\!=\!= \Delta H_1^\ominus - 2\Delta_{\mathrm{fus}} H_{\mathrm{Me}}^\ominus$$

由于金属熔化是吸热的（吸收熔化热，根据热力学规定：系统吸热，焓变为正值，数值上等于结晶潜热的绝对值），故生成反应总焓变是降低的，变化的量就是相变焓。就是说 $\Delta_{\mathrm{fus}} H_{\mathrm{Me}}^\ominus > 0$，$\Delta H_2^\ominus < \Delta H_1^\ominus$。由于氧化物的生成焓 $\Delta_f H^\ominus$为负值，由式（4-15）可知，氧分压对数对温度的导数值是正值（$R$ 为气体常数，正值；热力学温度 $T$，正值），即氧分压对数对温度曲线的斜率为正值。当 $\Delta H_2^\ominus$ 减小时“$-\Delta H_2^\ominus$”增大，曲线斜率增大，如图 4-6 中 $T_{m(\mathrm{Me})}$ 折线所示，温度升高，实线位置高于虚线位置，分解压增大。

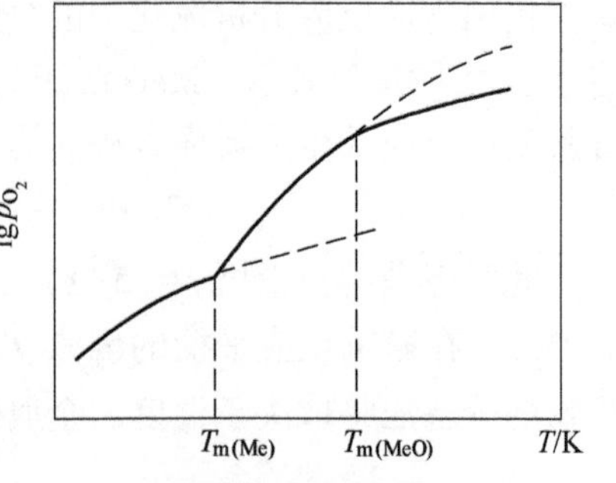


图 4-6　金属或氧化物熔化时分解压与温度关系的示意图

B　金属氧化物 MeO 熔化

对于金属氧化物熔化的情况，分析方法和过程与上述过程类似，仍用生成反应分析氧化物的分解压。金属氧化物熔化时氧化物的生成反应可以看成是氧化物没有熔化时的生成反应与金属氧化物熔化平衡反应的合反应：

$$
\begin{array}{lrcll}
 & 2Me(s) + O_2(g) & \xlongequal{\quad} & 2MeO(s) & \Delta H_1^{\ominus} \\
+) & 2MeO(s) & \xlongequal{\quad} & 2MeO(l) & 2\Delta_{fus}H_{MeO}^{\ominus} \\
\hline
 & 2Me(s) + O_2(g) & \xlongequal{\quad} & 2MeO(l) & \Delta H_2^{\ominus}
\end{array}
$$

$$\Delta H_2^{\ominus} \xlongequal{\quad} \Delta H_1^{\ominus} + 2\Delta_{fus}H_{MeO}^{\ominus}$$

由于$\Delta_{fus}H_{MeO}^{\ominus} > 0$，生成反应总焓变是增加的，即$\Delta H_2^{\ominus}$增大。由式（4-15）可知，当$\Delta H_2^{\ominus}$增大时“$-\Delta H_2^{\ominus}$”减小，曲线斜率减小，如图4-6中$T_{m(MeO)}$折线所示，温度升高，实线位置低于虚线位置，分解压减小。

#### 4.3.1.5 金属-氧固溶体（或溶液）的氧平衡分压（分解压）

许多金属能与氧形成金属-氧固溶体（或溶液）Me(O)，如在Fe-O、Ti-O、V-O等系中存在一系列金属-氧以及氧化物-氧固溶体。在Fe-O系中，温度超过570℃，氧含量为23.16%~25.60%的范围内，形成FeO(O)固溶体（浮氏体）。

金属-氧固溶体中氧的溶解与逸出过程如下：

$$2[O] \longrightarrow O_2(g)$$

式中，方括号表示在金属熔体中。根据化学平衡的观点，溶解与逸出反应的平衡常数可表达为：

$$K_p^{\ominus} = \frac{p_{O_2}/p^{\ominus}}{a_{[O]}^2} = \frac{p_{O_2}/p^{\ominus}}{(C_{[O]}f_{[O]})^2}$$

$$p_{O_2}/p^{\ominus} = K_p^{\ominus}\ (C_{[O]}f_{[O]})^2$$

式中，$a_{[O]}$为Me(O)中氧的活度；$C_{[O]}$为Me(O)中氧的浓度；$f_{[O]}$为Me(O)中氧的活度系数。上式整理可得

$$C_{[O]} = \frac{1}{f_{[O]}}\left(\frac{1}{K_p^{\ominus}\cdot p^{\ominus}}\right)^{1/2}\sqrt{p_{O_2}} = k_s\sqrt{p_{O_2}} \tag{4-16}$$

式中，$k_s$为常数，且

$$k_s = \frac{1}{f_{[O]}}\left(\frac{1}{K_p^{\ominus}\cdot p^{\ominus}}\right)^{1/2}$$

式（4-16）称为西华特定律，适用于所有双原子气体如$H_2$、$N_2$等在金属中形成的固溶体。

西华特定律可应用于讨论固溶体的分解压，如图4-7所示。O在MeO和Me中均可形成固溶体，不妨假设在Me中形成α相固溶体，在MeO中形成β相固溶体，在两条固溶线之间的区域，是α和β相固溶体的两相区。

假设某一成分在β相区中，由于外界条

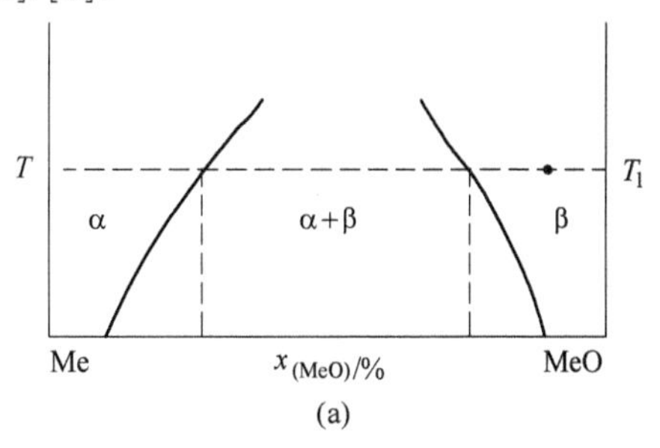

(a)

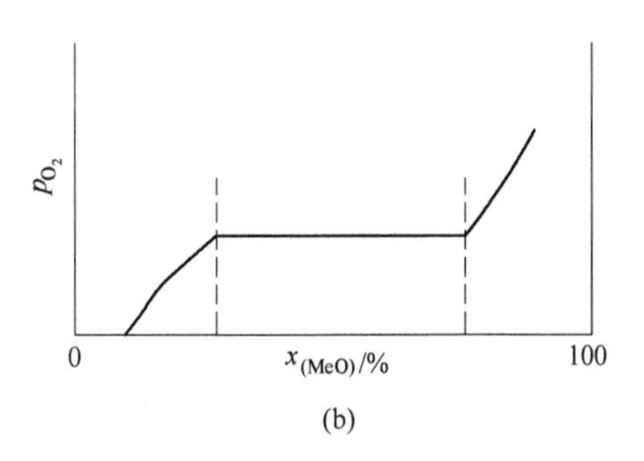

(b)

图4-7 固溶体析氧时氧分压随成分变化的示意图
（a）M-MeO简化相图；（b）气相中平衡氧分压随固溶体O含量变化曲线

件的变化（抽真空），使与之平衡的氧分压减小。此时，β 相区内物质就会发生逸出气体的反应。逸出气体的分压与 β 相中 O 的浓度平方成正比，随着气体的逸出，β 相中 O 浓度下降，气相平衡分压逐渐减小，呈抛物线型下降，直到到达 β 固溶线。

$O_2$ 继续逸出，成分点进入两相区，此时部分 β 相固溶体分解为 α 相和 $O_2$，在两相区内氧气压力受反应平衡的影响维持不变，类似于二元熔晶反应，$\beta \rightarrow \alpha + O_2$，自由度 $f=0$，故而氧分压-成分线在图中表现为水平线，直至 β 相固溶体全部转化为 α 相。

α 相区内物质继续逸出气体，逸出气体的分压与 α 相中 O 的浓度平方成正比，随着气体的逸出，气相平衡分压逐渐减小，也呈抛物线型下降。

分析这些内容，有助于理解铁氧系的状态平衡图。

### 4.3.2 铁-氧系状态图

铁氧系的状态平衡图如图 4-8 所示。由图 4-8 可见，当 O 含量很小时，Fe 可溶解少量 $O_2$ 形成固溶体，随着温度升高，由 α-Fe 固溶体依次转变为 γ-Fe 和 δ-Fe 固溶体。纯 Fe 的熔点为 1539℃，而固溶体 δ-Fe 的完全熔化温度（液相线温度）则取决于其中的 O 含量，随含 O 量的增加由 1539℃ 降低到 1524℃。

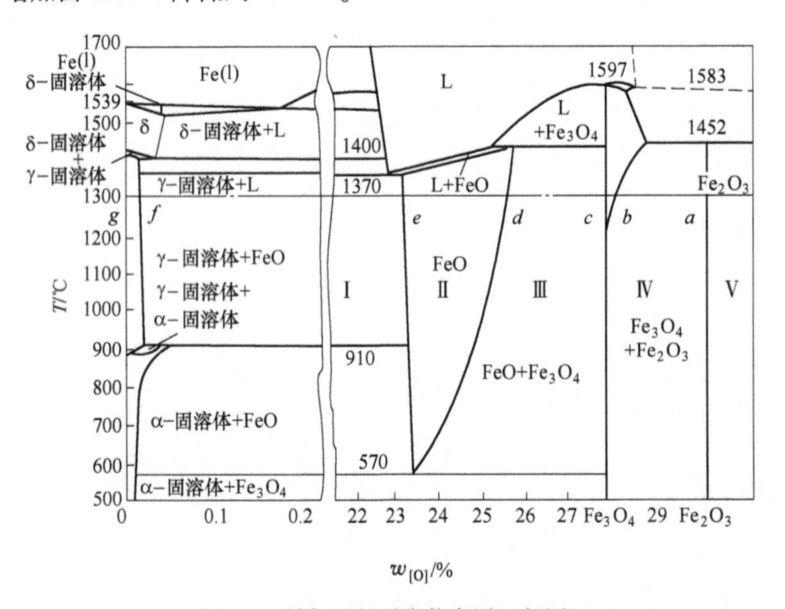


图 4-8 铁氧系的平衡状态图（相图）

当 $w_{[O]}$ 增加到 22.28%时，应出现化合物 FeO，但实际上并不存在此组成化合物，而是形成 FeO-O 固溶体（Ⅱ区），通常称为浮氏体。FeO（浮氏体）是一个非化学计量化合物（$Fe^{2+}$ 在晶体结构上有空位）。其组成随温度和氧分压而变化，可表示为 $Fe_xO$（$x=0.87 \sim 0.95$，$w_{[O]}=23.16\% \sim 25.60\%$）。

$Fe_xO$ 只有在高于 570℃ 时才能稳定存在，温度低于 570℃ 时，分解为 Fe 和 $Fe_3O_4$。$Fe_3O_4$ 为一致熔融化合物，熔点 1597℃。温度高于 1100℃ 时，可溶解氧而形成固溶体，含氧量随温度而变化。$Fe_2O_3$ 为不一致熔融化合物。温度高于 1452℃ 时，分解为 $Fe_3O_4$ 和 $O_2$。

4.3.2.1 铁氧化物的分解顺序

相图是一种优势区域图，符合绘制热力学平衡区域优势图的基本原理。逐级转变是一个基本的原则，详见电位-pH 图绘制章节。如图 4-8 所示，Fe 氧化为 $Fe_2O_3$ 或 $Fe_2O_3$ 分解为 Fe 的过程都是逐级进行的。温度高于 570 ℃时的转变顺序为：$Fe \rightleftharpoons FeO \rightleftharpoons Fe_3O_4 \rightleftharpoons Fe_2O_3$，温度低于 570 ℃时的转变顺序为：$Fe \rightleftharpoons Fe_3O_4 \rightleftharpoons Fe_2O_3$。

4.3.2.2 铁-氧系中的分解压与成分的关系

Fe-O 系中的分解压取决于温度和 O 含量，如图 4-9 所示，该结果可用西华特定律分析。如图 4-8 所示，1300℃的温度线上标记了多个 O 含量点。当 O 含量位于 $a \rightarrow b$ 范围内时，分解压数值不变（见图 4-9），为 $Fe_2O_3$ 分解为 $Fe_3O_4$（$b$ 点）和 $O_2$ 的分解压。当 O 含量位于 $b \rightarrow c$ 范围内时，系统为 $Fe_3O_4$-O 固溶体；固溶体中 O 含量由 $b$ 逐渐降至 $c$（见图 4-9），O 的活度逐步降低，分解压逐步降低。当 O 含量位于 $c \rightarrow d$ 范围内时，分解压数值不变（见图 4-9），为 $Fe_3O_4$（$c$ 点）分解为 FeO（$d$ 点）和 $O_2$ 的分解压。当 O 含量位于 $d \rightarrow e$ 范围内时，系统为 FeO-O 固溶体，O 的活度逐步降低，分解压逐步降低（见图 4-9）。当 O 含量位于 $e \rightarrow f$ 范围内时，分解压数值不变（见图 4-9），为 FeO（$e$ 点）分解为 γ-Fe（$f$ 点）和 $O_2$ 的分解压。当 O 含量位于 $f \rightarrow g$ 范围内时，γ-Fe 固溶体中氧逸出，O 的活度逐步降低，分解压逐步降低（见图 4-9）。

根据上述 Fe 及其氧化物与 $O_2$ 间的反应，按照绘制热力学平衡图的方法，可以获得铁-氧系的状态图，即氧分压-温度图，如图 4-10 所示。

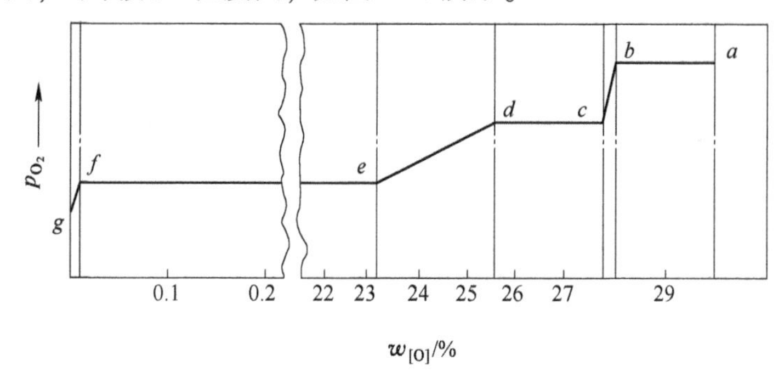


图 4-9 铁氧系平衡氧分压随成分变化的状态图（1300℃）

从图 4-10 中可以找到相图中对应的区域。对图 4-10（a）进行处理，可以得到图 4-10（b）（等效于氧势图）。这些热力学平衡图为分析铁冶炼工艺原理奠定了基础。系统中 $Fe_2O_3$ 不能与 Fe 平衡共存，因此不存在 $Fe_2O_3$ 直接还原成铁的反应。在高于 843K 时，铁的生成是通过 FeO 的还原反应进行的，低于 843K 时铁的生成是通过 $Fe_3O_4$ 的还原反应进行的。

## 4.3.3 碳酸盐的分解反应

化合物的分解压

与冶金过程密切相关的碳酸盐有石灰石（$CaCO_3$）、白云石（$CaCO_3 \cdot MgCO_3$）、菱镁矿（$MgCO_3$）、菱锰矿（$MnCO_3$）、菱锌矿（$ZnCO_3$）等，它们有的作为熔剂，有的作为原料，有的是冶金原料中的伴生物质。火法冶金过程中常伴随着碳酸盐分解为氧化物的反应，其通式为：

$$MeCO_3(s) = MeO(s) + CO_2(g) \tag{4-17}$$

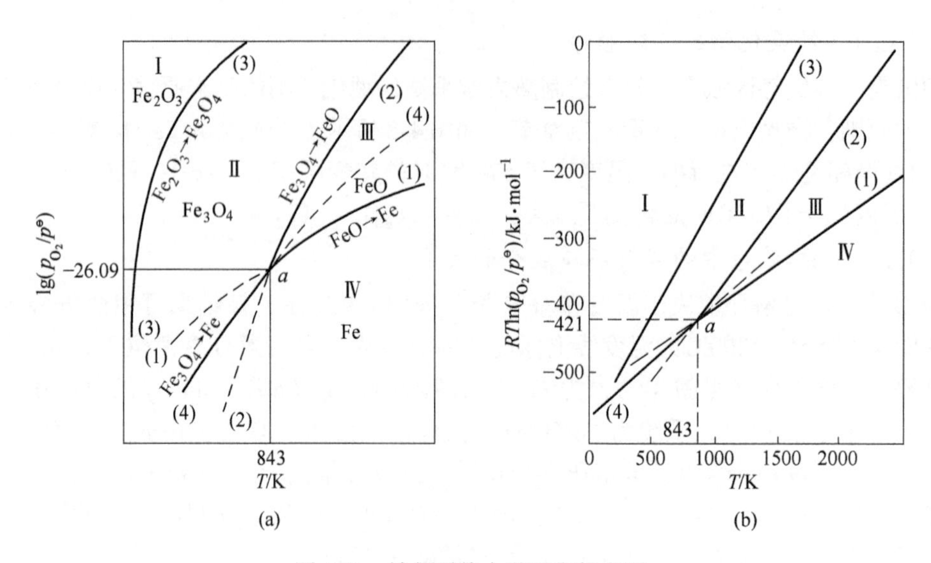


图 4-10　铁氧系热力学平衡状态图

对于碳酸盐的生成-分解反应，分析方法与氧化物的分析方法相同，用 $CO_2$ 分压代替 $O_2$ 分压即可，即也是用生成反应来分析分解压。

对于式（4-17）而言，对应的生成反应如下：

$$MeO(s) + CO_2(g) \xlongequal{} MeCO_3(s)$$

若氧化物和碳酸盐均为凝聚态纯物质，相应的平衡常数可表达为：

$$K_p^{\ominus} = \frac{1}{p_{CO_2}/p^{\ominus}}$$

根据平衡常数和反应吉布斯自由能变化的关系，可以推导出 $CO_2$ 分解压表达式，具体如下：

$$\Delta_f G^{\ominus} = -RT\ln K_p^{\ominus} = RT\ln(p_{CO_2}/p^{\ominus})$$

$$\ln p_{CO_2} = \frac{\Delta_f G^{\ominus}}{RT} + \ln p^{\ominus}$$

$$\lg p_{CO_2} = \frac{\Delta_f H^{\ominus}}{2.303RT} + B'' = \frac{A''}{T} + B''$$

同样地，也可以求出开始分解温度和沸腾分解温度。

某些碳酸盐的分解压与温度的关系如图 4-11 所示，由图可知，除碱金属的碳酸盐外，$MgCO_3$、$PbCO_3$ 等都容易分解。

### 4.3.4　金属硫化物的热分解

在高温下低价硫化物稳定，在火法冶金过程中实际参加反应的是金属的低价硫化物。许多金属的高价硫化物在中性气氛中受热到一定温度即发生分解反应，例如以下反应。

$$2CuS \xlongequal{} Cu_2S + \frac{1}{2}S_2$$

$$FeS_2 \xlongequal{} FeS + \frac{1}{2}S_2$$

$$2CuFeS_2 \xlongequal{} Cu_2S + 2FeS + \frac{1}{2}S_2$$

$$3NiS \xlongequal{} Ni_3S_2 + \frac{1}{2}S_2$$

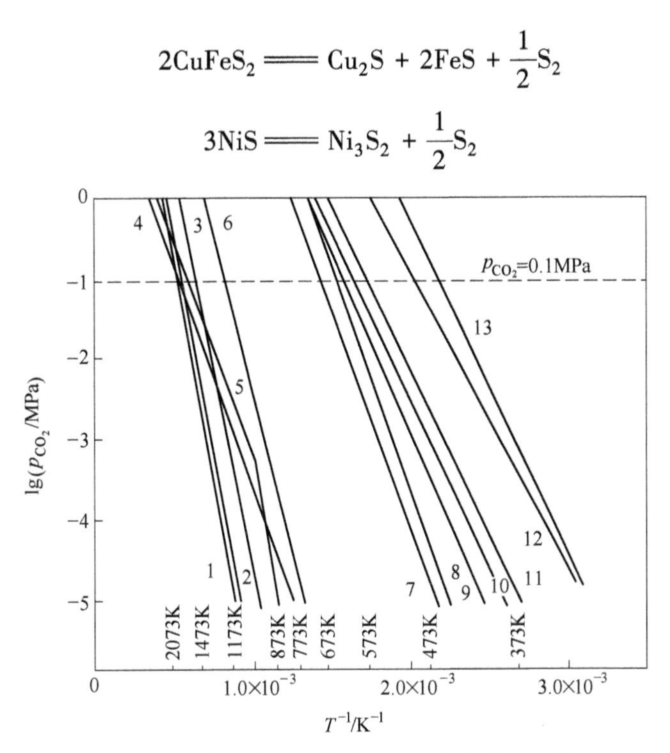


图 4-11　某些碳酸盐的分解压与温度的关系图

1—$BaO \cdot BaCO_3$；2—$BaCO_3$；3—$SrCO_3$；4—$Cs_2CO_3$；5—$Li_2CO_3$；6—$CaCO_3$；7—$MgCO_3$；8—$MnCO_3$；9—$CdCO_3$；10—$PbCO_3 \cdot PbO$；11—$PbCO_3$；12—$Ag_2CO_3$；13—$FeCO_3$

图 4-12 是某些金属硫化物的分解压与温度的关系图，分解压随温度的升高而增大，具体热力学分析与氧化物的相同。与氧化物的情况相同，分解压低的金属可以作为还原剂。

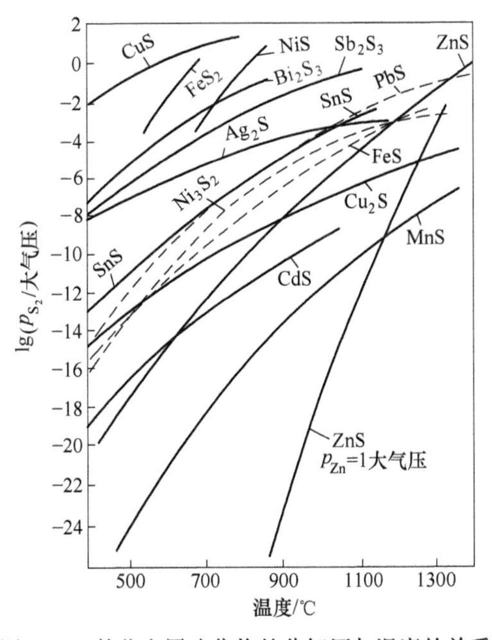


图 4-12　某些金属硫化物的分解压与温度的关系

氯化物的分解反应与前面氧化物的分析方法相同，基本规律相似，这里不再赘述，请参阅相关专著文献等。

## 复习思考题

4-1 试根据氧势图分析1000℃和1800℃在标准状态下将MgO还原为金属Mg时，可供选择的还原剂和600℃时在标准状态下将金属Zn氧化为ZnO可供选择的氧化剂。

4-2 试参照$p_{CO}/p_{CO_2}$标尺的解释方法解释$p_{H_2}/p_{H_2O}$标尺。

4-3 试写出碳酸盐的开始分解温度和沸腾分解温度的表达式（包括推导过程）。

4-4 试分析Ti-O系1180℃时，系统中的氧平衡分压与成分的关系。

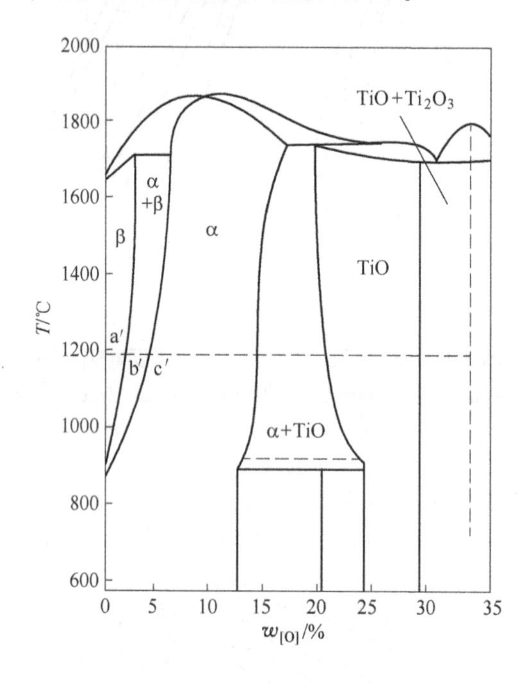


图4-13 Ti-O系状态图

# 5 还 原 过 程

金属氧化物在高温下会分解，由氧化物热分解提取金属应该是最简单的方法。但是大多数金属氧化物的稳定性都很高，在一般的冶炼温度下的分解压都很小，即使在真空条件下热分解也难于进行，或进行的速率非常低，因此工业上许多金属是由氧化物还原制取的。金属氧化物在高温下被还原为金属，是火法冶金中非常重要的一个冶炼过程。本章将以炼铁生产为例，说明金属氧化物还原冶炼的基本原理。

扫一扫查看课件 12

按所用还原剂的种类来划分，还原过程可分为气体还原剂还原、固体碳还原、金属热还原等，下文将按还原剂类型来讨论氧化物的还原原理。在还原熔炼过程中，高炉炼铁是具有代表性的还原过程。这个过程涉及燃料的燃烧，气体还原剂还原以及固体还原剂还原。因此，本章重点以钢铁冶炼为主要技术背景，讲述还原原理，首先是钢铁冶炼工艺流程简介，然后是燃烧反应、氧化物的间接还原、氧化物的直接还原、熔渣中氧化物的还原、金属热还原和选择性还原。

## 5.1 钢铁冶炼简介

钢铁冶炼简介

地壳中铁的储量比较丰富，按元素总量计约占 4.2%，在金属元素中仅次于铝。纯净的金属铁本身质地柔软，不能作为结构材料使用，在工业生产和日常生活中广泛应用的是生铁和钢。生铁是含碳量 3%～4%的 Fe-C 合金，并含有少量 Si、Mn、S、P 等，其质地硬而脆，不能锻压，主要用于铸造。钢是生铁的深加工产物，炼钢过程是将液态生铁脱碳、脱硫、脱磷和合金化（加入一种或几种数量不等的合金元素，如 Si、Mn、Cr、Ni、W、Mo、V、Ti 和 Nb 等）。与生铁相比，钢具有良好的可塑性，可以轧制或锻造成各种形状的钢材和机械零部件，具有良好的综合力学性能。

现代炼铁方法分为两大类：一类为高炉炼铁；另一类为非高炉炼铁。高炉炼铁是传统的以焦炭为能源基础的炼铁方法；非高炉炼铁是指除高炉炼铁以外，不用焦炭而是以煤、燃油、天然气及电能为能源基础的一切其他冶炼方法，如直接还原法和熔融还原法。

直接还原法主要是指在冶炼过程中，炉料始终保持固体状态而不熔化，产品为多孔海绵铁或金属化球团的方法。熔融还原法是用高品位铁精矿粉（经预还原）在高温熔融状态下直接还原冶炼钢铁的一种工艺。

### 5.1.1 高炉的系统与结构

高炉炼铁具有庞大的主体和辅助系统，包括高炉、热风炉、原料系统（铁前系统）、上料系统、送风系统、渣铁处理系统和煤气清理系统等。

高炉之所以称为“高”炉，就是因为它体积庞大、设备很高。图 5-1 和图 5-2 是高炉的结构图和结构布局图，由图可见，进料口处已经达到了 48 米。进料口大约在第 7 层平台，第 7 层平台到第 12 层平台主要为进料结构系统。加上这些进料系统结构，高炉整体外形可达 100 多米高。

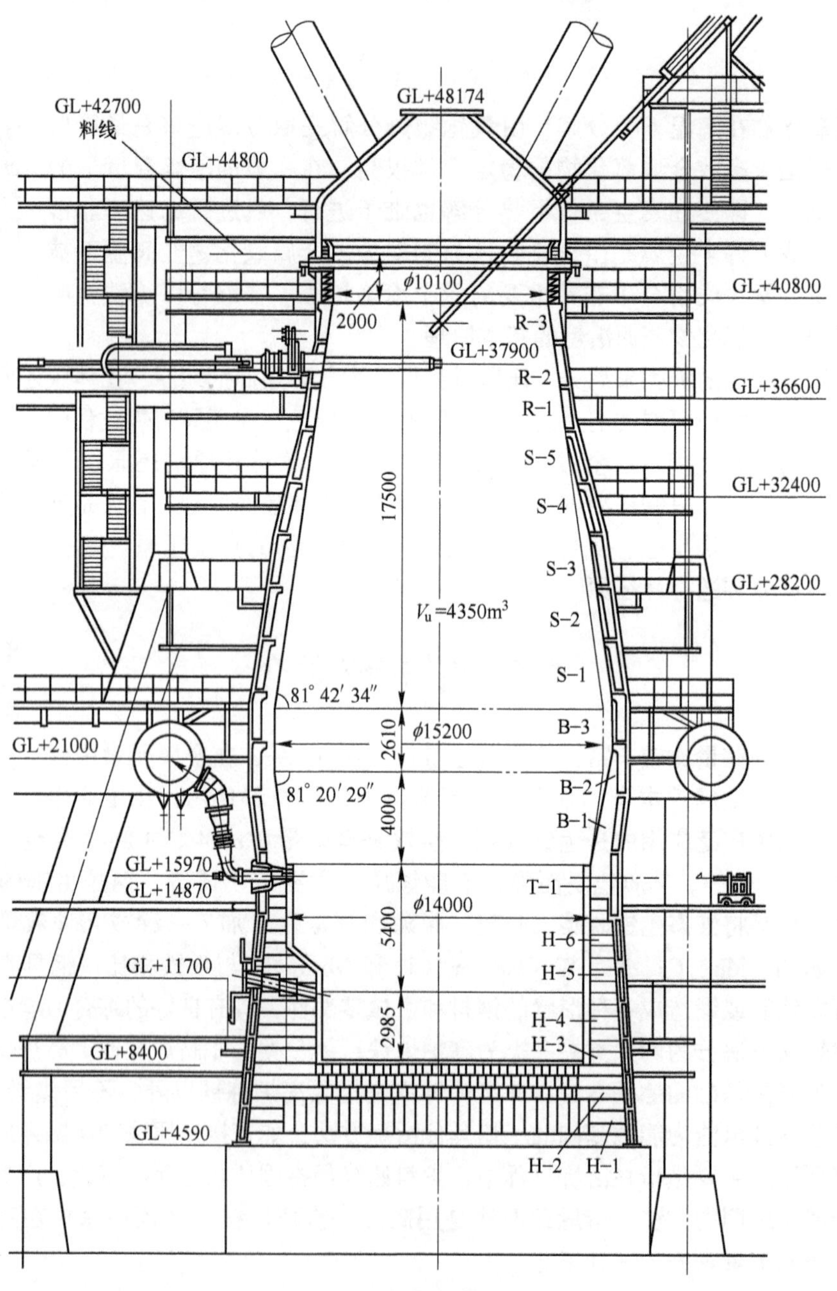


图 5-1 高炉的结构图

进料口处通常称为炉喉，炉喉以下的锥状体称为炉身，高炉主体最粗的部分称为炉腰，炉腰以下分别是炉腹和炉缸。

高炉运行中各部分的温度是不同的。高炉最上面为进料系统，有小料钟和大料钟

(Largebell)；在炉喉（Throat）处有大料斗、小料斗和炉煤气管，在炉喉处温度可达 200℃ 左右。炉喉下面是炉身(Shaft)，其上部温度可达 500℃，下部温度可达 800℃ 左右。炉身下面为炉腰(Belly)，其温度可达 1400℃。而在炉腹区（Bosh），温度可达到 1800℃。炉腹区的下面是炉缸，其温度在 900~1000℃ 之间。其中在炉腹区的外部，有一个庞大的送风系统。在炉缸区的外围有出渣系统和出铁系统。

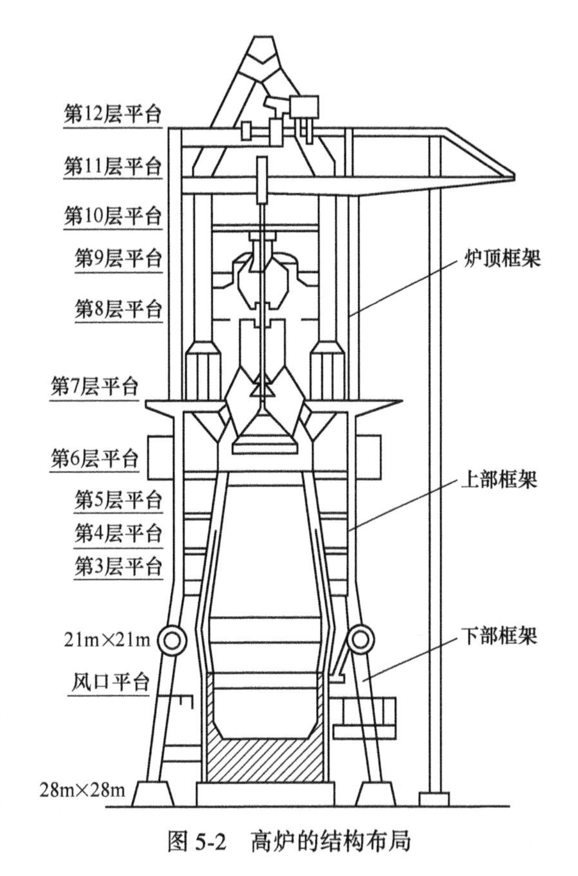


图 5-2 高炉的结构布局

### 5.1.2 高炉的铁前系统

对钢铁联合企业来说，铁前系统主要包括烧结厂和焦化厂。

烧结厂的主要任务是将粉状铁矿石（包括富粉矿、精矿粉等）和钢铁厂二次含铁粉尘，通过烧结机的烧结过程，加工成粒度符合高炉要求的人造富块矿——烧结矿。

在烧结混合料中，通过调整加入的熔剂（如消石灰、石灰石、白云石、蛇纹石等）和燃料（焦粉与无烟煤粉）的数量，可以控制烧结矿的化学成分（如 CaO、MgO、FeO 等）和冶金性能（如强度、还原性能、低温还原粉化性能等）。通过烧结还能去除烧结原料中 80%以上的硫。

焦炭是高炉炼铁不可缺少的燃料和还原剂。煤在焦炉内隔绝空气加热到 1000℃，可获得焦炭、化学产品和煤气。此过程称为高温干馏或高温炼焦，一般简称炼焦。焦炭是炼焦过程中煤高温干馏除去苯、萘、煤焦油等而成的固体，是一种质硬、多孔和发热量高的燃料。

炼焦主要的产品焦炭是高炉炼铁的原料，可以说炼焦是伴随钢铁工业发展起来的。初期炼铁是用木炭，由于木材逐渐缺乏，使炼铁发展受到限制，人们才开始寻求焦炭炼铁，1725 年焦炭炼铁获得成功。

焦炭在炼铁过程中有 4 种作用：一是燃烧供给热量（热源）；二是作为料柱骨架（气窗）；三是作为还原剂；四是作为生铁形成过程中渗碳的碳源。高炉对焦炭的要求是：含碳高、强度好，有一定的块度且块度均匀，有合适的反应性，灰分和杂质含量低。

目前大中型高炉炼铁生产使用的含铁物料主要是品位高于 55%的块状铁矿石（烧结矿、球团矿和富块矿）。球团矿是由铁精矿粉加黏结剂（膨润土或消石灰）经混匀、造球、干燥和焙烧固结后得到的粒度均匀（9~16mm）的球形人造富矿。富块矿是指有价金属含量高的矿石，可为不经过选矿单元挑选就可直接作为冶炼原料的矿石。

### 5.1.3 高炉冶炼过程

高炉炼铁是个连续作业的过程，高炉内炉料基本上是按装料顺序层状下降的，如图 5-3 所示，依状态不同可分为块状带、软熔带、滴落带、风口带和渣铁储存区 5 个区域。

高炉冶炼过程是一个连续的生产过程，全过程是在炉料自上而下、煤气自下而上的相互接触过程中完成的。

炉料按一定料批从炉顶装入炉内，装入时一层矿石、一层焦炭，一层矿石、一层焦炭……在很大区域内保存着装料的顺序，焦炭与矿石呈交替分布层状，皆为固体状态，这一区域称为“块状带”，此区域以气-固相反应为主，发生间接还原、炉料中水分蒸发与分解以及炉料与煤气间进行热交换。

紧接着块状带的区域是“软熔带”，它是炉料从开始软化到熔化所占的区域。矿料熔结成为软熔层，两软熔层之间夹有焦炭层，多个软熔层和焦炭层构成完整的软熔带，就是图 5-3 中 4 所示的呈倒 V 形的区域。该区域的矿石呈软熔状，对煤气阻力大，煤气主要从焦炭层空隙通过，主要进行还原反应和造渣，为固-液-气间多相反应。

软熔带下面的区域是“滴落带”，它是渣和铁全部熔化并滴落的区域，如图 5-3 中 5 所示。此区域内，松动的焦炭下降至回旋区，其间又夹着向下流动的渣铁液滴。在渣铁（液态）向下滴落过程中，由于大量煤气通过，主要发生非铁元素还原、脱硫、渗碳、焦炭气化等多种复杂的高温物理化学反应。

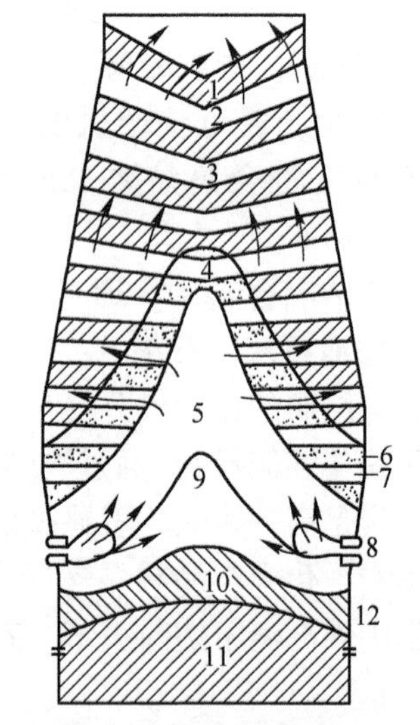

图 5-3 高炉内炉料顺序与状态

1—矿石；2—焦炭；3—块状带；4—软熔带；5—滴落带；6—软熔层；7—焦炭夹层；8—风口带；9—死料区；10—炉渣；11—铁水；12—炉缸

与滴落带相邻的是“风口带”和“死料区”。“风口带”是风口前燃料燃烧的区域，如图 5-3 中 8 所示。焦炭燃烧时被高速气流带动形成回旋区，其大小和鼓风动能以及焦炭强度等因素直接有关，是高炉热能和气体还原剂的发源地，也是初始煤气流分布的起点。从风口鼓入由热风炉加热到 1000～1300℃ 的热风，炉料中焦炭在风口前与鼓风中的氧发生燃烧反应，产生高温和还原性气体，焦炭作回旋运动。该区域是炉内唯一存在的氧化性区域。

“死料区”为压实的焦炭区，焦炭长时间处于基本稳定的状态，相对呆滞，如图 5-3 中 9 所示。在堆积层表面，焦炭与渣铁进行还原、渗碳、脱硫等反应，是直接还原反应进行的区域。

死料区的下方就是“渣铁贮存区”，是形成最终渣-铁的区域。渣铁层相对静止，只有周期性放出渣铁时，才有较大扰动。在该区域内，进行最后的渣铁反应，调整生铁成分，达到合格生铁的要求。

表 5-1 总结了高炉内各区域的主要反应和特征。高炉冶炼过程的主要目的是用铁矿石经济而高效地得到温度和成分合乎要求的液态生铁。

**表 5-1 高炉内各区域的主要反应和特征**

<table>
<tr><th colspan="2">反应带</th><th>主要反应</th><th>主要特征</th></tr>
<tr><td colspan="2">固体炉料区<br>（块状带）</td><td>间接还原；炉料中水分蒸发，分解；炉料与煤气间热交换；以气-固相反应为主</td><td>焦炭与矿石呈交替分布层状，皆为固体状态</td></tr>
<tr><td colspan="2">软熔带</td><td>矿石从软化到熔化滴落，主要进行还原反应和造渣，为固-液-气间多相反应</td><td>矿石呈软熔状，对煤气阻力大，煤气主要从焦炭层空隙通过</td></tr>
<tr><td rowspan="2">滴落带</td><td>疏松焦炭区<br>（活动带焦炭区）</td><td>非铁元素还原、脱硫、渗碳、焦炭气化等多种复杂反应在渣铁（液态）向下滴落过程中进行</td><td>松动的焦炭下降至回旋区，而其间又夹杂着向下流动的渣铁液滴</td></tr>
<tr><td>压实焦炭区<br>（中心呆滞区）</td><td>在堆积层表面，焦炭与渣铁进行还原、渗碳、脱硫等反应</td><td>焦炭长时间处于基本稳定状态，即相对呆滞</td></tr>
<tr><td colspan="2">焦炭回旋区</td><td>鼓风中氧与焦炭及喷入的辅助燃料发生燃烧反应，产生高温煤气</td><td>焦炭作回旋运动，是炉内唯一存在的氧化性区域</td></tr>
<tr><td colspan="2">炉缸带（渣铁贮存区）</td><td>渣铁间以渣铁与焦炭间最终完成反应，调整生铁成分，达到合格生铁的要求</td><td>渣铁层相对静止，并暂时储存于此</td></tr>
</table>

### 5.1.4 生铁精炼过程

钢是应用最广泛的一种金属材料，高炉生成的生铁绝大部分都进一步冶炼成钢，钢和生铁的主要区别是生铁中含 C、S、P 等元素较高。炼钢就是利用不同来源的氧来氧化炉料（一般主要是生铁）中所含的 C、Si、Mn、P 等，这一过程基本上是氧化过程。炼出的钢水在氧化过程中吸收了过量的氧，如不除去会影响钢的力学性能，所以炼钢的最后阶段就是脱氧。炼钢的基本任务可以归纳为“四脱”（脱碳、脱磷、脱硫和脱氧）、“二去”（去气与去夹杂）、“控温”（控制钢水的温度）和“浇注”。

转炉炼钢是炼钢的一个重要的操作单元。转炉炼钢由转炉、转炉倾动机构、熔剂供应系统、铁合金加料系统、供氧系统、OG 系统（Oxygen Converter Gas Recovery System）、钢包及钢包台车、渣罐及台车等部分组成，如图 5-4 所示。图 5-5 是转炉的外形与结构示意图。转炉作为反应容器，用于装铁水和废钢。转炉炉体由炉壳、托圈、耳轴和轴承座 4 部分组成。

转炉炼钢是快速炼钢法，它以铁水和废钢为主原料，向转炉熔池吹入氧气，使杂质元素氧化，杂质元素氧化反应放出的热量提高钢水温度，一般在 25～35min 内完成 1 次精炼。

转炉炼钢开始时，向内注入 1300℃ 的液态生铁，并加入一定量的生石灰，然后鼓入氧气并转动转炉使它直立起来，如图 5-6 所示。这时液态生铁表面剧烈的反应，使 Fe、Si 和 Mn 氧化生成炉渣（FeO、$SiO_2$ 和 MnO），利用熔化的钢铁和炉渣的对流作用，使反应遍及整个炉内。几分钟后，当钢液中只剩下少量的 Si 与 Mn 时，C 开始氧化，生成 CO（放热）使钢液剧烈沸腾。炉口由于逸出的 CO 的燃烧而出现巨大的火焰。最后，P 也发生氧化并进一步生成 $Fe_3(PO_4)_2$。$Fe_3(PO_4)_2$ 和 Fe 液中的 FeS 再与生石灰反应生成稳定的 $Ca_3(PO_4)_2$ 和 CaS，一起成为炉渣。当 P 与 S 逐渐减少，火焰退落，炉口出现 $Fe_3O_4$ 的

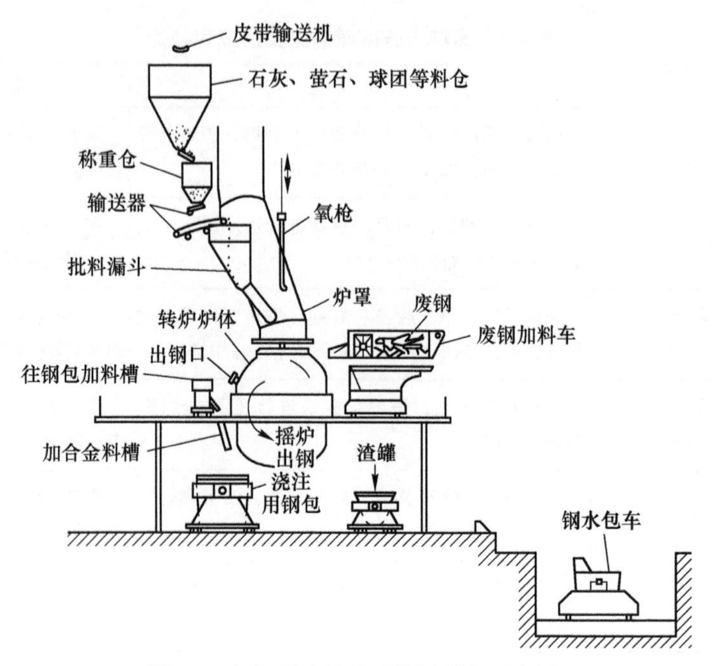


图 5-4 氧气顶吹转炉及附属设备示意图

褐色蒸气时，表明钢已炼成。这时应立即停止鼓风，并把转炉转到水平位置，把钢水倾至钢水包里，再加脱氧剂进行脱 O。整个过程只需 20min 左右。

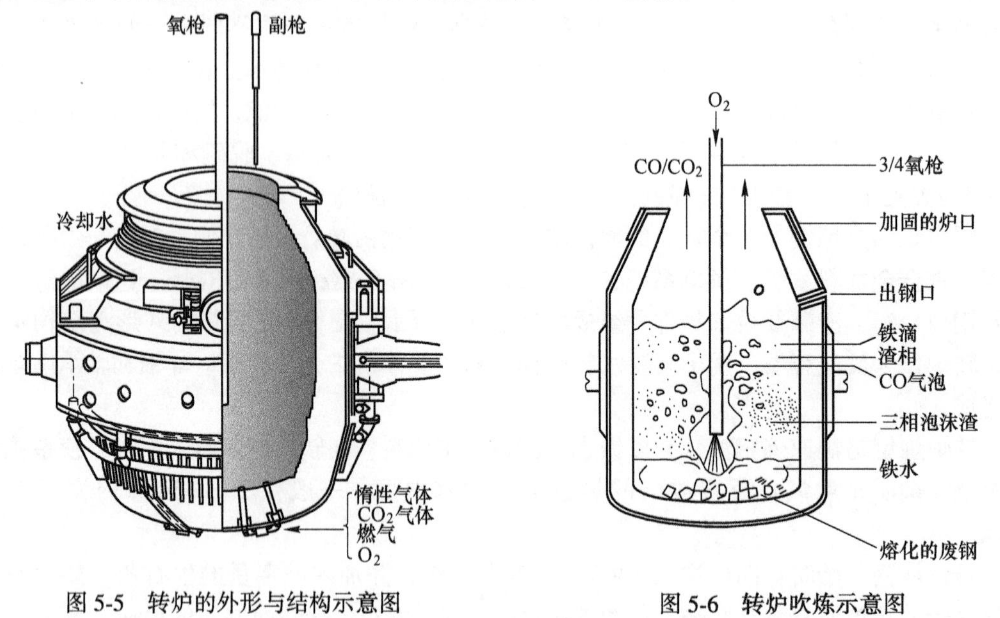


图 5-5 转炉的外形与结构示意图

图 5-6 转炉吹炼示意图

图 5-7 是炼钢电炉的结构示意图，杂质氧化过程和转炉炼钢的相同。

### 5.1.5 炉外精炼与连铸过程

炉外精炼过程可参阅第 6 章最后一部分内容，连铸操作过程单元详情请参阅其他专著。

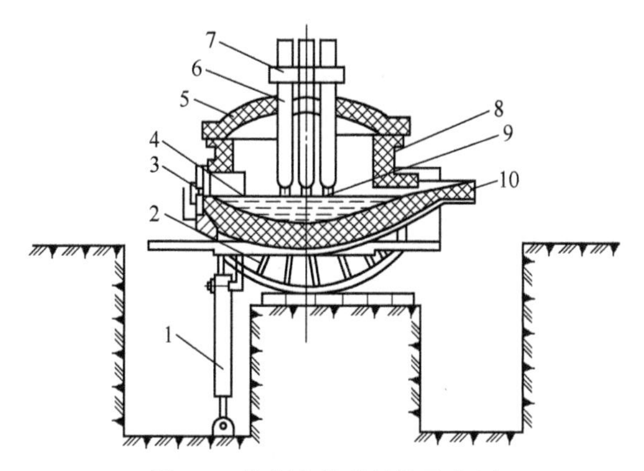


图 5-7 炼钢电炉的结构示意图

1—倾炉液压缸；2—倾炉摇架；3—炉门；4—熔池；5—炉盖；6—电极；7—电极夹持器；8—炉体；9—电弧；10—出钢槽

## 5.2 燃烧反应

从上述流程中可见，钢铁冶炼几乎包含了火法冶金技术的全部内容，其中最重要的是冶炼生铁（还原过程）和氧化炼钢（脱碳、脱磷、脱硫、脱氧等）过程。本节首先介绍还原过程，还原过程涉及还原剂及其燃烧反应。

燃烧反应

金属元素在自然界很少以单质形态存在，有色金属矿物大多数是硫化物或氧化物，炼铁所用矿物及很多冶金中间产品主要是氧化物形态，Ti、Zr、Hf 等金属的冶金中间产品为氯化物，还原反应在从这些矿物提取金属的过程中起着重要作用。还原过程实例有高炉炼铁、锡冶金、铅冶金、火法炼锌、钨冶金、钛冶金等。

### 5.2.1 还原剂

选择还原剂 X 是有一定原则的。对还原剂 X 的基本要求如下：第一是 X 对元素 A 的亲和势大于 Me 对元素 A 的亲和势。对于氧化物而言，在氧势图上 XO 线应位于 MeO 线之下；XO 的分解压应小于 MeO 的分解压。第二是还原产物 XA 易与产出的金属分离。第三是还原剂不污染产品，不与金属产物形成合金或化合物。第四是价廉易得。

基于上述要求，碳被认为是 MeO 的良好还原剂。碳还原剂的主要特点如下：碳对氧的亲和势大，且随着温度升高而增加，能还原绝大多数金属氧化物。反应生成物为气体，容易与产品 Me 分离。价廉易得。碳还原剂的不足之处是碳易与许多金属形成碳化物。

氢也是氧化物良好的还原剂。在标准状态下，$H_2$ 可将 $Cu_2O$、PbO、NiO、CoO 等还原成金属。在较大的 $H_2$ 分压下，$H_2$ 可将 $WO_3$、$MoO_3$、FeO 等还原成金属。在适当条件下，$H_2$ 可还原 W、Mo、Nb、Ta 等的氯化物。

此外，某些金属也可以作为还原剂。例如，Al、Ca、Mg 等活性金属可作为绝大部分氧化物的还原剂。Na、Ca 和 Mg 是氯化物体系最强的还原剂。

因此，还原过程可以分为几类。首先是气体还原剂还原，用 CO 或 $H_2$ 作还原剂还原金属氧化物。其次是固体碳还原，用固体碳作还原剂还原金属氧化物。再次是金属热还原，用位于 $\Delta_f G^* - T$ 图下方的曲线所表示的金属作还原剂，还原位于 $\Delta_f G^* - T$ 图上方曲线所表示的金属氧化物（氯化物与氟化物）以制取金属。另外还有真空还原，即在真空条件下进行的还原过程。

### 5.2.2 碳-氧系、氢-氧系和碳-氢-氧系的主要反应

燃料燃烧提供的热量是火法冶金高温还原反应的基础。火法冶金常用的燃料：固体燃料有煤和焦炭，其可燃成分为 C；气体燃料为煤气和天然气，其可燃成分主要为 CO 和 $H_2$；液体燃料为重油等，其可燃成分主要为 CO 和 $H_2$。冶金用还原剂有时是燃料本身，如煤和焦炭；有时是燃料燃烧的产物，如 CO 和 $H_2$。因此，燃烧主要涉及碳-氧系、氢-氧系和碳-氢-氧系的反应。

#### 5.2.2.1 碳-氧系的主要反应

碳-氧系主要有 4 个反应，分别是碳的完全燃烧、碳的不完全燃烧、煤气的燃烧和碳的气化反应，如式（5-1）~式（5-4）所示。

$$C + O_2 = CO_2 \qquad (5\text{-}1)$$

$$2C + O_2 = 2CO \qquad (5\text{-}2)$$

$$2CO + O_2 = 2CO_2 \qquad (5\text{-}3)$$

$$C + CO_2 = 2CO \qquad (5\text{-}4)$$

图 5-8 是碳-氧系反应的吉布斯自由能变化与温度关系图。如图 5-8 所示，碳的完全燃烧、碳的不完全燃烧和煤气的燃烧 3 个反应，均为放热反应；而碳的气化反应则为吸热反应。在高温下（约大于 1000K，如图 5-8 所示），碳气化反应的 $\Delta G^{\ominus}$ 才为负值，反应向正方向进行，该反应又称为布多尔反应；低温下（约低于 1000K，如图 5-8 所示）碳气化反应向逆方向进行，即发生歧化反应（或称为碳素沉积反应）。

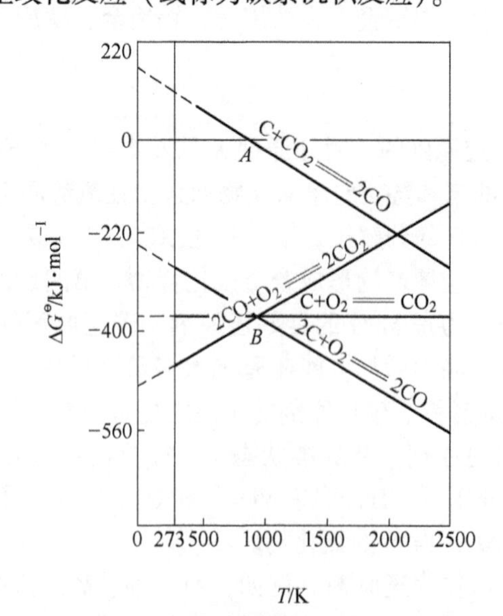


图 5-8 碳-氧系反应的吉布斯自由能变化和温度关系图

由 5.1 节可知，在风口区 C 与 $O_2$ 反应生成 $CO_2$。$CO_2$ 随着炉气上升，在滴落区与 C 反应生成 CO。此时 CO 还原 MeO 又生成了 $CO_2$。$CO_2$ 又与 C 反应生成 CO，CO 还原 MeO，……反应循环进行，氧化物逐步被还原。由此可见，布多尔反应是火法冶金中的一个重要反应。接下来要介绍一下这个反应的特点。

根据布多尔反应式（5-4）可知：

$$K_p^{\ominus} = \frac{(p_{CO}/p^{\ominus})^2}{p_{CO_2}/p^{\ominus}} = \frac{p_{CO}^2}{p_{CO_2}p^{\ominus}}$$

因为 $p_{CO_2} + p_{CO} = p_{总}$，$K_p^{\ominus}$ 是温度的函数，所以 CO 的分压可以由平衡常数 $K_P^{\ominus}$ 和 $p_{总}$ 表示出来。碳气化反应为吸热反应，随着温度升高，其平衡常数增大，有利于反应向生成 CO 的方向移动。在总压 $p_{总}$ 一定的条件下，气相 $\varphi_{CO}$（CO 的体积分数）增加。图 5-9 是 $\varphi_{CO}$ 或 $\varphi_{CO_2}$ 与温度的关系图，即 C-O 系优势区域图。平衡曲线将坐标平面划分为两个区域：Ⅰ区是 CO 部分分解区（即 C 的稳定区）；Ⅱ区是碳的气化区（即 CO 稳定区）。温度低于 400℃时，$\varphi_{CO}$ 趋于 0，反应基本上不能进行；随着温度升高，$\varphi_{CO}$ 变化不明显。温度在 400~1000℃时，随着温度升高，$\varphi_{CO}$ 明显增大。温度高于 1000℃时，$\varphi_{CO}$ 趋于 100%，反应进行得很完全。这就是说，在高温下有碳存在时，气相中几乎全部为 CO。

图 5-10 是不同总压时布多尔反应 $\varphi_{CO}$ 与温度的关系图。由平衡移动原理可知，总压升高时布多尔反应式（5-4）会逆向进行，所以某一温度下（如 700℃）随着总压的升高，$\varphi_{CO}$ 逐渐下降。

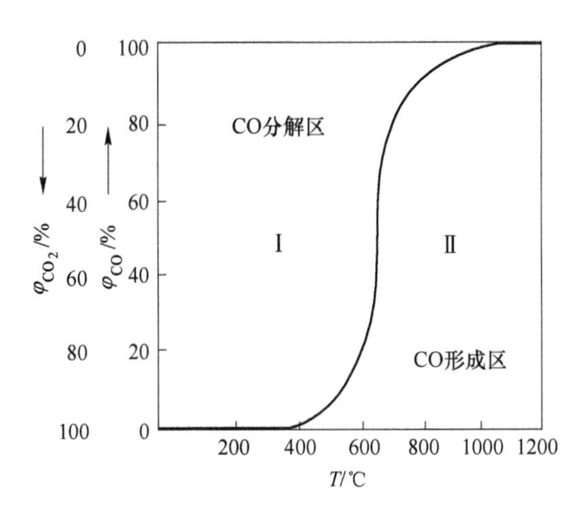


图 5-9　布多尔反应 $\varphi_{CO}$ 与温度的关系（总压 1atm）

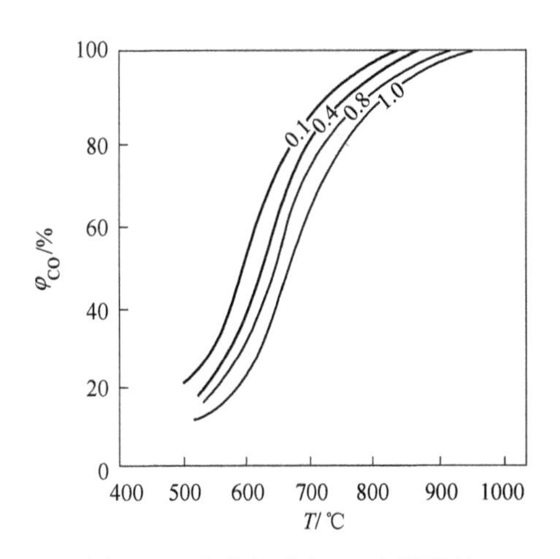


图 5-10　布多尔反应 $\varphi_{CO}$ 与温度的关系（不同总压，单位：atm）

通过上述分析可以获得如下结论：碳的高价氧化物（$CO_2$）和低价氧化物（CO）的稳定性随温度而变。温度升高，CO 稳定性增大，而 $CO_2$ 稳定性减小。在高温下，$CO_2$ 能与碳反应生成 CO，而在低温下，CO 会发生歧化，生成 $CO_2$ 和沉积碳。在高温下并有过剩碳存在时，燃烧的唯一产物是 CO。存在过剩氧，燃烧产物将取决于温度；温度越高，越有利于 CO 的生成。

#### 5.2.2.2 氢-氧系的主要反应

在通常的冶炼温度范围内，氢燃烧反应的吉布斯自由能变化值很负，所以燃烧反应进行得十分完全，平衡时氧的分压可忽略不计。氢燃烧反应的 $\Delta G^{\ominus}$-$T$ 线与 CO 燃烧反应的 $\Delta G^{\ominus}$-$T$ 线相交于一点，如图 5-11 所示，交点温度由热力学数据可确定为 $T=1083\text{K}$。温度高于 1083K，$H_2$ 对氧的亲和势大于 CO 对氧的亲和势，$H_2$ 的还原能力大于 CO 的还原能力。温度低于 1083K，则相反。

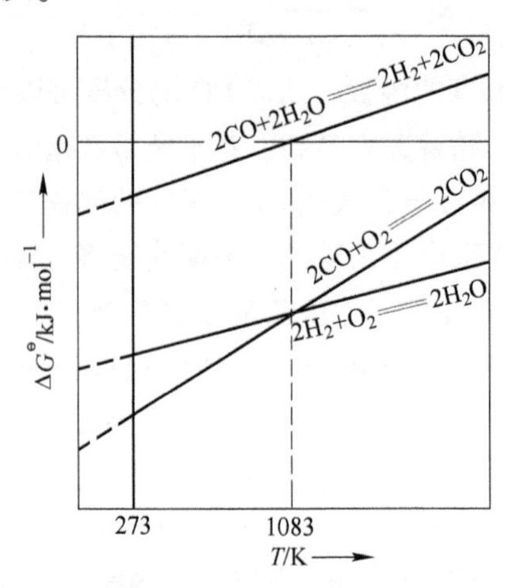


图 5-11　CO 和 $H_2$ 燃烧反应的吉布斯自由能变化与温度的关系

#### 5.2.2.3 碳-氢-氧系的主要反应

碳-氢-氧系的主要反应有两个，为水煤气反应和水蒸气与碳的反应。炉料吸水汽以及炉气清洗系统引入的水是存在水煤气反应的原因。水煤气反应如图 5-11 所示（上方的斜线对应的反应），以 1083K 为界，温度低于此温度时 CO 转化为 $CO_2$；温度高于此温度时 $H_2$ 转化为 $H_2O$。用空气来燃烧碳时，由于空气中含有水蒸气，因而存在水蒸气与碳反应。该反应的吉布斯自由能变化与温度的关系如图 5-12 所示。该反应可能生成 CO，也可能生成 $CO_2$。如图 5-12 所示，以 1083K 为界，温度低于此温度时生成 $CO_2$ 的趋势大；温度高于此温度时生成 CO 的趋势大。

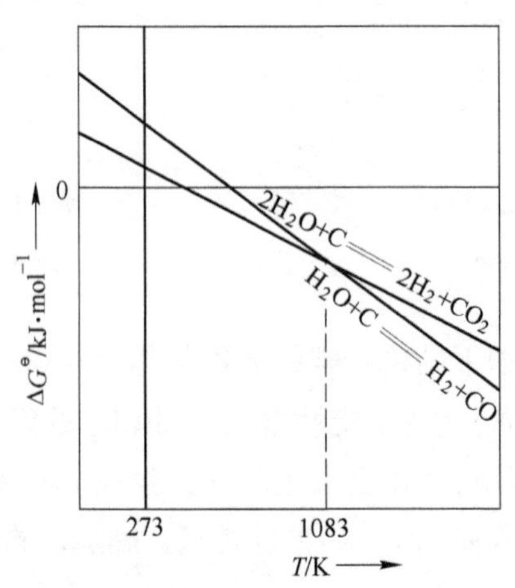


图 5-12　C 和 $H_2O$ 反应的吉布斯自由能变化与温度的关系

# 5.3 氧化物的间接还原

氧化物
间接还原

通常称氧化物用 C 还原为直接还原，而氧化物用 CO 和 $H_2$ 还原称为间接还原。

## 5.3.1 简单金属氧化物的 CO 还原

金属氧化物的 CO 还原反应通式如下：

$$\mathrm{MeO(s,\ l) + CO(g) = Me(s,\ l) + CO_2(g)} \tag{5-5}$$

对于大多数金属（如 Fe、Cu、Pb、Ni、Co 等），在还原温度下 MeO 和 Me 均为凝聚态，系统的自由度 $f = C - \Phi + 2 = 3 - 3 + 2 = 2$。忽略总压力对反应的影响，系统的平衡状态可用 $\varphi_{CO}$-$T$ 曲线描述。还原反应式（5-5）的平衡常数写为：

$$\frac{1}{K_p^{\ominus}} = \frac{p_{CO}/p^{\ominus}}{p_{CO_2}/p^{\ominus}} = \frac{\varphi_{CO}}{\varphi_{CO_2}} = \frac{\varphi_{CO}}{100 - \varphi_{CO}}$$

$$K_p^{\ominus} \cdot \varphi_{CO} = 100 - \varphi_{CO}$$

$$\varphi_{CO} = \frac{100}{K_p^{\ominus} + 1}$$

平衡常数是温度的函数，具有如下关系：

$$\Delta_r G^{\ominus} = A + BT = -RT\ln K_p^{\ominus}$$

$$\lg K_p^{\ominus} = A'/T + B'$$

$$K_p^{\ominus} = 10^{(A'/T + B')}$$

所以：

$$\varphi_{CO} = \frac{100}{10^{A'/T + B'} + 1} \tag{5-6}$$

式中，$A$ 和 $A'$ 为与反应焓变化相关的量，可以认为是常数。CO 还原氧化物反应，有的是吸热的，有的是放热的。了解了还原反应的性质，有助于分析温度变化对反应平衡移动的影响。例如，针对放热反应，$A<0$，$A'>0$，$T$ 增大，$1/T$ 减小，$A'/T$ 减小，指数项数值减小，整个分式数值增大，即温度升高时 $\varphi_{CO}$ 增大，曲线如图 5-13 所示。

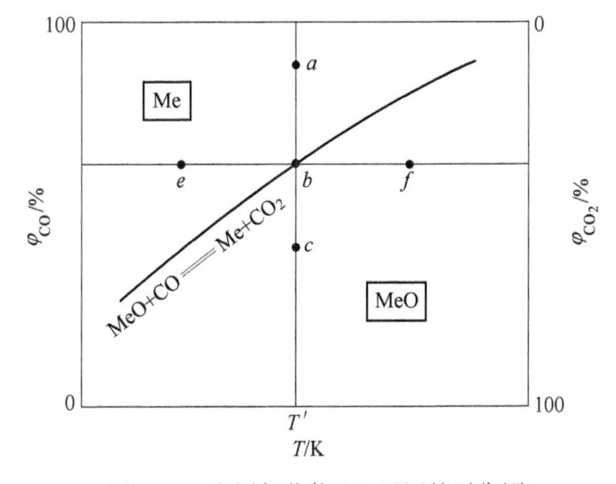


图 5-13 金属氧化物 CO 还原的平衡图

图5-13中的曲线将整个区域分成两部分，算上曲线本身，图中的状态点具有3种不同的性质：线上是中性气氛（例如$b$点），曲线的斜上方是还原性气氛（例如$a$与$e$点），曲线的斜下方是氧化性气氛（例如$c$与$f$点）。对于初始状态在$b$点的体系，若增加CO体积分数，则反应式（5-5）平衡向右移动，有Me生成，所以曲线的斜上方是Me的稳定区域。同理，曲线的斜下方是MeO的稳定区域。降低温度时，对于放热反应，反应要向着升温的方向进行，即放热使体系温度升高（阻止体系降温），此时有Me被还原出来，如体系由最初的$b$点移动到$e$点对应的温度。

### 5.3.2 铁氧化物的间接还原（CO还原）

作为简单金属氧化物CO还原的例子，这里分析一下铁氧化物的间接还原。铁氧化物的还原是逐级进行的，当温度高于843K时，分3阶段完成：

$$Fe_2O_3 \longrightarrow Fe_3O_4 \longrightarrow FeO \longrightarrow Fe$$

温度低于843K时，FeO不能存在，还原分两个阶段完成：

$$Fe_2O_3 \longrightarrow Fe_3O_4 \longrightarrow Fe$$

用CO还原铁氧化物的反应如下：

$$3Fe_2O_3 + CO = 2Fe_3O_4 + CO_2 \quad (5\text{-}7)$$

$$Fe_3O_4 + CO = 3FeO + CO_2 \quad (5\text{-}8)$$

$$FeO + CO = Fe + CO_2 \quad (5\text{-}9)$$

$$1/4Fe_3O_4 + CO = 3/4Fe + CO_2 \quad (5\text{-}10)$$

反应（5-7）为放热反应，$K_p^{\ominus}$为较大的正值，平衡气相中$\varphi_{CO}$远低于$\varphi_{CO_2}$，如图5-14中曲线（1）所示，在通常的$CO\text{-}CO_2$气氛中，$Fe_2O_3$会被CO还原为$Fe_3O_4$。反应式（5-8）为吸热反应，随温度升高，$K_p^{\ominus}$值增加，平衡气相$\varphi_{CO}$减小。反应式（5-9）为放热反应，随温度升高，$K_p^{\ominus}$值减小，平衡气相$\varphi_{CO}$增大。1200℃时由布多尔反应可知，$\varphi_{CO}$分数接近100%，大于图中曲线（3）所示的$\varphi_{CO}$平衡值，所以CO可以还原出单质Fe。反应式（5-10）为放热反应，随温度升高，$K_p^{\ominus}$值减小，平衡气相$\varphi_{CO}$增大。

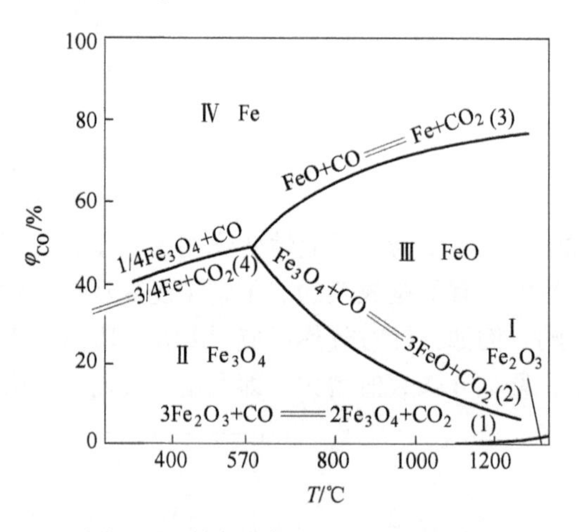


图5-14 铁氧化物CO还原的平衡图

### 5.3.3 简单金属氧化物的氢还原

间接还原除了用CO之外，还可用$H_2$还原金属氧化物。$H_2$还原成本较高，作为金属氧化物的还原在冶金生产中的应用不如C和CO广泛。

冶金炉气中含有$H_2$和$H_2O$，因此$H_2$在不同程度上参与了还原反应。在某些特殊情况下，例如W、Mo等氧化物的还原，只有用$H_2$作还原剂，才会得到纯度高、不含C的W和Mo粉末。

在 1083K（810℃）以上，$H_2$ 的还原能力较 CO 强；在 1083K 以下，CO 的还原能力较 $H_2$ 强。MeO 的 CO 还原反应，有些是吸热的，有些是放热的；MeO 的 $H_2$ 还原反应几乎都是吸热反应。$H_2$ 在高温下具有较强的还原能力，且生成的 $H_2O$ 较易除去；应用经过仔细干燥后的 $H_2$ 可以实现那些用 CO 所不能完成的还原过程 —— 1590℃时，$H_2$ 可以缓慢地还原 $SiO_2$。$H_2$ 的扩散速率大于 CO［$D \propto (M)^{-1/2}$］；用 $H_2$ 代替 CO 作还原剂可以提高还原反应的速率。用 $H_2$ 作还原剂可以得到不含 C 的金属产品；而用 CO 作还原剂常因渗碳反应而使金属含 C，如：

$$3Fe + 2CO = Fe_3C + CO_2$$

$H_2$ 还原与 CO 还原在热力学规律上是类似的，也是逐级还原的。$H_2$ 还原铁氧化物的反应如下：

$$3Fe_2O_3 + H_2 = 2Fe_3O_4 + H_2O \tag{5-11}$$

$$Fe_3O_4 + H_2 = 3FeO + H_2O \tag{5-12}$$

$$FeO + H_2 = Fe + H_2O \tag{5-13}$$

$$1/4Fe_3O_4 + H_2 = 3/4Fe + H_2O \tag{5-14}$$

$H_2$ 还原反应都是吸热反应，曲线皆向下倾斜，如图 5-15 所示，温度升高，$H_2$ 平衡浓度降低。

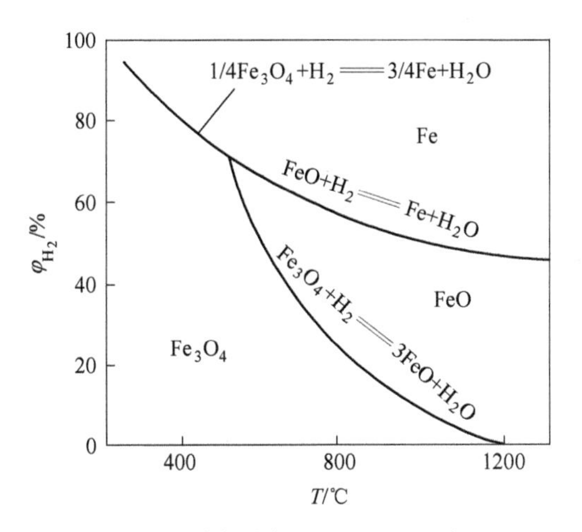


图 5-15 铁氧化物 $H_2$ 还原的平衡图

### 5.3.4 金属-氧固溶体的 CO 还原

固溶体的 CO 还原反应可以描述为：

$$[O] + CO = CO_2 \tag{5-15}$$

式中，[O] 为溶解在金属中的氧。从平衡移动的角度，可以分析还原的难易程度。[O] 浓度增大，反应式（5-15）向右进行，再次平衡时 $\varphi_{CO}$ 分数比先前要低，即用较低的 $\varphi_{CO}$ 就可还原高浓度的金属-氧固溶体。还原反应式（5-15）的平衡常数可表示为如下关系：

$$\lg K^{\ominus} = \lg \frac{p_{CO_2}}{p_{CO} \cdot a_{[O]}} = \lg \frac{p_{CO_2}}{p_{CO} \cdot C_{[O]} \cdot f_{[O]}} = \frac{A}{T} + B$$

$$\lg \frac{p_{CO_2}}{p_{CO}} = \frac{A}{T} + B + \lg(C_{[O]}f_{[O]}) \tag{5-16}$$

式中，$A$ 和 $B$ 分别为与反应焓和反应熵相关的常数，因此平衡时气相成分决定于温度和氧的活度（浓度）两个因素。当温度一定时，氧的活度越大，则平衡时 $p_{CO_2}/p_{CO}$ 值越大。当氧的活度一定，则可求出平衡时气相 $\varphi_{CO}$ 与温度关系的方程，绘出系统的热力学平衡图，如图 5-16 所示。

FeO-O 固溶体常被称为浮氏体，其被 CO 还原过程中，气相平衡成分与温度及氧浓度的关系服从式（5-16）。如图 5-16 所示，图中 $Fe_xO$ 区即浮氏体还原区，其中标明了浮氏体中含不同氧量时平衡 $\varphi_{CO}$ 值与温度的关系。从此曲线簇可知，随着浮氏体中氧含量的降低，平衡气相中 $\varphi_{CO}$ 增加，即越难以还原。

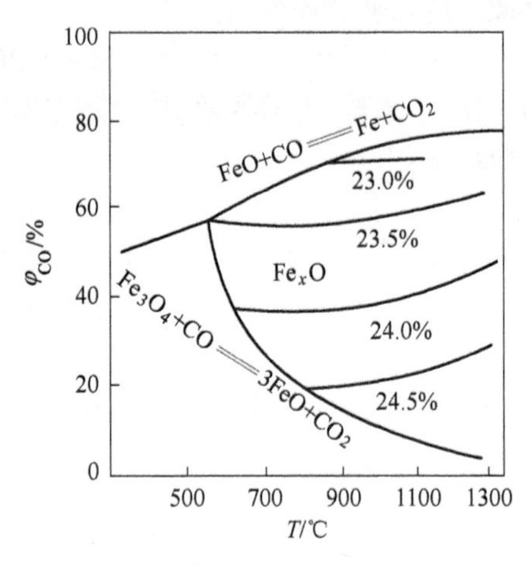


图 5-16 浮氏体 CO 还原的平衡图

对氢还原而言，也有类似的规律性。

### 5.3.5 金属复杂化合物 MeO · AO 的间接还原

实践中被还原的化合物有时是以复杂化合物的形态存在，如硅酸盐、铁酸盐、铝酸盐（以通式 MeO · AO 表示）等，因此使还原过程复杂化。复杂化合物 MeO · AO 的还原反应可视为两反应之合，即

$$MeO \cdot AO = MeO + AO \tag{5-17}$$

$$+) \quad MeO + CO = Me + CO_2 \tag{5-18}$$

$$MeO \cdot AO + CO = Me + AO + CO_2 \tag{5-19}$$

$$\Delta_r G^{\ominus}_{(5\text{-}19)} = \Delta_r G^{\ominus}_{(5\text{-}17)} + \Delta_r G^{\ominus}_{(5\text{-}18)}$$

$$\Delta_r G^{\ominus}_{(5\text{-}17)} > 0,\ \Delta_r G^{\ominus}_{(5\text{-}19)} > \Delta_r G^{\ominus}_{(5\text{-}18)}$$

$$K^{\ominus}_{p(5\text{-}19)} < K^{\ominus}_{p(5\text{-}18)} \Rightarrow \left(\frac{\varphi_{CO}}{\varphi_{CO_2}}\right)_{(5\text{-}19)} > \left(\frac{\varphi_{CO}}{\varphi_{CO_2}}\right)_{(5\text{-}18)}$$

由此可见，复杂化合物比简单化合物难以被还原。

### 5.3.6 金属生成化合物或合金的间接还原

冶金过程中有时要求还原产品不是单质金属，而是其合金（如生产铁合金）或某种化合物，因此，有必要研究生成合金或某种化合物时的还原条件。还原生成化合物（或合金）的反应可视为两反应之合：

$$MeO + CO = Me + CO_2 \tag{5-20}$$

$$+) \quad Me + A = MeA \tag{5-21}$$

$$MeO + CO + A = MeA + CO_2 \tag{5-22}$$

$$\Delta_r G^{\ominus}_{(5\text{-}22)} = \Delta_r G^{\ominus}_{(5\text{-}20)} + \Delta_r G^{\ominus}_{(5\text{-}21)}$$

$$\Delta_r G^{\ominus}_{(5\text{-}21)} < 0,\ \Delta_r G^{\ominus}_{(5\text{-}22)} < \Delta_r G^{\ominus}_{(5\text{-}20)}$$

$$K^{\ominus}_{p(5\text{-}22)} > K^{\ominus}_{p(5\text{-}20)} \Rightarrow \left(\frac{\varphi_{CO}}{\varphi_{CO_2}}\right)_{(5\text{-}22)} < \left(\frac{\varphi_{CO}}{\varphi_{CO_2}}\right)_{(5\text{-}20)}$$

由此可见，形成化合物（合金）的还原反应容易进行。

扫一扫查看

课件 13

# 5.4 氧化物的直接还原

氧化物

直接还原

## 5.4.1 简单金属氧化物的碳还原

直接还原是指用 C 还原氧化物；相对地，间接还原是指用 CO 或 $H_2$ 还原氧化物。简单氧化物的固体 C 还原反应可以有两个：

$$MeO + C == Me + CO \tag{5-23}$$

$$MeO + 1/2C == Me + 1/2\,CO_2 \tag{5-24}$$

当有固体 C 存在时，直接还原反应可以认为是分两步进行的：

$$MeO + CO == Me + CO_2 \tag{5-25}$$

$$CO_2 + C == 2CO \tag{5-26}$$

所以分析直接还原时，是将间接还原平衡图和布多尔反应的平衡图叠加在一起分析的，如图 5-17所示。根据碳气化反应的平衡特点，讨论 MeO 被 C 还原的反应，应区分温度高低（针对不同 MeO 大致以 1000℃为界）。

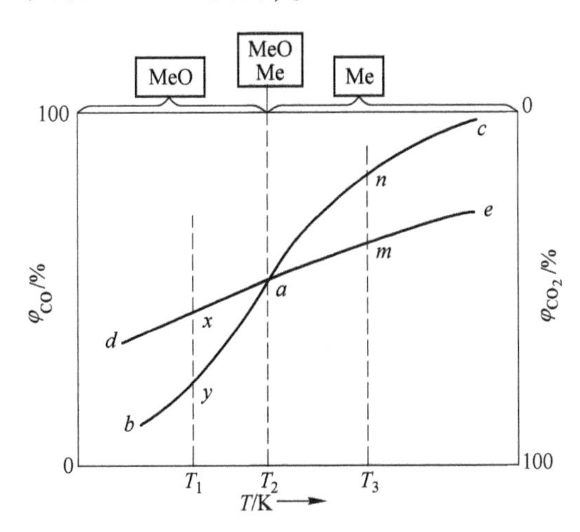


图 5-17 MeO 直接碳还原的热力学平衡图

#### 5.4.1.1 高温直接碳还原

温度高于 1000℃时，根据布多尔反应可知气相中 $CO_2$ 平衡浓度很低，所以不存在反应式（5-24），还原以反应式（5-23）为主，还原反应可表示为：

$$\begin{array}{lr} & MeO + CO == Me + CO_2 \\ +) & CO_2 + C == 2CO \\ \hline \text{综合得} & MeO + C == Me + CO \end{array}$$

若金属和氧化物都以纯凝聚态存在，体系的自由度$f=(4-1)-4+2=1$，平衡温度仅随压力而变，压力一定，平衡温度也一定。

5.4.1.2 低温直接碳还原

当温度低于1000℃时，C的气化反应平衡成分中CO和$CO_2$共存，还原反应式（5-24）和式（5-23）共存，MeO的还原取决于反应式（5-25）和式（5-26）的同时平衡。这两反应同时平衡时，$f=(5-2)-4+2=1$，总压一定时，两反应同时平衡的平衡温度和$\varphi_{CO}$也一定；总压改变，平衡温度和$\varphi_{CO}$也相应改变。

以还原反应式（5-23）为主来分析固体C还原过程。若体系的实际温度低于点$a$的温度$T_2$（如$T_1$），反应式（5-26）的平衡气相组成$\varphi_{CO}$（$y$点）低于反应式（5-25）的平衡气相组成的$\varphi_{CO}$（$x$点）。所以，温度低于$T_2$时，金属氧化物MeO稳定。若实际温度高于$T_2$（如$T_3$），金属氧化物MeO被还原成为金属。温度高于$T_2$时，金属Me稳定。$T_2$为在给定压力下，用固体C还原金属氧化物的开始还原温度。氧化物稳定性越强，图5-17中反应式（5-25）线$dae$位置向上移，开始还原温度升高。体系压力降低时，布多尔反应线$bac$位置左移，开始还原温度下降。

5.4.1.3 压强对还原反应的影响

布多尔反应的平衡曲线与压强有关。将不同压强下布多尔反应的平衡曲线与MeO间接还原曲线绘制在一张图上，如图5-18所示。当压强分别为$10^5$Pa和$10^4$Pa时，交点分别为$a$和$a'$，对应的温度分别为$T_2$和$T_1$，因此压强降低则平衡温度降低，或者说降低压强有利于还原反应的进行。这一点也可直接从直接还原反应式（5-23）和式（5-24）中看出，固体C还原产生气体CO和$CO_2$是增压（定容）过程，降低压强有利其进行。

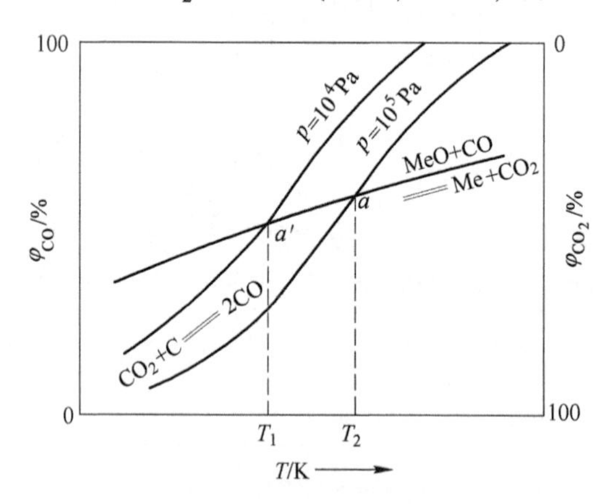


图5-18 压强对直接碳还原影响的示意图

## 5.4.2 铁氧化物固体碳还原

这里以铁氧化物用C直接还原为例，具体说明直接还原的条件。

图5-19是叠加了布多尔曲线的铁氧化物固体C还原的热力学平衡图。从图5-19中可知，当$p=p^\ominus$时，布多尔反应的平衡曲线与$Fe_3O_4$间接还原平衡线交于$b$点，$b$点对应的温度约为675℃，$\varphi_{CO}$为42.4%。当温度低于675℃时，$Fe_3O_4$稳定，高于675℃则$Fe_xO$稳定。

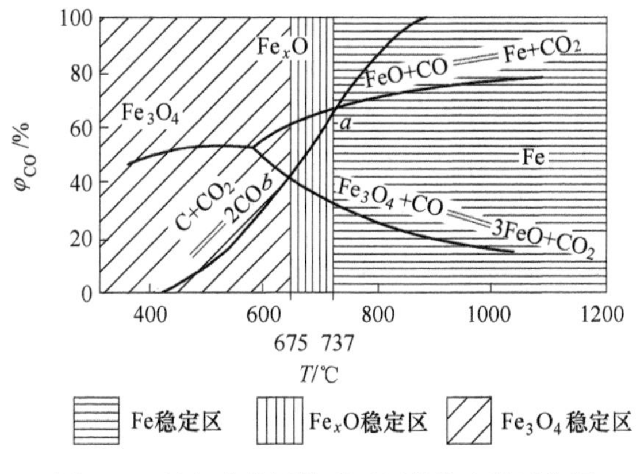


图 5-19 铁氧化物固体碳还原的热力学平衡图

进一步升高温度，布多尔反应的平衡曲线与 $Fe_xO$ 间接还原反应的平衡线交于 $a$ 点，$a$ 点对应的温度为 737℃，$\varphi_{CO}$为 60%。温度低于 737℃为 $Fe_xO$ 稳定，高于 737℃则为 Fe 稳定。

因此根据图 5-19 即可掌握直接还原时为得到某种铁产品所需的热力学条件。

## 5.5 熔渣中氧化物的还原

熔渣中氧化物的还原

金属氧化物（或氧化矿）的还原熔炼过程中，熔渣中还会含有部分未充分还原的主金属氧化物。例如，炼锡炉渣中含有 SnO，炼铅炉渣中含 PbO，炼铁炉渣中更含有 Mn、Fe、Ni、Cr 等金属的氧化物。提高还原气氛，调整熔渣的成分，可能使渣中某些氧化物被还原而进入金属相。例如，以 C 或 CO 作还原剂还原（$SiO_2$）、（MnO）和（PbO）等，反应方程式如下：

$$(SiO_2) + 2C = [Si] + 2CO$$

$$(MnO) + C = [Mn] + CO$$

$$(PbO) + CO = [Pb] + CO_2$$

这里首先考虑间接还原的情况，然后再讨论直接还原的情况。

### 5.5.1 熔渣中氧化物的间接还原

熔渣中氧化物的间接还原反应可以用通式（*）（暂不考虑金属形成溶液的情况，以 CO 为还原剂）来描述：

$$(MeO) + CO = Me + CO_2 \qquad (*)$$

$$\Delta G^{\ominus}_{p,(MeO)} = -RT\ln K^{\ominus}_{p,(MeO)}$$

$$K^{\ominus}_{p,(MeO)} = \frac{p_{CO_2}}{a_{(MeO)} \cdot p_{CO}} = \frac{\varphi_{CO_2}}{\varphi_{CO}} \times \frac{1}{a_{(MeO)}}$$

$$\left(\frac{\varphi_{CO}}{\varphi_{CO_2}}\right)_{(MeO)} = \frac{1}{K^{\ominus}_{p,(MeO)}} \times \frac{1}{a_{(MeO)}} \qquad (**)$$

相比于 MeO 的间接还原，由于存在 MeO 在熔渣中溶解反应，式（*）反应可以看成是 MeO 间接还原反应与 MeO 在熔渣中溶解反应的合反应：

$$\begin{array}{lr} \text{MeO} + \text{CO} = \text{Me} + \text{CO}_2 & \Delta G_1 \\ -)\quad \text{MeO} = (\text{MeO}) & \Delta G_2 \\ \hline (\text{MeO}) + \text{CO} = \text{Me} + \text{CO}_2 & \Delta G_3 \end{array}$$

$$\Delta G_3 = \Delta G_1 - \Delta G_2$$

溶解反应有可能是吸热反应（$\Delta H > 0$），也有可能是放热反应（$\Delta H < 0$）。假设 $\Delta H$ 和 $\Delta S$ 随 $T$ 变化不大，根据 $\Delta G = \Delta H - T\Delta S$，在 $T$ 变化时，$\Delta G_2$ 可能大于 0，也可能小于 0。因此，无法判别 $\Delta G_3$ 是增大还是减小，也就无法根据式（**）确定熔渣中的 MeO 相比于纯 MeO 是容易还原还是难还原。为了解决这个问题，这里需要采用一个新的热力学标准态：纯物质标准——要解决某一纯物质溶解到另一个纯物质中，仍形成假想的纯物质“溶质”的标准溶解自由能变化值，为区别以前所学的反应物、生成物均为纯物质的标准状态“$\ominus$”，这里是以“°”来标识。

物质在溶解前以纯态存在，其标准摩尔生成吉布斯自由能值为 $G^{\circ}$，而溶解后仍以原纯态为标准态，其标准摩尔生成吉布斯自由能值仍为 $G^{\circ}$。换句话说，$\Delta G_2^{\circ}$ 是纯物质的 MeO 变为原纯物质 MeO 的“溶质”的标准溶解自由焓变化（请注意“原”字），可见纯物质本身没有变化，所以 $\Delta G_2^{\circ} = G^{\circ} - G^{\circ} = 0$。

无论被溶解的物质是液态还是固态，只要该物质在溶液中仍以其原纯态为标准态，则溶解过程的 $\Delta G^{\circ}$ 等于零。

（1）MeO(l)→(MeO)，MeO 在（MeO）中以纯液态为标准态，$\Delta G^{\circ}=0$。

（2）MeO(s)→(MeO)，MeO 在（MeO）中以纯固态为标准态，$\Delta G^{\circ}=0$。

但是，

（3）MeO(l)→(MeO)，MeO 在（MeO）中以纯固态为标准态，$\Delta G^{\circ} \neq 0$。

（4）MeO(s)→(MeO)，MeO 在（MeO）中以纯液态为标准态，$\Delta G^{\circ} \neq 0$。

上述第三种或第四种情况是由于平衡反应 MeO(l)═MeO(s) 的 $\Delta G^{\circ} \neq 0$ 所造成的（因为此时溶解温度不一定是氧化物的正常相变温度）。

如果是元素溶解于金属液中，以其原纯物质为标准态，则同样也有 Me→［Me］，Me 在［Me］中以纯物质为标准态，$\Delta G^{\circ}=0$。但值得注意的是，实际溶解过程的自由能变化 $\Delta G$ 却不等于零（注意，$\Delta G$ 没有上角标“°”），即 $\Delta G \neq 0$。这是由于溶质在溶液中不可能是纯物质，而是具有一定的浓度值，因而也具有一定的活度值的缘故。

标准态的选择是可以任意的，但相应的活度标准态也必须与之一致，使计算总结果不影响 $\Delta G$ 值。

对于式（*）采用新的标准态：溶液中的 MeO 以纯物质为标准状态，Me 以纯物质为标准状态，气体以 $p^{\ominus}$ 为标准状态。采用新的标准状态后，$\Delta G_2^{\circ}=0$，$\Delta G_1^{\circ}=\Delta G_3^{\circ}$，有下式成立：

$$\Delta G_1^{\circ} = -RT\ln K_1^{\circ}$$

$$K_1^{\circ} = \frac{p'_{CO_2}}{a'_{MeO} \cdot p'_{CO}} = \left(\frac{\varphi_{CO_2}}{\varphi_{CO}}\right)'_{MeO} \times \frac{1}{a'_{MeO}} = \left(\frac{\varphi_{CO_2}}{\varphi_{CO}}\right)'_{MeO}$$

$$\Delta G_3^{\circ} = -RT\ln K_3^{\circ}$$

$$K_3^{\circ} = \frac{p'_{CO_2}}{a'_{(MeO)} \cdot p'_{CO}} = \left(\frac{\varphi_{CO_2}}{\varphi_{CO}}\right)'_{(MeO)} \times \frac{1}{a'_{(MeO)}}$$

$$= \left(\frac{\varphi_{CO_2}}{\varphi_{CO}}\right)'_{(MeO)} \times \frac{1}{\gamma'_{(MeO)} \cdot x'_{(MeO)}}$$

$$K_1^{\circ} = K_3^{\circ}$$

$$\left(\frac{\varphi_{CO_2}}{\varphi_{CO}}\right)'_{MeO} = \left(\frac{\varphi_{CO_2}}{\varphi_{CO}}\right)'_{(MeO)} \times \frac{1}{\gamma'_{(MeO)} \cdot x'_{(MeO)}}$$

$$\left(\frac{\varphi_{CO}}{\varphi_{CO_2}}\right)'_{(MeO)} = \left(\frac{\varphi_{CO}}{\varphi_{CO_2}}\right)'_{MeO} \times \frac{1}{\gamma'_{(MeO)} \cdot x'_{(MeO)}}$$

注意，上述所有关系式都是在新标准态下的，用上角标加撇号表示，以示区别。

溶于炉渣熔体中的金属氧化物还原时，所需 CO 浓度比纯金属氧化物还原所需 CO 浓度为高；$a_{(MeO)}$越低，所需 CO 浓度越高，还原越难。

### 5.5.2 熔渣中氧化物的直接还原

用固体 C 还原熔渣的氧化物，反应方程式可以认为是两个反应的合反应，一个是间接还原熔渣中的氧化物反应，另一个是 C 的气化反应。

$$(MeO) + CO = Me + CO_2$$

$$+) \quad CO_2 + C = 2CO$$

$$(MeO) + C = Me + CO$$

前面介绍过间接还原熔渣中的氧化物，所需的 CO 分压较高，相比于还原纯金属氧化物的情况，它的分压-温度曲线（$dac$）要上移，如图 5-20 所示。该曲线与布多尔曲线相交，交点也相应地上移，交点所对应的温度升高。就是说，相比于纯金属氧化物的情况，直接还原熔渣中的氧化物是比较困难的，所对应的 CO 分压较高。

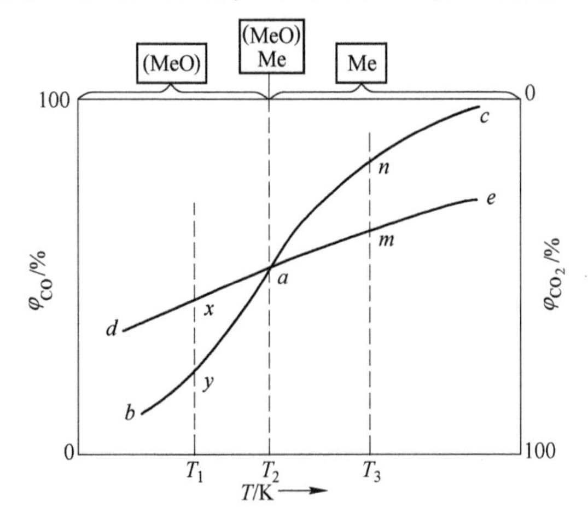


图 5-20 （MeO）直接碳还原的热力学平衡图

与直接还原金属氧化物相类似，最低还原温度为交点所对应的温度，即平衡温度。温度高于平衡温度，还原反应才能进行。开始还原的温度取决于氧化物在熔体中的活度，随着氧化物活度的减小，分压-温度曲线 *dae* 要上移，该曲线与布多尔曲线相交，交点也相应地上移，交点所对应的温度升高，即开始还原的温度升高。氧化物活度越低，还原越困难。

体系压力降低时，布多尔反应线 *bac* 位置左移，开始还原温度下降。

### 5.5.3 还原产物为溶液的还原过程

当还原的金属形成溶液时，间接还原反应如式（5-27）所示：

$$(MeO) + CO = [Me] + CO_2 \tag{5-27}$$

分析该反应时，仍以纯物质为标准态，平衡常数可表示为：

$$K^{\circ}_{p,[Me]} = \frac{a'_{[Me]} \cdot p'_{CO_2}}{p'_{CO} \cdot a'_{(MeO)}} = \left(\frac{\varphi_{CO_2}}{\varphi_{CO}}\right)'_{[Me]} \times \frac{1}{a'_{(MeO)}} \times a'_{[Me]} \tag{5-28}$$

式中，$a'_{[Me]}$为金属在溶液中的活度，其数值小于1。采用纯物质标准态时，分析方法与熔渣中氧化物还原反应相同，式（5-27）的平衡常数与金属不溶解形成溶液的反应平衡常数相同，故式（5-28）整理可得：

$$\left(\frac{\varphi_{CO}}{\varphi_{CO_2}}\right)'_{[Me]} = \left(\frac{\varphi_{CO}}{\varphi_{CO_2}}\right)'_{(MeO)} \times (\gamma'_{[Me]} \cdot x'_{[Me]}) \tag{5-29}$$

式中，(MeO) 下标表示金属不形成溶液时的情况。因此，由式（5-29）可知，金属形成溶液时所需要的 CO 分压较小。就是说，当还原产物与另一种金属形成溶液时，平衡气相中 $\varphi_{CO}$较低，金属氧化物较易被还原。还原产物在金属熔体中的浓度越小，平衡曲线的位置越低，还原所需 CO 浓度越低，还原反应越容易进行。

### 5.5.4 熔渣中氧化物的还原机制

前面章节讨论了熔渣中氧化物的直接还原和间接还原机制，如熔渣中 $SiO_2$、MnO 和 PbO 被 C 或 CO 还原为 [Si]、[Mn] 和 [Pb] 等。然而，根据氧势图的分析，熔渣中氧化物的还原还应有其他机制，金属相中溶解的对氧亲和势大的元素可作还原剂。例如，炼铁时 $SiO_2$ 首先被还原成元素 Si，并溶于铁相中；由于 Si 对氧的亲和势大，故 Si 可进一步将渣中的 MnO、$V_2O_3$ 及 $TiO_2$ 还原，反应为：

$$n[Si] + 2(AO_n) = 2[A] + n(SiO_2)$$

式中，$AO_n$为 MnO、$V_2O_3$、$TiO_2$、NiO 以及 CrO 等氧化物。又如炼锡时，金属锡相中溶解的 Fe 可将渣中的 SnO 还原：

$$(SnO) + [Fe] = (FeO) + [Sn]$$

## 5.6 金属热还原

金属氧化物其他还原方法

用 CO 与 $H_2$ 作还原剂只能还原一部分氧化物。用 C 作还原剂时，随着温度的升高可以还原更多的氧化物，但高温受到能耗和耐火材料的限制。

对于吉布斯自由能变化-温度图中位置低的稳定性很高的氧化物，只能用位置比其更低的金属来还原。硫化物、氯化物等也可用金属来还原。金属热还原可在常压下进行，也可在真空中进行。因此，本节讨论内容涉及金属热还原和真空还原两种方法。

### 5.6.1 金属热还原法

金属热还原法——以活性金属为还原剂，还原金属氧化物或卤化物以制取金属或其合金的过程，反应方程式如下：

$$n\mathrm{MeX}_m + m\mathrm{Me}' = n\mathrm{Me} + m\mathrm{Me}'\mathrm{X}_n$$

式中，Me 和 Me′为金属；X 为 O、S 和 Cl 等。金属热还原，首先要考虑的是还原剂的选择问题。还原剂和被还原金属生成化合物的标准吉布斯自由能及生成热应有足够大的差值，以便尽可能不由外部供给热量并能使反应完全地进行。还原剂在被提取金属中的溶解度要小或容易与之分离。形成的炉渣应易熔，密度要小，以利于金属和炉渣的分离。还原剂纯度要高，以免污染被还原金属。应尽量选择价格便宜和货源较广的还原剂。常用还原剂有 Al、Si、Mg、Na 等。图 5-21 为还原剂选择原理的示意图。

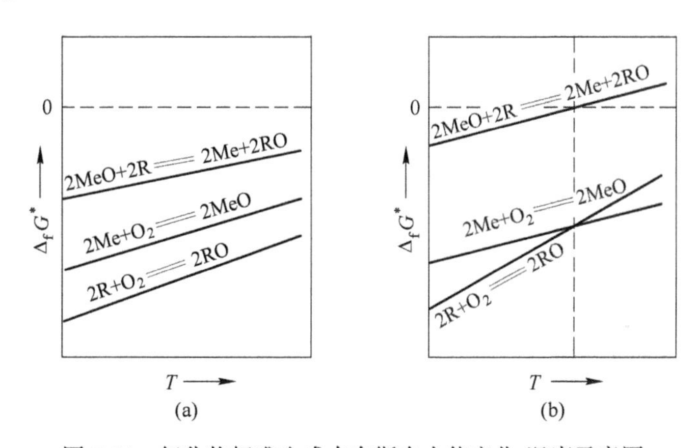


图 5-21 氧化物标准生成吉布斯自由能变化-温度示意图

在图 5-21（a）所示的情况下，还原剂的金属氧化物 RO 标准生成吉布斯自由能较小，在图示的温度范围内都可以作为还原剂。在图 5-21（b）所示的情况下，只有在交点的左侧，还原剂的金属氧化物标准生成吉布斯自由能小于另一种金属氧化物标准生成吉布斯自由能。这种情况下，只有在交点的左侧 R 金属才能起到还原剂的作用。

### 5.6.2 真空还原

真空还原是指在真空的条件下（如 $p$ 为 $10^{-3}p^{\ominus}$、$10^{-5}p^{\ominus}$或更低）进行的还原过程。当还原剂为凝聚态而其反应产物为气态时，降低系统压强，降低了还原剂反应产物的分压，有利于还原反应的进行，如：

$$\mathrm{MeO(s)} + \mathrm{C(s)} = \mathrm{Me(s)} + \mathrm{CO(g)}$$

在氧化物的 $\Delta_f G^*$-$T$ 图中，可见某些金属如 Mg、Ca 等沸点较低（Mg 的沸点为 1378K）。温度超过沸点时，$\Delta_f G^*$-$T$ 线会产生明显转折，如图 5-22 所示，$T_b$为沸点温度。根据还原剂选择原理，温度高于 $T_r$时金属 R 可以作为还原剂。真空还原反应，同样可以看成是两种金属氧化物生成反应的合。

依据 $\Delta_f G^* \text{-} T$ 图只要满足还原剂的选择原理，就可以发生还原反应，例如：

$$Si(s) + 2MgO(s) = SiO_2(s) + 2Mg(g)$$

$$2Al(s) + 3MgO(s) = Al_2O_3(s) + 3Mg(g)$$

但是，Al 还原 MgO 的温度高于 1600℃。在一般工业炉中，难以达到 Al 还原 MgO、Si 还原 MgO 和 CaO 所需的温度。这使人们不得不思考如何降低体系的还原温度。

实际上图 5-22 中的最低还原温度 $T_r$ 是受 $T_b$ 影响的。众所周知，物质的沸点随系统压力的降低而降低。系统压力降低时，温度高于 $T_b$ 的 $\Delta_f G^* \text{-} T$ 线会随着 $T_b$ 左移，因此 $T_r$ 也会随着降低，如图 5-23 所示。因此，在高温下金属化合物的还原产物为挥发性的金属时，降低系统压强，降低了还原产物——金属蒸气的分压，有利于还原反应的进行。另外，对于真空还原反应，还原剂和被还原金属生成化合物的标准吉布斯自由能间的差值越大，真空还原反应越容易进行。

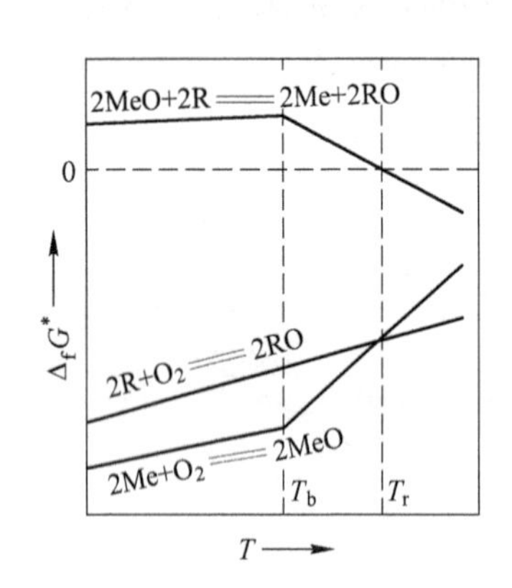


图 5-22 有相变的生成氧化物的 $\Delta_f G^* \text{-} T$ 图（示意图）

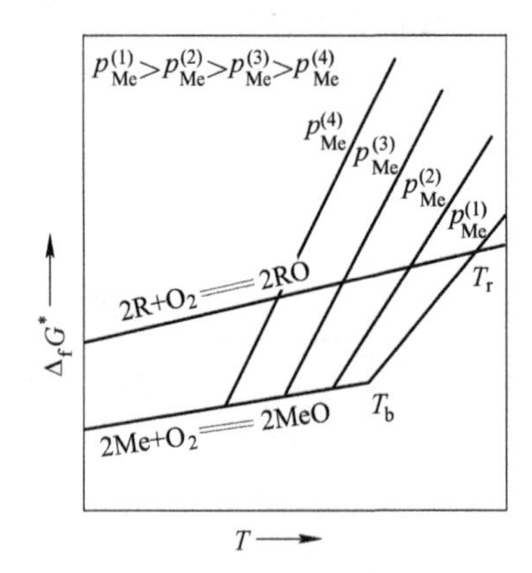


图 5-23 系统压力对氧化物 $\Delta_f G^* \text{-} T$ 的影响（示意图）

## 5.7 选择性还原

自然界中的金属化合物很少以纯态存在，虽然经过一系列的矿石处理可以获取纯度较高的化合物，但从经济角度出发必须面对含有杂质（提取金属元素化合物以外的其他化合物）或多种有用金属复合矿的提取冶金问题。如我国攀枝花钒钛磁铁矿和包头稀土铁矿的提取冶金问题等。

根据氧化物标准生成自由能变化 $\Delta_f G^* \text{-} T$ 关系图，可以看出在约 685℃以上，C 可还原 FeO。由于 $Cu_2O$、PbO 等的还原温度均远低于 685℃，所以它们将先于 FeO 还原。对含 $Cu_2O$、PbO 等氧化物的铁矿还原结果将获得合金而非纯金属。实际生产过程温度可能远高于此值，如炼铁过程为了保证炉渣和金属的顺利分离和排出，炉缸温度可达 1500℃以上，使其他氧化物的还原进一步加剧。

对在 $\Delta_f G^* \text{-} T$ 关系图中，$\Delta_f G^*$ 差别较大的金属，还原过程不易调控，如矿石中 Cu、Pb 等将全部还原进入铁水，而 $Al_2O_3$ 则很少还原。对 $\Delta_f G^*$ 差别较小的元素，工艺过程参数可能直接影响到还原过程的实际进程，如高炉冶炼过程随碱度降低，炉缸温度升高，$SiO_2$ 还原量增大，这时可以通过调整工艺过程、参数（温度、压力、活度等）实现选择性还原。

当还原产物以气相等存在时，可使选择性还原更容易。虽然过程控制可以抑制部分杂质的还原，但多数情况下获得合金中仍含有其他杂质元素或有用元素，必须采用其他方法进一步分离。

## 复习思考题

5-1 高炉内炉料可划分为哪几个区域，主要反应是什么，有何特征？

5-2 什么是氧化物的直接还原和间接还原？

5-3 高温时有固体 C 存在时的还原反应和低温时有何异同？

5-4 炉渣中氧化物的还原机制是什么？

5-5 真空还原的原理是什么？

5-6 什么是选择性还原，什么是金属热还原？

# 6 氧化过程

氧化-还原反应始终伴随着火法冶金过程。例如有色金属冶炼中锍的吹炼、硫化物的氧化焙烧、粗金属的精炼，以及炼钢中的脱碳、脱磷、脱硅锰的氧化等。本章以炼钢过程涉及的反应为例，介绍氧化剂的种类及氧化方式，分析 C、Si、Mn、P 等的氧化反应特点，并对炼钢氧化过程后续的脱氧反应、钢液中气体的溶解与去除进行简单讨论，对典型的选择性氧化过程——不锈钢的选择性氧化及炉外精炼进行分析。钢液中的 S 虽然不是靠氧化脱除的，但是为了全面把握钢中杂质的脱除方法，也将钢液中的脱硫反应列入本章。

扫一扫
查看课件 14

## 6.1 杂质氧化概述

### 6.1.1 杂质的来源

杂质氧化概述

在了解杂质氧化机制之前，有必要了解一下铁液中杂质的来源。铁液中的杂质主要包括 C、Si、Mn、S 和 P 等。这些杂质的来源各异，但是却都是在生铁的冶炼过程中引入的。

对于铁液中的 C 杂质主要来源于焦炭，因为高炉炼铁过程中被还原的铁液要经过“死料柱”焦炭固定层。铁液通过焦炭的疏松空隙时发生 C 的溶解反应，致使生铁中的含 C 量很高。

对于铁液中的 Si 杂质，主要来源于炉渣和炉料中 $SiO_2$ 被 C 还原，包括被焦炭和铁液溶解 C 的还原，涉及多个反应。

滴落带的渣铁反应： $(SiO_2) + 2[C] = [Si] + 2CO$

停滞区的渣焦反应： $(SiO_2) + 2C = [Si] + 2CO$

气相 SiO 还原反应： $SiO_2 + C = SiO(g) + CO$

$$SiO(g) + [C] = [Si] + CO$$

对于铁液中的 Mn 杂质，主要来源于锰氧化物的还原。锰氧化物还原是逐级进行的：$MnO_2 \rightarrow Mn_2O_3 \rightarrow Mn_3O_4 \rightarrow MnO \rightarrow Mn$。间接还原得到 MnO，直接还原得到 Mn；Mn 溶于铁液中有助于 MnO 的还原；CaO 可促进 $MnSiO_3$ 的还原。

对于铁液中的 S 杂质，主要来源于黄铁矿（$FeS_2$）、石膏石（$CaSO_4$）、烧结矿/球团矿（酸性 $FeS_2$ 与自熔性 CaS）和焦炭（有机硫、硫化物和硫酸盐）。硫化物的燃烧产物可被 CaO、FeO 和 Fe 吸收。被铁液吸收的 S，就是铁液中杂质 S 的主要来源途径，而硫化物的燃烧产物主要来自焦炭的燃烧反应。所以，铁液中 S 的来源应主要是焦炭。

对于铁液中的 P 杂质，主要来源于含 P 矿物如蓝铁矿 $[(FeO)_3 \cdot P_2O_5] \cdot 8H_2O$ 和磷酸钙 $(CaO)_3 \cdot P_2O_5$的还原，例如：

$$(CaO)_3 \cdot P_2O_5 + 5C = 3CaO + 2P + 5CO$$

还原出来的 P 与 Fe 结合生成 $Fe_3P$ 和 $Fe_2P$ 等化合物，Fe 的存在有利于 P 的还原。

### 6.1.2 杂质的氧化反应机制

杂质的氧化机制有如下三个，并以后两个为主。

（1）[A] 与空气中的 $O_2$ 直接反应：

$$[A] + 0.5O_2 = AO$$

AO 为独立的固相或溶于熔渣中。这种反应机制的概率很小。

（2）主金属 Me 首先被氧化成 MeO，MeO（包括人工加入的 MeO）进而与杂质 [A] 反应（或进入熔渣后与杂质反应）：

$$[A] + (MeO) = (AO) + Me$$

（3）MeO 扩散溶解于主金属中并建立平衡，而溶解 [O] 再将 [A] 氧化：

$$(MeO) = Me + [O]$$

$$+)\quad [A] + [O] = (AO)$$

$$[A] + (MeO) = (AO) + Me$$

### 6.1.3 溶液氧势图

在氧化精炼条件下，杂质元素及氧都是作为溶质处于主金属的熔体（溶液）中；在研究熔体（溶液）中的化学反应时，其溶质的标准态不一定采用纯物质；为研究熔体中化学反应的热力学，须计算在指定标准状态下溶质氧化反应的标准吉布斯自由能变化 $\Delta_f G^{\ominus}$：

$$[A] + [O] = AO$$

式中，[A] 和 [O] 分别为金属熔体中的 A 元素和 O 元素。$\Delta_f G^{\ominus}$与主金属熔体（溶剂）的种类以及所采用的标准态有关。

在氧化精炼的条件下，杂质和氧作为溶质处于主体金属中，且浓度很低。根据杂质的氧化机制（2）和（3），Me 溶于 Fe 液，MeO 溶于熔渣，这两种机制都是处理液相之间反应的。为了便于处理溶液间反应热力学问题，人们提出了一个新的热力学标准态——以符合亨利定律、质量浓度为 1%的溶液为标准状态。假定元素 A 与 2mol [O] 反应生成纯物质 $AO_n$，该反应的标准吉布斯自由能变化（$\Delta_f G^{\ominus}$）与温度（$T$）的关系图，称为“溶液氧势图”，如图 6-1 所示。

铁液中 $\Delta_f G^{\ominus}$与 $\Delta_f G^*$ 数值上有很大差异，但二者存在着相类似的规律性，各元素的顺序也大体相同。在给定的标准状态下，$\Delta_f G^{\ominus}$-$T$ 线位于主金属氧化物的 $\Delta_f G^{\ominus}$-$T$ 线以下的元素，都能被主金属氧化物氧化。如铁液中的杂质 Al、Ti、Mn、Si 等。在生成的氧化物均为纯物质（活度为 1）的情况下，铁液中 $\Delta_f G^{\ominus}$-$T$ 线位置越低的元素越易被氧化除去；标准状态下，$\Delta_f G^{\ominus}$-$T$ 线位于主金属氧化物 $\Delta_f G^{\ominus}$-$T$ 线以上的元素在氧化精炼时将不能除去，如钢液中 Cu、Ni、W、Mo 等合金元素不会氧化。实践中可采取措施改变反应物或生成物的活度，提高除杂效果。

另外，$\Delta_f G^{\ominus}$-$T$ 图中某些线发生交叉，意味着交点前后其氧化顺序发生变化，例如当温度超过 1514K 时，C 比 Cr 优先氧化，利用这一原理工业上进行去碳保铬处理。

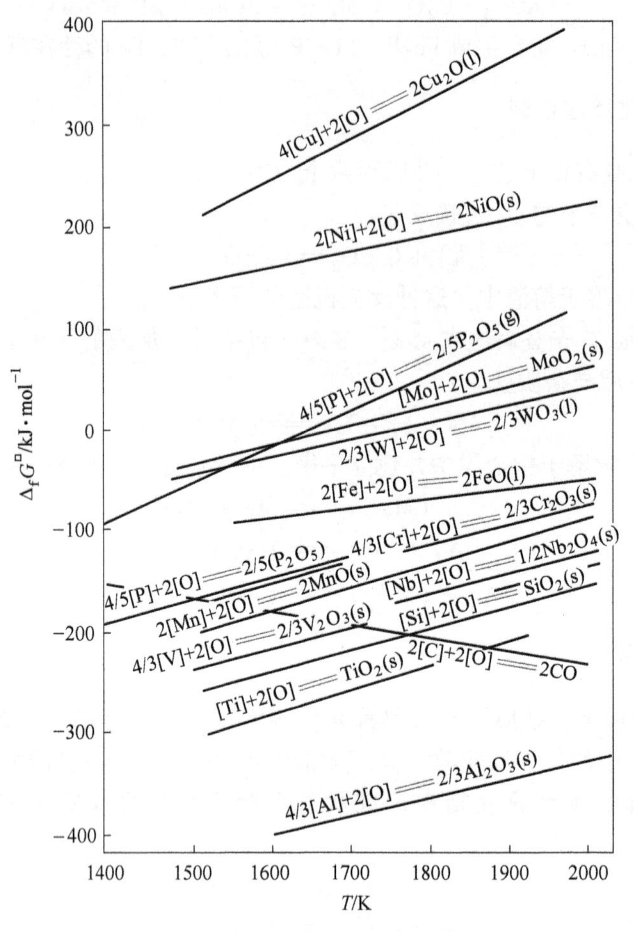


图 6-1　溶液的氧势图

## 6.2 脱碳反应

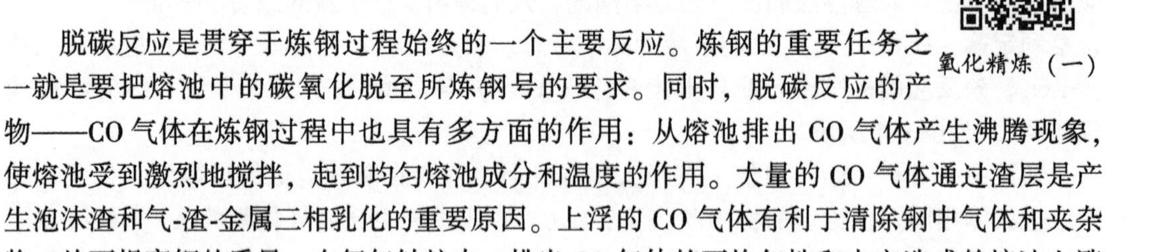


脱碳反应是贯穿于炼钢过程始终的一个主要反应。炼钢的重要任务之一就是要把熔池中的碳氧化脱至所炼钢号的要求。同时，脱碳反应的产物——CO 气体在炼钢过程中也具有多方面的作用：从熔池排出 CO 气体产生沸腾现象，使熔池受到激烈地搅拌，起到均匀熔池成分和温度的作用。大量的 CO 气体通过渣层是产生泡沫渣和气-渣-金属三相乳化的重要原因。上浮的 CO 气体有利于清除钢中气体和夹杂物，从而提高钢的质量。在氧气转炉中，排出 CO 气体的不均匀性和由它造成的熔池上涨往往是产生喷溅的主要原因。

了解脱碳反应的热力学条件，有助于更好地控制炼钢工艺参数。在氧气炼钢过程中，一部分 C 可在反应区同 $O_2$ 气体接触而受到氧化，反应式为：

$$2[C] + O_2 = 2CO \tag{6-1}$$

同时，另一部分 C 可与金属中溶解的［O］发生反应而氧化去除，反应式如下：

$$[C] + [O] = CO \tag{6-2}$$

$$[C]+2[O]=CO_2 \tag{6-3}$$

在通常的熔池中，C 大多是按式（6-2）发生反应的，即熔池中 C 的氧化产物绝大多数是 CO 而不是 $CO_2$。

根据反应式（6-2），其平衡常数表达式可写为：

$$K_p^{\ominus}=\frac{p_{CO}/p^{\ominus}}{w_{[C]}\cdot f_{[C]}\cdot w_{[O]}\cdot f_{[O]}} \tag{6-4}$$

式中，$w_{[C]}$和$w_{[O]}$分别为铁液中 C 和 O 的质量百分浓度；$f_{[C]}$和$f_{[O]}$为活度系数。由式（6-4）整理可得：

$$w_{[C]}\cdot w_{[O]}=\frac{p_{CO}/p^{\ominus}}{K_p^{\ominus}\cdot f_{[C]}\cdot f_{[O]}} \tag{6-5}$$

对于稀溶液而言，$f_{[C]}$和$f_{[O]}$可以认为是 1。CO 沸腾时的气泡压力 $p_{CO}$可以近似地认为是大气压力（或常数），而温度一定时平衡常数 $K_p^{\ominus}$ 是确定的，那么 $w_{[C]}$和 $w_{[O]}$的乘积值也是确定的，它具有化学反应平衡常数的性质，在一定温度和压力下应是一个常数，而与反应物和生成物的浓度无关。铁液中碳氧浓度积的表达式及其定义为：

$$m=w_{[C]}\cdot w_{[O]} \tag{6-6}$$

综上所述，因反应式（6-2）的平衡常数随温度变化不大，所以在炼钢过程的温度范围内，熔池中 $w_{[C]}$和 $w_{[O]}$的乘积 $m$ 为一定值，$w_{[C]}$和 $w_{[O]}$之间具有等边双曲线函数的关系，如图 6-2 实线（曲线 3）所示。图 6-2 中 1 和 2 区分别为与熔渣接触的钢液的氧浓度和熔池内实际氧浓度。1、2 和 3 区（线）的位置不同，是由于动力学因素（扩散反应）造成。图 6-2 中 1 区表面溶解 O 浓度高，经过扩散才能到达 2 区，在扩散的过程中脱去部分 C，所以 2 区的 O 浓度降低。据早期（1931 年）在 1600℃下实验测定的结果，在 $p_{CO}=1\text{atm}$ 时，$m$ 为 0.0025（或为 0.0023）。这是炼钢文献上常用的理论上的 $w_{[C]}$ 和 $w_{[O]}$ 的乘积数值。实际上 $m$ 不是一个常数，据进一步研究，$m$ 值随 $w_{[C]}$的增加而减小。

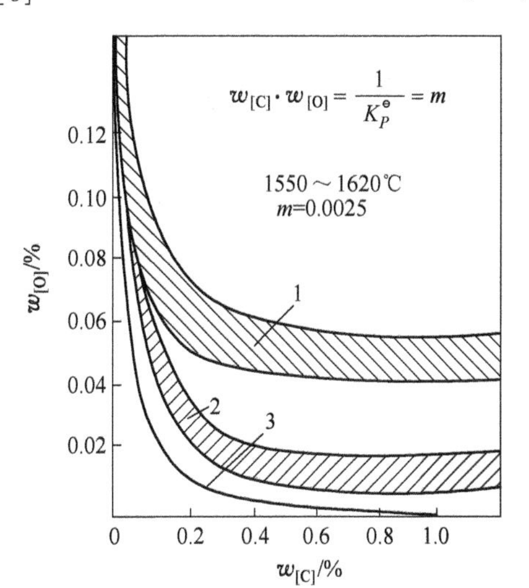


图 6-2　钢铁脱碳过程中 $w_{[C]}\cdot w_{[O]}$的关系

影响脱碳反应的因素可以从热力学方面加以分析。温度对脱碳反应的影响不大；增大 $f_{[C]}$有利于脱碳；增大$f_{[O]}$和［O］有利于脱碳；降低气相中 CO 的分压能使脱碳反应顺利进行。活度系数的大小受温度、介电常数、离子浓度以及化合价数的影响。升高温度，活度系数增大；适当地加入脱碳氧化剂，能提高氧含量，可提高活度系数；碳浓度高，碳的活度系数大，在 C 含量（质量分数）为 0.02%～2%，活度约为 1。杂质对 C 溶解度有影响，Si、P、S 等能降低 C 溶解度；Mn、Cr、V 等能增加 C 溶解度。

实际上 CO 气泡所受到的压力还包括钢液、炉渣和炉气的静压力：

$$p_{CO}=p_g+\rho_m g h_m+\rho_S g h_S+2\sigma_{m-g}/r_g \tag{6-7}$$

式中，$p_g$为炉气压力；$\rho_m$和 $\rho_S$分别为钢和渣的密度；$h_m$和 $h_S$分别为钢和渣层的厚度。故降低钢液的厚度有利于降低 $p_{CO}$，相应地降低钢中碳氧含量。

## 6.3 Si 和 Mn 的氧化

Si 和 Mn 在熔铁中均有无限的溶解度。

Si 可在铁液中形成金属化合物 FeSi，在炼钢温度下 Si 可氧化成为 $SiO_2$。Si 在铁液中形成的溶液不是理想溶液，对亨利定律有很大的负偏离，$f_{[Si]}$ 也受铁液中其他元素的影响。在碱性渣中 $a_{SiO_2}$ 很小，在酸性渣中 $a_{SiO_2} \approx 1$。

Mn 在铁液中溶解时无化学作用，炼钢时可形成 MnO 与 MnS 等化合物。在炼钢温度下，Mn 的蒸气压比 Fe 高得多（相差为十几倍），所以应该注意在氧流作用区的高温下 Mn 蒸发的可能性。Mn 在铁液中形成近似理想溶液，因此可取 $a_{[Mn]}$ 为其浓度值 $w_{[Mn]}$。在碱性渣中 $a_{(MnO)}$ 较高，温度升高后 Mn 可被还原。酸性渣中，$a_{(MnO)}$ 很低，可使 Mn 的氧化较为完全。

### 6.3.1 Si 的氧化

Si 对氧具有很强的亲和力，氧化时放出大量的热，因此在吹氧初期即进行氧化，其反应式如下：

$$[Si] + 2[O] = (SiO_2) \qquad \Delta G^{\ominus} = -139300 + 53.55T$$

随后体系存在过量（FeO），其与[Si]结合成 $Fe_2SiO_4$。随着渣中（CaO）的增加，$Fe_2SiO_4$ 逐渐向 $Ca_2SiO_4$ 转变，因此 Si 在碱性渣下的氧化反应为：

$$[Si] + 2(FeO) + 2(CaO) = (Ca_2SiO_4) + 2[Fe] \tag{6-8}$$

式（6-8）的平衡常数和铁液中 Si 浓度可分别表示为：

$$K_{[Si]} = \frac{a_{(Ca_2SiO_4)}}{a_{[Si]} \cdot a_{(FeO)}^2 \cdot a_{(CaO)}^2}$$

$$w_{[Si]} = \frac{a_{(Ca_2SiO_4)}}{K_{[Si]} \cdot f_{[Si]} \cdot a_{(FeO)}^2 \cdot a_{(CaO)}^2}$$

式中，$w_{[Si]}$ 为铁液中 Si 的质量分数；$f_{[Si]}$ 为铁液中 Si 的活度系数。在炼钢的初期，熔池中 $w_{[C]}$ 高使 $f_{[Si]}$ 增大，在碱性渣下高的 $a_{(FeO)}$ 和 $a_{(CaO)}$ 使 $w_{[Si]}$ 大为降低，所以使 Si 迅速氧化至微量，$SiO_2$ 不会再发生还原反应。

### 6.3.2 Mn 的氧化

Mn 对氧具有很强的亲和力，氧化时放出大量的热，在吹氧初期即进行氧化，其反应式如下：

$$[Mn] + [O] = (MnO) \qquad \Delta G^{\ominus} = -58400 + 25.98T$$

在有过量（FeO）存在时，[Mn]与（FeO）反应生成 MnO，其氧化反应为：

$$[Mn] + (FeO) = (MnO) + [Fe] \tag{6-9}$$

式（6-9）反应的平衡常数和铁液中 Mn 浓度可分别表示为：

$$K_{[Mn]} = \frac{a_{[Fe]} \cdot a_{(MnO)}}{a_{[Mn]} \cdot a_{(FeO)}}$$

$$w_{[\mathrm{Mn}]}=\frac{a_{(\mathrm{MnO})}}{K_{[\mathrm{Mn}]}\cdot f_{[\mathrm{Mn}]}\cdot a_{(\mathrm{FeO})}}=\frac{\gamma_{(\mathrm{MnO})}\cdot w_{(\mathrm{MnO})}}{K_{[\mathrm{Mn}]}\cdot f_{[\mathrm{Mn}]}\cdot \gamma_{(\mathrm{FeO})}\cdot w_{(\mathrm{FeO})}}$$

工程上常用杂质 A 在渣相和金属相中的质量分数比——“分配比”（$L'_{\mathrm{A}}$）来表示杂质的去除效果。

$$L'_{\mathrm{Mn}}=\frac{w_{(\mathrm{MnO})}}{w_{[\mathrm{Mn}]}}=\frac{55}{71}\cdot K_{[\mathrm{Mn}]}\cdot w_{(\mathrm{FeO})}\cdot\frac{f_{[\mathrm{Mn}]}\cdot\gamma_{(\mathrm{FeO})}}{\gamma_{(\mathrm{MnO})}}$$

熔炼初期，由于温度较低，渣中 FeO 含量高，渣碱度低，故 Mn 激烈地氧化。到炼钢中后期，由于熔池的温度升高，渣中 FeO 含量降低，渣碱度升高，Mn 从渣中还原。炉渣碱度越高，熔池的温度越高，回收 Mn 的程度也越高。到吹炼末期，由于渣的氧化性提高，又使 Mn 重新氧化。

## 6.4 脱磷反应

通常认为 P 在铁液中以 $Fe_3P$ 或 $Fe_2P$ 形式存在，它们都只有 1 个 P 原子，从热力学分析的角度，可以看成是 [P]。P 比 Fe 对 O 的亲和势大，在铁中可被氧化：

$$2[\mathrm{P}]+5[\mathrm{O}]=\!=\!=\mathrm{P_2O_5}\ (\mathrm{g})$$

$$2[\mathrm{P}]+5[\mathrm{O}]=\!=\!=\mathrm{P_2O_5}\ (\mathrm{l})$$

$$2[\mathrm{P}]+5[\mathrm{O}]=\!=\!=\mathrm{P_2O_5}$$

热力学分析表明，P 氧化生成气态、液态及溶液状态的可能性非常小，脱磷只能采用形成稳定磷酸盐或 $PO_4^{3-}$ 的形式进行，如：

$$2[\mathrm{P}]+5[\mathrm{FeO}]+3(\mathrm{CaO})=\!=\!=(\mathrm{CaO})_3\cdot\mathrm{P_2O_5}+5[\mathrm{Fe}] \tag{6-10}$$

或

$$2[\mathrm{P}]+5[\mathrm{FeO}]+4(\mathrm{CaO})=\!=\!=(\mathrm{CaO})_4\cdot\mathrm{P_2O_5}+5[\mathrm{Fe}] \tag{6-11}$$

这里按照式（6-11）进行分析。为了分析方便，以分配比 $L'_{\mathrm{P}}=w_{(\mathrm{P_2O_5})}/w^2_{[\mathrm{P}]}$（或 $w_{(\mathrm{P_2O_5})}/w_{[\mathrm{P}]}$、$w_{(\mathrm{P})}/w_{[\mathrm{P}]}$）表示炉渣的脱磷能力：

$$L'_{\mathrm{P}}=w_{(\mathrm{P_2O_5})}/w^2_{[\mathrm{P}]}=K_{[\mathrm{P}]}w^5_{(\mathrm{FeO})}w^4_{(\mathrm{CaO})}f^2_{[\mathrm{P}]}\frac{\gamma^4_{(\mathrm{CaO})}\cdot\gamma^5_{(\mathrm{FeO})}}{\gamma_{(\mathrm{Ca_4P_2O_9})}}$$

可见，欲提高炉渣的脱磷能力必须增大 $K_{[\mathrm{P}]}$、$a_{(\mathrm{FeO})}$、$a_{(\mathrm{CaO})}$、$f^2_{[\mathrm{P}]}$ 和降低 $\gamma_{(\mathrm{Ca_4P_2O_9})}$（即 $Ca_4P_2O_9$ 的活度系数）。因此，影响这些因素的有关工艺参数就是脱磷反应实际的热力学条件，主要涉及温度、碱度、FeO 含量、铁液的组成以及渣量等。

在温度的影响方面，脱磷是强放热反应，降低反应温度将使 $K_{[\mathrm{P}]}$ 增大，由上面分配比 $L'_{\mathrm{P}}$ 表达式可知，较低的熔池温度有利于脱磷。

在碱度的影响方面，因 CaO 是使 $\gamma_{\mathrm{P_2O_5}}$ 降低的主要因素，增加 $w_{(\mathrm{CaO})}$ 达到饱和含量可以增大 $a_{(\mathrm{CaO})}$，可见到增加渣中 CaO 或石灰用量，会使 $w_{(\mathrm{P_2O_5})}$ 提高或使钢中 $w_{[\mathrm{P}]}$ 降低，但 $w_{(\mathrm{CaO})}$ 过高将使炉渣变黏而不利于脱磷。

在 $w_{(\mathrm{FeO})}$ 的影响方面，$w_{(\mathrm{FeO})}$ 对脱磷反应的影响比较复杂，因为它与其他因素有密切的联系。在其他条件一定时，在一定限度内增加 $w_{(\mathrm{FeO})}$ 将使 $L'_{\mathrm{P}}$ 增大，如图 6-3 所示。$w_{(\mathrm{FeO})}$ 还有促进石灰熔化的作用，但如 $w_{(\mathrm{FeO})}$ 过分高时将稀释 $w_{(\mathrm{CaO})}$ 的脱磷作用。因此，考虑$w_{(FeO)}$与炉渣碱度对脱磷的综合影响，碱度在2.5以下，增加碱度对脱磷的影响最大。碱度在2.5~4.0，增加$w_{(FeO)}$对脱磷有利，但过高的$w_{(FeO)}$反而使脱磷能力下降。

在金属成分的影响方面，金属中存在的杂质元素将对$f_{[P]}$起一定的影响，通常在含P的铁液中，增加C、O、N、Si、S等的含量可使$f_{[P]}$增大，增加Cr的含量使$f_{[P]}$减小，Mn和Ni对$f_{[P]}$的影响不大。金属成分的影响主要在炼钢初期有一定的作用，更主要的作用是它们的氧化产物影响炉渣的性质。如铁液中含Si量过高，影响炉渣碱度而不利于脱磷；Mn高使渣中（MnO）增高，有利于化渣而促进脱磷。因$a_{[P]}$随$w_{[P]}$的降低而减小，所以$w_{[P]}$越低时脱磷的效率也越低。

在渣量的影响方面，增加渣量可以在$L'_P$一定时降低$w_{[P]}$，因增加渣量意味着稀释$w_{(P_2O_5)}$的浓度，从而使$Ca_3P_2O_5$也相应地减小，所以多次换渣操作是脱磷的有效措施，但金属和热量的损失很大。

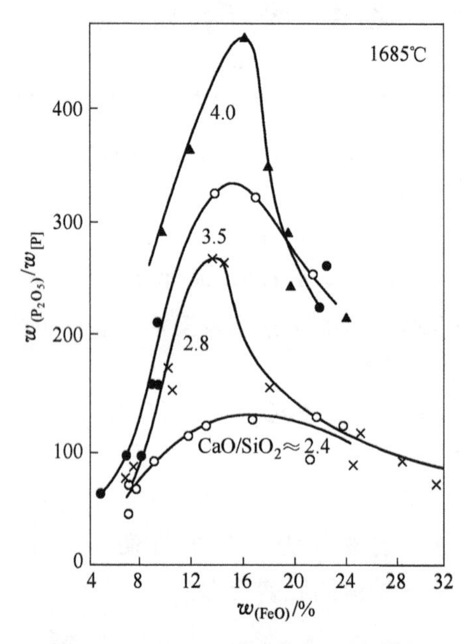


图6-3 （FeO）对磷分配比的影响

## 6.5 脱硫反应

对大多数钢种，S都能促使其加工性能与使用性能变差。一般钢种要求含S（质量分数）不超过0.05%，优质钢种含S（质量分数）≤0.02%~0.03%。理论上当钢中含S（质量分数）达到0.01%~0.015%时就对钢的性能起不利的作用。对超低硫钢的一些钢种，其含S（质量分数）甚至要求在0.01%以下。只有含S的易切削钢，含S（质量分数）可高达0.1%~0.3%。

炼钢使用的金属料和渣料（主要是铁液和石灰，它们在高炉和石灰窑内分别从燃料中吸收了一部分S）带入金属熔池中的S含量一般均高于成品钢的要求。因此，不管炼什么钢种，炼钢过程中总是具有程度不同的脱硫任务。

各种脱硫方法的实质都是将溶解在金属液中的S转变为在金属液中不溶解的相，再进入熔渣或经熔渣再从气相逸出。

根据一些氧气转炉S衡算的结果，在脱硫上起主要作用的是熔渣-金属间的反应，炉渣脱硫约占总脱硫量的90%，经炉气脱硫占10%左右。在其他炼钢方法（电炉、平炉）中也是以熔渣脱硫为主。因此本小节主要分析炼钢渣与金属间的脱硫反应。

前几章介绍熔渣结构模型和冶金熔体化学性质时，曾经提到过铁液脱硫脱磷等内容。早期的熔渣结构分子理论认为碱性炼钢氧化渣与金属间的脱硫反应如下：

$$[FeS] + (CaO) = (CaS) + (FeO)$$

分子理论认为（详见3.4.4节），高温、高碱度、大渣量和低氧化性有利于脱硫。但是，实际上在脱硫过程中（FeO）也起着脱硫的作用，熔渣结构的分子理论无法解释这一现象。为此，人们又根据其他实验依据，提出了熔渣结构的离子理论，并提出了下述的脱硫反应式，现在已得到公认：

$$[S] + (O^{2-}) = (S^{2-}) + [O] \tag{6-12}$$

根据熔体的化学性质可知，脱硫反应过程实际上是电化学反应过程（详见3.4.4节）。电化学反应的示意图详见图3-48。电化学反应的总反应方程式是式（6-12），对应的反应平衡常数和脱硫分配比$L'_S$可写为：

$$K_{[S]} = \frac{a_{(S^{2-})} \cdot a_{[O]}}{a_{[S]} \cdot a_{(O^{2-})}}$$

$$L'_S = \frac{w_{(S)}}{w_{[S]}} = K_{[S]} \frac{a_{(O^{2-})} \cdot f_{[S]}}{a_{[O]} \cdot \gamma_{(S^{2-})}} = K_{[S]} \frac{x_{(O^{2-})} \cdot \gamma_{(O^{2-})} \cdot f_{[S]}}{w_{[O]} \cdot f_{[O]} \cdot \gamma_{(S^{2-})}}$$

这里结合脱硫分配比$L'_S$表达式分析一下影响脱硫的因素。

温度$T$升高，$K_{[S]}$增大，有利脱硫；但是$T$升高，[O]增大，不利于脱硫；二者综合结果，$T$影响不大（高温主要是出于黏度的考虑）。

碱度影响，如图6-4所示，碱度增大，有利于脱硫（高碱）；但碱度过大（超过2.5），渣液黏度增大，不利于扩散，脱硫效果下降。关于黏度的变化，前面分别以熔渣的分子理论和离子理论作了相关“解释”，这里就不再赘述了。

熔渣结构的离子理论认为，熔渣中$O^{2-}$的摩尔分数可以表示为：

$$x_{(O^{2-})} = x_{(CaO)} + x_{(MgO)} + x_{(FeO)} + x_{(MnO)} - (2x_{(SiO_2)} + 5x_{(P_2O_5)})$$

（FeO）含量高，即$x_{(FeO)}$较大，根据上式$O^{2-}$的摩尔分数增大，故纯的（FeO）也具有脱硫的作用。另外，根据（FeO）分解反应平衡：

$$(FeO) = [Fe] + [O] \tag{6-13}$$

针对式（6-13），渣相中（FeO）浓度越低，[O]活度越低。由$L'_S$表达式可知，[O]活度越低脱硫效果越好，即低浓度的（FeO）也越有利脱硫。如图6-5所示，（FeO）浓度小于1的区域（低氧化性）铁液中的S含量也很低。所以，无论（FeO）含量高低，都具有脱硫的作用。当然，$f_{[S]}$与$\gamma_{(S^{2-})}$对脱硫效果也有影响。$f_{[S]}$高脱硫效果好，$\gamma_{(S^{2-})}$低脱硫效果好（高渣量）。

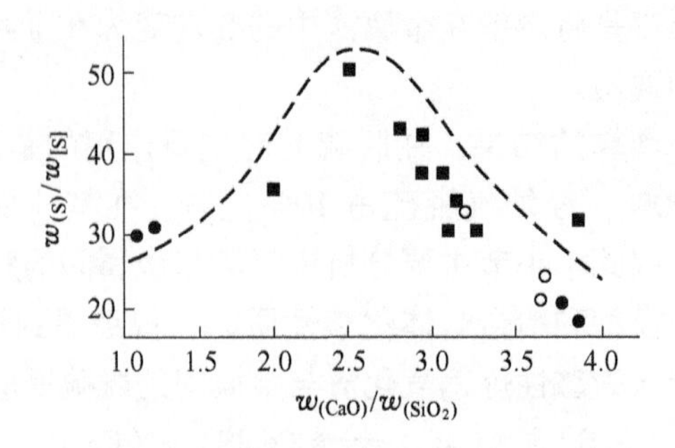


图 6-4　熔渣碱度与硫分配比的关系

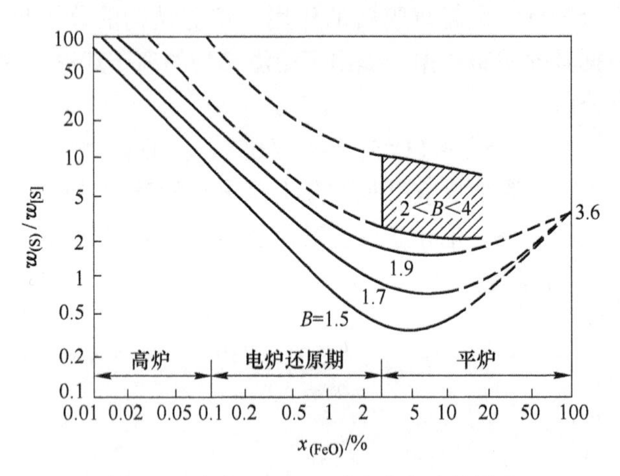


图 6-5　渣中（FeO）对硫分配比的影响

## 6.6　脱氧反应

氧化精炼（二）

在氧化冶炼过程中，随 C 含量的降低，钢液中溶解 O 的含量会不断提高，这些溶解 O 不仅会对后序的合金化造成影响，而且会在钢液冷却与凝固过程发生氧化反应，造成气孔和夹杂。所以氧化冶炼终了必须脱氧。

脱氧的基本方法是在主体金属溶液中使脱氧剂金属与溶解氧结合成氧化物而分离去除，主要有沉淀脱氧、扩散脱氧和真空脱氧。

### 6.6.1　沉淀脱氧

沉淀脱氧是指将脱氧剂 Me 加入钢液中呈［Me］，［Me］再与钢液中［O］作用生成脱氧产物（MeO），能形核长大者可靠其与钢液密度差而上浮到渣中，实现钢液的脱氧。脱氧反应方程式可写为：

$$[\mathrm{Me}]+[\mathrm{O}]=\!=\!=(\mathrm{MeO}) \tag{6-14}$$

脱氧产物为纯物质时，反应式（6-14）的平衡常数为：

$$K=\frac{1}{a_{[\mathrm{Me}]}\cdot a_{[\mathrm{O}]}}=\frac{1}{K_{[\mathrm{Me}]}}$$

式中，$K_{[Me]}=a_{[Me]}a_{[O]}$，称为脱氧常数。对于 Me 和 O 的稀溶液，活度系数$f_{[Me]}$和$f_{[O]}$若取为 1，则

$$w_{[Me]} \cdot w_{[O]} = K_{[Me]}$$
$$\lg w_{[Me]} + \lg w_{[O]} = \lg K_{[Me]}$$

常用脱氧剂在铁液中的质量分数与 O 质量分数关系如图 6-6 所示。

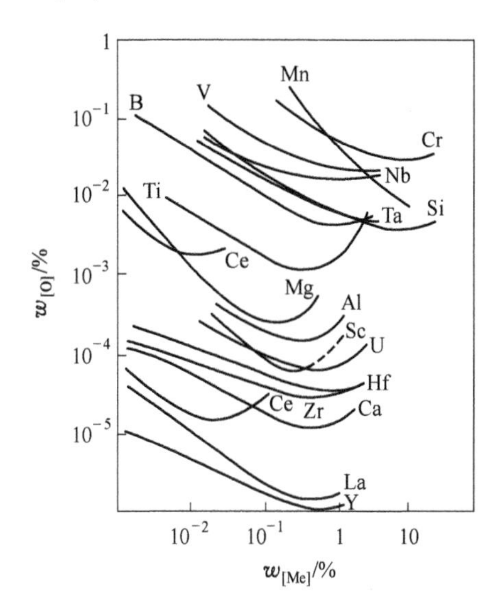


图 6-6　常用的金属脱氧剂

工业生产上，为了提高脱氧的效果，改变脱氧产物组态，广泛采用了复合脱氧方式，并收到了很好的效果。常用的复合脱氧剂有 Si-Mn、Al-Mn-Si 和 Ca-Si-Ba-Al 等。

这类复合脱氧剂脱氧后可以生成熔化温度低的更复杂的复合化合物，易聚集长大而上浮。当其中含 Ca 时，其脱氧能力强于 Al。如 Ca-Al 复合脱氧剂脱氧后形成熔点低（约 1420℃）的化合物 $12CaO \cdot Al_2O_3$，易于上浮。如其部分残留在钢锭中时，因其塑性和韧性均较 $Al_2O_3$ 高，而且呈球形（$Al_2O_3$ 呈多棱形）存在，故不易导致钢材质量下降。

另外，单独用 Mn 脱氧时易形成 MnS，尽管其熔点较高不致造成热脆现象，但 MnS 很软，在轧钢时呈条状分布，将导致横向和纵向力学性能的不均匀，当用 Ca-Mn-Si 复合脱氧剂时可克服上述缺点。

出于经济原因，在选择加入脱氧剂时需要注意：先加入脱氧能力较弱的脱氧剂，然后再加入脱氧能力较强的脱氧剂。

### 6.6.2　扩散脱氧

有渣覆盖时，钢液中氧含量 $w_{[O]}$ 取决于炉渣中 $a_{(FeO)}$ 或 $w_{(FeO)}$ 值的大小，要降低 $w_{[O]}$ 值则必须降低渣中 $a_{(FeO)}$ 或 $w_{(FeO)}$ 值，人们称降低炉渣氧化性使 $w_{[O]}$ 降低的过程为扩散脱氧。扩散脱氧过程可用方程式（6-15）描述：

$$[O] + Fe(l) = (FeO) \tag{6-15}$$

氧在渣和铁液中的分配系数为：

$$L'_O = a_{(FeO)}/w_{[O]}$$

扩散脱氧法的优点是脱氧剂（如 Fe-Si 粉）直接加入渣中使 $a_{(FeO)}$ 降低，不沾污钢；缺点是氧自金属相扩散到渣相，脱氧动力学条件差，脱氧过程时间长。

### 6.6.3　真空脱氧

当钢液中含有 C 或 Si 时，由于碳-氧反应生成气体产物 CO、硅-氧反应生成气体产物 SiO，则此时可用真空方法或气体携带法实现脱氧。真空脱氧的反应方程式如下：

$$[C] + [O] = CO(g)$$
$$[Si] + [O] = SiO(g)$$

## 6.7 去气与去夹杂

### 6.7.1 去气

和O一样，N和H也会对钢造成不利影响，必须在冶金过程尽可能去除。减少钢中气体含量的基本途径有两个：一是减少钢液吸进去的气体；二是增加排出去的气体。

根据西华特定律可以看出，降低气相中$N_2$、$H_2$分压可以降低N、H在金属中的溶解量，这成为气体含量控制的一种主要手段，炼钢过程常用的有真空处理和吹入不参与反应的气体技术（即气泡冶金技术）。

气泡冶金即向金属吹入惰性气体除气。向钢液中吹入的气体必须满足下列两个条件：其一，不参与冶金反应；其二，不溶入（或极小溶入）钢液中。具备上述条件且来源方便的气体有Ar、$N_2$等，称这类气体为惰性气体。

当惰性气体吹入钢液后形成气泡时，其气泡中的$p_{N_2}$或$p_{H_2}$等几乎为零，这样钢液中的N或H，由于浓度差（或压力差）便向气泡中扩散，后随气泡一起上浮而排除。生产中希望吹入少量惰性气体而达到最佳的去气效果，称此吹入量为临界供气量。

另外，所用的携带气体（如Ar或$N_2$）必须注意其纯度，否则不但不能去气，还会出现携气中杂质（如$H_2O$）沾污钢液。

### 6.7.2 去夹杂

钢中的非金属夹杂按来源可以分成外来夹杂和内生夹杂。外来夹杂是指冶炼和浇注过程中，带入钢液中的炉渣和耐火材料以及钢液被大气氧化所形成的氧化物。

内生夹杂包括4个方面：脱氧时的脱氧产物；钢液温度下降时，S、O、N等杂质元素溶解度下降而以非金属夹杂形式出现的生成物；凝固过程中因溶解度降低、偏析而发生反应的产物；固态钢相变溶解度变化生成的产物。钢中大部分内生夹杂是在脱氧和凝固过程中产生的。

由于非金属夹杂对钢的性能会产生严重影响，因此在炼钢、精炼和连铸过程中，应最大限度地降低钢液中夹杂物的含量，控制其形状和尺寸。

在一般炼钢方法中，主要靠碳-氧反应时产生CO气泡的溢出所引起的熔池沸腾来降低钢中的非金属夹杂物。

## 6.8 选择性氧化

氧化精炼（一）

不锈钢去碳保铬是一个典型的选择性氧化问题。为了保证不锈钢具有优良的抗腐蚀性、冷热加工性以及可焊性，不锈钢精炼的核心问题之一是尽量降低其C含量，同时保持合适的Cr含量。C含量（质量分数）一般要求低于0.12%，而超低碳不锈钢其C含量（质量分数）要求低于0.02%。

在不锈钢的冶炼及加工过程中将产生30%~40%废料，为了降低成本，将这些废料作为返回料重新冶炼。为了确保合格的C含量，往往采用吹氧脱碳工艺，但是吹氧却往往伴随着 Cr 大量被氧化，为使 Cr 达到合格含量，要补加价格较高的微碳铬铁，这样又增加了成本。因此，实际生产需要既去碳又保铬的冶炼工艺，需要确定这种工艺措施的热力学条件。为了讨论这一问题，要从分析［C］和［Cr］氧化的热力学条件入手。

图 6-7 是图 6-1（溶液的氧势图）的一部分，该图可用于分析去碳保铬的原理。如图 6-7 所示，［C］和［Cr］氧化的反应线的交点温度大约为 1515K。温度高于 1515K 时，［C］氧化的反应线低于［Cr］氧化的反应线，根据氧化还原反应的优先顺序，［C］应优先在［Cr］之前氧化。所以只要氧化体系的温度控制在高于 1515K，就能够实现“去碳保铬”的目的。

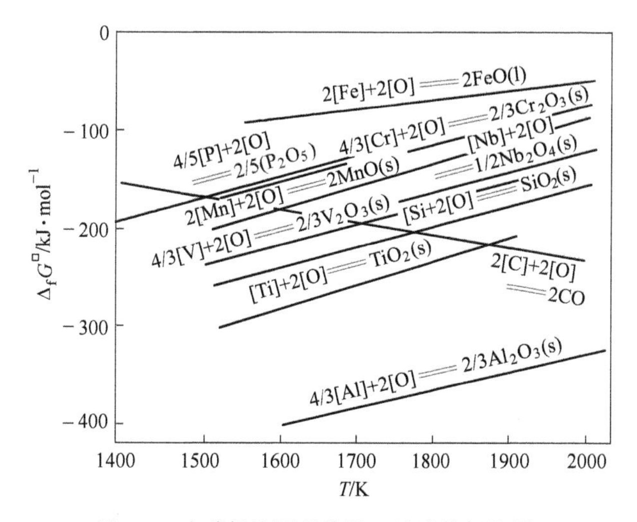


图 6-7　去碳保铬原理分析（溶液的氧势图）

## 6.9 二 次 精 炼

现代炼钢工艺流程主要有“高炉—铁水预处理—转炉—钢水二次精炼—连铸”和“电炉—钢水二次精炼—连铸”。其中铁水预处理与钢水二次精炼可统称为炉外精炼（处理）。炉外精炼是在初炼炉（转炉、电炉）以外的钢包或专用容器中，对金属液（铁水或钢液）进行炉外处理的方法。铁水预处理的主要目的是脱硫、脱硅及同时脱磷脱硫；钢水二次精炼的主要目的是脱碳、脱气（H 和 N）、脱氧、脱硫、去夹杂物、控制夹杂物的形态、调整成分及温度等。采用炉外精炼技术可以提高钢的质量，扩大品种，缩短冶炼时间，提高生产率，调节炼钢炉与连铸的生产节奏，并可降低炼钢成本、提高经济效益。

钢液的二次精炼则是生产洁净钢的主要手段。在传统炼钢炉内生产的钢液只有再经过二次精炼，进一步降低上述杂质元素的量，才能生产出洁净钢来。钢液的二次精炼一般是在盛钢桶内，或备有加热设备的类似盛钢桶的反应器内进行的。它具有比传统的初炼炉更为有利的精炼工艺的特点。例如，控制气氛措施有抽真空，使用惰性气体或还原性气体；对钢液进行搅拌方法有电磁感应、吹入惰性气体以及机械搅拌等；钢液加热方式有电弧加热、埋弧加热、等离子体加热等。所以它不仅利于杂质元素含量的进一步降低，而且使许多在传统初炼炉内完成的精炼操作，都可以部分或全部转移到炉外盛钢桶中进行，起着大大解放初炼炉及提高生产率的重要作用。因此，二次精炼已逐渐成为现代炼钢生产流程中不可缺少的组成环节。

## 复习思考题

6-1 炼钢时杂质氧化有哪几种机制，碳氧浓度积是指什么，硫、磷分配比是指什么？

6-2 试述脱磷、脱硫的热力学条件。

6-3 脱氧机制是什么，脱氧要注意哪些问题？

6-4 去气的方法有哪些，原理是什么？

6-5 选择性氧化的原理是什么？

6-6 什么是“二次精炼”？

# 7 高温分离提纯过程

扫一扫
查看课件 15

前面讲述了还原过程和氧化过程，主要是以钢铁冶炼工艺为背景介绍的，主要针对的是氧化矿的冶炼工艺。除了氧化矿，有许多矿物是以硫化矿形式存在的，它们的冶炼具有特殊性，其冶炼工艺比较复杂，主要原因是不能用碳直接把金属从硫化矿中还原出来。因此，需要对硫化矿采用不同的处理工艺。传统的方法是将硫化矿，比如硫化铅、硫化锌和硫化钼等转化为氧化物，然后再进行还原。但对于某些特殊的金属硫化矿，如硫化铜矿和硫化镍矿等，则常常采用焙烧、熔炼和吹炼的方法获得粗金属。此外，氧化矿的处理方法也不仅仅是只能采用还原的方法来处理，还有其他方法，如氯化冶金、硫化处理等。因此，本章主要介绍钢铁冶炼原理之外的高温分离提纯（或提取）过程，介绍这些过程涉及的原理与工艺。

## 7.1 硫化物的焙烧

硫化物的焙烧

### 7.1.1 焙烧的概念和分类

硫化物的冶炼都要经过一个焙烧的过程。硫化物的焙烧属于硫化物在高温下发生的反应。因此在介绍焙烧之前，首先需要了解一下硫化物在高温之下可能会发生哪些化学反应。

氧化焙烧 $2MeS + 3O_2 = 2MeO + 2SO_2$，例如硫化铅矿的氧化焙烧。

直接脱硫 $MeS + O_2 = Me + SO_2$，例如硫化汞矿的还原焙烧。

造锍熔炼 $MeS + Me'O = MeO + Me'S$，例如硫化亚铁和氧化亚铜的反应。

间接脱硫 $MeS + 2MeO = 3Me + SO_2$，例如硫化亚铜和氧化亚铜的反应。

硫化反应 $MeS + Me' = Me'S + Me$，例如粗铅的除铜反应。

在上述这些反应中，就有焙烧反应。焙烧是指在一定气氛中将矿石（精矿和冶炼伴生物）加热至低于它们熔化温度的某一温度，发生氧化、还原或其他物理化学变化的过程。常见焙烧反应有 3 个，第一个是氧化焙烧，将金属硫化物转化为金属氧化物，反应通式如式（7-1）所示。第二个是硫酸化焙烧，将氧化焙烧产物转化为金属硫酸盐，反应通式如式（7-2）所示。第三个是还原焙烧，直接获得金属。其中还原焙烧较少见，常见的是氧化焙烧和硫酸化焙烧。硫化物氧化究竟是生成氧化物还是生成硫酸盐，是与气氛中 $SO_2$分压和 $O_2$分压相关的。因此，硫化物氧化最重要的反应有 3 个：

$$MeS + 3/2O_2 = MeO + SO_2 \tag{7-1}$$

$$2MeO + 2SO_2 + O_2 = 2MeSO_4 \tag{7-2}$$

$$SO_2 + 1/2O_2 = SO_3 \tag{7-3}$$

对所有 MeS 而言，式（7-1）反应进行的趋势取决于温度和气相组成，是不可逆的，并且反应时放出大量的热。式（7-2）和式（7-3）反应是可逆的放热反应，在低温下有利于反应向右进行。

另外，生成的 MeO 还有可能与 $Fe_2O_3$ 反应，形成铁酸盐型化合物：

$$MeO + Fe_2O_3 = MeO \cdot Fe_2O_3 \qquad (7\text{-}4)$$

### 7.1.2 Me-S-O 三元系常用平衡状态图

焙烧反应发生在 Me-S-O 三元系中，根据相律，在 Me-S-O 三元系中，$f=3-\Phi+2=5-\Phi$，最多有 5 个相平衡共存，即 4 个凝聚相和 1 个气相共存。如果温度 $T$ 固定，那么最多只有 3 个凝聚相和 1 个气相平衡共存，其自由度 $f=3-4+1=0$，这意味着体系状态固定在特定条件下的一个点上。如果在该体系中，只有一个凝聚相和一个气相平衡时，$f=3$，那么便要用 2 个组分分压和温度——3 个变量的三维图来表示它们的热力学平衡关系。由于三维图表示较为复杂，人们更倾向于使用恒温图和恒压图来表示系统平衡状态。对于一个在恒温下的三元系便可用气相中两组分的分压来表示，常用 $\lg p_{SO_2}$-$\lg p_{O_2}$ 或 $\lg p_{S_2}$-$\lg p_{O_2}$ 图。对于一个在恒压下的三元系，可用 $\lg p_{O_2}$-$1/T$ 图来表示。这些热力学平衡图的绘制方法与前面的电位-pH 图方法一致，遵循共同的规律，分析方法相似。

图 7-1 是典型的金属硫化物恒温图。图中竖直线（4）和（7）只与 $\lg p_{O_2}$ 有关，对应 Me 和 MeS 的氧化反应。图中斜线是与 $\lg p_{SO_2}$ 和 $\lg p_{O_2}$ 的变化有关的反应。图左上方的斜线（1），对应的是单质 S 蒸气和 $O_2$ 反应生成 $SO_2$。图中右上角的斜线（2），对应的是 $SO_2$ 和 $O_2$ 反应生成 $SO_3$。这两个反应都是气相反应，在金属硫化物焙烧中，主要影响气相的组成。图中Ⅰ、Ⅱ、Ⅲ和Ⅳ分别为金属硫化物（MeS）、金属（Me）、金属氧化物（MeO）和金属硫酸盐（$MeSO_4$）的稳定区，在两稳定区间的分界线上则两种物质平衡共存。上述区域对应于不同的焙烧过程，Ⅱ区对应于还原性焙烧，主要目的是获得金属。Ⅲ区是氧化性焙烧区，目的是将金属硫化物转化为金属氧化物。Ⅳ区对应于硫酸化焙烧，目的是将金属硫化物转化为金属硫酸盐。（1）线处在Ⅰ区域，它对应于主体金属硫化物分解产生 S 蒸气，然后 S 再与 $O_2$ 反应生成 $SO_2$。（2）线处在Ⅳ区域，说明硫酸化焙烧时，体系中需要大量的 $SO_2$ 和 $O_2$，使 MeS 转化为 $MeSO_4$。还原性焙烧时对 $O_2$ 和 $SO_2$ 的要求较低，而氧化性焙烧时则较高，硫酸化焙烧在高的 $SO_2$ 分压和高的 $O_2$ 分压下才能够进行。

图 7-2 是 Cu-S-O 的恒温图，与图 7-1 的不同之处在于多了几个化合物，特别是 CuO 与 $CuSO_4$ 形成的稳定化合物。

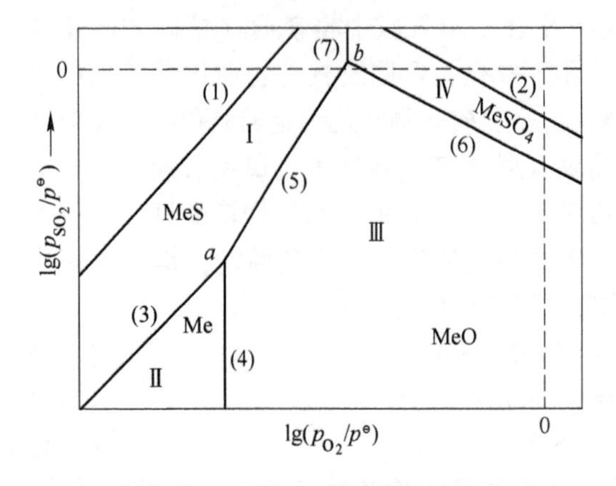


图 7-1 Me-S-O 系等温平衡图

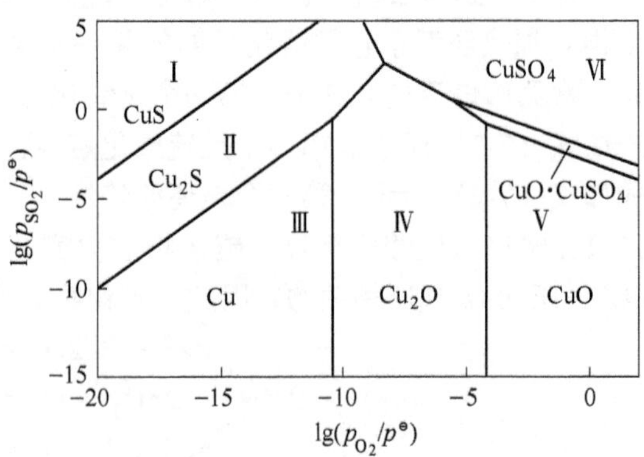


图 7-2 Cu-S-O 系等温平衡图（700℃）

图 7-3 是具有代表性的恒压图。图中实线 $p_{SO_2}$为 $10^5$Pa，虚线 $p_{SO_2}$为 $10^4$Pa。通过该图可从热力学角度掌握 $T$ 和 $O_2$分压对焙烧过程的影响，探讨为实现给定的焙烧目的应控制的 $T$ 和 $O_2$分压条件。例如，从（3）与（4）线的走向及 Me 稳定区的范围可知，提高 $T$ 和降低 $O_2$分压则 Me 的稳定区扩大，对制取单质 Me 有利，而适当降低 $T$ 对制取 $MeSO_4$ 有利。

对于复合硫化矿，比如含有 Fe、Cu 和 S 等情况比较复杂，需要根据条件采取简单或严格的热力学分析来选取合适的焙烧条件。简单的处理方法，是将 Fe-S-O 和 Cu-S-O 两个热力学恒温图相叠加，如图 7-4 所示，分别找氧化焙烧和硫酸化焙烧“交集”的区域，对应的就可以确定出焙烧的热力学参数。

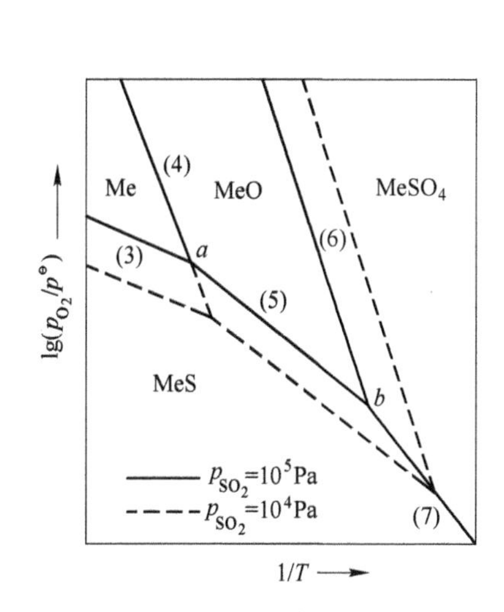


图 7-3　Me-S-O 系恒压平衡图

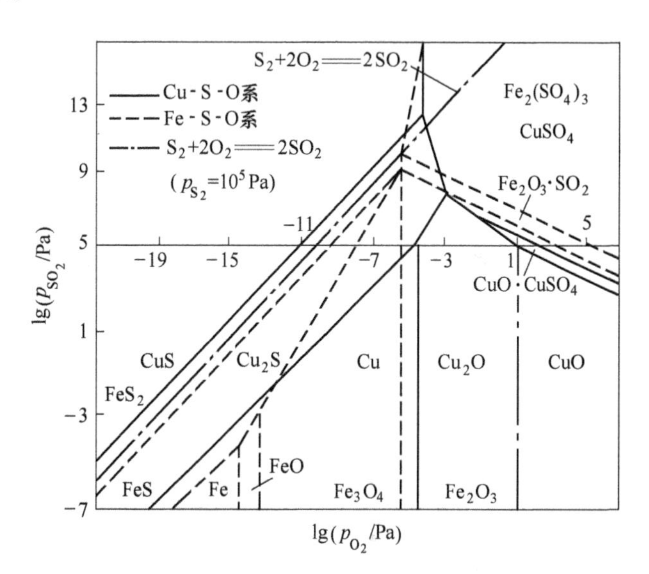


图 7-4　Me-S-O 系叠加等温平衡图

显然，Me-S-O 和 Fe-S-O 三元系平衡状态图及其叠加应用，只能用来比较多元体系中各分系相应相的稳定性，而不能用来说明各分系相互作用后所产生的新相及其稳定性。为了从理论上阐明这一重要的实际问题，就必须研究焙烧过程中 Me-Fe-S-O 四元系平衡图。

根据相律，Me-Fe-S-O 四元系独立组分数是 4，最多可能有 6 相共存。当外压固定时，最多则有 5 个相共存。同样地，也可以用二维图形来表示其相平衡关系。若有 1 个气相，压力固定，则 $f=4$。若选取 $T$ 和 $SO_3$分压为坐标轴（自由度），则还剩下 2 个自由度，因此用二维恒压图表示系统时，直线表示 3 个凝聚相和 1 个气相平衡；面表示 2 个凝聚相和 1 个气相平衡；点表示 4 个凝聚相和 1 个气相平衡。

图 7-5 是 Zn-Fe-S-O 系的 $\lg p_{SO_3}$-$1/T$ 图。图中各稳定区间的分界线是一条表示有 3 个凝聚相和 1 个气相平衡时的直线，为一变系（自由度为 1）。而各面区为二变系，表示 2 个凝聚相存在的稳定区。各交点所表示的体系，其平衡分压 $p_{SO_3}$和 $T$ 分别都有一组定值，这些点所表示的体系称为零变系。

各面区所对应的各种焙烧条件及其产物为：全硫酸化焙烧，$ZnSO_4$-$Fe_2(SO_4)_3$ 或

$ZnSO_4$-$Fe_2(SO_4)_3$ 面区；选择硫酸化焙烧，$ZnSO_4$-$Fe_2O_3$ 面区；部分硫酸化焙烧，$ZnSO_4$-$ZnFe_2O_4$ 或 $ZnO \cdot 2ZnSO_4$-$ZnFe_2O_4$ 面区；全氧化焙烧，ZnO-$ZnFe_2O_4$ 面区；部分氧化焙烧，ZnS-$ZnFe_2O_4$ 面区；选择氧化焙烧，ZnS-$Fe_2O_3$ 或 ZnS-$Fe_3O_4$ 面区；离解焙烧，ZnS-FeS 面区。因此，研究 Me-Fe-S-O 系可为现行各种焙烧方法提供选择最佳条件的依据。

为了比较金属硫酸盐的稳定性，人们仿照氧势图绘制出了金属氧化物硫酸化焙烧反应的标准吉布斯自由能变化与温度的关系图，如图 7-6 所示。

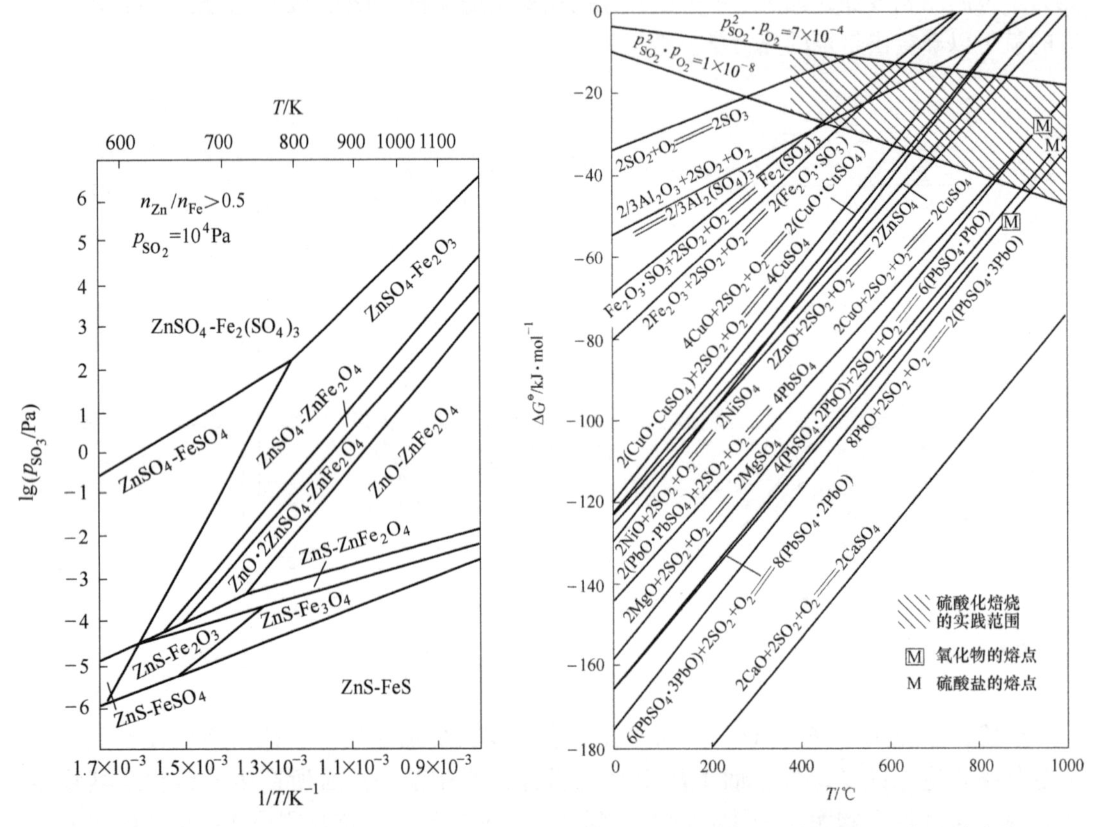


图 7-5 Zn-Fe-S-O 系恒压平衡图

图 7-6 金属氧化物硫酸化反应标准吉布斯自由能变化-温度图

需要注意的是，标准吉布斯自由能变化是氧化物与 1mol $O_2$ 完全反应时对应的“$\Delta_f G^*$”，也可以理解为是氧化物与两个“$SO_3$”分子反应对应的“$\Delta_f G^*$”。图 7-6 中最上面的 2 条斜向右下的线，相当于氧势图中的 $O_2$ 的氧势线，是 $p_{SO_2}^2 \cdot p_{O_2}$ 的积，当温度趋于绝对零度时，也是交于 O′点（图中未示出，相当于氧势图中的 O′）。与氧势图相类似，位置较低的“线”所对应的 $MeSO_4$ 稳定。由图可以容易得出能够生成金属硫酸盐的温度及气相组成范围，并可直观地看出几乎所有硫酸盐的生成趋势随温度升高而减弱，离解趋势加大。阴影区域就是实际硫酸化焙烧的作业范围。温度低于 600K 时，硫酸化焙烧的反应速率很小。

# 7.2 造锍熔炼

造锍与吹炼

## 7.2.1 造锍熔炼设备

了解造锍熔炼相关设备，有助于学习并掌握造锍熔炼的基本原理与工艺。本节将介绍造锍熔炼的主要设备——反射炉和鼓风炉。

反射炉一般是指有色金属熔炼用的反射炉，是一种室式火焰炉。炉内传热方式不仅是靠火焰的反射，而更主要的是借助炉顶、炉壁和炽热气体的辐射传热。就其传热方式而言，很多炉型（如加热炉、平炉等）都可归入反射炉。

图 7-7 为反射炉的立体结构图，该图同时也说明了造锍熔炼的工艺流程。在反射炉上部有两排加料机构，精矿和焙砂由此加入。在加料机的端部有燃料上料机构，在反射炉的端口有进风系统和熔渣上料机构。燃料和空气在燃烧器中反应，放出的热量维持熔炼温度。燃烧的尾气炉气排放至余热锅炉，熔渣由运渣车输运至渣料存放场地，成品冰铜则由反射炉的底部排出。

图 7-8 是某型号反射炉主体的结构图（均为截面图）。图 7-9 是鼓风炉的结构示意图，与高炉相似。图 7-10 是鼓风炉内炉料的状态示意图。

熔炼炉温度是靠燃料燃烧提供热量维持的。在高温下燃烧需要氧，原料也要发生氧化反应；原料在高温下还要发生分解反应，因此锍的形成大体分为造渣和造锍两个过程。以铜锍熔炼为例，造渣时：一部分 FeS 氧化形成 FeO，然后 FeO 与饱和的 $SiO_2$ 反应形成炉渣；另一部分 FeS 与 $Cu_2S$ 形成铜锍。后续章节将会详细介绍造锍熔炼的热力学基本原理。

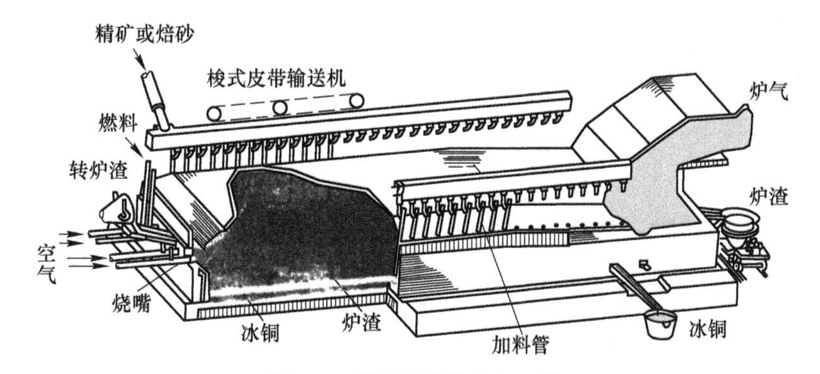


图 7-7 反射炉的结构与工艺

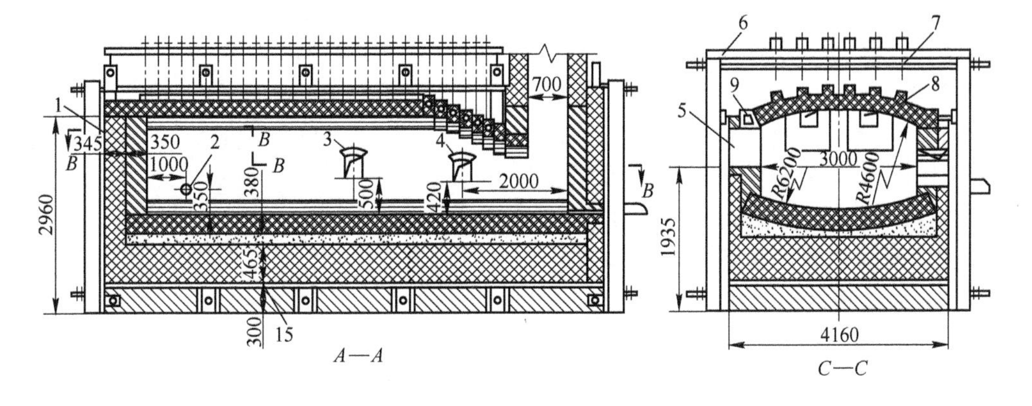

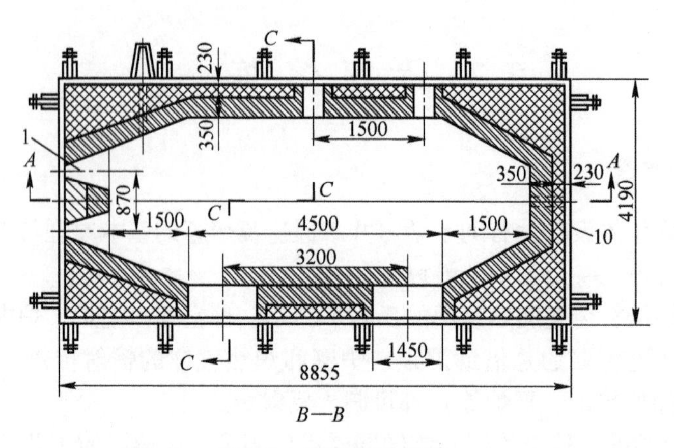


图 7-8 反射炉的结构

1—燃烧器前室；2—浇模口；3—吹风口；4—扒渣口；5—加料口；6—吊顶梁；7—吊链；8—筋砖；9—水冷梁；10—放铜

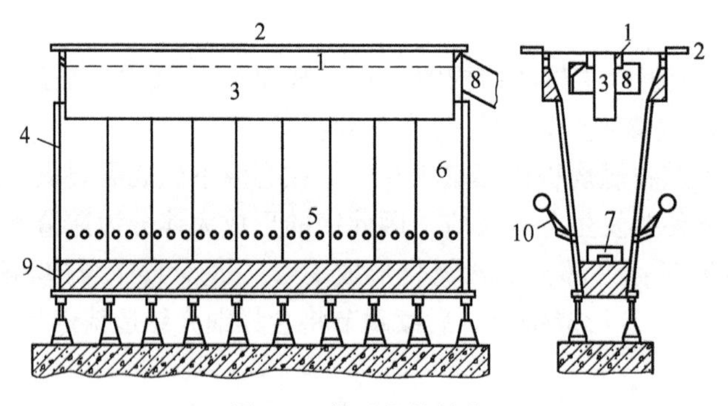


图 7-9 鼓风炉的结构

1—水套梁；2—顶水套；3—加料斗；4—端水套；5—风口；6—侧水套；7—山形；8—烟道；9—咽喉；10—风管

## 7.2.2 硫化矿的造锍熔炼

工业上用硫化矿生产粗金属，一般都是采用硫化物氧化过程来实现的。用硫化矿火法冶金提取粗金属时，由于矿石品位较低，需要先经过在高温下的富集熔炼，使金属与一部分铁及其他脉石等分离。富集过程机理是利用 MeS 与含 $SiO_2$ 的炉渣不互溶及密度差别的特性而使其分离。较为准确的表述，富集过程是基于许多 MeS 能与 FeS 形成低熔化温度的共熔体，在液态时能完全互溶并能溶解一些 MeO，但与炉渣不互溶，共熔体和熔渣因密度差大而能很好地分离。

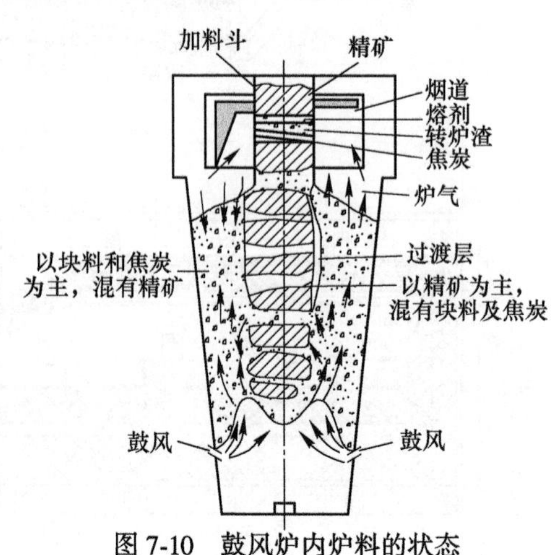


图 7-10 鼓风炉内炉料的状态

将硫化物精矿、部分氧化焙烧的焙砂、

返料及适量熔剂等物料，在一定温度下进行熔炼，产出两种互不相溶的液相——熔锍和熔渣，这种熔炼过程称为造锍熔炼。

这种 MeS 和 FeS 的共熔体在工业上一般称为冰铜（铜锍）。

#### 7.2.2.1 金属硫化物的氧势图

这里结合金属硫化物的氧势图来分析铜锍的熔炼原理。图 7-11 是某些金属硫化物的氧势图，它是由金属的氧势图和硫势图转化过来的，分析方法与氧势图相同。需要注意的仍是，图 7-11 中标准吉布斯自由能变化对应的是硫化物与 1mol $O_2$的完全反应。

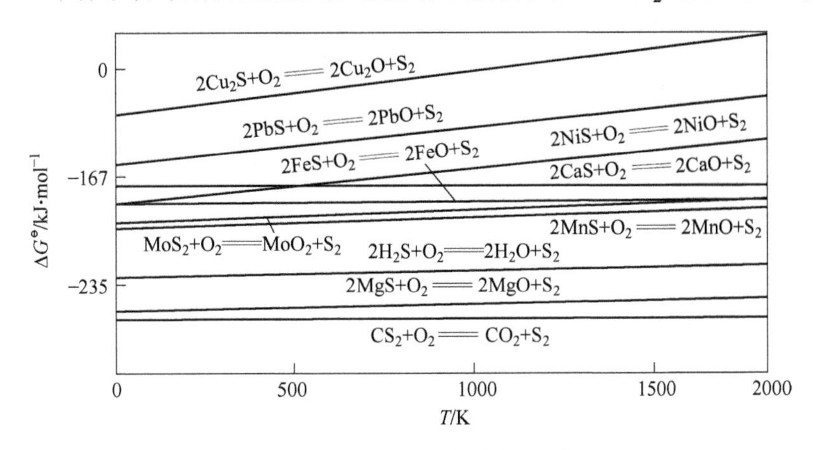


图 7-11 某些金属硫化物氧化的 $\Delta G^{\ominus}$-$T$ 图

值得注意的是，FeS 的 $\Delta G^{\ominus}$-$T$ 线所处的位置较低，而 $Cu_2S$ 的位置较高。在体系中同时有 FeS 和 $Cu_2S$ 时，FeS 应首先被氧化。假使有 $Cu_2S$ 被氧化成 $Cu_2O$，$Cu_2O$ 也会被 FeS "还原" 为 $Cu_2S$。

$$2Cu_2S + O_2 = 2Cu_2O + S_2$$

生成的 $Cu_2O$ 最终按下式反应生成 $Cu_2S$：

$$Cu_2O(l) + FeS(l) = Cu_2S(l) + FeO(l)$$

$$\Delta G^{\ominus} = -146440 + 19.2T \text{ kJ}$$

当 $T=1473$K，$K=10^{4.2}$。这说明 $Cu_2O$ 几乎完全被硫化进入冰铜。因此，铜的硫化物原料（如 $CuFeS_2$）进行造锍熔炼，只要氧化气氛控制得当，保证有足够的 FeS 存在时，就可使铜完全以 $Cu_2S$ 的形态进入冰铜。

#### 7.2.2.2 锍的形成

造锍过程也可以说就是几种金属硫化物之间的互溶过程。当一种金属具有一种以上的硫化物时，例如 $Cu_2S$ 和 CuS、$FeS_2$和 FeS 等，其高价硫化物在熔化之前发生如下的热离解：

$$4CuFeS_2(\text{黄铜矿}) = 2Cu_2S + 4FeS + S_2$$

$$2Cu_3FeS_3(\text{斑铜矿}) = 3Cu_2S + 2FeS + 1/2S_2$$

$$FeS_2(\text{黄铁矿}) = FeS + 1/2S_2$$

热离解所产生的元素 S，遇 $O_2$即氧化成 $SO_2$随炉气逸出。而一部分 FeS 与 $Cu_2S$ 合成进入锍内，另一部分 FeS 氧化以 FeO 形式进入炉渣中。FeS、FeO、熔锍和炉渣之间的关系如图 7-12 所示。

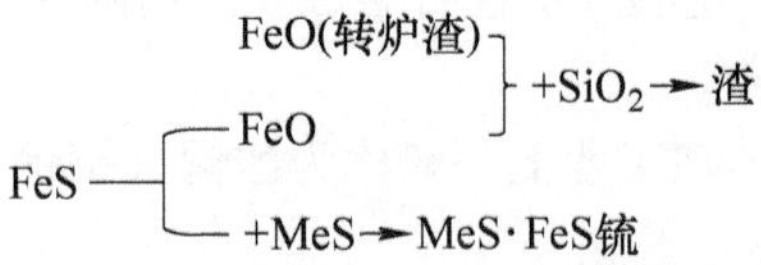

FeO(转炉渣) ┐
　　　　　　├ $+SiO_2$ → 渣
FeS ─┬─ FeO ┘
　　　└─ +MeS → MeS·FeS锍

图 7-12　造锍熔炼 FeS 的转化关系图

由于铜对硫的亲和力比较大，故在 1473～1573K 的造锍熔炼温度下，呈稳定态的$Cu_2S$便与 FeS 按下列反应形成冰铜：

$$Cu_2S + FeS = Cu_2S \cdot FeS$$

同时，反应生成的部分 FeO 与脉石氧化物造渣，发生如下反应：

$$2FeO + SiO_2 = 2FeO \cdot SiO_2$$

因此，利用造锍熔炼，可使原料中原来呈硫化物形态的和任何呈氧化物形态的铜，几乎完全都以稳定的 $Cu_2S$ 形态富集在冰铜中，而部分铁的硫化物优先被氧化生成的 FeO 与脉石造渣。由于锍的密度较炉渣大，且两者互不溶解，从而达到使之有效分离的目的。

#### 7.2.2.3　冰铜的冶炼

为了更好地了解冰铜的冶炼工艺，这里有必要介绍一下冰铜的性质。冰铜的熔点介于900～1050℃之间。$Fe_2O_3$和 ZnS 在冰铜中会使其熔点升高，PbS 会使冰铜熔点降低。为了加速冰铜与炉渣的分层，两者之间应尽量保持相当大的密度差。固态冰铜的密度介于 5.55～4.6g/cm$^3$之间，冰铜的密度随其品位的增高而增大。冰铜是熔锍，熔锍有很大的导电性，这在铜精矿的电炉熔炼中已得到了利用。在熔矿电炉内，插入熔融炉渣的碳精电极上有一部分电流是靠其下的液态锍传导的，这对保持熔池底部温度起着重要的作用。冰铜遇水易爆炸。液态冰铜遇水或较潮湿的物体就会发生爆炸，俗称为冰铜放炮。

3.2.5 节（熔锍的相平衡图）的 3.2.5.4 部分详细讨论了铜锍的冶炼工艺思路。图 7-13是 Cu-Fe-S 三元系等温截面图（1150℃、1250℃和 1350℃）。如图 7-13 所示，造锍熔炼只能控制在 $L_2$区域内，随着温度的升高，铜锍熔炼区域扩大。若在两相区（液相分

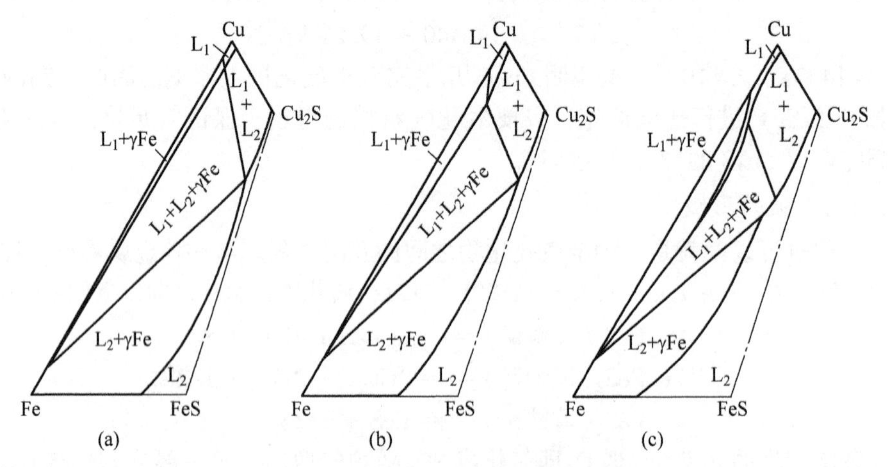


图 7-13　Cu-Fe-S 三元系等温截面图

（a）1150℃；（b）1250℃；（c）1350℃

层)，分两种情况：贫铜区，析出 γ-Fe，沉积，不易剔除，影响作业生产；富铜区，形成 Cu-Fe 合金液体，使铜锍密度降低，不利于渣锍分离。

7.2.2.4　熔锍吹炼

造锍熔炼中得到的熔锍，通常还要再进行吹炼。该过程主要有 3 个目的：其一，由于各种熔锍都含有数量不等的 Fe 和 S，因此需要在高温和氧化性气氛中经转炉吹炼，除去其中的 Fe 和 S，以得到有色金属含量更高的粗金属；其二，通过造渣和挥发进一步降低粗金属中的有害杂质，以防止或减少这些杂质进入粗金属；其三，使 Au、Ag 等贵金属更进一步富集，以便在电解精炼中回收。

在工业生产中，铜锍和镍锍的进一步处理都是采用吹炼过程，即在 1000~1300℃ 的温度下对熔融状态的锍吹以空气，使其中的硫化物发生激烈的氧化，产出 $SO_2$ 气体和仍然保持熔融状态的金属或硫化物。

铜锍和镍锍中都含有 FeS，所以吹炼的第一周期是 FeS 的氧化，产出 FeO，并与加入的石英砂（$SiO_2$）结合生成炉渣分层分离，这就是吹炼脱铁过程，工业上称为吹炼第一周期。第一周期之所以发生 FeS 的氧化，是因为在 FeS、$Ni_3S_2$ 和 $Cu_2S$ 的 $\Delta G^{\ominus}$-$T$ 线中，FeS 所处的位置最低，优先发生氧化反应，如图 7-14 所示。

第一周期吹炼的结果是：使铜锍由 $x\text{FeS} \cdot y\text{Cu}_2\text{S}$ 富集为 $Cu_2S$，镍锍由 $x\text{FeS} \cdot z\text{Ni}_3\text{S}_2$ 富集为 $Ni_3S_2$，而铜镍锍则由 $x\text{FeS} \cdot y\text{Cu}_2\text{S} \cdot z\text{Ni}_3\text{S}_2$ 富集为 $y\text{Cu}_2\text{S} \cdot z\text{Ni}_3\text{S}_2$ 铜镍高锍。对于镍锍或铜镍锍来说，工业上吹炼只有第一周期，吹炼到获得镍高锍或铜镍高锍就结束。对铜锍来说，工业上吹炼还有第二周期，即由 $Cu_2S$（白冰铜）吹炼成粗铜的阶段。

在第一阶段完成除 Fe 后，继续吹入 $O_2$，$Cu_2S$ 被氧化而生成 $Cu_2O$，所形成的 $Cu_2O$ 按下式反应：

$$2\text{Cu}_2\text{O(l)} + \text{Cu}_2\text{S(l)} = 6\text{Cu(l)} + \text{SO}_2$$

比较 FeS、$Cu_2S$ 与 $Cu_2O$ 反应的吉布斯自由能变化，如图 7-15 所示，FeS 与 $Cu_2O$ 反应的 $\Delta G^{\ominus}$-$T$ 线位置最低，FeS 优先发生反应。只有当 FeS 几乎全部被氧化以后，才有可能进行 $Cu_2O$ 与 $Cu_2S$ 作用生成铜的反应。这就在理论上说明了为什么吹炼铜锍必须分为两个周期：第一周期目的是吹炼除 Fe，第二周期目的是吹炼成 Cu。

吹炼铜镍锍的原理也应是硫化物与氧化物之间的反应，其中 $Ni_3S_2$ 有关的反应如下：

$$1/2\text{Ni}_3\text{S}_2\text{(l)} + 2\text{NiO(s)} = 7/2\text{Ni(l)} + \text{SO}_2$$

$$\Delta G^{\ominus} = 293842 - 166.52T \tag{7-5}$$

由式（7-5）可知，反应平衡的温度为 1764K。转炉炼铜的温度为 1473~1573K，该温度小于 1764K，反应式（7-5）不能进行。所以含有少量 $Ni_3S_2$ 的铜镍锍在吹炼过程中不可能按反应式（7-5）产生金属镍，只能按照反应式（7-6）生成镍高锍：

$$2\text{FeS}_2\text{(l)} + 2\text{NiO(l)} = 2/3\text{Ni}_3\text{S}_2\text{(l)} + 2\text{FeO(l)} + 1/3\text{S}_2\text{(g)} \tag{7-6}$$

对于镍锍吹炼也是一样，温度低于 1764K 无法进行吹炼出粗金属 Ni，必须升高体系温度才行。另外，随着熔池中 S 含量的降低，温度还必须提高到 1973~2073K。这是针对普通转炉空气吹炼的情况而言的。若在 $O_2$ 顶吹的回转式转炉中吹炼镍锍，是可以获得粗金属 Ni 的。

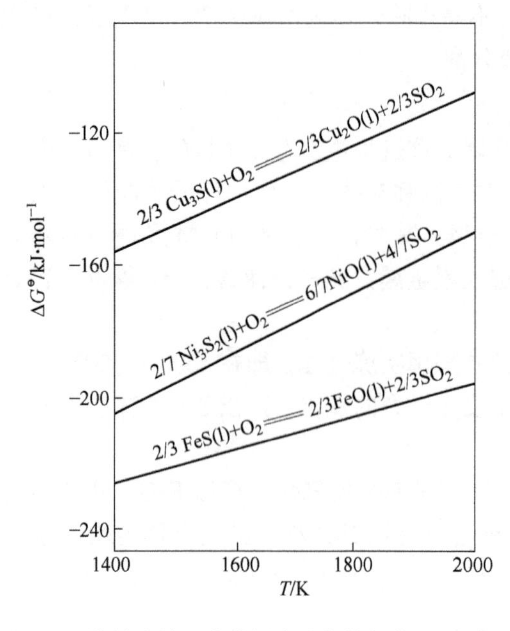


图 7-14 熔锍吹炼温度范围内硫化物氧化的 $\Delta G^{\ominus}$-$T$ 图

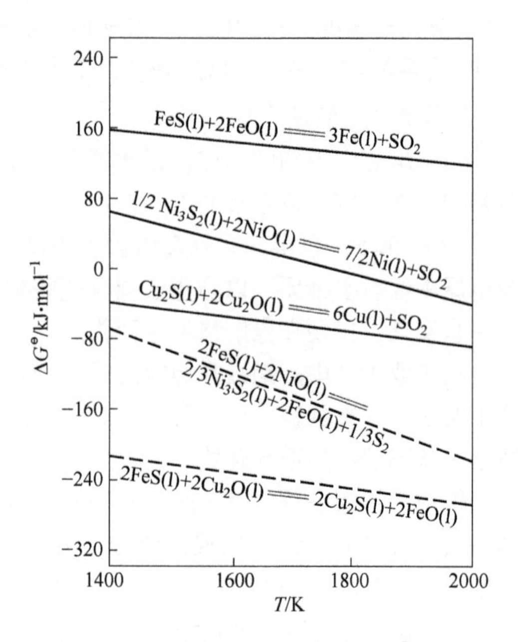


图 7-15 熔锍吹炼有关反应的 $\Delta G^{\ominus}$-$T$ 图

为了便于深入理解熔锍吹炼的基本原理，这里将从化学反应、熔池的状态和吹炼参数等方面，分析一下吹炼铜和吹炼镍的异同之处。

A 吹炼反应

第一周期相同： $2FeS(l) + 3O_2 \Longrightarrow 2FeO(l) + 2SO_2$

第二周期分别为：

冰铜 $2Cu_2S(l) + 3O_2 \Longrightarrow 2Cu_2O(l) + 2SO_2$

$2Cu_2O(l) + Cu_2S(l) \Longrightarrow 6Cu(l) + SO_2$

镍锍 $2Ni_3S_2(l) + 7O_2 \Longrightarrow 6NiO(s) + 4SO_2$

$Ni_3S_2(l) + 4NiO(s) \Longrightarrow 7Ni(l) + 2SO_2$

B 熔池状态

根据铜锍的三元相图，铜锍容易发生液相分层。对于富 Cu 侧容易形成富 Cu 的 Cu-Fe 合金，Cu-Fe 合金密度高易于居于下层，而上层因含 $Cu_2S$ 较多密度较低、与熔渣密度接近而不易分离，容易造成 Cu 的损失。对于贫 Cu 侧的铜锍而言，分层时下层是富 Fe 的 Cu-Fe 合金，容易形成积铁，影响设备正常运行。对于镍锍而言，可以从镍铜的二元相图进行分析，如图 7-16 所示。由于 S 的缺失，熔融的 Ni 熔体容易进入两相区，出现 β 相，使熔池的黏度增大，不利于吹炼反应的进行。

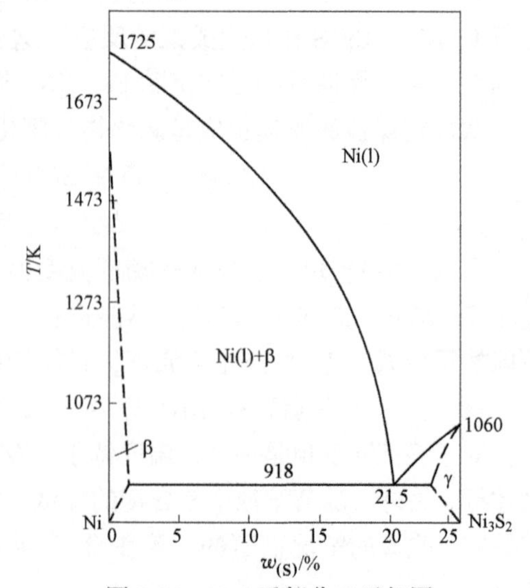


图 7-16 Ni-S 系部分二元相图

C 吹炼温度

冰铜：1473~1573K，反应容易进行。

镍锍：1764K才可进行，随着熔池中硫含量的降低，温度必须提高到1973~2073K。以上3种区别是长期以来不能用吹炼铜的转炉直接吹炼镍锍生成金属镍的主要原因。

# 7.3 卤化冶金

扫一扫
查看课件16

本节介绍“卤化冶金”的内容，实际上重点是“氯化冶金”。

## 7.3.1 卤化冶金的概念

卤化冶金

金属卤化物与相应金属硫化物、氧化物比较，大都具有低熔点、高挥发性和易溶于水等性质。因此，将矿石中的金属氧化物转变为卤化物，并利用上述性质可将金属卤化物与一些其他化合物和脉石分离，这个过程就称为“卤化冶金”。卤化冶金常用氯及其化合物作为卤化剂，对应的卤化过程称为氯化冶金。氯化冶金过程主要包括氯化过程、氯化物的分离以及金属的提取。这3个过程中，氯化物的分离是利用它熔点低、挥发性强、易溶于水等性质进行的；提取则是采用置换还原和电沉积的办法，这里不详细介绍了。本节将重点讲述卤化冶金的核心内容——氯化过程。

## 7.3.2 氯化过程的分类

按氯化反应的特点，可以将氯化过程分为4类：第一类是氯化焙烧；第二类是离析法（难选CuO矿石的离析反应）；第三类是粗金属熔体氯化精炼，如Pb中的Zn和Al中的Na和Ca可用通$Cl_2$于熔融粗金属中去除；第四类是氯化浸出（包括盐酸浸出和氯盐浸出等）。

“氯化浸出”内容在湿法冶金章节已经介绍过了。

粗金属熔体氯化精炼，其实质过程与氧化精炼相似。钢铁冶炼需要把铁液中的杂质转化为氧化物，使之进入渣相得以去除。炼钢的过程就是氧化精炼的过程。相应地，氯化精炼就是把金属液中的杂质元素转化为氯化物，这种氯化物在金属熔体中的溶解度很小、密度很小，漂浮在金属熔体的表面，以熔渣形式去除；而挥发性的氯化物直接由气相排除。

离析法是指难选CuO矿的离析反应，即氯化过程。通常将CuO矿与少量食盐（或$CaCl_2$）和煤粉（或焦炭，用量约为矿石质量的1%）混合并隔$O_2$（中性或弱还原性气氛）加热至700℃左右（最佳温度约为900℃），使有价金属从矿石中氯化挥发，并在C颗粒表面还原成金属颗粒，将焙砂隔$O_2$冷却后，进行浮选得到铜精矿。一般能从Cu含量1%以上的矿石中获得Cu含量25%~65%的铜精矿，回收率为85%~95%，矿石中85%~95%的Au、Ag等也随Cu被回收入铜精矿中。

离析是涉及氯化物的“形成—挥发—还原”的复杂过程：

(1) $2NaCl + H_2O + SiO_2 = Na_2SiO_3 + 2HCl$

$2NaCl + H_2O = Na_2O + 2HCl$

(2) $2CuO + 2HCl = 2/3Cu_3Cl_3 + 1/2O_2 + H_2O$

$Cu_2O + 2HCl = 2/3Cu_3Cl_3 + H_2O$

(3) 氯化物的还原，其反应机理众说纷纭，有人认为是$H_2$，有人认为是CO，也有人认为是C。

以上简单介绍了氯化过程的后三类，下文将重点介绍第一类氯化过程——“氯化焙烧”。

### 7.3.3 氯化焙烧

7.3.3.1 氯化焙烧的概念

氯化过程的重中之重是氯化焙烧。氯化焙烧是指在一定条件下，借助氯化剂的作用，使矿料中的某些组分转变为气态或凝聚态的氯化物，以使有价金属和其他组分分离富集的过程。

氯化焙烧过程涉及 MeO 或 MeS 的氯化反应，焙烧条件是由这些反应的热力学条件确定的，分析这些反应要用到氧势图、氯势图和硫势图。

氯势图就是金属与 1mol $Cl_2$ 完全反应生成氯化物时的 $\Delta_f G^*$-$T$ 图。因此，分析氯化焙烧过程必然涉及金属与氯气的反应。

7.3.3.2 氧化物的氯化

分析氧化物与 $Cl_2$ 的反应要用到氧势图和氯势图。氧化物与 $Cl_2$ 的反应通式可以表示为：

$$MeO + Cl_2 = MeCl_2 + 1/2O_2 \tag{7-7}$$

式（7-7）可以看成是 $MeCl_2$ 和 MeO 生成反应的合反应：

$$Me + Cl_2 = MeCl_2$$

$$-)\ Me + 1/2O_2 = MeO$$

$$MeO + Cl_2 = MeCl_2 + 1/2O_2$$

$$\Delta G^{\ominus}_{反应} = \Delta G^{\ominus}_{(MeCl_2)} - \Delta G^{\ominus}_{(MeO)} = \Delta_f G^*_{(MeCl_2)} - 1/2\Delta_f G^*_{(MeO)}$$

因此，氧化物氯化的 $\Delta G^{\ominus}$-$T$ 图可以通过氧势图和氯势图的数据绘成。图 7-17 是某些氧化物氯化反应的 $\Delta G^{\ominus}$-$T$ 图。

Si、Al、Ti、Mg 等元素虽然与 $Cl_2$ 化合能力很强，但它们与 $O_2$ 化合的能力更强，其 $\Delta G^{\ominus}_{MeO}$是一个很大的负值，所以 $\Delta G^{\ominus}_{反应}$是正值，$SiO_2$、$TiO_2$、$Al_2O_3$、$Fe_2O_3$、MgO 等在标准状态下不能被 $Cl_2$ 氯化。然而，仍有许多金属的氧化物，如 PbO、$Cu_2O$、CdO、NiO、ZnO、CoO、$Bi_2O_3$ 等，是可以被 $Cl_2$ 所氯化的。热力学条件分析表明：提高 $Cl_2$ 分压、降低产物浓度、降低 $O_2$ 分压等有利于氯化反应进行。

分析氧化物加碳氯化反应也要用到氧势图和氯势图。在有还原剂存在时，由于还原剂（碳）能降低氧的分压，能使本来不能进行的氯化反应变为可行。氧化物加碳氯化反应过程分析如下：

$$MeO + Cl_2 = MeCl_2 + 1/2O_2 \tag{7-8}$$

$$C + O_2 = CO_2 \tag{7-9}$$

$$C + 1/2O_2 = CO \tag{7-10}$$

由式（7-8）×2+式（7-9）得

$$2MeO + C + 2Cl_2 = 2MeCl_2 + CO_2 \tag{7-11}$$

由式（7-8）+式（7-10）得

$$MeO + C + Cl_2 = MeCl_2 + CO \quad (7\text{-}12)$$

当温度小于900K时，加碳氯化反应主要是按式（7-11）进行；当温度高于1000K时，则按式（7-12）进行反应。

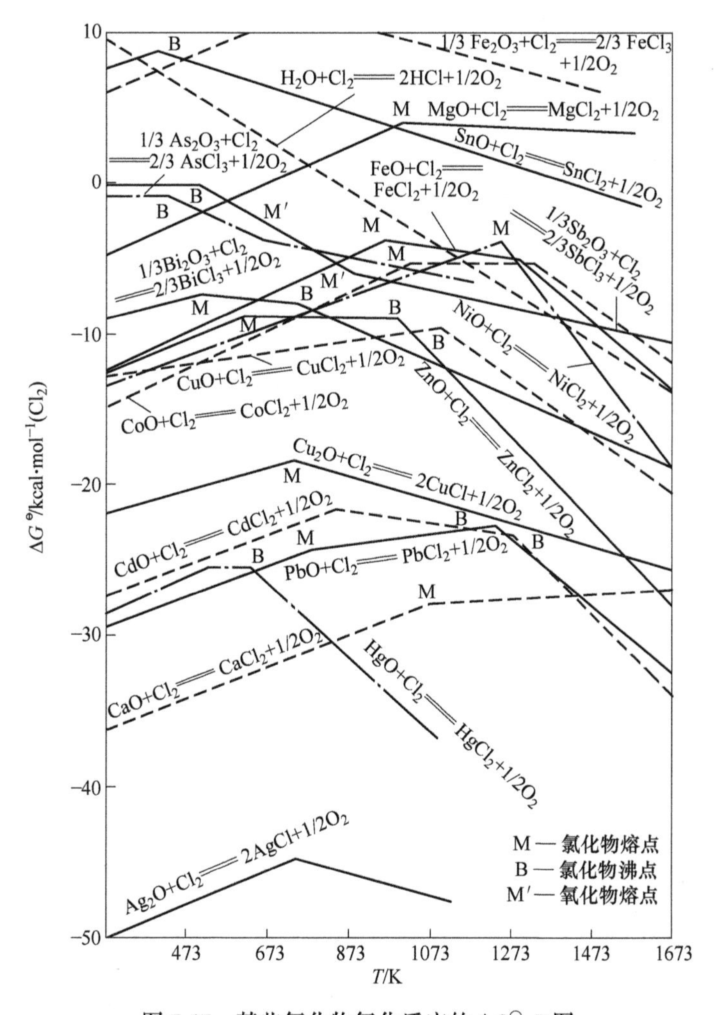


图7-17 某些氧化物氯化反应的 $\Delta G^\ominus$-$T$ 图

#### 7.3.3.3 硫化物的氯化

分析硫化物与氯的反应要用到硫势图和氯势图，该反应通式可写为：

$$MeS + Cl_2 = MeCl_2 + 1/2S_2 \quad (7\text{-}13)$$

由反应式（7-13）可以看出，硫化物与氯反应的产物是金属氯化物和元素S。硫化矿氯化焙烧，可得到纯度高而易于贮存的元素S和不挥发的有价金属氯化物，通过湿法冶金方法加以分离，这是处理有色重金属硫化精矿的一种可行方法。

硫化物氯化的 $\Delta G^\ominus$-$T$ 图可以通过硫势图和氯势图的数据绘成，方法与氧化物氯化的相同，不再赘述。硫化物的氯化除了用 $\Delta G^\ominus$-$T$ 图分析之外，还可以用等温图来表示，如取 $S_2$ 和 $Cl_2$ 气体压力的对数为坐标，可以确定各物质的稳定区域。

图7-18是Fe-S-Cl、Co-S-Cl、Ni-S-Cl和Cu-S-Cl体系600K时的等温平衡图。如图7-18

所示，在氯位（$\lg p_{Cl_2}$，等效于氯势）较低的情况下，随着硫位（$\lg p_{S_2}$，等效于硫势）的降低，金属硫化物将依次由高价被还原成低价硫化物；反之，则高价硫化物将依次还原成低价氯化物。图中方块是冶金实际操作的控制区域，为氯化焙烧炉气组成范围。对于 Fe、Cu、Ni、Co 等金属硫化物在 600K 时用 $Cl_2$ 氯化，在图中所标出的小方块的作业条件下，所得的产物为 $MeCl_2$。

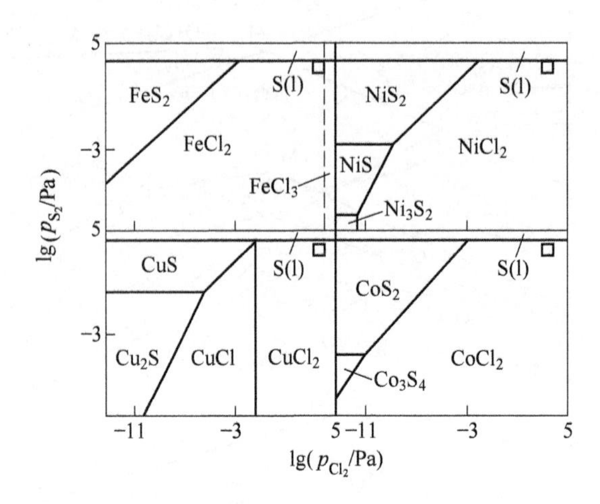


图 7-18　某些硫化物氯化的等温平衡图（总压 = 1atm）

#### 7.3.3.4　氯化剂

##### A　气体氯化剂

以上介绍的是 Me、MeO 和 MeS 与气体氯化剂 $Cl_2$ 的反应，这些物质也可以和 HCl 反应，如金属氧化物与氯化氢的反应：

$$MeO + 2HCl = MeCl_2 + H_2O \tag{7-14}$$

反应式（7-14）可以认为是“MeO 与 $Cl_2$”反应和“$H_2O$ 与 $Cl_2$”反应的合反应：

$$MeO + Cl_2 = MeCl_2 + 0.5O_2$$

$$-)\quad H_2O + Cl_2 = 2HCl + 0.5O_2$$

$$\overline{MeO + 2HCl = MeCl_2 + H_2O}$$

$$\Delta G^{\ominus}_{反应} = (\Delta G^{\ominus}_{(MeCl_2)} + \Delta G^{\ominus}_{(H_2O)}) - (\Delta G^{\ominus}_{(MeO)} + 2\Delta G^{\ominus}_{(HCl)})$$

分析反应式（7-14）也要用到氧势图和氯势图，即要利用氧化物与氯反应的 $\Delta G^{\ominus}$-$T$ 图，如图 7-17 所示。图 7-17 中 $H_2O$ 与 $Cl_2$ 反应的 $\Delta G^{\ominus}$-$T$ 线随温度增加而下降，该线是由左至右向下倾斜的，意味着生产 HCl 的趋势强，这预示着在用 HCl 作氯化剂时随着温度的升高，其氯化能力将下降。$Cu_2O$、PbO、$Ag_2O$、CdO、CoO、NiO、ZnO 等金属氧化物与 HCl 反应时 $\Delta G^{\ominus}_{反应}$ 为负值，因此在标准状态下它们可以被 HCl 所氯化。$SiO_2$、$TiO_2$、$Al_2O_3$、$Cr_2O_3$ 和 $SnO_2$ 等被 HCl 氯化反应的 $\Delta G^{\ominus}_{反应}$ 为正值，因此这些氧化物在标准状态下不能被 HCl 所氯化。

这里以 MgO 为例，如图 7-19 所示，MgO 和 $H_2O$ 与 $Cl_2$ 反应的两条 $\Delta G^{\ominus}$-$T$ 线相交于一点，对应温度大约 500℃，在交点右侧 $\Delta G^{\ominus}_{反应}$ 大于 0，反应无法进行，不能氯化。在交点左侧 $\Delta G^{\ominus}_{反应}$ 小于 0，反应可以进行，能氯化。因此，MgO 用 HCl 氯化时，温度应控制在

500℃以下，防止 $MgCl_2$ 水解。

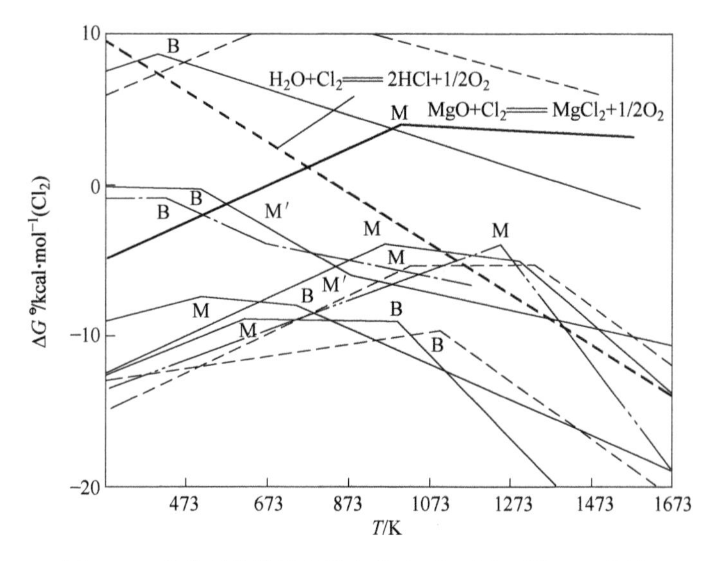


图 7-19 某些氧化物氯化反应的 $\Delta G^{\ominus}$-$T$ 图（图 7-17 局部）

M—氯化物熔点；B—氯化物沸点；M′—氧化物熔点

B 固体氯化剂

除气体可作为氯化剂外，固体也可以作为氯化剂，如 $CaCl_2$ 和 NaCl。金属氧化物与固体氯化剂的反应可利用氧化物与氯反应的 $\Delta G^{\ominus}$-$T$ 图来加以分析，如图 7-20 所示。由图可知，凡在 CaO 氯化反应的 $\Delta G^{\ominus}$-$T$ 线以下的氧化物在标准状态可以被 $CaCl_2$ 氯化；在 CaO 氯化反应的 $\Delta G^{\ominus}$-$T$ 线以上的氧化物，在标准状态下不能被 $CaCl_2$ 所氯化。

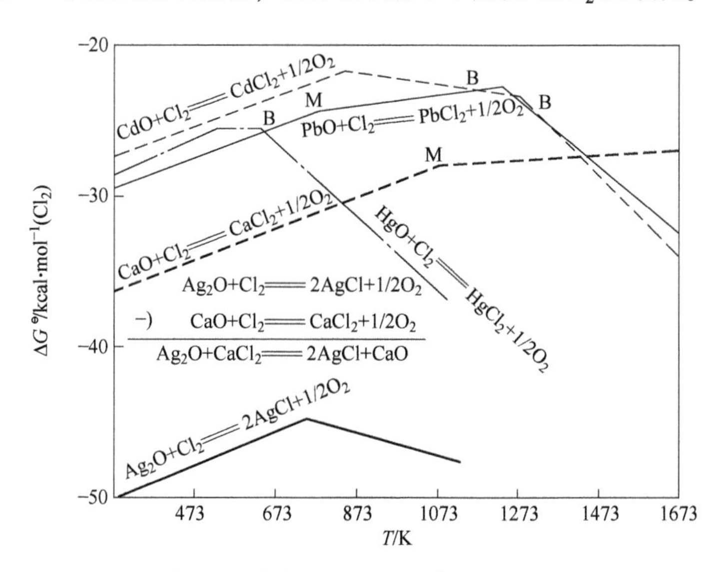


图 7-20 某些氧化物氯化反应的 $\Delta G^{\ominus}$-$T$ 图（图 7-17 局部）

NaCl 作为氯化剂时，在干燥的空气或氧气流中，1273K 下加热 2h，NaCl 的分解量很少（约 1%）。这表明 NaCl 在标准状态下以及在有氧存在时是不可能将一般有色金属氧化物氯化的。但实际生产上却常用 NaCl 作为氯化剂，这是因为在烧渣或矿石中存在有其他物质，如黄铁矿烧渣中一般常含有少量硫化物，该硫化物在焙烧时生成 $SO_2$ 或 $SO_3$，在 $SO_2$ 或 $SO_3$ 影响下，NaCl 可以分解生成 $Cl_2$，生成的 $Cl_2$ 可以氯化金属氧化物或硫化物。

在氯化焙烧的气相中，一般存在有 $O_2$、$H_2O$ 蒸气以及物料中的 S。在焙烧过程中生成的 $SO_2$ 或 $SO_3$ 与 NaCl 发生副反应，生成 $Cl_2$ 及 HCl 的副产物，从而使 MeO 被氯化，其主要反应如下：

$$2NaCl + 1/2O_2 \xlongequal{} Na_2O + Cl_2$$
$$Na_2O + SO_3 \xlongequal{} Na_2SO_4$$
$$2NaCl + SO_3 + 1/2O_2 \xlongequal{} Na_2SO_4 + Cl_2$$
$$SO_2 + 1/2O_2 \xlongequal{} SO_3$$
$$2NaCl + SO_2 + O_2 \xlongequal{} Na_2SO_4 + Cl_2$$

并有水和氯的反应：

$$H_2O + Cl_2 \xlongequal{} 2HCl + 1/2O_2$$

上述反应产生的 $Cl_2$、HCl 再与 MeO 进行氯化反应。

当用 $CaCl_2$ 作为氯化剂时，由于 $SO_2$ 和 $SO_3$ 的存在，使氯化反应中生成的 CaO 变为 $CaSO_4$，这样氯化反应更易于进行，例如：

$$CaCl_2 + Cu_2O \xlongequal{} Cu_2Cl_2 + CaO$$
$$CaO + SO_3 \xlongequal{} CaSO_4$$
$$CaCl_2 + Cu_2O + SO_3 \xlongequal{} Cu_2Cl_2 + CaSO_4$$

同理，当烧渣或矿石存在 $SiO_2$ 时，由于 $SiO_2$ 能与 CaO、MgO 和 $Na_2O$ 结合成相应的硅酸盐，这样就降低了 CaO、MgO 和 $Na_2O$ 等氧化物的活度，结果可加强 $CaCl_2$、$MgCl_2$ 和 NaCl 的氯化作用。

氯化冶金时，要特别注意设备的防腐蚀问题。

## 复习思考题

7-1 硫化物冶金中有哪些基本反应，什么是硫化物焙烧，焙烧反应分为哪几种，不同焙烧的目的是什么？

7-2 根据 Me-S-O 平衡状态图，升高温度或改变气体成分时，硫酸盐的稳定区域如何变化？

7-3 试述造锍熔炼、冰铜吹炼和镍锍吹炼的基本原理。

7-4 什么是氯化冶金？

7-5 加碳氯化反应与一般氯化反应相比有何特点？

7-6 氯化焙烧受哪些因素影响？

扫一扫查看
课件 17（自学）

# 8 冶金过程动力学

扫一扫查看
课件18

本章介绍冶金反应动力学基础，主要内容包括概述、化学反应动力学基础、扩散理论基础、气（液）/固反应动力学以及液（气）/液反应动力学。

## 8.1 概　　述

化学反应
动力学基础

### 8.1.1 动力学的研究对象

冶金热力学解决了反应能够进行的最大限度，只考虑反应的起始状态和终了状态，解决的是平衡问题，它不能回答达到平衡所经历的反应历程和反应速率问题。冶金是个工程学科，要求生产过程必须有足够高的效率，因此必须要研究各种因素对反应速率的影响，以提高生产效率。因此冶金动力学研究对象有3个方面，化学反应速率、化学反应机理和外界因素对反应速率的影响，它是将热力学上反应的可能性变为现实性。

### 8.1.2 冶金反应的类型

由无机化学和物理化学知识可知，化学反应有均相反应和非均相反应，这部分内容在无机化学和物理化学反应动力学中都有所讲述。

均相反应是指在一个相内进行的化学反应，如可燃性气体的燃烧。非均相反应是指在不同相间进行的化学反应，也称为多相反应。冶金中更常见的是非均相反应，见表8-1。

表8-1　冶金中非均相反应类型

| 反应类型 | 实　　例 |
|---|---|
| 气/固 | 吸附、金属氧化、硫酸盐及碳酸盐的分解、硫化物的焙烧、氧化物的还原等 |
| 液/固 | 熔化、溶解、结晶、浸出、置换沉积等 |
| 气/液 | 转炉吹炼、气体的吸收、蒸馏等 |
| 液/液 | 溶剂萃取、炉渣/金属（锍）反应等 |
| 固/固 | 烧结、固相中的相变等 |

分析这些反应的动力学过程，分析这些化学反应的历程，建立起对应过程的速率表达形式和总的速率方程式，找到影响反应速率的因素，以便选择合适的工艺条件，控制这些反应的进行，使之按照人们的期望进行，以上内容就是冶金动力学的研究目的。

## 8.2 化学反应动力学基础

### 8.2.1 化学反应速率

要想建立速率方程式，首先需要了解一下化学反应速率的表达方法。常用的是定容反应速率，用单位时间内反应物浓度的减少或生成物浓度的增加值来表示，如式（8-1）所示：

$$J = \frac{1}{V}\frac{d\xi}{dt} \tag{8-1}$$

式中，$J$ 为速率；$V$ 为体积；$\xi$ 为反应进度；$t$ 为时间。对于某一个反应来讲，反应进度的变化有如下的表达形式：

$$\frac{d\xi}{dt} = \frac{1}{\nu_B}\frac{dn_B}{dt}$$

式中，$\nu_B$为反应方程式中反应物和生成物的化学计量数；$n_B$为 B 物质的量，经过数学推导，速率可以表示为反应物浓度随时间变化率的函数：

$$J = \frac{1}{\nu_B}\frac{dn_B/V}{dt} = \frac{1}{\nu_B}\frac{dC_B}{dt}$$

对于同一个反应，反应速率总是正的，因此，当以反应物的浓度变化表示时，要在前面加上负号，因为反应物浓度变化速率是负值。对于任意反应式（8-2），反应物和生成物的浓度变化率之间有等式关系式（8-3）：

$$eE + fF = gG + hH \tag{8-2}$$

$$J = -\frac{1}{e}\frac{dC_E}{dt} = -\frac{1}{f}\frac{dC_F}{dt} = \frac{1}{g}\frac{dC_G}{dt} = \frac{1}{h}\frac{dC_H}{dt} \tag{8-3}$$

此外，速率还有其他的表达方法。当参加反应的物质 A 浓度以质量分数表示时，相应的反应速率为：

$$J_A = -\frac{dw_{(A)}}{dt}$$

在均相反应中，参加反应的物质 A 的浓度采用单位体积内 A 物质的量的变化表示时，有：

$$J_A = \frac{1}{V}\left(-\frac{dn_A}{dt}\right)$$

在流体和固体的反应中，以固体的单位质量 $W$ 为基础，即用单位质量固体中所含物质 A 的量来表示浓度，则：

$$J_A = \frac{1}{W}\left(-\frac{dn_A}{dt}\right)$$

在两流体间进行的界面反应，如渣钢反应或气固界面反应，以界面上单位面积 $A_0$为基础，即用单位界面上所含的物质的量来表示浓度，则：

$$J_A = \frac{1}{A_0}\left(-\frac{dn_A}{dt}\right)$$

在气固反应中，有时也以固体物质的单位体积 $V_S$为基础来表示浓度，这时有：

$$J_A = \frac{1}{V_S}\left(-\frac{dn_A}{dt}\right)$$

在气相反应中，反应前后气体物质的量不相等，体积变化很大，这时不能准确测得初始体积浓度 $C_0$。在这种情况下，最好用反应物的转化率 $f_A$来代替浓度。如开始时体积 $V_0$

中有 A 物质 $n_{A_0}$（mol），当反应进行到 $t$ 时刻时，剩下的 A 物质为 $n_A$（mol），其转化速率 $f$（或用 $R$ 表示）为：

$$f_A = \frac{n_{A_0} - n_A}{n_{A_0}}$$

$$n_A = n_{A_0}(1 - f_A)$$

$$J_A = -\frac{d(n_A/V_0)}{dt} = -\frac{d[n_{A_0}(1 - f_A)/V_0]}{dt} = \frac{n_{A_0}}{V_0}\frac{df_A}{dt} = C_{A_0}\frac{df_A}{dt}$$

### 8.2.2　质量作用定律

一定温度下的反应速率，与各个反应物浓度的若干次方成正比。对于基元反应 A+B ═AB，有：

$$-\frac{dC_A}{dt} = k_A C_A^a C_B^b \tag{8-4a}$$

$$-\frac{dC_B}{dt} = k_B C_A^a C_B^b \tag{8-4b}$$

$$\frac{dC_{AB}}{dt} = k_{AB} C_A^a C_B^b \tag{8-4c}$$

对基元反应，每种反应物浓度的指数等于反应式中各反应物的系数。这就是化学反应的质量作用定律。式中的比例系数 $k_A$、$k_B$ 和 $k_{AB}$ 称为反应的速率常数。对复杂反应不能直接应用质量作用定律，而应按照分解的基元反应分别讨论或经试验测定，确定其表观速率。

由质量作用定律表示的反应式（8-4）中，各反应物浓度的指数之和称为反应级数。与复杂化学反应相对应的反应级数，称为表观反应级数，其数值取决于反应的控制环节，常常只能由试验测定。

### 8.2.3　温度对反应速率的影响

反应速率数随反应温度的提高而迅速增大。对简单的化学反应，二者的定量关系可用 Arrhenius 公式确定：

$$k = k_0 \exp\left(-\frac{E_R}{RT}\right) \tag{8-5}$$

式中，$k_0$ 为指前因子；$E_R$ 为反应活化能。

这里需要强调的一点是，在冶金中传热速率对反应温度有影响，同时反应的热效应影响反应速率，比如吸热反应会使体系的温度下降，使反应速率降低。

### 8.2.4　多相反应

#### 8.2.4.1　反应控制步骤与优先步骤

高温冶金反应多半是在炉气、熔渣和金属之间进行的，属于多相反应。其反应的特征是反应发生在不同的相界面上，反应物要从相内部传输到反应界面，并在界面处发生化学反应，而生成物要从界面处离开。一般情况下，多相反应由如下几个环节组成：

（1）反应物向反应界面扩散；

（2）在界面处发生化学反应，通常伴随有吸附、脱附和新相生成；

（3）生成物离开反应界面。

这三步中，无论哪一步受阻，都会降低反应速率。也就是说，反应的总速率取决于各个环节的最慢的环节。这一最慢的环节就是整个反应的限制步骤或控制步骤，相当于日常生活中的瓶颈效应。

研究冶金反应动力学主要是确定反应速率。冶金反应通常由一系列步骤组成。对于任意一个复杂反应过程，若是由前后相接的步骤串联组成的，则称该复杂反应为串联反应；若任意一个复杂反应是由两个或多个平行的途径组成的，则称该复杂反应为并联反应。每一步骤都有一定的阻力。为了描述这两类反应速率控制过程，人们联想到电学中的欧姆定律，电阻越大，电流越小。类似地，形象地以反应阻力描述反应速率，阻力越大，反应速率越小。

对于传质步骤（指扩散步骤），传质系数（$k_d = D/\delta_C$，$D$ 为扩散系数，$\delta_C$为边界层厚度，详见 8.3.3 节）的倒数 $1/k_d$相当于这一步骤的阻力。传质系数越大，扩散速率越大，传质的量就越大，相应地扩散阻力就越小。对于界面化学反应步骤，反应速率常数的倒数 $1/k$，相当于化学反应步骤的阻力。对于串联反应，总阻力等于各步骤阻力之和；对于并联反应，总阻力的倒数等于平行反应阻力倒数之和。

在串联反应中，如某一步骤的阻力比其他步骤的阻力大得多，则整个反应的速率就基本上由这一步骤决定，该步骤是反应速率的控速环节和限制性环节或步骤。

在平行反应中，若某一途径的阻力比其他途径小得多，反应将优先以这一途径进行。

#### 8.2.4.2 反应控制步骤的确定

多相反应限制环节不是一成不变的，当外界条件改变时，限制环节可能发生相应变化。即使在同一条件下，随着反应的进行，由于反应物不断地消耗，生成物逐渐增加，可能引起浓度的变化，从而使限制性环节发生改变。

##### A 稳态或准稳态处理方法

对不存在或找不出唯一的限制性环节的反应过程，常用准稳态处理方法。稳态——对于串联反应，经历一段时间后，其各步骤的速率经相互调整，达到速率相等。此时，反应的中间产物及反应体系不同位置上的浓度相对稳定。

准稳态处理方法——稳态实际上不存在，各个步骤速率只是近似相等，称为准稳态。在稳态或准稳态处理方法中，各步骤的阻力都不能忽略。串联反应中总的阻力等于各步骤阻力之和。总反应的速率等于达稳态或准稳态时各步骤的速率。

有唯一限制性环节的反应过程，人们需要知道哪个环节是限制性的，因此需要研究确定限制性环节的方法。

##### B 确定限制性环节的方法

活化能法：根据 Arrhenius 公式，可以由 $\ln k$ 对 $1/T$ 作图，由直线的斜率可求解出活化能，进而可由活化能确定多相反应的限制性环节，即根据 $E_R$ 值的范围判断哪个过程是限制性环节，见表 8-2。

表 8-2 限制环节与活化能

| 限制性环节 | $E_R$/kJ · mol$^{-1}$ | 限制性环节 | $E_R$/kJ · mol$^{-1}$ |
|---|---|---|---|
| 界面反应 | 150~400 | 铁液组元扩散 | 17~85 |
| 气相组元扩散 | 3~13 | 渣中组元扩散 | 170~400 |

浓度差法：当界面反应速率很快，同时有几个扩散环节存在时，其中相内与界面浓度差较大者为限制性环节。就是说，反应物的浓度差大，就是反应物扩散为控制环节；产物的浓度差大，就是产物扩散为控制环节。若浓度差增大，扩散距离不变，反应速率也增大，则反应为扩散环节所控制；若速率基本不变，则为界面过程所控制。

搅拌强度法：如果一个反应，温度对其反应速率影响不大，而增加搅拌强度时，扩散距离减小，反应速率迅速增大，则说明扩散传质是限制环节，因为搅拌强度对界面反应速率不产生影响。

综上所述，可以将化学反应的控制步骤，归结为扩散控制传质和界面反应控制。接下来就要分析扩散传质过程。

## 8.3 扩散理论基础

扩散理论基础

众所周知，传质过程可分为扩散传质和对流传质过程。但是，在研究反应控制步骤的时候，没有提到对流控制步骤。为弄清楚这个问题，就必须要了解冶金动力学过程是如何处理扩散和对流的关系的，这部分内容就是扩散传质理论基础。在研究冶金反应的时候，必须处理好扩散和对流的关系（或者称为联系）。为了处理对流问题，这里首先需要了解一下纯扩散的情况。

### 8.3.1 扩散定律

扩散是由于热运动而导致原子（或离子、分子）在介质中迁移的现象。可以采用菲克第一定律和第二定律来描述扩散过程。这部分内容在材料科学基础中详细讲述过了。这里直接给出扩散第一定律和第二定律的表达式，分别如式（8-6）和式（8-7）所示。

$$J = -D\frac{\partial C}{\partial x} \tag{8-6}$$

$$\frac{\partial C}{\partial t} = D\frac{\partial^2 C}{\partial x^2} \tag{8-7}$$

式中，$J$ 为扩散通量，等效于反应速率；$D$ 为扩散系数；$C$ 为浓度；$x$ 为扩散方向上的距离；$t$ 为时间；负号表示扩散方向与浓度梯度方向相反。

这两个定律描述单独的扩散传质过程，那么对于既有对流又有扩散的情况，简单的解决办法是这样的，直接在菲克第一定律的基础上加上对流传质项，就是速度（$u$）乘以浓度（$C$）的这一项 $uC$，如式（8-8）所示。

$$J = -D\text{grad}C + uC \tag{8-8}$$

这样处理虽然有道理，但是显然有些粗糙。为此，这里再做一个详细的分析，这还得从流体的流动状态说起。

### 8.3.2 流体流动状态与速度边界层

流体力学理论认为，当黏性流体沿固体表面流动时，由于流体与表面的内摩擦作用，靠近壁面的流体薄层内产生很大的速度梯度，紧贴壁面的流体流速为零，离开壁面在垂直流动方向上，流体的速度迅速长大，直至趋于主体的流速，如图 8-1 所示。人们把这一薄层称为速度边界层。黏滞阻力主要集中在边界层内，边界层外速度梯度为零。流体的流动状态可以分为层流和紊流，边界层也分为层流边界层和紊流边界层。层流的情况，流体流速比较小，流体质点相对运动规则。在流体流速比较大的时候，流体质点运动呈紊流状态，也称为乱流状态。在层流边界层和紊流边界层之间有一个过渡段。在紊流边界层内，还可分为层流底层、过渡区和紊流区。

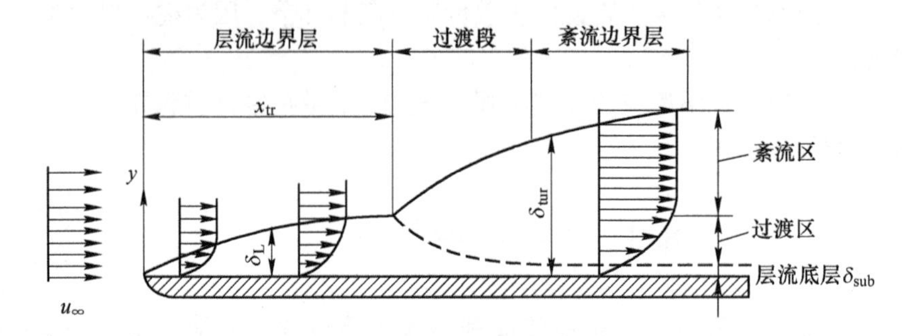


图 8-1 流体的流动状态示意图

层流时，取速度为 0.99 倍主体速度位置对应的高度（厚度），作为边界层的厚度。为了便于判断流体的运动状态（在什么情况下处于层流状态，在什么情况下处于紊流状态）人们提出了一个判据——“雷诺数”。

$$Re_{tr} = \frac{u_\infty x_{tr}}{\eta} \tag{8-9}$$

式中，$x_{tr}$为离平板前缘点的距离；$\eta$ 为流体的运动黏度系数。雷诺数小于 $2\times10^5$时流体处于层流状态，大于 $5\times10^6$时处于紊流状态。两种状态下边界层的厚度可以分别根据这两个经验公式（8-10）和式（8-11）来确定。

$$\frac{\delta_L}{x} = \frac{4.64}{\sqrt{Re_x}} \tag{8-10}$$

$$\frac{\delta_{tur}}{x} = \frac{0.376}{(Re_x)^{1/3}} \tag{8-11}$$

在流体流动的过程中伴随着传质和传热现象，借鉴流体的速度边界层概念，类似地人们又提出了浓度边界层和温度边界层。

### 8.3.3 扩散边界层（浓度边界层）

图 8-2 是浓度边界层的示意图，图中给出了流场中的浓度和速度分布曲线。假设在反应的界面处，产物的浓度 $C_S$ 较高，因为有浓度差，它要向溶液主体扩散。溶液主体的浓度为 $C_b$，当产物浓度下降至与主体浓度相同时，此位置距界面在法线方向上的距离 $\delta_C$ 即

为浓度边界层厚度。在浓度边界层中浓度发生急剧变化，浓度边界层厚度 $\delta_C$ 没有明显的界线，故在数学处理上很不方便。在浓度边界层中，同时有分子扩散和紊流传质存在。为了处理问题方便，在数学上可以进行等效处理，把对流扩散折算成稳态的分子扩散。在非常靠近界面处，浓度分布呈直线，因此在界面处（$y=0$）沿着直线对浓度分布曲线引一切线，此切线与浓度边界层外液体主体内的浓度 $C_b$ 的延长线相交，通过交点作一与界面平行的平面，此平面与界面之间的区域称为有效浓度边界层，其厚度用 $\delta'_C$ 表示。在有效浓度边界层内浓度分布符合：

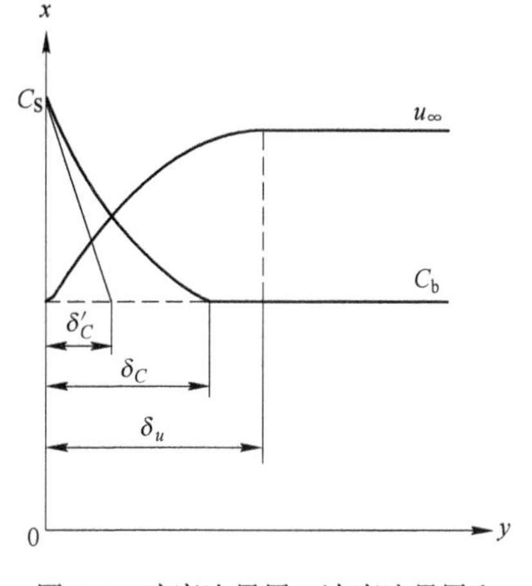


图 8-2　速度边界层、浓度边界层和有效边界层示意图

$$\left(\frac{\partial C_A}{\partial y}\right)_{y=0}=\frac{C_A^{\infty}-C_A^{i}}{\delta'_C}=\frac{C_b-C_S}{\delta'_C} \qquad (8\text{-}12)$$

当液体内的浓度 $C_b$ 不随传质过程变化时，而当界面浓度 $C_S$ 又保持热力学平衡浓度，如对于固体溶解于液体的过程，界面处液体的浓度总保持为固体在该液体中的饱和浓度，则式（8-12）即为符合菲克第一定律的稳态扩散。这就大大地简化了数学处理过程。

需要强调指出，这里虽用稳态扩散方程处理传质过程，但在有效浓度边界层内仍有液体流动，因此并不能认为在有效浓度边界层内为纯分子扩散，而只能理解为在有效浓度边界层内的紊流传质和分子扩散等效于（即相当于）多大的纯分子扩散。就是说，对流处理分两个层次，其一是针对溶液主体，对流具有搅拌作用，使溶液本体浓度均匀；其二是在有效浓度边界层内，把对流等效为一定的纯扩散贡献。

应当指出，在流体流动过程同时发生传热传质时，由于它们相互影响，情况比较复杂。如质量传递能改变边界附近的流速分布，即改变了边界层状态；而边界层内的速度分布又会影响传质和传热。在这种情况下，解决冶金过程的传输现象，必须涉及浓度和温度的选取问题。

## 8.4　气（液）/固反应动力学

扫一扫查看
课件 19

前面讲述了扩散理论，解决了扩散与对流传质的关系问题，建立了浓度边界层理论，以下内容将介绍如何应用这个理论处理冶金反应动力学问题。

### 8.4.1　未反应核模型

稳态未反应
核模型

#### 8.4.1.1　模型的建立

在冶金过程中，经常遇到许多多相反应，例如氧化矿的气体还原、硫化矿的氧化焙烧、石灰石的热分解等气/固反应；矿物的浸出、离子交换、石灰石在熔渣中的熔化、合金元素在钢水中的溶解等液/固反应。其特点是反应在固相与流相（气或液）之间进行，一个完整的气（液）/固反应可用

通式（8-13）表示：

$$aA(s) + bB(g, l) = eE(s) + dD(g, l) \tag{8-13}$$

在这些反应中，人们对铁矿的研究较为深入，这里以这一典型反应为例，讨论气/固反应动力学规律。

铁有多种氧化物，从高价到低价有 $Fe_2O_3$、$Fe_3O_4$和 FeO。根据热力学分析，在还原性气氛中，按照逐级还原的原则，FeO 最终被还原为 Fe。将一个致密的矿球置于浓度足够高的还原气体中，在一定温度下经过一段时间后取出矿球，将其剖开，可以看到如图 8-3（a）所示的各种铁氧化物层状分布的情况。这说明各还原反应是在各层之间的界面上进行的。

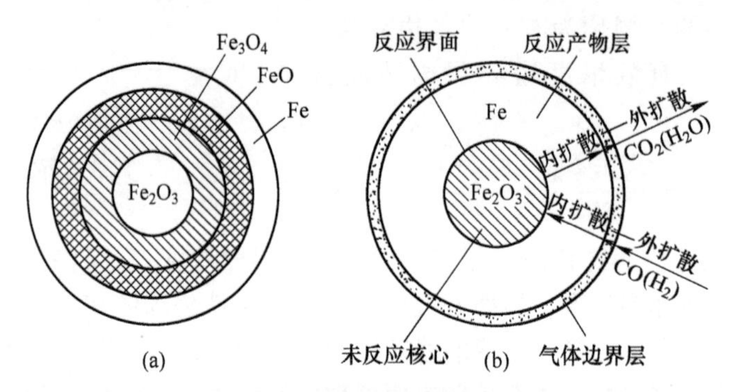


图 8-3 未反应核模型

（a）矿粒剖面图；（b）模型

由于扩散阻力的影响，从矿球表面到未被还原的 $Fe_2O_3$ 核心表面，还原剂 CO 的浓度逐渐降低，因而产生了逐层还原的情况。为了便于分析，需要对实际情况作简化处理，可认为核内部全是一种氧化物，不妨就是 $Fe_2O_3$，而外层是被还原的 Fe。由于未反应的核心比较致密，而还原产物层是疏松的，在二者之间是还原反应的化学反应区。经实验证实，化学反应区很薄，可以忽略，可以近似按界面反应处理。因而可得图 8-3（b）所示的经简化的未反应核模型。

如图 8-3（b）所示，在间接还原时，Fe 层外面还有一层还原性气体 CO，为气体边界层。在边界层的外部，由于对流搅拌作用，气体的浓度是均匀的。发生还原反应时，其反应步骤描述如下：

（1）还原气体 CO 通过气相边界层向矿球表面扩散，即反应物的外扩散；

（2）气体 CO 通过多孔的产物层向反应界面扩散，称为反应物的内扩散；

（3）在反应界面上气体 CO 与铁氧化物发生还原反应，其中包括还原剂的吸附和气体产物的脱附，即界面反应；

（4）气体产物 $CO_2$ 通过固体产物层向矿球表面扩散，即产物的内扩散；

（5）气体产物 $CO_2$ 离开矿球表面向气相边界层扩散，即产物的外扩散。

图 8-4 为还原剂 CO 和产物 $CO_2$ 气体浓度分布曲线。由于扩散阻力的影响，CO 的浓度自外向内逐渐降低，而产物相 $CO_2$ 的浓度自外向内逐渐升高。两者分压之和为一个常数，不会因压力差而引起流动。

设矿球的半径为 $r_0$，随着还原反应的进行，反应界面不断向矿球内部推移，未反应的

核心半径 $r_1$ 不断缩小。由于铁氧化物还原产物的体积逐渐缩小，因此随着反应的进行，矿球体积有收缩的趋势，从而在矿球的产物层中产生了许多孔隙和裂纹，这些孔隙和裂纹弥补了整个矿球的收缩，可以认为反应前后矿球的体积未变。

由于反应界面不断向内推进，反应应视为非稳态过程，但是由于大多数气固反应界面的移动速度远小于反应气体和产物气体在产物层内的扩散速度，可以忽略不计，因而未反应核模型可按稳态情况处理。

#### 8.4.1.2 反应的自催化特征

上述过程描述的是稳态的未反应核模型。但是，在这个模型没形成之前，应该是在矿料球体表面上发生化学反应。这种表面或界面上的化学反应，有其自身的特点——自催化特性，如图 8-5 所示。

在界面化学反应的诱导期（Ⅰ区），反应只在固体表面某些活性点上进行，由于新相晶核生成较困难，反应速率增加很缓慢；在加速期（Ⅱ区），新相晶核较大量生成以后，在晶核上继续生长较容易；由于晶体不断长大，表面积相应增加，反应速率随着时间而加速；在减速期（Ⅲ区），反应后期，相界面合拢，进一步的反应导致反应面积缩小，反应速率逐渐变慢。

在未反应核模型中，界面反应也具有这种自催化特性。

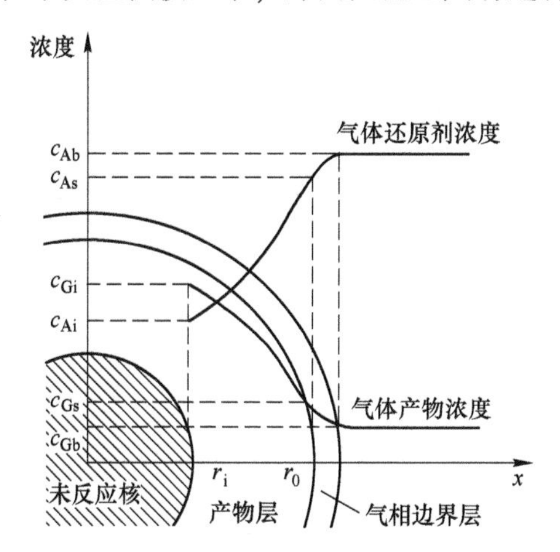


图 8-4 未反应核模型气体还原剂和气体产物浓度分布示意图

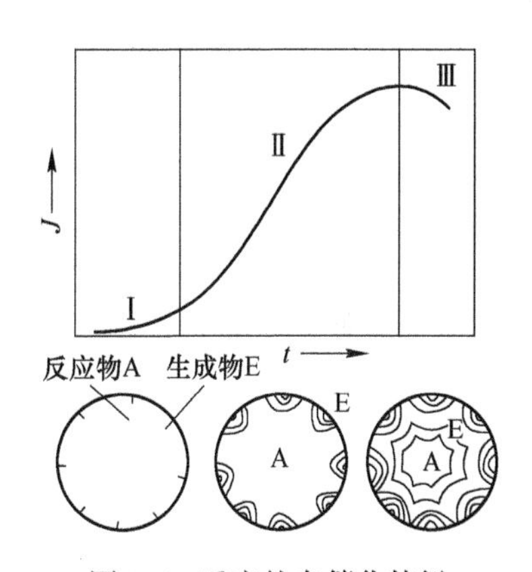


图 8-5 反应的自催化特征

#### 8.4.1.3 各步骤速率分析

建立未反应核模型，为的是要分析反应速率及其影响因素，这里只取该模型的一个部分，如图 8-6 所示。反应物 A 为致密的固体；A(s) 的外层生成一层产物 E(s)，E(s) 表面有边界层（反应气体和产物的浓度边界层）；最外面为反应物 B 和生成物 D 的气流或液流。化学反应由固体表面向内逐渐进行，反应物和产物之间有明显的界面；随着反应的进行，产物层厚度逐渐增加，而未反应的反应物核心逐渐缩小。

为分析问题方便起见，在此以浸出过程（液/固反应）为例，反应的化学方程式为式（8-13），速率以单位时间单位面积上浸出剂 B 消耗量表示。对于焙烧、还原等气/固反应，只要将相应符号进行替换，就可以得出相同结论。

由于总反应过程由 5 个步骤串联组成，以下介绍这 5 个步骤速率及总反应速率的表达式。

A 步骤1：浸出剂在水溶液中的扩散

设浓度边界层内浸出剂的浓度梯度为常数，则通过边界层的扩散速率为（仅考虑大小，不考虑方向，下同）：

$$J_1 = D_1 \frac{C_0 - C_S}{\delta_1}$$

$$J_1 = \frac{C_0 - C_S}{\dfrac{\delta_1}{D_1}} \tag{8-14}$$

$$C_0 - C_S = J_1 \frac{\delta_1}{D_1} \tag{8-14a}$$

式中，$D_1$为浸出剂在水溶液中的扩散系数；$\delta_1$为浸出剂有效浓度边界层的厚度；$\delta_1/D_1$为传质阻力，其倒数为传质系数。

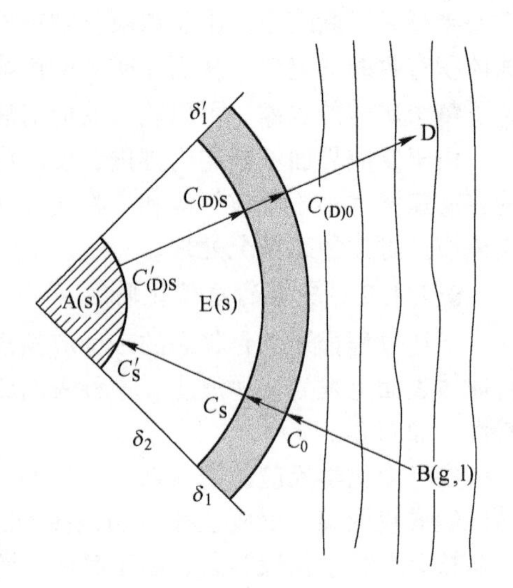


图 8-6 未反应核模型局部示意图

B 步骤2：浸出剂通过固体产物层的扩散

设浸出剂在固体产物中的浓度梯度为常数，则浸出剂通过固体产物层的扩散速率为：

$$J_2 = D_2\left(\frac{dC}{dr}\right) = D_2 \frac{C_S - C'_S}{\delta_2}$$

式中，$D_2$ 为浸出剂在固体产物中的扩散系数；$dC/dr$ 为浸出剂在固体产物中的浓度梯度；$C'_S$为浸出剂在反应界面上的浓度，$\delta_2$ 为产物层 E(s) 的厚度。上式可改写为：

$$J_2 = \frac{C_S - C'_S}{\dfrac{\delta_2}{D_2}} \tag{8-15}$$

$$C_S - C'_S = J_2 \frac{\delta_2}{D_2} \tag{8-15a}$$

C 步骤3：界面化学反应

假设正、逆反应均为一级反应，则界面化学反应的速率可表示为：

$$J_3 = k_+ C'_S - k_- C'_{(D)S}$$

$$J_3 = \frac{C'_S - (k_-/k_+) \cdot C'_{(D)S}}{\dfrac{1}{k_+}} \tag{8-16}$$

$$C'_S - (k_-/k_+) \cdot C'_{(D)S} = J_3 \frac{1}{k_+} \tag{8-16a}$$

式中，$k_+$和 $k_-$ 分别为正反应和逆反应的速率常数；$C'_{(D)S}$为可溶性生成物（D）在反应区的浓度；$1/k_+$为化学反应控制步骤的阻力。注意，逆反应的速率可以用 E 物质的速率来表示，但是为了与后面产物 D 的内扩散和外扩散相联系，这里用产物 D 的速率表示逆反应的速率。

D 步骤4：可溶性生成物（D）通过固体产物的扩散

设可溶性生成物（D）在固体产物中的浓度梯度为常数，则 D 通过固体产物的扩散速率为：

$$J_{(\mathrm{D})4} = D_2' \frac{C'_{(\mathrm{D})\mathrm{S}} - C_{(\mathrm{D})\mathrm{S}}}{\delta_2}$$

式中，$C_{(\mathrm{D})\mathrm{S}}$为可溶性生成物（D）在矿物粒表面的浓度；$D_2'$为可溶性生成物（D）在固体产物 E(s) 内的扩散系数。

将 D 通过固体产物的扩散速率换算为按浸出剂摩尔数计算的扩散速率：

$$J_4 = \beta \cdot D_2' \frac{C'_{(\mathrm{D})\mathrm{S}} - C_{(\mathrm{D})\mathrm{S}}}{\delta_2}$$

式中，$\beta$为生成 1mol D 物质消耗的浸出剂摩尔数，等于 $b/d$。上式可改写成：

$$J_4 = \frac{(C'_{(\mathrm{D})\mathrm{S}} - C_{(\mathrm{D})\mathrm{S}}) \cdot (k_- / k_+)}{\dfrac{\delta_2}{D_2'} \quad \dfrac{k_-}{\beta k_+}} \tag{8-17}$$

$$(C'_{(\mathrm{D})\mathrm{S}} - C_{(\mathrm{D})\mathrm{S}}) \cdot (k_- / k_+) = J_4 \frac{\delta_2}{\beta D_2'} \quad \frac{k_-}{k_+} \tag{8-17a}$$

式中为了后续数学处理的方便，引入了（$k_- / k_+$）项。

E　步骤 5：可溶性生成物（D）在水溶液中的扩散

设浓度边界层内可溶性生成物（D）的浓度梯度为常数，则 D 在水溶液中的扩散速率为：

$$J_{(\mathrm{D})5} = D_1' \frac{C_{(\mathrm{D})\mathrm{S}} - C_{(\mathrm{D})0}}{\delta_1'}$$

式中，$C_{(\mathrm{D})0}$为生成物（D）在水溶液中的浓度；$D_1'$为生成物（D）在水溶液中的扩散系数；$\delta_1'$为生成物（D）有效浓度边界层的厚度。将 D 在水溶液中的扩散速率换算为按浸出剂摩尔数计算的扩散率度：

$$J_5 = \beta \cdot D_1' \frac{C_{(\mathrm{D})\mathrm{S}} - C_{(\mathrm{D})0}}{\delta_1'}$$

式中，$\beta$为生成 1mol D 物质消耗的浸出剂摩尔数，等于 $b/d$。上式可改写成：

$$J_5 = \frac{(C_{(\mathrm{D})\mathrm{S}} - C_{(\mathrm{D})0}) \cdot (k_- / k_+)}{\dfrac{\delta_1'}{D_1'} \quad \dfrac{k_-}{\beta k_+}} \tag{8-18}$$

$$(C_{(\mathrm{D})\mathrm{S}} - C_{(\mathrm{D})0}) \cdot (k_- / k_+) = J_5 \frac{\delta_1'}{\beta D_1'} \quad \frac{k_-}{k_+} \tag{8-18a}$$

上述分析结果给出了每一步的速率表达式，但是并不能由此直接求出反应速率，因为只有 $C_0$和 $C_{(\mathrm{D})0}$是已知的。因此，需要对上述结果进行数学处理，消去未知的浓度。将式(8-14a)～式(8-18a)（所有带 a 的表达式）相加，可以消去 5 个表达式左边的中间项，所以：

$$\text{左边} = C_0 - C_{(\mathrm{D})0} \cdot (k_- / k_+)$$

在稳态条件下，各个环节的速率相等，并等于浸出过程的总速率 $J_0$，即：

$$J_1 = J_2 = J_3 = J_4 = J_5 = J_0$$

右边的和整理可得：

$$右边 = J_0 \cdot \left[\frac{\delta_1}{D_1} + \frac{\delta_2}{D_2} + \frac{1}{k_+} + \frac{k_-}{\beta k_+}\left(\frac{\delta_2}{D_2'} + \frac{\delta_1'}{D_1'}\right)\right]$$

左边=右边，所以总的速率表达式为：

$$J_0 = \frac{C_0 - C_{(\mathrm{D})0} \cdot (k_- / k_+)}{\frac{\delta_1}{D_1} + \frac{\delta_2}{D_2} + \frac{1}{k_+} + \frac{k_-}{\beta k_+}\left(\frac{\delta_2}{D_2'} + \frac{\delta_1'}{D_1'}\right)} \tag{8-19}$$

浸出速率表达式（8-19）中的分母项可视为反应的总阻力。总阻力为各个步骤的阻力之和，其中各步骤的阻力分别如下：

$$浸出剂外扩散阻力 = \delta_1/D_1$$
$$浸出剂内扩散阻力 = \delta_2/D_2$$
$$化学反应阻力 = 1/k_+$$
$$生成物内扩散阻力 = \delta_2/D_2'$$
$$生成物外扩散阻力 = \delta_1'/D_1'$$

（1）当反应平衡常数很大，即反应基本上不可逆时，$k_+ \gg k_-$，式（8-19）可简化为：

$$J_0 = \frac{C_0}{\frac{\delta_1}{D_1} + \frac{\delta_2}{D_2} + \frac{1}{k_+}}$$

在此情况下，反应速率决定于浸出剂的内扩散和外扩散阻力，以及化学反应的阻力，而生成物的向外扩散对浸出过程的速率影响可忽略不计。

（2）浸出速率决定于其中最慢的步骤，当外扩散步骤最慢时，浸出总速率决定于外扩散步骤：

$$\frac{\delta_1}{D_1} \gg \frac{\delta_2}{D_2},\ \frac{\delta_1}{D_1} \gg \frac{1}{k_+};\ J_0 = \frac{C_0}{\frac{\delta_1}{D_1}} = C_0 D_1/\delta_1$$

（3）当化学反应步骤最慢时，总速率决定于化学反应速率：

$$\frac{1}{k_+} \gg \frac{\delta_1}{D_1},\ \frac{1}{k_+} \gg \frac{\delta_2}{D_2};\ J_0 = \frac{C_0}{\frac{1}{k_+}} = k_+ C_0$$

不论哪一个步骤成为控制步骤，浸出速率近似等于溶液中浸出剂的浓度 $C_0$ 除以该控制步骤的阻力。

按未反应核模型，通过稳态处理的办法，可求出内扩散控制、外扩散控制和化学反应控制的速率表达形式。但是，这些速率表达形式是不显示时间的，无法预知某一时刻未反应核的直径以及转化率。为此，人们需要了解显含时间的速率表达形式，这部分内容包括化学反应控制、外扩散控制、内扩散控制和混合控制。混合控制是指前三者中的任意两个或三个共同起到控制作用。这些速率表达式的推导也是基于未反应核模型的。

### 8.4.2 化学反应控制

显含时间的速率表达式

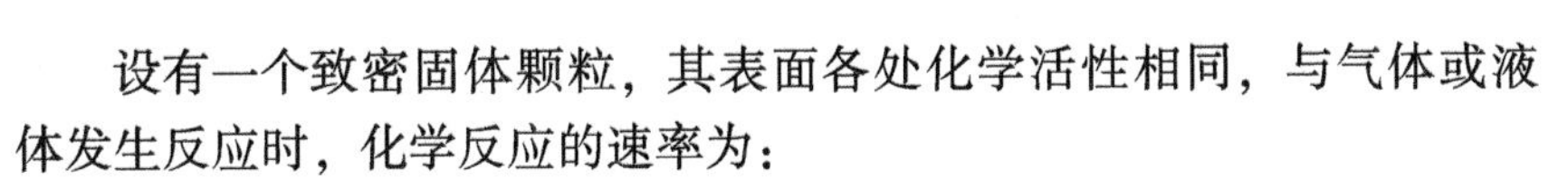

设有一个致密固体颗粒，其表面各处化学活性相同，与气体或液体发生反应时，化学反应的速率为：

$$J_C = kAC^n \tag{8-20}$$

式中，$J_C$为化学反应（如浸出、焙烧、还原等）速率；$k$ 为表面化学反应速率常数；$A$ 为反应界面面积；$C$ 为反应物的浓度；$n$ 为反应级数。球形固体颗粒，$t$ 时刻未反应部分半径为 $r$，则未反应核的表面积为：

$$A = 4\pi r^2$$

未反应核的质量：

$$m = 4\pi r^3\rho/3$$

固体消耗的速率：

$$-\frac{\mathrm{d}m}{\mathrm{d}t} = -4\pi r^2\rho\frac{\mathrm{d}r}{\mathrm{d}t}$$

$$-4\pi r^2\rho\frac{\mathrm{d}r}{\mathrm{d}t} = 4\pi r^2 kC^n$$

$$-\mathrm{d}r = \frac{kC^n}{\rho}\mathrm{d}t$$

对上式积分（假设 $C=C_0$，常数），得

$$\int_{r_0}^{r} -\mathrm{d}r = \frac{kC_0^n}{\rho}\int_0^t \mathrm{d}t$$

$$r_0 - r = \frac{kC_0^n}{\rho}t \tag{8-21}$$

定义反应百分率 $R$：

$$R = \frac{m_0 - m}{m_0} = \frac{r_0^3 - r^3}{r_0^3} = 1 - \left(\frac{r}{r_0}\right)^3$$

$$r = r_0(1-R)^{1/3}$$

上式代入式（8-21）可得界面化学反应控制时气（液）/固相反应的动力学方程：

$$1-(1-R)^{1/3} = 1-(1-R)^{1/n'} = \frac{kC_0^n}{\alpha r_0\rho}t = Kt \tag{8-22}$$

式（8-22）使用的前提条件如下：反应物固体颗粒为单一粒度，流动相反应剂大大过量——浓度可视为不变，固体颗粒为致密球形，且在各方向上的化学性质相同。立方体的固体颗粒，用立方体边长的一半 $0.5a_0$ 代替式中的 $r_0$。一般情形：对于三维的情况，$n'=3$；对于二维的情况，$n'=2$；对于三个维度方向上性质有一定差异的情况（如椭球体），$n'=2\sim3$。

从式（8-22）可以获得如下信息：$C_0$增大，$R$ 增大；$r_0$减小，$R$ 增大；一般 $T$ 增大、$k$ 增大，$R$ 增大。因此，在冶炼的时候欲提高效率，需要增大 $C_0$、减小 $r_0$、提高 $T$。

### 8.4.3 外扩散控制

当反应受到外扩散控制时，反应剂的消耗速率为：

$$J = AD_1 \frac{C_0 - C_S}{\delta_1} = AD_1 C_0 / \delta_1 \tag{8-23}$$

式中，$C_0$为流体本体中反应物的浓度；$C_S$为颗粒表面反应物的浓度，外扩散控制时，$C_S=0$；$A$ 为颗粒表面积；$\delta_1$为有效浓度边界层的厚度；$D_1$为反应物在浓度边界层中的扩散系数。欲提高转化率，需要增大 $C_0$、减小 $r_0$（$A$ 增大）、减小 $\delta_1$（提高搅拌强度）和提高 $T$（$D_1$ 增大）。

流体相中反应剂的消耗与固体反应的量成正比，设其比例系数为 α，则固体反应速率：

$$J = -\alpha \frac{dm}{dt} = AD_1 C_0 / \delta_1$$

$$-\frac{dm}{dt} = AD_1 C_0 / (\alpha \delta_1)$$

$A$ 随时间的改变而改变，其改变规律依具体情况而异。

（1）如果反应过程生成了固体，而且包括固体产物在内的颗粒总半径基本不变，则 $A$ 值为常数，同时有效浓度边界层厚度也可视为不变，若浸出剂浓度不变，则：

$$-\frac{dm}{dt} = 常数$$

$$R = k't \tag{8-24}$$

即反应速率与时间无关，反应分数与时间成正比。

（2）如果反应不生成固体，则液（气）膜与固相的界面面积 $A$ 随反应的进行而不断缩小，它在数值上等于未反应核的面积，则：

$$-\frac{dm}{dt} = AD_1 C_0 / (\alpha \delta_1)$$

在颗粒直径不断缩小的情况下，$\delta_1$不能视为常数。在浸出的具体情况下，颗粒半径 $r$ 很小，$\delta_1$一般与 $r$ 成正比。考虑到此因素，并参照式（8-22）的推导过程可得：

$$1 - (1 - R)^{2/3} = k't \tag{8-25}$$

式中，$k'$为常数。$R$ 与扩散系数 $D_1$和溶液浓度 $C_0$成正比，与颗粒的起始半径 $r_0$成反比，与浓度边界层厚度 $\delta_1$成反比。

### 8.4.4 内扩散控制

内扩散控制时，反应的模型如图 8-7 所示，未反应核的半径为 $r$，在未反应核外存在致密的固体产物层，其厚度为 $\delta_2$，反应界面反应剂浓度为 $C'_S$。

设 $J$ 为单位时间内通过固体产物层的反应物量，由菲克（Fick）第一定律：

$$J = AD_2 \frac{dC}{dr} = 4\pi r^2 D_2 \frac{dC}{dr}$$

假设扩散速率 $J$ 为常数，则：

$$\int_{C_0}^{C'_S} dC = \frac{J}{4\pi D_2} \int_{r_0}^{r_1} \frac{dr}{r^2}$$

$$C'_S - C_0 = \frac{-J}{4\pi D_2} \cdot \frac{r_0 - r_1}{r_0 r_1}$$

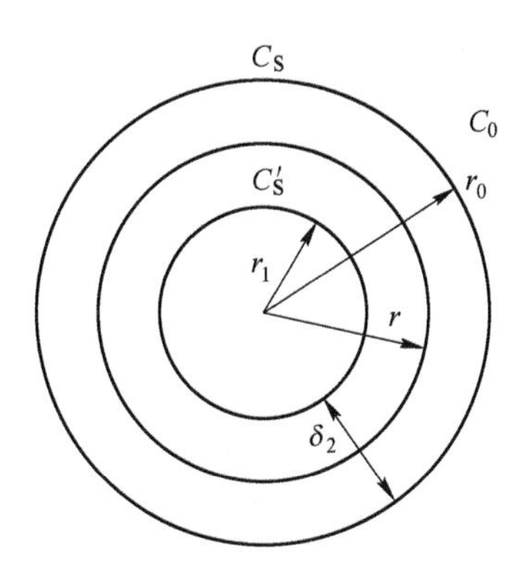


图 8-7 内扩散控制反应模型示意图

由于反应受内扩散控制，内扩散速率远小于化学反应速率，通过内扩散传输的反应剂立即被反应过程所消耗。故反应区反应剂浓度 $C'_S$ 可视为 0，即 $C'_S = 0$，故：

$$C_0 = \frac{J}{4\pi D_2}\frac{r_0 - r_1}{r_0 r_1}$$

反应剂的扩散速率：

$$J = 4\pi D_2 \frac{r_0 r_1}{r_0 - r_1} C_0$$

固体消耗的速率 $J_i$：

$$J_i = -\frac{dm}{dt} = -4\pi r_1^2 \rho \frac{dr_1}{dt}$$

由于固体消耗速率应与液（气）反应物的扩散通量成正比，因此：

$$4\pi D_2 \frac{r_0 r_1}{r_0 - r_1} C_0 = -4\pi r_1^2 \alpha' \rho \frac{dr_1}{dt}$$

式中，$\alpha'$ 为比例系数，$J/J_i$。整理上式，得：

$$-\frac{D_2 C_0}{\alpha' \rho} dt = \frac{r_1(r_0 - r_1) dr}{r_0} = \left(r_1 - \frac{r_1^2}{r_0}\right) dr_1$$

$$-\frac{D_2 C_0}{\alpha' \rho}\int_0^t dt = \int_{r_0}^{r_1}\left(r_1 - \frac{r_1^2}{r_0}\right) dr_1$$

固相内扩散控制条件下液（气）/固相反应的动力学方程：

$$-\frac{D_2 C_0}{\alpha' \rho} t = \frac{1}{2} r_1^2 - \frac{1}{6} r_0^2 - \frac{1}{3}\frac{r_1^3}{r_0} \tag{8-26}$$

由于：

$$r_1 = r_0 (1 - R)^{1/3}$$

上式代入式（8-26），得：

$$-\frac{D_2 C_0}{\alpha' \rho} t = \frac{1}{2} r_0^2 (1 - R)^{2/3} - \frac{1}{6} r_0^2 - \frac{1}{3} r_0^2 (1 - R)$$

整理得：

$$\frac{2 D_2 C_0}{\alpha' r_0^2 \rho} t = 1 - \frac{2}{3} R - (1 - R)^{2/3} \tag{8-27}$$

或

$$\frac{6D_2C_0}{\alpha' r_0^2 \rho}t = 3 - 2R - 3(1 - R)^{2/3} \tag{8-28}$$

式（8-28）可以简写为：

$$k''t = 3 - 2R - 3(1 - R)^{2/3} \tag{8-29}$$

$$k'' = \frac{6D_2C_0}{\alpha' r_0^2 \rho}$$

式中，$k''t$ 为 $R$ 的单调递增函数，欲提高转化率，需要增大 $C_0$、减小 $r_0$ 以及提高温度 $T$（$D_2$ 增大）。

### 8.4.5 混合控制

当冶金过程受固相内扩散和化学反应混合控制时，其动力学方程式如式（8-30）所示，推导过程从略。

$$\frac{k'''D_2C_0}{\alpha'' r_0^2 \rho}t = \frac{k'''}{6}[3 - 2R - 3(1 - R)^{2/3}] + \frac{D_2}{r_0}[1 - (1 - R)^{1/3}] \tag{8-30}$$

式中，$\alpha''$为化学反应速率的比例系数，$k'''$为化学反应的速率常数；式（8-30）右侧两项分别反映了反应控制和扩散控制的贡献。

当气（液）/固反应受气（液）体通过边界层的外扩散步骤、气（液）体通过固体产物层的内扩散步骤以及界面化学反应步骤混合控制时，达到某一转化率 $R$ 所需时间等于该反应分别只受上述各步骤单独控制时，达到相同转化率所需反应时间之和。这一规律称为反应时间加合定律。

## 8.5 液（气）/液反应动力学

双膜理论模型

冶金中许多反应过程涉及两流动相，如溶剂萃取发生在水相/有机相之间；溶液中低价金属离子的空气氧化，以及冰铜的吹炼，是气相与液相反应；造锍熔炼及金属中杂质的氧化除去发生在渣/冰铜、渣/金属之间。无论是液/液还是气/液反应，它们都是两个流动相之间的反应。表现形式虽异，但研究表明它们所遵循的动力学规律却基本相同，可以用双膜理论进行描述。

双膜理论分析方法与未反应核模型相同，但是液（气）/液反应模型不存在内扩散区，不存在反应核。液（气）/液反应模型中的“反应核”扩展为一个极大的液相体，界面可以看成无限的平面。这样就形成了“液/液反应的双膜理论模型”。

### 8.5.1 双膜理论模型

如图 8-8 所示，A、B 是两个不相混合的流动相。A 相内反应物浓度为 $C_A$；在相界面上，浓度下降为 $C_A^*$。A 相内边界层的厚度为 $\delta_1$，扩散系数为 $D_1$。相界面上生成物的浓度为 $C_B^*$；B 相内，浓度下降到 $C_B$。B 相内边界层的厚度为 $\delta_2$，扩散系数为 $D_2$。

### 8.5.2 速率表达式

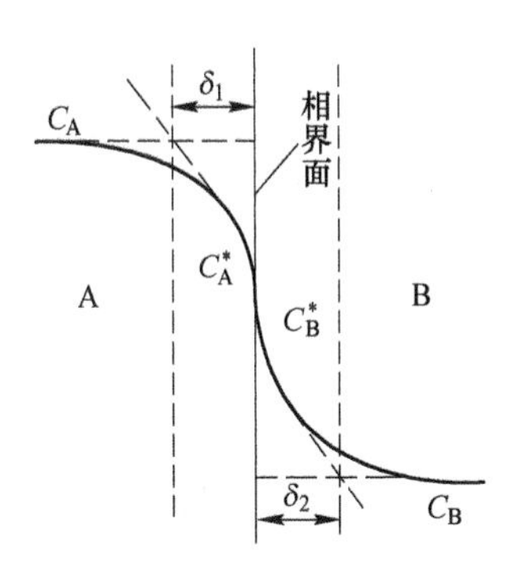

图 8-8　双膜理论模型示意图

整个液（气）/液反应过程包括 3 个连续的步骤：

（1）反应物由 A 相本体向相界面的扩散；

（2）界面化学反应；

（3）生成物由相界面向 B 相本体的扩散。

各步骤和总反应的速率分析方法与未反应核模型相同，不再赘述。对于反应物扩散与界面化学反应混合控制的情况，总速率可以表示为：

$$J_{总} = J_1 = \beta_1(C_A - C_A^*)A = \frac{\beta_1 k_+ (C_A - C_B/D)A}{\beta_1 + k_+} = \frac{(C_A - C_B/D)A}{\dfrac{1}{\beta_1} + \dfrac{1}{k_+}}$$

式中，$\beta_1 = \dfrac{D_1}{\delta_1}$，$D = \dfrac{K_+}{K_-}$。对于界面化学反应与产物扩散混合控制的情况，总速率可以表示为：

$$J_{总} = J_3 = \beta_2(C_B^* - C_B)A = \frac{k_+ \beta_2 (C_A - C_B/D)A}{k_+/D + \beta_2} = \frac{(C_A - C_B/D)A}{\dfrac{1}{k_+} + \dfrac{1}{\beta_2 D}}$$

式中，$\beta_2 = \dfrac{D_2}{\delta_2}$。对于 3 个步骤混合控制的情况，总速率可以表示为：

$$J_{总} = J_1 = J_2 = J_3 = \frac{(C_A - C_B/D)A}{\dfrac{1}{\beta_1} + \dfrac{1}{k_+} + \dfrac{1}{\beta_2 D}} = k_{总}(C_A - C_B/D)A$$

## 复习思考题

8-1 冶金领域的非均相反应分为哪几种类型？

8-2 如何判定反应的速率控制步骤？

8-3 什么是边界层，扩散理论如何处理对流传质问题？

8-4 气/液-固反应的自催化特征是什么，未反应核模型适用于哪个阶段？

8-5 未反应核模型和双膜理论模型各适于处理哪几类冶金反应动力学问题？

扫一扫查看
课件 20（自学）

扫一扫查看
课件 21

# 9 电化学冶金

电化学冶金的概念在绪论中已经讲述过，就是电化学在冶金中的应用，如利用可逆电池对热力学函数（如 $\Delta G^{\ominus}$、$a_B$等）的测定、金属的电解沉积和提纯等。这里给出电化学一般的、较为通俗的描述，它是研究化学能和电能之间相互转化的科学。冶金原理所涉及的电化学内容，仅仅是与冶金相关的一些电化学内容。

## 9.1 电解池和原电池

电解概述与
极化现象

电能与化学能之间的转化靠电池反应来实现。由外加电能促使发生变化的电池称为电解池（Electrolytic cell）；靠发生化学变化向外提供电能的电池称为原电池（Primary cell）。实现电能与化学能之间转换的介质称为电解质溶液，其导电主要靠离子迁移。

众所周知，无论对电解池还是原电池，体系工作时肯定要发生氧化还原反应，只不过这个氧化还原反应比较特殊，是发生在不同区域的氧化或还原反应（单质直接合成化合物是在同一位置上的氧化还原反应）。发生氧化反应的区域或电极为阳极，发生还原反应的区域或电极为阴极。阴离子总是移向阳极，而阳离子总是移向阴极。对于电解池，“阳极和阴极”与“正极和负极”是相一致的，对于原电池则刚好相反。

图 9-1 是原电池和电解池的示意图。

如图 9-1（a）所示，某一原电池由 Cu 电极、Zn 电极、电解质（$CuSO_4$和 $ZnSO_4$）水溶液以及导线组成，电极反应如下。

阴极-正极-还原极： $Cu^{2+}+2e \longrightarrow Cu$

阳极-负极-氧化极： $Zn-2e \longrightarrow Zn^{2+}$

Cu 电极上发生还原反应，是阴极，还原的电子来自 Cu 电极自身，Cu 电极失去电子而带正电，所以是原电池的正极。Zn 电极上发生氧化反应，是阳极，Zn 氧化失去的电子留在 Zn 电极上，Zn 电极带负电，所以是原电的负极。当用导线连接正负极时，有电流流过，电流计有显示。导线有电子流过之后，原来的电极失去平衡，电解质溶液中的阳离子向阴极（原电池正极），阴离子向阳极（原电池负极）。导线有电子流过之后，阳极继续溶解，即有阳离子进入溶液，图 9-1（a）中未示出。

如图 9-1（b）所示，某一电解池由电源、两个惰性电极、电解质（$CuCl_2$）水溶液以及导线组成。如图所示的系统搭建好时，负极上由电源供给电子而带有负电荷，当电荷积累到电极电势足够负时，溶液中与负极接触的阳离子 $Cu^{2+}$被还原，电极反应如下。

阴极-负极-还原极： $Cu^{2+}+2e \longrightarrow Cu$

$Cu^{2+}$被还原后，电极表面附近 $Cu^{2+}$ 阳离子浓度降低，所以电解质溶液中的 $Cu^{2+}$ 阳离子会向负极（阴极）方向移动。同理，正极上发生氧化反应，电极反应如下。

阳极-正极-氧化极：　　　　　　$2Cl^- - 2e \longrightarrow Cl_2$

$Cl^-$被氧化后，电极表面附近$Cl^-$浓度降低，所以电解质溶液中的$Cl^-$会向阳极（正极）方向移动。

法拉第于1833~1834年研究电解时对实验结果进行了汇总，分析得到如下所述的实验规律：

（1）电解过程中两电极上产生或消耗的物质的量与通入的电量成正比；

（2）若将几个电解池串联，如图9-2所示，通入相同的电量后，在各电极上发生反应的物质的量等同，析出物质的质量与其摩尔质量成正比。

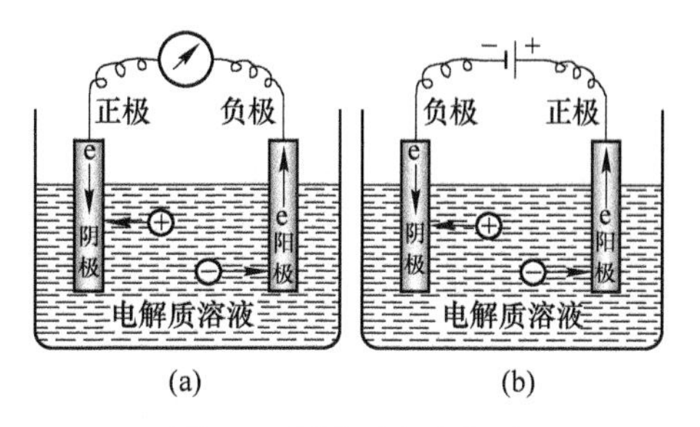


图9-1　原电池与电解池

（a）原电池；（b）电解池

该实验规律表示通过电极的电量与电极反应的物质的量之间的关系，又称为法拉第定律，其数学表达式为：

$$Q = n \cdot z \cdot F$$

式中，$n$为物质摩尔数；$z$为反应式中的电子计量数；$F$为法拉第常数，96500C/mol。

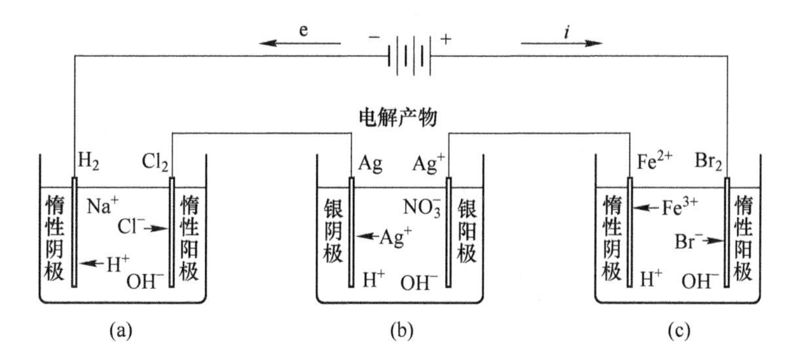


图9-2　法拉第定律示意图

（a）电解NaCl水溶液；（b）电解$AgNO_3$水溶液；（c）电解$FeBr_3$水溶液

# 9.2　电动势与电极电势

## 9.2.1　电动势

由热力学原理可知，等温等压条件下，化学反应的吉布斯自由能变化$\Delta G$应等于可逆条件下所做的最大功。对于电池反应，其$\Delta G$应为可逆条件下所做的最大电功。

每摩尔电池反应所做的可逆电功为：

$$W = \Delta G = -zEF \tag{9-1}$$

式中，$E$为电池的电动势，即电池两极的电势差。若电池处于标准态，则：

$$\Delta G^{\ominus} = -zE^{\ominus}F \tag{9-2}$$

式中，$E^{\ominus}$为电池的标准电动势。

### 9.2.2 能斯特方程

若电池反应可以写成 $a\mathrm{A}+b\mathrm{B}=g\mathrm{G}+r\mathrm{R}$，由于：

$$\Delta G=\Delta G^{\ominus}+RT\ln\frac{a_{\mathrm{G}}^{g}\cdot a_{\mathrm{R}}^{r}}{a_{\mathrm{A}}^{a}\cdot a_{\mathrm{B}}^{b}}$$

根据吉布斯自由能变化和电动势的关系式（9-1）和式（9-2），可得：

$$E=E^{\ominus}-\frac{RT}{zF}\ln\frac{a_{\mathrm{G}}^{g}\cdot a_{\mathrm{R}}^{r}}{a_{\mathrm{A}}^{a}\cdot a_{\mathrm{B}}^{b}} \tag{9-3}$$

式（9-3）称为电池反应的能斯特方程。以上各关系式建立了热力学函数和电池反应的联系，常被用于热力学函数值的测量。

### 9.2.3 电极电势

能斯特方程也适用于电极反应，不同的是用电极电势替代电池电动势。

#### 9.2.3.1 双电层结构与电极电势

当将一金属浸在含有该金属离子的溶液中时，在溶液与金属之间便进行两个相反的过程：一方面，电极表面金属原子把电子留在电极上，而自身以溶剂化的离子进入溶液中；另一方面，溶液中的水合金属离子从电极表面获得电子被还原，并沉积在电极表面。两个过程存在动态平衡，例如图 9-3（a）中 Zn 电极，随着过程的进行，由于表面负电荷增多，金属原子离子化过程的速率将减慢，相反地，该金属阳离子还原的速率将增大，直到这两个速率相等为止。平衡时电极上仍然积累了负电荷，由于正负电荷吸引，电极表面附近的溶液中的阳离子浓度比主体中的要高，使金属-溶液界面两侧带有不同的电荷，在电极与溶液界面处就形成了一个双电层。

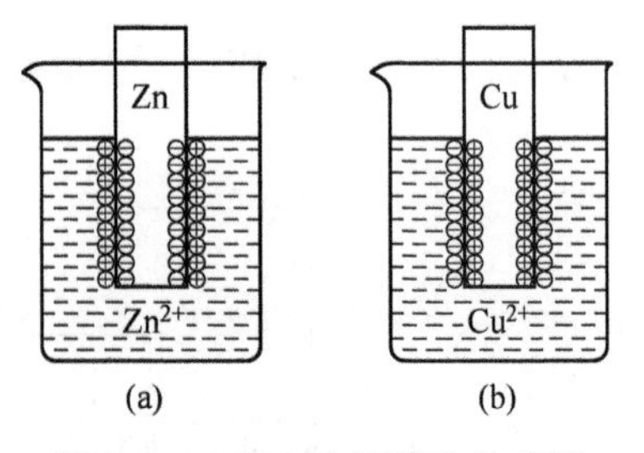

图 9-3 电极双电层简化示意图
（a）Zn 电极；（b）Cu 电极

当电极与溶液接触时，由于离子或电子的迁移，形成双电层，使金属电极荷电，产生了电势差。这时的电位差即为电极电势，用 $\varepsilon$ 表示。电极电势在有的教材中用 $\phi$ 或 $\varphi$ 表示，本书不再区分，随机使用这些符号。

电池电动势即为各相界面电位差之和，其中主要是电池两极电极电势的和，所以电池电势常表示为 $E=\varepsilon_{左}-\varepsilon_{右}$，式中 $\varepsilon_{左}$ 和 $\varepsilon_{右}$ 分别表示两电极的还原电极电势（写成还原形式的电极反应的电势）。

由于无法确知电极的绝对电势，只能测定由两个电极构成电池的电势，所以只要能够选定一个电极作为相对标准，即参比电极，规定其电极电势为零，则可确定各种电极的相对电极电势。进一步就可方便地确定任意电池的电动势了。现一般采用氢电极为标准电极，与待测电极构成电池，这个电池的电动势即为待测电池的相对电极电势。

一个电池反应可以看成是由两个电极反应构成的。电极电势也存在相应的能斯特方程，一个电极的还原电极电势可表示为：

$$\varepsilon_{Me^{z+}/Me}=\varepsilon^{\ominus}_{Me^{z+}/Me}-\frac{RT}{zF}\ln\frac{a_{还原态}}{a_{氧化态}}$$

或

$$\varepsilon_{Me^{z+}/Me}=\varepsilon^{\ominus}_{Me^{z+}/Me}-\frac{RT}{zF}\ln\frac{a_{Me}}{a_{Me^{z+}}}$$

9.2.3.2 极化和离子的析出顺序

有电流通过时实际电动势 $E_{ir}$ 或电极电势 $\varepsilon_{ir}$ 对平衡值 $E_r$ 或 $\varepsilon_r$ 的偏离称为极化。如图 9-4 所示，有电流通过时，阳极极化使阳极电势升高，阴极极化使阴极电势降低。对电极极化而言，二者之差称为过电势 $\eta$，即

$$\eta=|\varepsilon_{ir}-\varepsilon_r|$$

过电势和通电电流、电解质类型等有关。

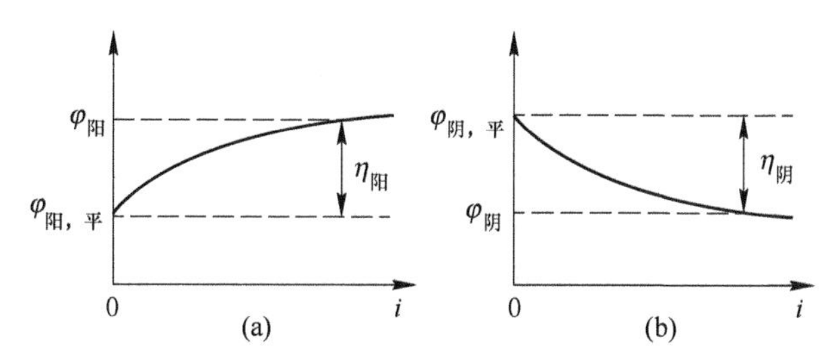


图 9-4 电极极化示意图

（a）阳极极化；（b）阴极极化

如图 9-5 所示，过电势（极化）对原电池而言，将导致对外提供的电能将低于理论值。对电解池而言，外界消耗的能量值将高于理论值，要使阳离子在阴极析出，外加电极电势必须低于可逆电极电势；要使阴离子在阳极析出，必须使阳极电势比可逆电势更高一些。

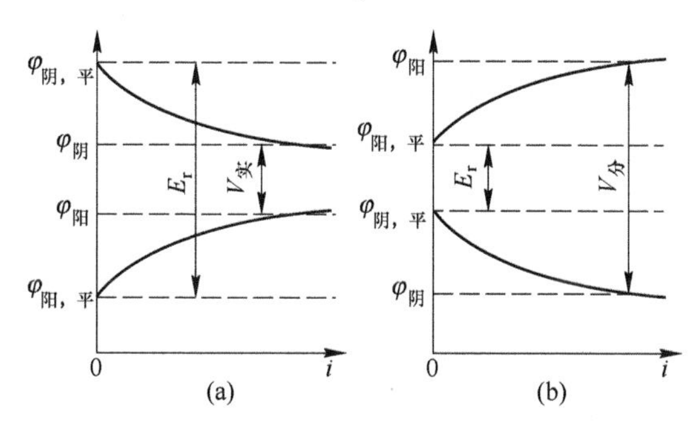


图 9-5 极化对原电池和电解池的影响

（a）原电池；（b）电解池

如果溶液同时存在几种可能放电的离子，则决定它们放电次序先后的，不仅是它们的可逆电势（平衡电势），而且还须考虑各离子在电极上的过电势。其反应顺序是：实际电势（考虑过电势）越正的阳离子越先在阴极析出；实际电势越负的阴离子越优先在阳极上发生反应。改变离子的活度（调整浓度或加入配合剂等）、更换电极材料、调整电流密度等可改变过电势，均能使实际电极电势发生变化，从而调整反应顺序。

# 9.3 电极过程

在冶金领域，得到广泛应用的是电解池，即电解过程。电解的实质是电能转化为化学能的过程，是原电池过程的逆过程。

## 9.3.1 电极过程的概念

当直流电通过阴极和阳极导入装有水溶液电解质的电解槽时，水溶液电解质中的阳、阴离子便会分别向阴极和阳极迁移，并同时在两个电极与溶液的界面上发生还原与氧化反应，从而分别产出还原物与氧化物。在电极与溶液的界面上发生的反应称为电极反应。对应的反应分别称为阴极反应和阳极反应。

在冶金中，电解过程得到广泛的应用。主要有两个方面：一是从溶液（包括水溶液和熔盐）中提取金属；二是从粗金属、合金或其他中间产物（如锍）中提取金属。这样，在生产实践中就有两类不同的电解过程：（1）不溶性阳极的电解；（2）可溶性阳极的电解。这两类过程分别称为电解沉积和电解精炼。这两类过程共同遵守法拉第定律、能斯特方程、离子迁移理论、电极反应的电化学动力学和扩散动力学。前三者已经介绍了，这里着重讨论电极过程的速率（电极反应的电化学动力学和扩散动力学）以及与电解过程有关的基本理论问题。这些理论问题既适用于水溶液体系，也适用于熔盐体系。

电极过程是指在与平衡电势不同的电势下，在电极表面上随着时间而发生的各种变化的综合，包括电极反应、电化学转化、电极附近区域液层中的传质作用等一系列变化。电极过程的速率可利用固相与液相界面上发生的多相化学反应的普遍规律来研究。在研究电极过程的速率之前，需要先简要了解一下电极-溶液双电层理论。

## 9.3.2 双电层模型

以阴极为例，电极表面带负电，形成双电层金属一侧。如图 9-6 所示，双电层的溶液一侧，被认为是由若干“层”所组成。最靠近电极的一层为内层，它包含溶剂分子和特性吸附的一些其他物质（离子或分子）。这种内层也称为紧密层、海姆荷兹（Helmholtz）层和斯特恩（Stern）层。特性吸附离子的电中心的位置称为内海姆荷兹面（IHP），它在距电极表面的 $x_1$处。在内层中，特性吸附离子的总电荷密度是 $\sigma^i$（$\mu C/cm^2$）。溶剂化的离子只能接近到距离金属表面为 $x_2$ 的位置处；这些最近的溶剂化离子中心的位置称为外海姆荷兹面（OHP）。溶剂化离子与荷电的金属的相互作用，仅仅涉及远程的静电力，因此，它们的相互作用从本质上说与离子的化学性质无关。这些离子被称为非特性吸附离子。由于溶液中的热扰动，非特性吸附离子会布满于称为扩散层的三维区间内，扩散层是从外海姆荷兹层延伸至溶液本体。在扩散层中过剩的电荷密度为 $\sigma^d$，因而在双电层的溶液一侧，总的过剩电荷密度 $\sigma^S$ 由下式给出：

$$\sigma^S = \sigma^i + \sigma^d = -q^{Me}$$

式中，$q^{Me}$ 为金属电极上的过剩电荷密度。扩散层的厚度取决于溶液的总离子浓度；浓度大于 $10^{-2}$mol/L 时，扩散层厚度小于 10nm。

图 9-7 中给出了双电层区的电势分布。由于金属电极表面过剩的负电荷静电力作用，

电极表面溶液侧的阴、阳离子分布不均匀，阳离子浓度先降低再升高而阴离子浓度一直升高（直到与溶液本体相同），使得溶液侧不同位置的电势有所不同。图9-6中所示的$\phi_2$和$\phi^{Me}$分别处于图9-7中电势曲线的最低位置和中间位置。扩散层中也有电势降（$\phi^S-\phi_2$）。

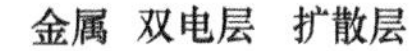


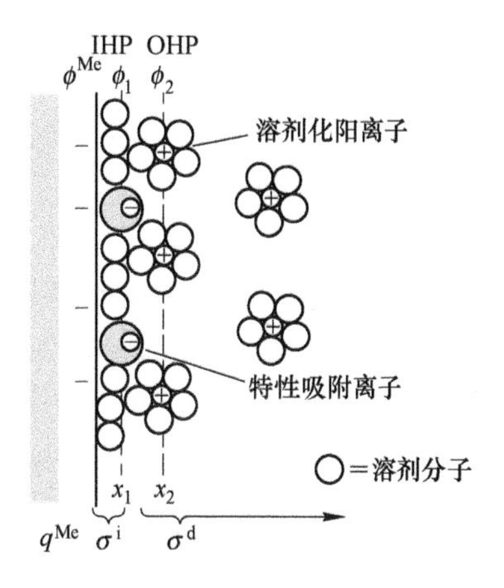


图9-6 电极的双电层模型示意图

了解了双电层模型之后，由固液界面多相反应的普遍规律，很容易理解电极过程的速率控制过程（步骤）。如图9-8所示，离子参与而在电极上导致新物质生成的过程，经历了下列阶段：

（1）扩散，由溶质在溶液本体和紧密层外界的浓度差而导致的。

（2）电化学反应，紧密层中的离子参与电化学反应。在阴极上，阳离子获得电子而被还原；在阳极上，阴离子给出电子而发生氧化。

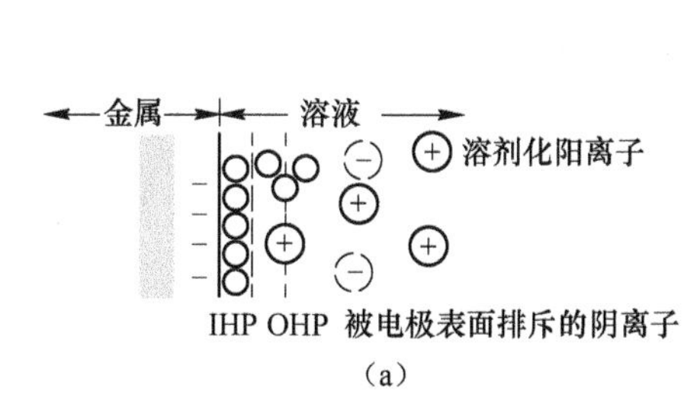


（a）

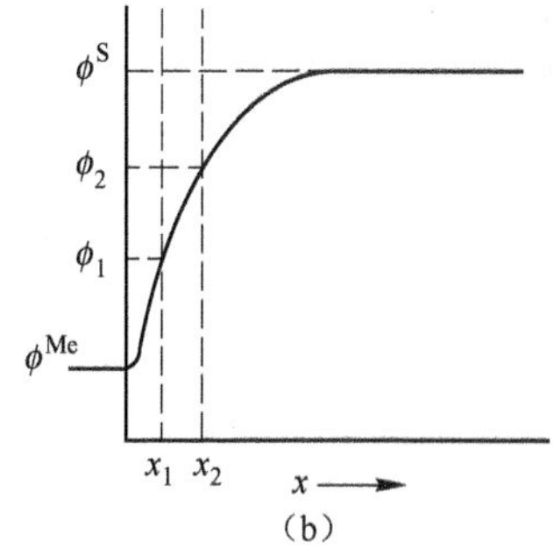


（b）

图9-7 简化电极双电层模型及其电势分布

（3）形成最终产物，如果产物是气体（例如$H_2$），那么它包括由H原子生成$H_2$分子，最后成为气泡由电极表面排出。如果过程的产物是固体（例如还原出来的金属），则应考虑其形核和长大过程。如果过程的产物是留在溶液中的离子，那么最终阶段应包括这个产物由电极表面向溶液本体的扩散。

如图9-8所示，以虚线为界，电极过程可分为扩散和化学反应两部分。根据动力学速率分析结果，最慢的步骤为反应速率的控制步骤，因此可将电极反应分为扩散控制和电化学反应控制两个过程，故研究电极过程的动力学内容包括电化学动力学和扩散动力学。由上述双电层模型分析可知，紧密层内部发生的是化学反应，对应的是电化学动力学过程；而扩散层对应的则是扩散动力学过程。下文以阴极过程为例，介绍电极过程的扩散动力学和电化学动力学内容。

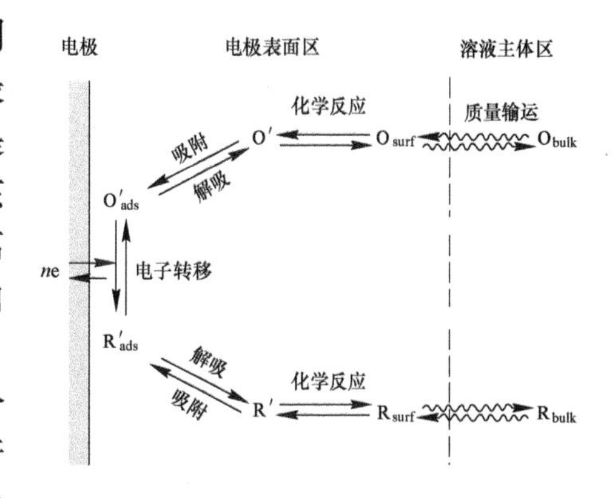


图9-8 电极反应过程示意图

# 9.4 电极过程扩散动力学

图 9-9 为阴极极化时电极附近液层中阴阳离子浓度的分布曲线。其中，$l$ 为紧密层厚度，$\delta$ 为扩散层厚度，$C_0$为溶液本体浓度，$C_S$ 为电极表面附近浓度，$C_+$和 $C_-$分别为阳离子和阴离子浓度，$S$-$S'$为电极平面位置。

在阴极表面附近，紧密层随着离开电极表面距离的增大逐渐进入扩散层，而扩散层外为对流层。紧密层中阴阳离子浓度随厚度 $l$ 的分布不同。阳离子由于异号电荷相互吸引而浓度偏高；阴离子由于同号电荷相互排斥而浓度偏低；在扩散层中，阴阳离子浓度相等，但在 $a$ 点浓度最低，$a$ 点至 $b$ 点间存在浓度梯度，考虑到对流传质的速率很快，一般比扩散大几个数量级，因此可以认为在 $b$ 点的浓度等于溶液本体的浓度。如果 $a$ 点至 $b$ 点的浓度视为线性变化，则浓度梯度可表示为 $(C_0 - C_S)/\delta$。在对流层中可视为浓度是均匀的，等于本体浓度 $C_0$。

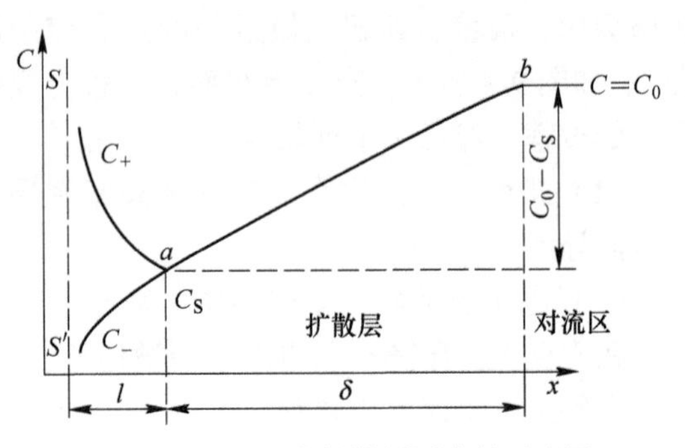

图 9-9　阴极极化扩散层厚度的示意图

需要注意的是，扩散层内还存在电迁移传质，但是相对于扩散而言速率非常小，因此主要还是扩散传质过程。

## 9.4.1 扩散电流密度

当过程稳定进行时，电极反应速率为单位时间内通过单位截面积的离子的量。

$$J = \frac{1}{A_S} \cdot \frac{dn}{dt}$$

由法拉第定律可知，物质的量与电流成正比，也就是与流过单位面积的电流（电流密度）成正比。

$$\Delta n = \frac{Q}{zF} = \frac{I\Delta t}{zF}$$

$$J = \frac{1}{A_S} \cdot \frac{I}{zF} = \frac{i}{zF}$$

$$J \propto i$$

所以，电极反应速率 $J$ 正比于电流密度 $i$，可以用电流密度 $i$ 表示电极反应速率。

由菲克第一扩散定律可知，单位时间内通过单位截面积的离子的量（仅考虑大小）为：

$$J = \frac{D(C_0 - C_S)}{\delta}$$

当电极过程由扩散控制时，电流密度与扩散到电极的离子的量成正比，每摩尔离子的电荷是 $zF$，所以扩散电流密度可写成：

$$i = \frac{DzF}{\delta}(C_0 - C_S) = K(C_0 - C_S) \tag{9-4}$$

式中，$K$ 为常数。关于影响电极反应速率的因素，由式（9-4）分析可知：温度升高，$D$ 增大，$i$ 增大；搅拌溶液时 $\delta$ 降低，$i$ 增大；$i$ 还与物质有关，如黏度下降、离子半径减小，都将使 $i$ 增大。

如果电极反应足够快，使到达表面的离子立即反应而消耗，此时认为 $C_S = 0$，$i$ 达到最大值，则式（9-4）简化为：

$$i_{扩} = \frac{DzF}{\delta}(C_0 - C_S) = KC_0 \tag{9-5}$$

式中，$i_{扩}$ 为增强阴极极化所能获得的最大电流密度。由于它受离子扩散过程的控制，故称为极限扩散电流密度。

### 9.4.2 浓差极化

如果电化学反应速率足够快，则电极过程受扩散控制。溶液中氧化态物质［O］在阴极被还原成［R］，电极表面液层中［O］浓度降低，与溶液本体间形成浓度梯度，所消耗的反应物从溶液内部扩散补充。由能斯特方程式可知，由于浓度发生变化，电极电势也要发生改变，会偏离平衡电极电势，即发生了极化。这种由反应物浓度差引起的极化被称为“浓差极化”。

若阴极反应为：

$$[O] + ze = [R]$$

根据能斯特方程，有：

$$\varphi_{平} = \varphi^{\ominus} + \frac{RT}{zF}\ln\frac{a_{0[O]}}{a_{0[R]}} \tag{9-6}$$

$$\varphi = \varphi^{\ominus} + \frac{RT}{zF}\ln\frac{a_{S[O]}}{a_{S[R]}} \tag{9-7}$$

式中，$a_0$ 和 $a_S$ 分别为在溶液中和电极表面的活度。当还原产物［R］独立成相时，$a_{0[R]}$ 和 $a_{S[R]}$ 均为 1。根据过电势定义，发生浓差极化时的过电势 $\eta_{浓差}$ 为：

$$\eta_{浓差} = \varphi_{平} - \varphi = \frac{RT}{zF}\ln\frac{a_{0[O]}}{a_{0[R]}}\frac{a_{S[R]}}{a_{S[O]}} = \frac{RT}{zF}\ln\frac{a_{0[O]}}{a_{S[O]}} \tag{9-8}$$

为了表示式（9-8）中 $a_{0[O]}$ 和 $a_{S[O]}$ 的比值，需要做些数学处理，由式（9-4）和式（9-5）相除，得：

$$\frac{i_{阴}}{i_{扩}} = \frac{i}{i_{扩}} = \frac{K(C_{0[O]} - C_{S[O]})}{KC_{0[O]}}$$

$$C_{S[O]} = C_{0[O]}\left(1 - \frac{i_{阴}}{i_{扩}}\right)$$

对于稀溶液而言，浓度即为活度（活度系数为 1），所以发生浓差极化时的过电势可以表示为：

$$\eta_{浓差} = \frac{RT}{zF}\ln\frac{a_{0[O]}}{a_{S[O]}} = \frac{RT}{zF}\ln\frac{C_{0[O]}}{C_{S[O]}} = \frac{RT}{zF}\ln\frac{i_{扩}}{i_{扩} - i_{阴}} \tag{9-9}$$

将式（9-9）绘成曲线图，可得电极产物生成独立相的浓差极化曲线，如图 9-10 所示。随着电势的降低电流密度增加，但趋近一极限值 $i_{扩}$；当 $i_{阴}$ 趋近于 0 时，$\eta_{浓差}$ 趋近于 0，$\varphi = \varphi_{平}$。

当溶液充分搅拌时，扩散速率比电极反应速率快得多，电极过程将决定于电化学反应的速率。下一节将介绍电解过程的电化学过程动力学。在介绍电化学动力学之前，还有必要先了解几个基本概念，包括交换电流密度、零电荷电势和氢过电势等。

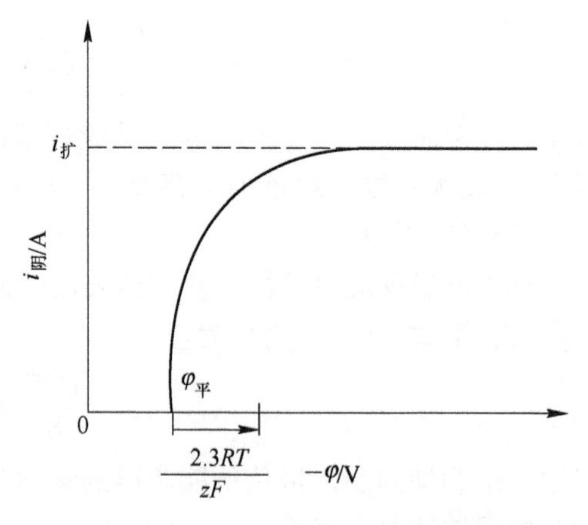


图 9-10 电极产物生成独立相的浓差极化曲线

## 9.5 电化学过程动力学

电化学极化

### 9.5.1 交换电流 $i_0$

当将一金属浸在含有该金属离子的溶液中时，在溶液与金属之间便进行两个相反的过程，即金属离子化进入溶液和溶液中的金属离子在金属上还原。例如，最初时刻，金属离子化过程的速率大于还原速率。随着过程的进行，由于表面负电荷增多，金属原子离子化过程的速率将减慢。相反地，该金属阳离子还原的速率将增大，直到这两种速率相等为止。在此情况下，金属表面原子与溶液中离子之间建立起动态平衡。即金属的离子化过程（即氧化过程）速率（用电流密度 $i_{氧}$ 表示）与离子还原过程的速率（用电流密度 $i_{还}$ 表示）相等，此时表示反应速率的电流密度称为交换电流，以 $i_0$ 表示。

### 9.5.2 零电荷电势 $\varphi_0$

在交换电流 $i_0$ 下，金属电极上有过剩电荷。假设将相对溶液荷正电的金属表面进行阴极极化，那么其正电荷便开始减少（对荷负电的金属则进行阳极极化）。在对该溶液和金属为特征的某个极化值下，表面电荷将等于零，即双电层将不复存在，进一步加大极化将使金属表面荷有负电。金属在无双电层存在时的电势，称为金属的表面零电荷电势（$\varphi_0$），它是金属非常重要的电化学特性数据。

零电荷电势可以作为一个基准点，不同电势相对于零电荷电势的差值，可以用来表征剩余电荷的种类和数量以及双电层中的电势分布情况。

### 9.5.3 电化学极化

当电流通过电极时，由于电极反应的速率有限，电源将电子供给电极之后，阳离子比如 $Zn^{2+}$ 来不及立即被还原，不能完全消耗掉外界电源输送来的电子，电子在电极上积累，电极电势向负方向移动，电极电势偏离平衡电极电势，即形成过电势，这种现象称为电化学极化。

1905 年塔菲尔根据氢离子放电的大量实验结果，提出了塔菲尔公式，指出在浓差极化影响可以忽略的条件下，氢过电势与电流密度近似成对数关系，可写为塔菲尔公式：

$$\eta = a + b\lg i \tag{9-10}$$

式中，$a$ 和 $b$ 为常数，$a$ 值与电极材料、电极表面状况、温度和溶液成分有关；常数 $b$ 值则约等于 $2.3RT/zF$。塔菲尔公式仅是表征电化学反应中过电势与电流密度关系的经验公式，Buttler-Volmer 进一步从理论上推导了塔菲尔公式。推导过程中所使用的电势、活化能等都是以零电荷电势为基准的，这就是本节先介绍零电荷电势的原因。

限于本课程的性质和篇幅所限，这里就不再介绍 Buttler-Volmer 的推导过程了，请参阅其他电化学书籍。巴特勒-沃尔默（Buttler-Volmer）公式的数学表达式为：

$$i_{阴} = i_{还} - i_{氧} = i_0 \left[ e^{-\frac{\alpha zF\Delta\varphi}{RT}} - e^{\frac{\beta zF\Delta\varphi}{RT}} \right] \tag{9-11}$$

$$i_{阳} = i_{氧} - i_{还} = i_0 \left[ e^{\frac{\beta zF\Delta\varphi}{RT}} - e^{-\frac{\alpha zF\Delta\varphi}{RT}} \right] \tag{9-12}$$

式中，$i_0$为交换电流密度；$\Delta\varphi$ 是以零电荷电势为基准的电势改变量；$\alpha$ 和 $\beta$ 为在 0～1 之间的分数，$\alpha+\beta=1$。

图 9-11 是根据巴特勒-沃尔默公式和塔菲尔公式绘制的电化学反应的极化曲线。随着电极阴极极化的增强（例如过电势 $\eta_{阴}$ 大于 120mV），可忽略 $i_{氧}$对 $i_{阴}$ 的贡献；同时由于 $\eta_{阴}=-\Delta\varphi$，则

$$i_{阴} = i_0 e^{-\frac{\alpha zF\Delta\varphi}{RT}} = i_0 e^{\frac{\alpha zF\eta_{阴}}{RT}} \tag{9-13}$$

式（9-13）经整理可得

$$\eta_{阴} = -\frac{2.303RT}{\alpha zF}\lg i_0 + \frac{2.303RT}{\alpha zF}\lg i_{阴}$$

$$\eta_{阴} = a + b\lg i_{阴} \tag{9-14}$$

式（9-14）即为塔菲尔公式，其中 $a$ 为上式右端第一项，$b$ 为第二项中对数前的系数。所以，如图 9-11 所示，当过电势比较大时，虚线直线和曲线相接近。对于阳极，$\eta_{阳}=\Delta\varphi$，也有类似的结果：

$$\eta_{阳} = -\frac{2.303RT}{\beta zF}\lg i_0 + \frac{2.303RT}{\beta zF}\lg i_{阳}$$

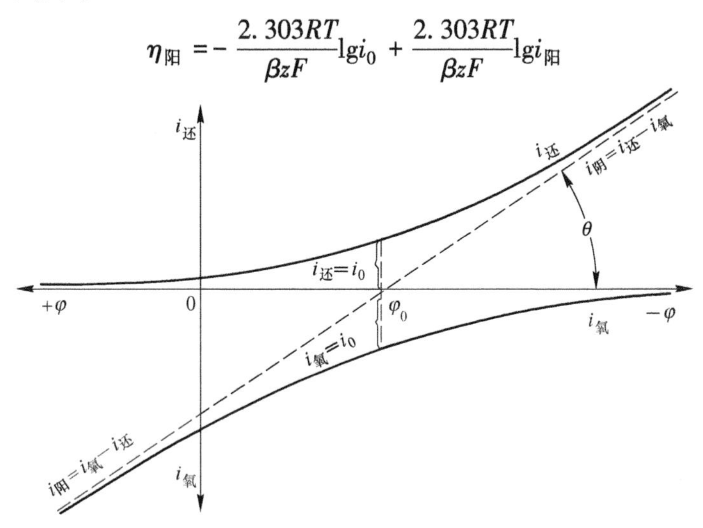


图 9-11　电化学反应的极化曲线

$$\eta_{阳} = a' + b'\lg i_{阳} \tag{9-15}$$

## 9.6 全 极 化

当对电极逐渐进行阴极极化时，电极电势逐步变得比金属的平衡电势更负，阳离子便开始还原，有阴极电流通过。随着极化电势的减小，其阴极电流的增加情况如图 9-12 所示（$\varphi$ 为正值）。在极化很小的情况下，过程将遵循电化学动力学规律。随着极化增强，反应速率也增大，离子的扩散逐渐成为限制步骤，它变得越来越难以满足电极反应，电极过程逐渐进入扩散控制区。当扩散速率达到最大可能值之后，出现极限电流密度。

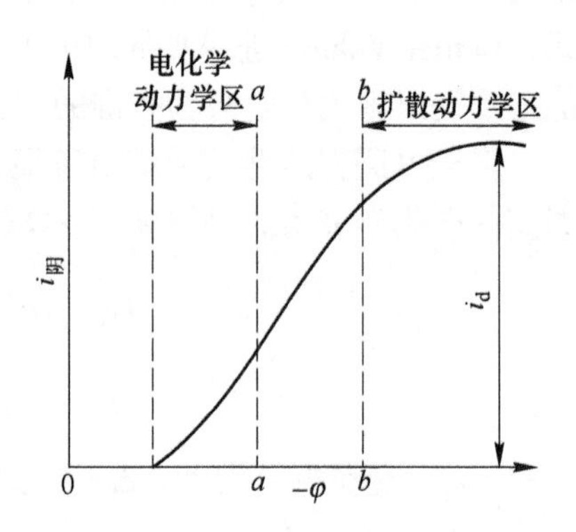


图 9-12 阴极反应的全极化曲线

有时溶液中可能还存在其他析出电位更负电性的阳离子，在极化到一定程度之后也开始以显著的速率参加电化学反应。整个极化过程完全类似，只是这时阴极电流将是不同离子电极反应电流的总和，从而得到图 9-13 所示的极化曲线。

图 9-13 是两种阳离子还原的全极化曲线图。*A* 区是阳离子 $Me_{Ⅰ}^{2+}$还原电化学动力学区，*B* 区是阳离子 $Me_{Ⅰ}^{2+}$还原混合动力学区，*C* 区是阳离子 $Me_{Ⅰ}^{2+}$还原扩散动力学区，*D* 区是阳离子 $Me_{Ⅱ}^{2+}$还原电化学动力学区，*E* 区是阳离子 $Me_{Ⅱ}^{2+}$还原混合动力学区，*F* 区是阳离子 $Me_{Ⅱ}^{2+}$还原扩散动力学区。

电解生产时，电极极化除了浓差极化和电化学极化之外，还有“电阻极化”——电解过程中，电极表面可能生成一层氧化膜或其他物质的薄膜，增大了电极的电阻，使电位改变，产生了过电势，即电阻过电势，以 $\eta_r$ 表示。产生电阻过电势的现象称为电阻极化。

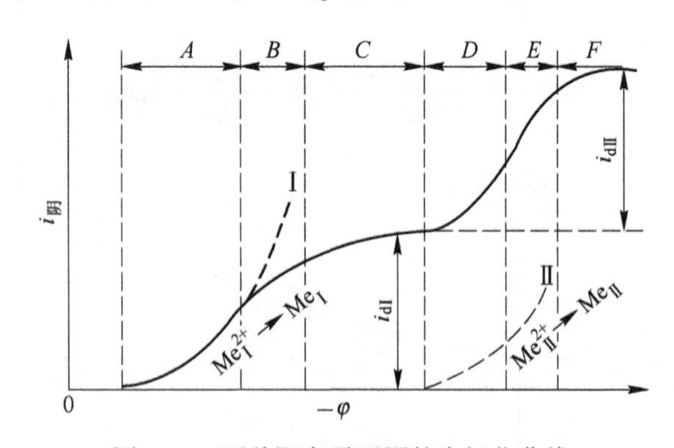


图 9-13 两种阳离子还原的全极化曲线

扫一扫查看课件 22

## 9.7 阴 极 过 程

前文指出，电极过程是指在与平衡电势不同的电势下，在电极表面上随着时间而发生的各种变化的总和，包括电极反应、电化学转化和电极附近区域液层中的传质作用等一系列变化，是阴、阳两电极反应过程的综合。

阴极过程

电解时由于电极极化，实际分解电压总是偏离理论分解电压。这里所说的理论分解电压是平衡时阳极和阴极的电极电位差。实际的分解电压是在理论分解电压上再加上过电势。如前文所述，产生过电势的途径有3个：浓差极化、活化极化（电化学极化）和电阻极化。所以总的过电势可以表示为：

$$\eta = \eta_c + \eta_a + \eta_r \tag{9-16}$$

式中，$\eta_c$、$\eta_a$和$\eta_r$分别为浓差极化过电势、化学极化过电势和电阻极化过电势。在电解提取金属时，极化主要是浓差极化和活化极化。

### 9.7.1 极化的作用

有极化，必须有过电势。显而易见，极化对电解池而言，需外界提供的能量（电势、电压）增大了，造成了能耗的增加，因此发生极化是不利的。但是，极化对电解池而言，也有有利的一面。

电极电势本质上反映了电极上电荷的多少。对于电极反应 $Me^{2+}+2e=Me$，见表9-1，当外加电位$\varphi$等于$\varphi^\ominus$时，处于平衡状态。当$\varphi<\varphi^\ominus$（小于0）时，外加电势更负，提供的电子更多，此时电子浓度增大，电极反应平衡向右移动，在电极上有金属析出。反之，则电极金属溶解。

如果没有极化效应，没有$H_2$过电势，如图9-14所示，在给定的负电位$\varphi_{外}$的情况下，因为$\varphi_{H^+/H_2}$（Pt）>$\varphi_{外}$，所以$H_2$先析出。但是，实际上并非绝对如此，这是因为$H_2$在电极（欲析出的金属作为电极）析出有更大的过电位。

根据塔菲尔公式，极化过电势受$a$和$b$两个参数影响，其中$a$的影响较大，而$a$主要取决于$i_0$。不同金属的$i_0$不同，氢在金属上析出的过电势也不同，有的较大、有的较小。相对于Pt电极，氢极化过电势较小，为0.1V。但是，$H_2$在其他金属Me上析出的过电势可以很大，如图9-14所示，曲线$\varphi_{H^+/H_2}$（Me）为$H_2$在金属Me上析出的极化曲线，其位置低于Me析出的极化曲线$\varphi_{Me^{z+}/Me}$。控制$\varphi_{外}$处于$\varphi_{H^+/H_2}$（Me）与$\varphi_{Me^{z+}/Me}$之间时，电极上能析出金属而不析出$H_2$。这就是极化的“积极”作用，极化贯穿整个电极过程。

**表9-1 某些电极反应及其平衡电位**

| 电极反应 | $\varphi^\ominus$/V | 电极反应 | $\varphi^\ominus$/V |
|---|---|---|---|
| $Au^++e=Au$ | 1.83 | $Fe^{2+}+2e=Fe$ | -0.44 |
| $Ag^++e=Ag$ | 0.7996 | $Cr^{2+}+2e=Cr$ | -0.557 |
| $Cu^++e=Cu$ | 0.522 | $Zn^{2+}+2e=Zn$ | -0.7628 |
| $Cu^{2+}+2e=Cu$ | 0.3402 | $Mg^{2+}+2e=Mg$ | -2.375 |
| $2H^++2e=H_2$ | 0 | $Na^++e=Na$ | -2.71092 |
| $Pb^{2+}+2e=Pb$ | -0.1263 | $K^++e=K$ | -2.924 |
| $Ni^++2e=Ni$ | -0.23 | $Li^++e=Li$ | -3.045 |

### 9.7.2 阴极上可能发生的反应

金属析出和析氢都属于在阴极上发生的反应，除此而外，还有其他副反应。以下将介绍阴极上还可能发生的反应。了解这些内容，对控制金属沉积提取操作参数有着重要的意义。

依据电化学过程特点，阴极上可能发生的反应可以分为 3 个类型。第一类型的过程有：

（1）在阴极析出的产物，在电解液中呈气体分子形态溶解，过饱和后最终呈气泡形态从电极表面移去。例如：

$$H_3O^+ + e = 0.5H_2 + H_2O$$
$$H_2O + e = 0.5H_2 + OH^-$$

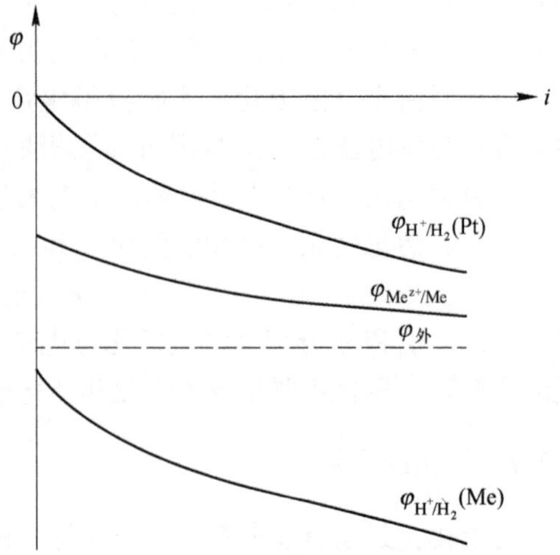

图 9-14 析氢电势、金属析出电势与控制电势的关系示意图

（2）中性分子转变为离子状态。例如：

$$O_2 + 2H_2O + 4e = 4OH^-$$

第二类型的过程是在阴极析出形成晶体物质的过程，包括主体金属和杂质金属的析出。例如：

$$Me^{z+} + ze = Me$$
$$Me'^{z+} + ze = Me'$$

第三类型的过程是在阴极上不析出物质而只是离子化合价降低的过程，即高价离子被还原为低价离子。例如：

$$Me^{z+} + le = Me^{(z-l)+}$$

### 9.7.3 氢在阴极上的析出

要想控制 $\varphi_{外}$ 在合适的位置，就必须了解 $\varphi_{H^+/H_2}$（Me）的特性，有必要了解氢在阴极上的析出过程。在电解提取金属的时候，若有 $H_2$ 析出，则 $H_2$ 是在电极的表面上析出的，是在被提取出来的金属表面上析出的。如前所示（见图 9-8），$H_2$ 析出反应可分为 4 个过程。$H^+$半径小，扩散速率大，因此浓差极化不是主要原因，发生极化主要是因为化学反应阻力大，即电化学极化。

#### 9.7.3.1 析氢过程

氢在阴极上析出可由如下 4 个过程描述。

（1）水化 $(H_3O)^+$的去水化。

$$[(H_3O) \cdot xH_2O]^+ \longrightarrow (H_3O)^+ + xH_2O$$

（2）去水化后的 $(H_3O)^+$的放电，结果便有 H 原子生成。

$$(H_3O)^+ \longrightarrow H_2O + H^+$$
$$H^+ + e \longrightarrow H_{(Me)} \tag{9-17}$$

(3) 吸附在阴极表面上的 H 原子相互结合成 $H_2$ 分子。

$$H_{(Me)} + H_{(Me)} \longrightarrow H_{2(Me)}$$

(4) $H_2$ 分子解吸并进入溶液，由于溶液过饱和的原因，以致引起阴极表面上生成 $H_2$ 气泡而析出。

$$xH_{2(Me)} \longrightarrow Me + xH_{2(溶解)}$$

$$xH_{2(溶解)} \longrightarrow xH_{2(气体)}$$

9.7.3.2 析氢的过电位

如果上述过程之一的速率受到限制，就会出现 $H_2$ 在阴极上析出时的过电位现象（极化）。研究认为，$H_2$ 在金属阴极上析出时产生过电位，原因在于 $H^+$放电阶段缓慢［见式(9-17)］。

对于阴极反应，流过阴极的电流密度大于其交换电流密度，如果金属不能立刻在阴极上还原，导致阴极表面自由电子增加，阴极电位就会负移，则产生电化学过电位，或者称为活化过电位。从平衡移动的方面考虑，欲使式（9-17）平衡向右移动，需要增大电子的浓度，需要更负的电极电位，从而形成很大的析氢过电势。

氢离子在阴极上放电析出的过电势具有很大的实际意义。就电解 $H_2O$ 制取 $H_2$ 而言，析氢的过电势高是不利的，因为它会消耗过多的电能。但是对于有色金属冶金，诸如 Zn、Cu 等的水溶液电解沉积，较高的析氢过电势对金属的析出是有利的。氢的过电势服从于塔菲尔经验公式：

$$\eta_{H_2} = a + b\lg i_{阴}$$

按 $a$ 值的大小，常见电极材料大致分 3 类：（1）高过电势金属，其 $a$ 值在 1.0～1.5V，主要有 Pb、Cd、Hg、Tl、Zn、Ga、Bi、Sn 等；（2）中过电势金属，其 $a$ 值在 0.5～0.7V，主要有 Fe、Co、Ni、Cu、W、Au 等；（3）低过电势金属，其 $a$ 值在 0.1～0.3V，其中最主要的是 Pt、Pd 等铂族元素。

氢过电势的影响因素主要由电流密度、电解液温度、电解液组成以及阴极表面状态。这些因素对 $a$ 影响很大，$a$ 值取决于 $i_0$以及温度。$i_0$与材料有关；温度升高，$\eta_{阴}$减小，易析出 $H_2$；组成改变，电极材质改变，$i_0$改变；表面粗糙，面积增大，$i_0$减小，易析出 $H_2$。

如前所述，某些较负电性的金属可以通过水溶液电解来提取，是因为析 $H_2$ 较大过电势的缘故。但是，这个过电势也是有一定限度的，金属的析出实际电位比 $\eta_{H_2}$更负时，则无法采用水溶液电解来提取，如 Na、Ca、Mg、Al 等。

### 9.7.4 金属离子的阴极还原

金属电解析出过程主要分为 3 个阶段：迁移、放电、形核与生长。金属离子的析出电位由能斯特公式给出，还要考虑过电势这一项，才是实际的析出电位：

$$Me^{z+} + ze \xlongequal{} Me$$

$$\varphi = \varphi^{\ominus} + \frac{RT}{zF}\ln\frac{a_{Me^{z+}}}{a_{Me}} - \eta$$

这里结合析出电位，分析不同情况下金属离子还原析出的难易程度。

(1) 生成纯金属的情况。$a_{Me}=1$，$\varphi$ 取决于 $a_{Me^{z+}}$的大小，$a_{Me^{z+}}$减小，$\varphi$ 减小，$\Delta\varphi=$

$|\varphi-\varphi_{控}|$减小，金属不易析出。

（2）生成合金时，$a_{Me}<1$，$\varphi$ 增大，$\Delta\varphi$ 增大，金属容易析出。

（3）形成络合物时，$a_{Me^{z+}}$减小，$\varphi$ 减小，$\Delta\varphi$ 减小，金属难析出。

图 9-15 给出了元素周期表，可将其大致划分几个范围：由左往右依次是双折线、直线和多折线；双折线左侧的金属元素性质越活泼，负电性更强，不能从水溶液中提取；多折线右侧是非金属；双折线和多折线之间的金属，可以从水溶液中提取，其中直线和多折线之间金属，还可以从 $CN^-$水溶液中提取。

元素周期表

| 1 | 2 | 3 | 4 | 5 | 6 | 7 | 8 | 9 | 10 | 11 | 12 | 13 | 14 | 15 | 16 | 17 | 18 |
|---|---|---|---|---|---|---|---|---|---|---|---|---|---|---|---|---|---|
| 1 H 氢 1.008 | | | | | | | | | | | | | | | | | 2 He 氦 4.003 |
| 3 Li 锂 6.942 | 4 Be 铍 9.012 | | | | | | | | | | | 5 B 硼 10.81 | 6 C 碳 12.01 | 7 N 氮 14.01 | 8 O 氧 16.00 | 9 F 氟 19.00 | 10 Ne 氖 20.18 |
| 11Na 钠 22.99 | 12Mg 镁 24.31 | | | | | | | | | | | 13 Al 铝 26.98 | 14 Si 硅 28.09 | 15 P 磷 30.97 | 16 S 硫 32.06 | 17 Cl 氯 35.45 | 18 Ar 氩 39.95 |
| 19 K 钾 39.10 | 20 Ca 钙 40.08 | 21 Sc 钪kàng 44.96 | 22 Ti 钛 47.87 | 23 V 钒fán 50.94 | 24 Cr 铬gè 52.00 | 25Mn 锰 54.94 | 26 Fe 铁 55.85 | 27 Co 钴gǔ 58.93 | 28 Ni 镍 58.69 | 29 Cu 铜 63.55 | 30 Zn 锌 65.41 | 31Ga 镓jiā 69.72 | 32Ge 锗zhě 72.64 | 33As 砷shēn 74.92 | 34 Se 硒 78.96 | 35 Br 溴 79.90 | 36 Kr 氪 83.80 |
| 37 Rb 铷ru 85.47 | 38 Sr 锶sī 87.62 | 39 Y 钇yǐ 88.91 | 40 Zr 锆gào 91.22 | 41 Nb 铌ní 92.91 | 42Mo 钼mù 95.94 | 43Tc 锝dé 98 | 44Ru 钌liǎo 101.1 | 45Rh 铑lǎo 102.9 | 46Pd 钯bǎ 106.4 | 47Ag 银 107.9 | 48Cd 镉 112.4 | 49In 铟yīn 114.8 | 50 Sn 锡 118.7 | 51 Sb 锑tī 121.8 | 52 Te 碲dì 127.6 | 53 I 碘 126.9 | 54 Xe 氙 131.3 |
| 55 Cs 铯sè 132.9 | 56Ba 钡 137.3 | 57~71 镧系 | 72Hf 铪hā 178.5 | 73Ta 钽tǎn 180.9 | 74W 钨wū 183.8 | 75Re 铼lái 186.2 | 76Os 锇é 190.2 | 77Ir 铱yī 192.2 | 78Pt 铂bó 195.1 | 79Au 金 197.0 | 80Hg 汞 200.6 | 81T1 铊tā 204.4 | 82Pb 铅 207.2 | 83Bi 铋bì 209.0 | 84 Po 钋pō 209 | 84 At 砹ài 210 | 86 Rn 氡 222 |
| 87 Fr 钫fāng 223 | 88 Ra 镭léi 226 | 89~103 锕系 | 104Rf 鈩lú* 261 | 105Dd 𨧀dǜ* 262 | 106Sg 𨭎xì* 266 | 107Bh 𨨏bō* 264 | 108Hs 𨭆hēi* 277 | 109Mt 鿏mài* 268 | 110Ds 鐽dá* 281 | 111Rg 錀lún* 272 | 112Cn 鎶gē* 285 | 113 uut* | 114 uuq* | 115 uup* | 116 uuh* | 117 uus* | 118 uuo* |
| | 镧系 | 57 La 镧lán 138.9 | 58Ce 铈shì 140.1 | 59Pr 镨pǔ 140.9 | 60Nd 钕nǚ 144.2 | 61Pm 钷pǒ 145 | 62Sm 钐shān 150.4 | 63Eu 铕yǒu 152.0 | 64Gd 钆gá 157.3 | 65Tb 铽tè 158.9 | 66Dy 镝dī 162.5 | 67Ho 钬huǒ 164.9 | 68Er 铒ěr 167.3 | 69Tm 铥diū 168.9 | 70Yb 镱yì 173.0 | 71Lu 镥lǔ 175.0 | |
| | 锕系 | 89Ac 锕ā 227 | 90Th 钍tǔ 232.0 | 91Pa 镤pú 231.0 | 92U 铀yóu 238.0 | 93Np 镎ná 237 | 94Pu 钚bù 244 | 95Am 镅méi* 243 | 96Cm 锔jú* 247 | 97Bk 锫péi* 247 | 98Cf 锎kāi* 251 | 99Es 锿āi* 252 | 100Fm 镄fèi* 257 | 101Md 钔mén* 258 | 102No 锘nuò* 259 | 103Lr 铹láo* 262 | |

图 9-15 水溶液电沉积提取金属分区范围

### 9.7.5 金属阳离子同时放电

考虑阳离子共同放电的情况，其条件是 $\varepsilon_{Me_1}=\varepsilon_{Me_2}$，即：

$$\varepsilon_{Me_1}^{\ominus}-\frac{RT}{zF}\ln\frac{a_{Me_1}}{a_{Me_1^{z+}}}-\eta_{Me_1}=\varepsilon_{Me_2}^{\ominus}-\frac{RT}{zF}\ln\frac{a_{Me_2}}{a_{Me_2^{z+}}}-\eta_{Me_2}$$

由上式可知，两种离子共同放电与 4 个因素有关，即与金属标准电位、放电离子在溶液中的活度、析出金属在电极上的活度以及放电时的过电势有关。

### 9.7.6 金属离子与氢离子同时放电

金属和氢离子在放电过程中互不干扰，各自遵循自己的放电规律。这类体系有以下 4 种可能的情况：

（1）金属的析出电位比氢的析出电位明显负得多。此时先析出 $H_2$，在 $i$ 很大的时候才有 Me 析出，析出金属效率低下；

（2）金属的析出电位与氢的析出电位相比显著地更正。此时先析出 Me，在 $i$ 增大的

时候有可能析出 $H_2$，析出金属效率高；

(3) 金属的析出电位与氢的析出电位比较接近，但仍然较氢为正。此时不需要很大的 $i$，就能使两者同时析出；

(4) 金属的析出电位与氢的析出电位比较接近，但却较氢为负。此时调节条件，可先析出 Me。

### 9.7.7 电结晶过程

在有色金属的水溶液电解沉积过程中，要求得到致密平整的沉积表面。如果阴极表面粗糙、凸凹不平，或是呈海绵状，都是不利的。

(1) 表面粗糙，面积增大，$i_0$减小，$\eta_{H_2}$减小，容易析出 $H_2$。

(2) 凸凹不平，有可能形成短路。

(3) 形成海绵体，造成电流效率低下，容易氧化，使大量金属损失。

在阴极沉积物形成的过程中，有两个平行进行的过程：晶核的形成和晶体的长大。若形核数量少，则晶粒粗大。外界条件会影响沉积金属的形态。

影响阴极沉积物状态的主要因素有电流密度、温度、搅拌速度、氢离子浓度以及添加剂等。若 $i_{阴}$ 减小，形核数量少，则晶粒粗大，表面粗糙。若温度 $T$ 升高，扩散系数 $D$ 增大，过电势减小，$\Delta\varphi$ 减小，促使生长，表面粗糙。当 $i$ 较高时，搅拌速率下降，晶粒粗大，表面粗糙。氢离子浓度过高，有利于析氢，沉积金属疏松。添加剂使 $i$ 均匀，则有利于获得平整沉积金属。

阳极过程

## 9.8 阳极过程

电冶金中研究阳极过程主要是为了电解精炼和设计惰性阳极，以优化冶炼参数。在水溶液电解质电解过程中可能发生的阳极反应，可以分为以下几个基本类型。

(1) 金属的溶解，例如：

$$\mathrm{Me} - z\mathrm{e} \longrightarrow \mathrm{Me}^{z+}$$

(2) 金属氧化物的形成，例如：

$$\begin{aligned}\mathrm{Me} + z\mathrm{H_2O} - z\mathrm{e} &= \mathrm{Me(OH)}_z + z\mathrm{H}^+ \\ &= \mathrm{MeO}_{z/2} + z\mathrm{H}^+ + z/2\mathrm{H_2O}\end{aligned}$$

(3) 氧的析出，例如：

$$2\mathrm{H_2O} - 4\mathrm{e} = \mathrm{O_2} + 4\mathrm{H}^+$$

$$4\mathrm{OH}^- - 4\mathrm{e} = \mathrm{O_2} + 2\mathrm{H_2O}$$

(4) 离子化合价升高，例如：

$$\mathrm{Me}^{z+} - n\mathrm{e} \longrightarrow \mathrm{Me}^{(z+n)+}$$

(5) 阴离子的氧化，例如：

$$2Cl^- - 2e \longrightarrow Cl_2$$

电解精炼时，若存在（2）~（5）类型的反应，电解效率将会下降。

### 9.8.1　金属的阳极溶解

#### 9.8.1.1　溶解电位

金属溶解电位的大小除与金属本性有关外，还与溶液中该金属离子的活度、金属在可溶阳极上的活度以及该金属的氧化过电势等因素有关。可溶性阳极反应为：

$$Me - ze \longrightarrow Me^{z+}$$

根据能斯特方程式，由还原形式的电极反应，可知其溶解电位为：

$$\varepsilon_A = \varepsilon^{\ominus}_{Me^{z+}/Me} + \frac{RT}{zF}\ln\frac{a_{Me^{z+}}}{a_{Me}} + \eta_A$$

式中，$\eta_A$为阳极过电势，可见，$\varepsilon^{\ominus}$越大，$a_{Me^{z+}}$越大，$a_{Me}$越小，$\eta_A$越大，$\varepsilon_A$就越大，溶解所需要的电位就越高，Me 就越不易溶解。

#### 9.8.1.2　阳极钝化

在阳极极化时，阳极电极电位对其平衡电位偏离，则发生阳极金属的氧化溶解。随着电流密度的提高，极化程度的增大，则偏离越大，金属的溶解速率也越大。当电流密度增大至某一数值后，极化达到一定程度时，金属的溶解速率不但不增高，反而剧烈地降低。这时，金属表面由“活化”溶解状态，转变为“钝化”状态。这种由“活化态”转变为“钝化态”的现象，称为阳极钝化现象。图 9-16 为阳极钝化曲线示意图，*BC* 段反映了阳极发生了钝化。

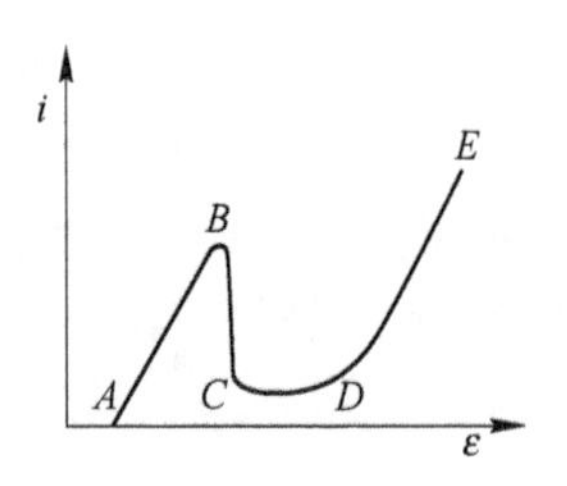


图 9-16　阳极钝化曲线的示意图

*AB*—正常溶解；*BC*—钝化阶段；*CD*—钝化稳态；*DE*—发生新反应

关于金属阳极产生钝化的原因，目前有成相膜理论与吸附理论给出了相应的解释。

成相膜理论认为：金属阳极钝化的原因，是阳极表面上生成了一层致密的覆盖良好的固体物质，它以一个独立相把金属和溶液分隔开来。

吸附理论认为：金属钝化并不需要形成新相固体产物膜，而是由于金属表面或部分表面上吸附某些粒子形成了吸附层，致使金属与溶液之间的界面发生变化，阳极反应活化能增高，导致金属表面的反应能力降低。

为了防止钝化的发生或把钝化了的金属重新活化，常采取一些措施，例如加热、通入还原性气氛、进行阴极极化、改变溶液的 pH 值或加入某些活性阴离子。

### 9.8.2　合金阳极的溶解

电解生产中所使用的阳极，并非是单一金属，常常含有一些比主体金属较正电性或较负电性的元素，构成合金阳极。合金阳极是多元的。二元合金大致可分为 3 类：（1）两种金属晶体形成机械混合物的合金；（2）形成连续固溶体的合金；（3）形成金属互化物的合金。

在电解精炼的实践中，一般是处理第一和第二类的合金体系。对于第一类也分两种情况。一是如 Sn-Bi 共晶合金，Sn 较活泼且含量较高时，Sn 溶解、Bi 形成阳极泥。二是如 Sn 的含量较少时，先发生 Sn 的溶解，然后电极表面充满较正电性的金属，阳极电位升高，致使两种金属同时溶解，按合金成分比例溶解到溶液中。

对于第二类固体溶解的情况，阳极溶解电位随固体成分连续变化，如同 Cu-Au 合金，根据同 Cu-Au 所占比例的不同，溶解机理较为复杂。

### 9.8.3 不溶性阳极及在其上进行的过程

以下介绍不溶性阳极及其极化过程，作为不溶性阳极，通常采用以下一些材料，分为 3 类：(1) 具有电子导电能力且不被氧化的石墨（碳）；(2) 电位在电解条件下，位于水的稳定状态图中氧线以上的各种金属，其中首先是 Pt；(3) 在电解条件下发生钝化的各种金属，如硫酸溶液中的 Pb，以及碱性溶液中的 Ni 和 Fe。

前两种情况都很好理解，是惰性电极。这里重点说明第三种情况，图 9-17 是硫酸盐溶液中 Pb 或 Pb-Ag 合金阳极的极化曲线图。Pb 首先氧化，因为 $PbSO_4$的溶度积很小，所以在电极表面很快就形成 $PbSO_4$，当电极表面被 $PbSO_4$覆盖以后，欲维持恒定的电流密度，阳极电极电位迅速增大。此后，$O_2$ 的析出过电势较高，二价 $Pb^{2+}$被氧化为四价的 $Pb^{4+}$的电极电位相对较低，二价的 $Pb^{2+}$又迅速被氧化，形成了 $PbO_2$。$O_2$ 在阳极上的析出，通常认为是由于 $OH^-$反应放电所致。在阳极上，$O_2$ 的析出要在比氧电极平衡电位正得多的电位下才能发生。这是因为 $O_2$ 在阳极上析出的过电势很大所致。$PbO_2$ 形成以后，阻止 Pb 的进一步氧化，使阳极电势很高。

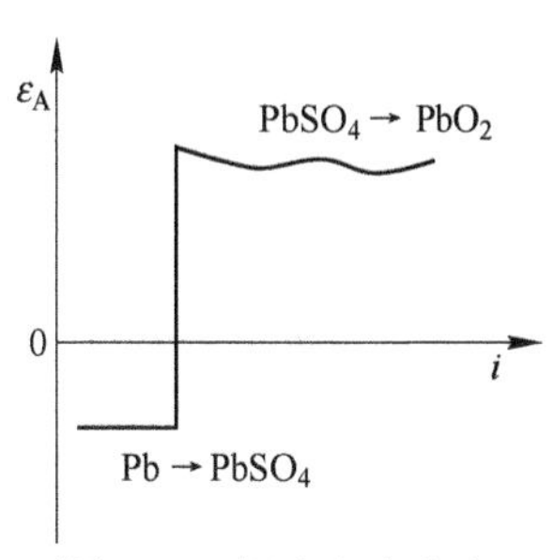


图 9-17 铅在电流密度增大时的阳极氧化

在 $H_2SO_4$溶液中，采用 Pb 或 Pb-Ag 合金作阳极。Pb 阳极的稳定性较差，Ag 含量为 1.9%（原子数分数）的 Pb-Ag 合金比较稳定。因此，可以使用 Pb-Ag 合金作为阳极。

## 9.9 水溶液电解质电解

扫一扫查看课件 23

前面两节介绍了电解过程的热力学和动力学相关知识。这一节和下一节将分别讲述水溶液电解和熔盐电解。这两部分内容都是电化学冶金的重要内容。

为了便于理解水溶液电解质电解相关内容，这里首先介绍一下几种金属电解工艺和设备的情况。

### 9.9.1 电解设备简介

电解设备与工艺参数

电解在冶金领域有两个主要应用：一个是电解沉积；另一个是电解精炼。电解沉积和电解精炼都要用到电解槽，电解槽是电解的主体设备，与之配套的还有供电系统和电解液循环系统等。供电系统包括变压器、整流器、输电线路等。电解液循环系统主要包括加热器、冷却器、存储槽、泵及管道等。

图 9-18 是铜电解槽的结构示意图。阴、阳极之间的距离为 0.2~0.4m。

电解槽现在常用钢筋混凝土槽体。电解槽安装在钢筋混凝土横梁上，为防止电解液滴在横梁上造成腐蚀电流，在横梁上预先铺设一层软聚氯乙烯保护板，厚度为3~4mm，比横梁每边宽出大约为200~300mm。

槽底四角垫上陶瓷砖、橡胶板等绝缘材料，多个电解槽排成一列，槽与槽之间间距为20~30mm，槽的侧壁及底面覆以塑料垫层，槽的上方架设阴、阳极母线，在阴、阳极母线上交替挂上阴、阳极。

电极在槽内组成并联回路，槽与槽之间串联，槽间有20~30mm的绝缘空间。

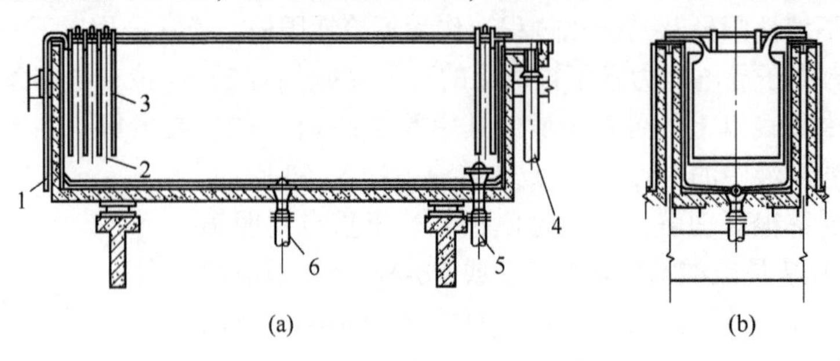


图 9-18 电解槽的结构图

（a）电解槽主视图（剖面图）；（b）电解槽左视图（剖面图）

1—进液管；2—阴极；3—阳极；4—出液管；5—放液孔；6—放阳极泥孔

图9-19是金属铜阳极，它应用在铜电解精炼中。在电解精炼过程中，它要发生溶解，逐渐地被消耗掉。一块大型的金属铜阳极，质量约在300kg以上，小型的质量也在150~260kg。

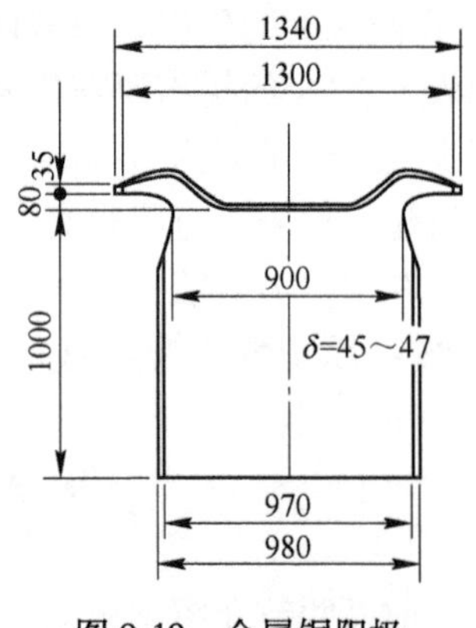


图 9-19 金属铜阳极

图9-20是惰性阳极的示意图，为Zn电解沉积时用到的Pb-Ag合金阳极。

图9-21示意的是Cu阴极片，也称为阴极皮，它非常薄。图中1为导电棒，2是攀条，3是纯金属Cu片。

槽与槽之间靠导电板连接。将阳极、阴极装入电解槽，电解槽间串联，阴、阳极在槽内各自并联并穿插排列，构成了电解系统的主体。电解槽中充上电解液，由供电系统供电，

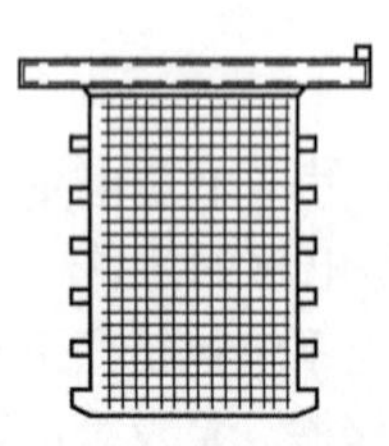

图 9-20 铅银合金惰性阳极的示意图

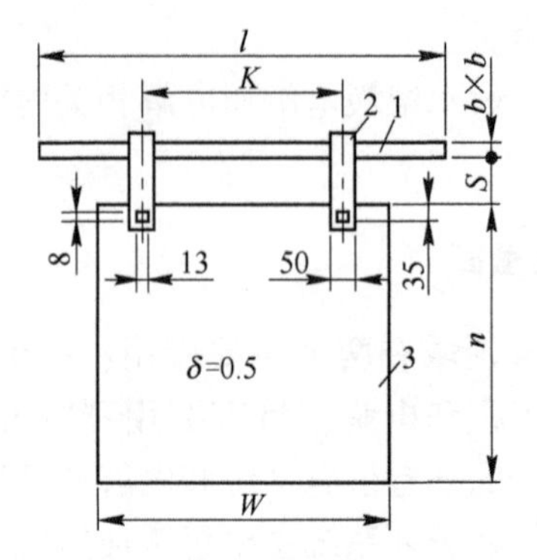


图 9-21 铜阴极片

电解车间就可以开始工作了。其中，供电系统是由整流器和输电线路组成的。整流器将交流电转变为直流电，水溶液电解槽一般为槽间串联，施加于系列槽的电压，应等于系列槽中的反电动势、电解质内的电压降、直流馈电母线以及接点的电压降之和。输电线路包括槽边导电排、槽间导电板、阴极导电棒和出装槽短路器等。

为了减少阴极附近溶液中离子的浓度差极化，使电解添加剂均分布于电解液中，同时保持电解液温度的恒定，以得到平整光滑的阴极产品，电解时电解液需循环使用。以电解铜为例，如图 9-22 所示，电解液循环系统主要由电解槽、循环贮槽、高位槽、电解液循环泵和加热器等组成。

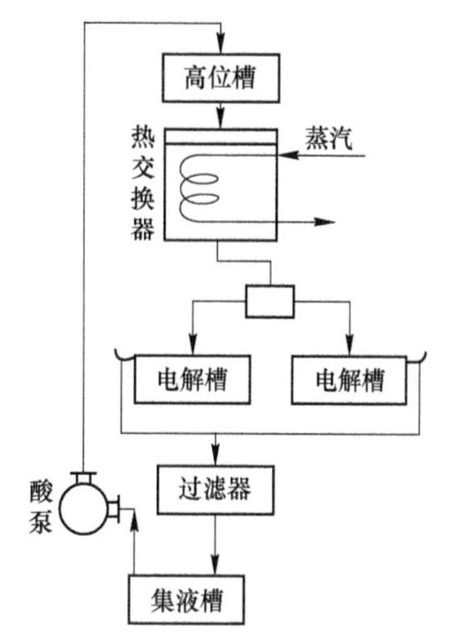

图 9-22 电解液循环系统

表 9-2 列出了水溶液电解和熔盐电解的参数，其中系列电压是总的串联电解槽的电压，系列电流是并联电极的总的电流。对于电解来讲，重要的是作用在一组阴阳极上的参数，也就是以下要介绍的电解工艺参数。

**表 9-2 电解类型及其参数**

| 电解 | | 主要参数 | | 电解 | | 主要参数 | |
|---|---|---|---|---|---|---|---|
| 种类 | 产品 | 系列电压/V | 系列电流/A | 种类 | 产品 | 系列电压/V | 系列电流/A |
| 水溶液 | Cu | <230 | 10000~15000 | 水溶液 | Ni | <230 | <8000 |
| 水溶液 | Pb | <230 | 10000~15000 | 熔盐 | Al | 350~825 | 70000~100000 |
| 水溶液 | Zn | 350~825 | 5000~18000 | 熔盐 | Mg | 220~500 | <60000 |

### 9.9.2 电解工艺参数

槽电压、电流效率和电能效率是电解的主要经济技术指标。

对一个电解槽来说，槽电压 $E_T$ 就是为使电解反应能够进行所必须外加的电压。

$$E_T = E_f + E_\Omega + E_R \tag{9-18}$$

式中，$E_f$ 为电解电动势，是电解时阳极实际电位与阴极实际电位之差；$E_\Omega$ 为电解液内阻所引起的欧姆电压降；$E_R$ 为接触电压降。

$E_f$ 可以表示为：

$$E_f = (\varphi_{e(A)} + \eta_{阳}) - (\varphi_{e(K)} - \eta_{阴}) \tag{9-19}$$

$$E_f = E_{ef} + \eta$$

$$E_{ef} = \varphi_{e(A)} - \varphi_{e(K)}$$

$$\eta = \eta_{阳} + \eta_{阴}$$

式中，$\varphi_{e(A)}$ 和 $\varphi_{e(K)}$ 分别为阳极和阴极的平衡电势；$E_{ef}$ 为有效电解电动势，$\eta$ 为总的过电势。

$E_\Omega$ 可以表示为：

$$E_\Omega = IR = I \times \frac{1}{n_d} \times \rho_r \times \frac{l}{A} \tag{9-20}$$

$$E_{\Omega} = \frac{i_k}{10000} \times \rho_r \times l \tag{9-21}$$

式中，$I$ 为电流强度；$n_d$为电极表面数；$\rho_r$为电解液的电阻率；$l$ 为两电极间的距离；$A$ 为电极面积；$i_k$为电流密度；10000 为换算系数。

接触电压降 $E_R$通常取表 9-3 所示的经验值。

**表 9-3　各位置的接触电压**

| 位置 | 电压降/V |
|---|---|
| 阳极 | 0.02 |
| 结点 | 0.03 |
| 阴极棒 | 0.02 |
| 槽帮导电板 | 0.03 |
| 阳极泥 | $E_{\Omega}$的 25%~35% |

电流效率 $\eta_i$一般是指阴极电流效率，即金属在阴极上沉积的实际量与在相同条件下按法拉第定律计算得出的理论量之比值（以百分数表示）。

$$\eta_i = \frac{b}{qIt} \times 100\%$$

式中，$b$ 为阴极沉积物的实际量，g；$I$ 为电流强度，A；$t$ 为通电时间，h；$q$ 为换算系数，g/(A·h)。

水溶液电解的电流效率通常只有 90%~95%，甚至更低，主要原因有副反应、短路、断路以及漏电等。

电能效率是指在电解过程中为生产单位产量的金属理论上所必需的电能 $W'$与实际消耗的电能 $W$ 之比值 $w$（以百分数表示）：

$$w = \frac{W'}{W} \times 100\% \tag{9-22}$$

$$w = \frac{I' \cdot t \cdot E_{ef}}{I \cdot t \cdot E_T} \times 100\%$$

$$w' = \eta_i \times \frac{E_{ef}}{E_T} \times 100\% \tag{9-23}$$

考虑极化因素时，有

$$w'' = \frac{W''}{W} \times 100\% = \eta_i \frac{E_f}{E_T} \times 100\% \tag{9-24}$$

### 9.9.3　电解过程与实例分析

以 Cu 电解精炼和 Zn 的电解沉积为例，介绍电解过程。

水溶液电解精炼

#### 9.9.3.1　Cu 电解精炼

Cu 的火法精炼一般产出 Cu 含量为 99.0%～99.8%的粗铜产品。不能满足电气工业上对 Cu 性质指标的要求，其他行业也需要使用精铜。因此，现代几乎所有的粗铜都需要经过电解精炼，工艺流程如图 9-23 所示。

Cu 的电解精炼是以火法精炼的 Cu 为阳极，$CuSO_4$ 和 $H_2SO_4$ 水溶液为电解质，电铜为阴极，向电解槽通直流电使阳极溶解，在阴极析出更纯的金属 Cu 的过程。根据电化学性质的不同，阳极中的杂质或者进入阳极泥或者保留在电解液中而被脱出。

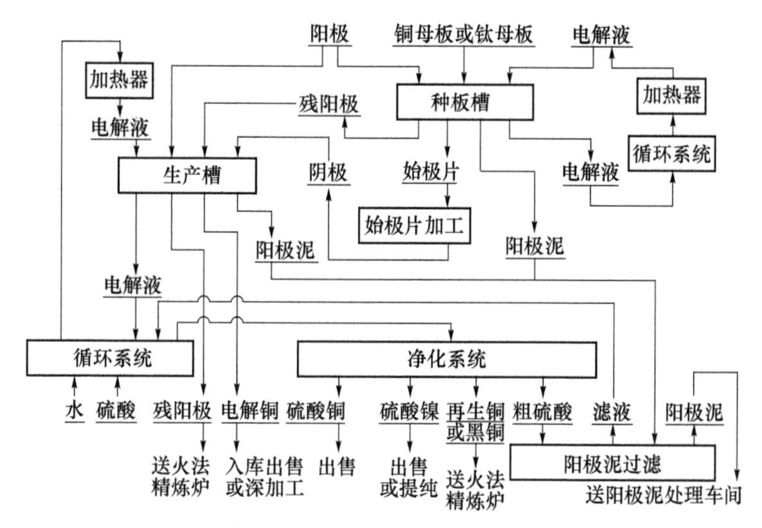


图 9-23 铜电解精炼工艺流程图

在实际生产中，首先是在种板槽中用火法精炼产出的 Cu 作为阳极，用纯 Cu 或钛母板（现在普遍采用钛母板）作为阴极，通以一定电流密度的直流电，使阳极的 Cu 化学溶解，并在母板上析出纯 Cu 薄片（称为始极片），将其从母板上剥离下来以后，经过整平、压纹、钉耳等加工后，即可作为生产槽所用的阴极。

然后，在生产槽中，用同样的阳极板和种板槽生成出来的始极片进行电解，产品为阴极 Cu，或称为电铜。电解液需要定期定量经过净化系统，以除去电解液中不断升高的 $Cu^{2+}$，并脱除过高的杂质 $Ni^{2+}$、$As^{3+}$、$Sb^{3+}$、$Bi^{3+}$ 等。

铜电解精炼过程，主要是在直流电的作用下，Cu 在阳极上失去电子后以 $Cu^{2+}$ 的形态溶解，而 $Cu^{2+}$ 在阴极上得到电子以金属 Cu 的形态析出。

该电解过程可以用极化曲线来说明，如图 9-24 所示。当电解池电路未接通以前，没有电流通过，两个电极的电位相同并都等于 $\varepsilon_e$。在电路接通以后，设阴极电位取值 $\varepsilon_K$，而阳极电位取值 $\varepsilon_A$。这时，在电极上开始有反应进行，其速率决定于阴极电流强度 $I_K$ 和阳极电流强度 $I_A$。注意，这里是电流强度，不是电流密度。电流密度与电极的面积有关，电极面积越小，$i$ 越大，极化越强。

在图 9-24 的左侧还有 $H_2$ 的极化曲线，右边有 $OH^-$ 和 $SO_4^{2-}$ 的极化曲线。可以看出，Cu 极化曲线在 $H_2$ 和 $OH^-$ 的极化曲线之间时，阴极上只能还原析出 Cu，阳极上只能是 Cu 的氧化溶解。

上述情况是在 $i$ 比较小的情况下以电化学极化为主的电解过程。由前文可知，除了电化学极化，还有浓差极化。因此，阴、阳极的电极极化过程可以是相同的，也可以是不相同的。例如，在一个电极上电解过程可以在电化学动力学区进行，而在另一个电极上可以在扩散动力学区进行。

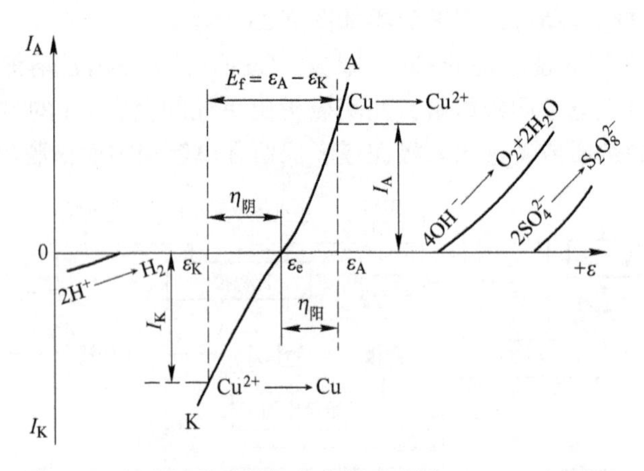


图 9-24 铜电解精炼的极化曲线示意图（$CuSO_4$水溶液）

以下介绍阴极发生浓差极化、阳极发生电化学极化的电解过程，如图 9-25 所示。为了简化起见，设溶液中的欧姆电位降等于零。

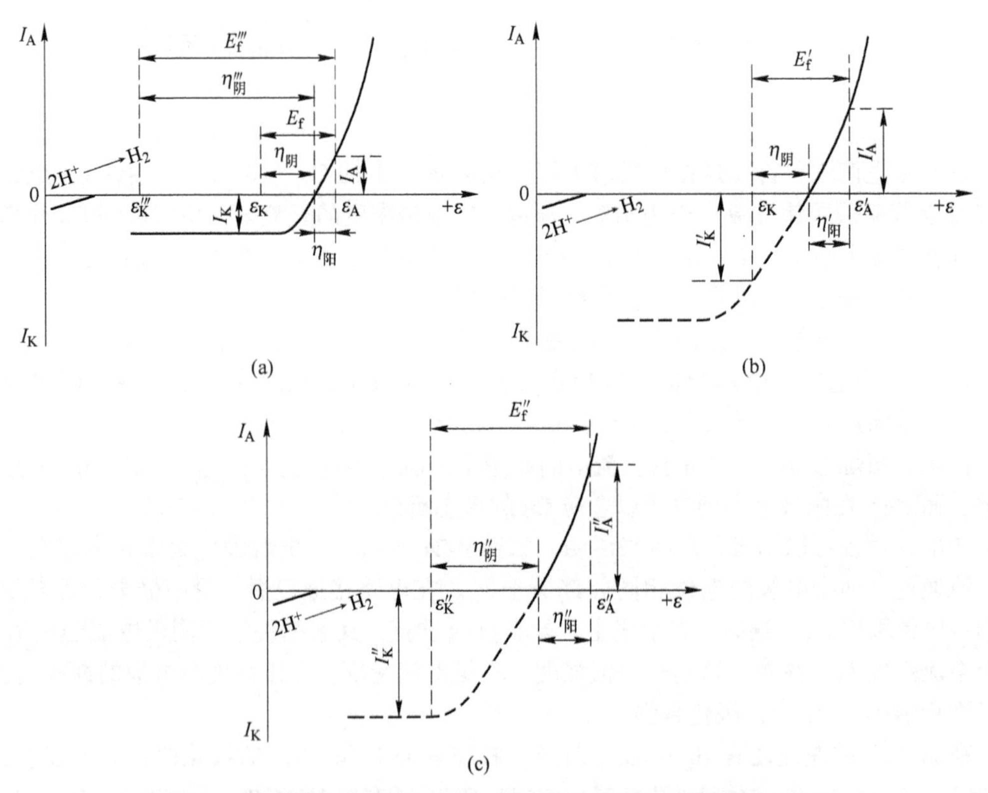


图 9-25 铜电解精炼的极化曲线示意图（阴阳极发生不同极化过程）

（a）阴极浓差极化加剧；（b）搅拌降低阴极浓差极化；（c）阴极浓差极化再次加剧

最初的情况是这样的：如图 9-25（a）所示，阳极电化学极化过电势为 $\eta_{阳}$（对应 $\varepsilon_A$），阴极浓差极化过电势初始状态为 $\eta_{阴}$（对应 $\varepsilon_K$；$I_K$等于 $I_{扩}$），有效的电动势为 $E_f$。

接下来考虑阴极浓差极化加剧的情况：阴极极化的电流达到饱和值 $I_{扩}$，对应的过电

势如果在 $\varepsilon'''_K$ 处，此时阳极仍为电化学极化，电流仍为 $I_{扩}$，所对应的仍是 $I_K$。由于阴阳极的电流强度相等，所以 $\eta_{阳}$ 未发生变化，仍对应于 $\varepsilon_A$ 处，所以有效的电动势为 $E'''_f$。这种情况下的电流效率是不高的，$E'''_f>E_f$，$I$ 恒定，额外地消耗电能，没有提高电能效率。

为了提高电能效率，可在最初的情况下，增加溶液的搅拌强度，使浓差极化曲线下移至虚线所示的位置，如图 9-25（b）所示。若维持阴极过电势 $\eta_{阴}$ 仍对应于 $\varepsilon_K$，此时对应的电流强度要发生变化，增大至 $I'_K$。由于阴阳极电流强度相等，所以 $I_A$ 也增大至 $I'_A$，对应的有效的电动势为 $E'_f$。这种情况下电流效率提高了，电能效率也提高了。

为了再提高电能效率，可以增大阴极过电势，使 $\eta_{阴}$ 由 $\varepsilon_K$ 增大至 $\varepsilon''_K$ 处，再次进入浓差极化范围，如图 9-25（c）所示。此时阴极电流强度由 $I'_K$ 增大至 $I''_K$，阳极电流强度由 $I'_A$ 增大至 $I''_A$，电极速率提高了，对应的有效电动势为 $E''_f$。

当然这样调节控制方法是有限的，太正的阳极电位，有可能使阳极钝化，不利于电解精炼。

电解精炼的特点是：(1) 阳极为粗金属、合金或锍，电解精炼时，在阳极上待精炼的金属及较负电性杂质被氧化，以离子形式溶解到电解液中，在阴极上欲精炼的金属离子因被还原而析出，而那些析出电位更负的杂质离子则不会被还原，仍然溶解在电解液中；(2) 随着电解过程的进行，负电性杂质在电解液中不断积累，将破坏正常的电解条件，因此要定期将一部分电解液抽出净化和回收有价成分（如上例可从抽出的电解液中回收 $NiSO_4$、$CuSO_4$ 和 $H_2SO_4$），并且还要定期用新阳极更换不能继续使用的阳极。

9.9.3.2 Zn 的电解沉积

Zn 的电解沉积是湿法炼锌的最后一个工序，是用电解的方法从 $ZnSO_4$ 水溶液中提取纯金属 Zn 的过程。

水溶液电沉积

锌电积车间的主要设备有电解槽、阳极、阴极、供电设备、载流母线、剥锌机和电解液冷却设备等。Zn 的电解沉积是将净化后的 $ZnSO_4$ 溶液（新液）与一定比例的电解废液混合，连续不断地从电解槽的进液端流入电解槽内，用含银 0.5%～1%（质量百分比）的 Pb-Ag 合金板作阳极，以压延 Al 板作阴极，当电解槽通过直流电时，在阴极 Al 板上析出金属 Zn，阳极上放出 $O_2$，溶液中 $H_2SO_4$ 再生。

Zn 电解液中的阳离子主要是 $Zn^{2+}$ 和 $H^+$，通直流电时，在阴极上可能的反应有：

$$Zn^{2+} + 2e = Zn \tag{9-25}$$

$$2H^+ + 2e = H_2 \tag{9-26}$$

反应式（9-26）是应该尽量避免的，因此，在电积时应创造条件使反应式（9-25）在阴极优先进行，而使反应式（9-26）不发生。

从热力学上看，在析出 Zn 之前，电位较正的 $H_2$ 应优先析出，Zn 的电解析出似乎是不可能的。然而在实际的电积 Zn 过程中，伴随有极化现象而产生电极反应的过电势，加上这个过电势，阴极反应的析出电位应为：

$$\varphi'_{Zn^{2+}/Zn} = \varphi_{Zn^{2+}/Zn} - \eta_{Zn}$$

$$\varphi'_{H^+/H_2} = \varphi_{H^+/H_2} - \eta_{H_2}$$

在工业生产条件下，查得 $\varphi'_{Zn^{2+}/Zn}=-0.836V$，$\varphi'_{H^+/H_2}=-1.158V$。可见，由于 $H_2$ 析出过电势的存在，使 $H_2$ 的析出电位比 Zn 负，Zn 优先于 $H_2$ 析出，从而保证了 Zn 电积的顺利进行。

在湿法炼锌厂的电解过程中，大多采用含银0.5%~1%（质量百分比）的Pb-Ag合金板作“不溶阳极”。但从热力学的角度讲，Pb阳极并不是完全不溶的。新的Pb阳极板在电解初期侵蚀得很快并形成$PbSO_4$和$PbO_2$，以后则由于氧化膜对金属的保护作用，才使Pb阳极被侵蚀的速率逐渐缓慢下来。

当通直流电后，阳极上首先发生Pb阳极的溶解，并形成$PbSO_4$覆盖在阳极表面：

$$Pb - 2e \xlongequal{} Pb^{2+} \tag{9-27}$$

$$Pb + SO_4^{2-} - 2e \xlongequal{} PbSO_4 \tag{9-28}$$

随着溶解过程的进行，由于$PbSO_4$的覆盖作用，铅板的自由表面不断减少，相应的电流密度就不断增大，因而电位也就不断升高，当电位增大到某一数值时，二价的$Pb^{2+}$被进一步氧化成高价状态，产生四价的$Pb^{4+}$并与氧结合成过氧化铅$PbO_2$：

$$PbSO_4 + 2H_2O - 2e \xlongequal{} PbO_2 + 4H^+ + SO_4^{2-} \tag{9-29}$$

待阳极基本上为$PbO_2$覆盖后，即进入正常的阳极反应：

$$2H_2O - 4e \xlongequal{} O_2 + 4H^+ \tag{9-30}$$

结果在阳极上放出$O_2$，而使溶液中的$H^+$浓度增加。比较$PbO_2$形成反应和Pb阳极正常反应的平衡电位，可以看出前者的值高于后者，因此，从热力学观点来看，$O_2$将优先在阳极上析出。但实际上$O_2$的放电却是在$PbO_2$形成以后才发生，这是由于$O_2$的析出也存在着较大的过电势（约为0.5V）的缘故。

$O_2$析出过电势值也取决于阳极材料、阳极表面状态以及其他因素。Zn电解过程伴随着在阳极上析出$O_2$。析出$O_2$的过电势越大，则电解时电能消耗越多，因此应力求降低析出$O_2$的过电势。

电解时总的反应为：

$$Zn^{2+} + H_2O \xlongequal{} Zn + 0.5O_2 + 2H^+ \tag{9-31}$$

随着电解过程的不断进行，溶液中的Zn含量不断降低，而$H_2SO_4$含量逐渐增加，当溶液中Zn含量达45~60g/L、$H_2SO_4$浓度达135~170g/L时，则作为废电解液从电解槽中抽出，一部分作为溶剂返回浸出，一部分经冷却后与新电解液按一定比例混合后返回电解槽循环使用。电解24~48h后，将阴极Zn剥下，经熔铸后得到产品锌锭。利用电解沉积法可以直接制取纯金属，也可以控制作业条件生产粉末冶金的金属粉末。

电解沉积的特点是：(1) 采用不溶性阳极，阳极本身不参加电化学反应，仅供阴离子放电之用；(2) 电解液的主要成分（即主金属离子）随着电积过程的进行，含量逐渐减小，其他成分则逐渐增加（比如上例中的$Zn^{2+}$含量逐渐减少，$H_2SO_4$含量不断增加，电解液中杂质金属的含量不断富集）。因此需要不断抽出电解废液，补充新电解液。

## 9.10 熔盐电解

扫一扫查看
课件24

这一节以Al和Mg电解为例介绍熔盐电解冶炼工艺和原理，主要内容包括4部分——熔盐电解概况、熔盐电解质的性质、熔盐中质点的迁移以及熔盐电解过程的特殊现象。

### 9.10.1 熔盐电解概况

图 9-26 是中间下料预焙阳极铝电解槽的结构示意图。如图 9-26 所示，阴极棒在底部，它给阴极供电。阴极是碳烧结块拼接而成的。在阴极的外部是保温槽壳。在阴极的上部空间布置阳极。阳极是碳和沥青烧结而成的。阳极通过阳极杆连接到阳极母线上。在电解槽的上部外围是集气罩。原料由集气罩上部的加料口加入。$Al_2O_3$ 和冰晶石电解质加入槽中后升温、电解。由于 Al 的密度较大，为 $2.3g/cm^3$，冰晶石电解质密度为 $2.1g/cm^3$，所以 Al 在电解槽的底部沉积。阴阳极的电极反应分别如式（9-32）和式（9-33）所示：

$$2Al^{3+} + 6e \xlongequal{} 2Al \tag{9-32}$$

$$1.5C + 3O^{2-} - 6e \xlongequal{} 1.5CO_2 \tag{9-33}$$

阳极上产生的 $CO_2$ 由集气罩收集、由排烟管排出。由于槽内电解质的温度较高，槽上部有集气接触的部分温度较低，含有 $Al_2O_3$ 和 $AlF_3$ 的电解质凝结，在阳极周围会形成电解质的结壳，结壳形成以后，会阻止加料，因此需要一个机械装置将壳敲碎。

图 9-27 是预焙阳极槽的平面配置图。

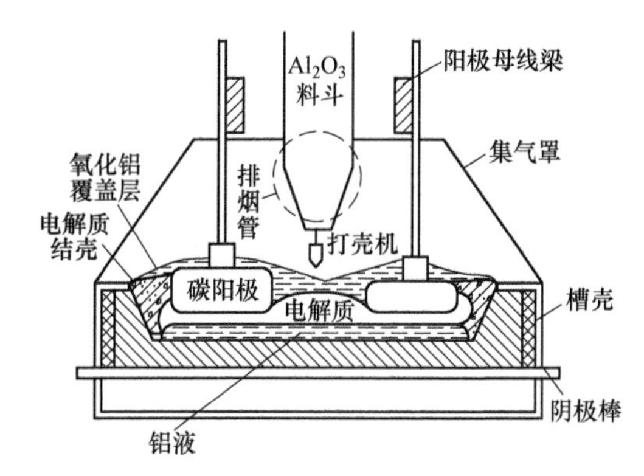


图 9-26 Al 电解槽示意图（预焙阳极槽立面图）

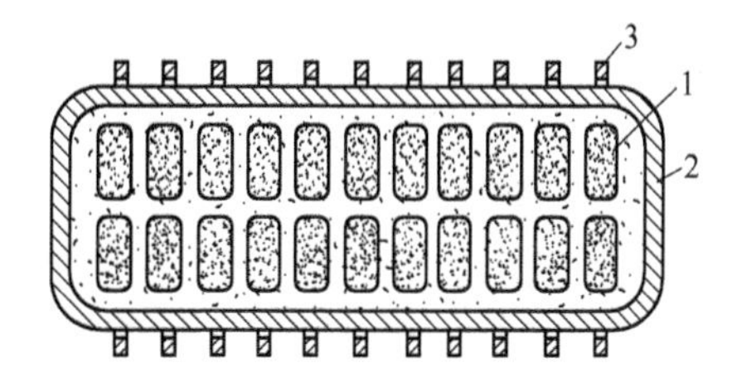


图 9-27 预焙阳极槽的电极平面配置图

1—阳极；2—槽壳；3—阴极棒

图 9-28 是道屋型（DOW）Mg 电解槽的结构示意图。电解时阴阳极反应分别为：

阴极 $$Mg^{2+} + 2e \xlongequal{} Mg \tag{9-34}$$

阳极 $$2Cl^- - 2e \xlongequal{} Cl_2 \tag{9-35}$$

由于 Mg 的密度较小，Mg 是浮在电解质上面的。这里阴极设计成锥形，有利于 Mg 液体的上浮。

表 9-4 为铝和镁电解时的工艺参数。

### 9.10.2 熔盐电解质的性质

以上就是 Al 和 Mg 电解工艺的概况，以下介绍熔盐电解质的性质。Al 电解的电解质在前面已经介绍过了，这里重点介绍一下 Mg 电解时所用的电解质。

熔盐电解要求电解质熔点较低、密度适宜、黏度较小、电导高、表面张力较大及挥发

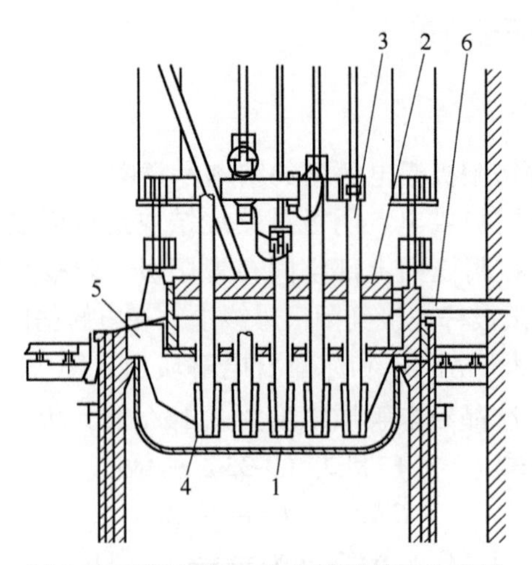


图 9-28　道屋型 Mg 电解槽的结构示意图

1—钢槽子；2—陶瓷盖板；3—石墨阳极；4—阴极；5—集镁井；6—氯气引出管

**表 9-4　电解 Al 和 Mg 参数**

| 参数 | Al 电解 | Mg 电解 |
| --- | --- | --- |
| 电解槽结构 | 下部排铝 | 上部排镁 |
| 电解质组成 | 冰晶石+氧化铝 | 光卤石+氯化钠 |
| 电解温度 | 1010℃左右 | 710℃左右 |
| 槽电压 | 约 4. 0V | 5. 39V |
| 电解电压 | 2. 2V | 2. 74V |
| 电解电流 | 180~300kA | 110~150kA |
| | | 300~400kA |
| 直流电耗 | 13. 5kW · h/kg | 12~15kW · h/kg |

性低和对金属的溶解能力较小。工业上用熔盐电解法制取碱金属和碱土金属的电解质多半是卤化物盐系。熔盐性质，主要涉及Ⅱ族、Ⅲ族金属的氯化物、氟化物和氧化物组成盐系的性质。

表 9-5 为某些电解质的组成、熔化温度及使用温度。电解 Mg 时，所用的电解质为光卤石，是由 $MgCl_2$、NaCl 和 KCl 组成的，当三者的摩尔分数分别为 50%、30%和 20%时，电解质的熔点为 396℃，使用温度在 475℃。但是，由于 Mg 的熔点 650℃相对较高，所以实际电解电解质的温度在 690~720℃之间，成分点也不是在共晶点成分（$O_1$、$O_2$ 和 $O_3$），受密度和黏度要求的影响，电解质成分是在 KCl-$MgCl_2$-NaCl 相图的 *M* 点和 *N* 点之间，如图 9-29 所示。

**表 9-5　某些电解质的组成及熔化温度**

| 组分 | 摩尔分数/% | 熔点/℃ | 适用温度/℃ |
| --- | --- | --- | --- |
| LiCl-KCl | 59-41（共晶） | 352 | 450 |
| NaCl-KCl | 50-50 | 658 | 727 |

续表 9-5

| 组分 | 摩尔分数/% | 熔点/℃ | 适用温度/℃ |
|---|---|---|---|
| $MgCl_2$-NaCl-KCl | 50-30-20 | 396 | 475 |
| $AlCl_3$-NaCl | 50-50（$NaAlCl_4$） | 154 | 175 |
| LiF-NaF-KF | 46.5-11.5-42（共晶） | 459 | 500 |
| $BF_3$-NaF | 50-50（$NaBF_4$） | 408 | |
| $NaBF_4$- NaF | 92-8（共晶） | 385 | 427 |
| $BeF_2$- NaF | 50-50（共晶） | 360 | 427 |
| $AlF_3$-NaF | 25-75（$Na_3AlF_6$） | 1009 | 1080 |
| NaOH-KOH | 59-41（共晶） | 170 | 227 |

图 9-30 为 KCl-$MgCl_2$-NaCl 系熔体在 700℃时的等密度线图。从图 9-30 中可以看出，熔体密度由纯 KCl 向含有 40at%～50at% KCl 的熔体方向增至 1.60～1.65g/$cm^3$，并且继续向 $MgCl_2$ 方向增大。“$O_2$”点密度约为 1.65g/$cm^3$，$M$ 点和 $N$ 点的密度约为 1.57～1.58g/$cm^3$，而 Mg 在 700℃时密度约为 1.54g/$cm^3$。从密度差的角度考虑，选择“$O_2$”成分点的熔盐更有利于 Mg 的分离，但是“$O_2$”成分点的熔盐电解质黏度较大，如图 9-31 所示。共晶点“$O_2$”点黏度约为 3mPa·s，$M$ 点和 $N$ 点的黏度约为 1.7～1.8mPa·s。所以，在实际生产中需要选择黏度较小的电解质组成。

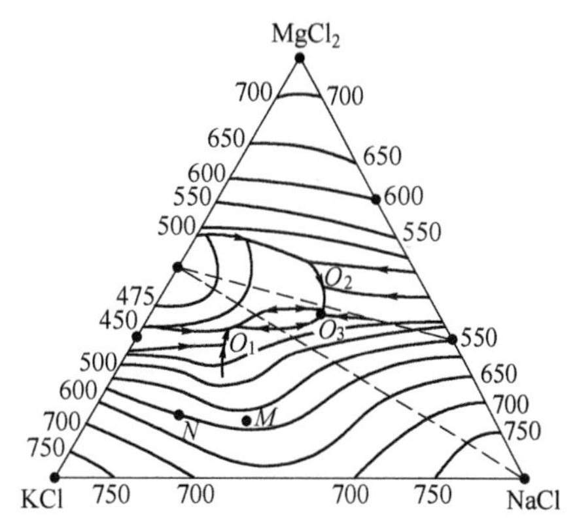

图 9-29　KCl-$MgCl_2$-NaCl 三元系相图（摩尔分数）

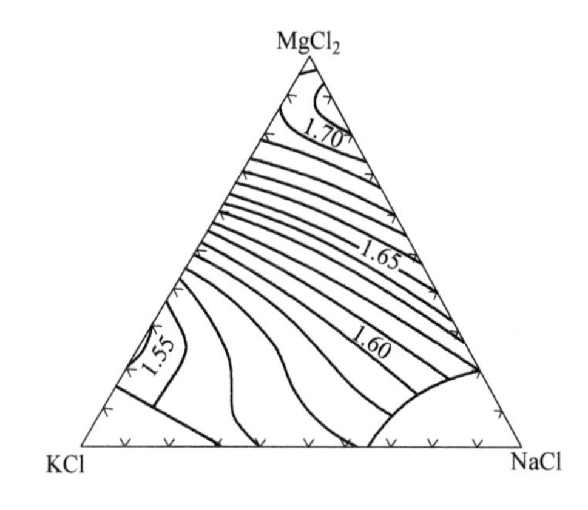

图 9-30　KCl-$MgCl_2$-NaCl 三元系（质量分数）等密度线图（700℃）

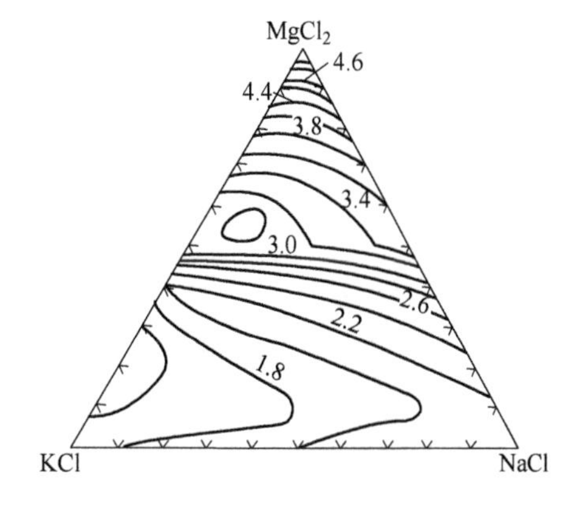

图 9-31　KCl-$MgCl_2$-NaCl 三元系（质量分数）等黏度线图（mPa·s，700℃）

图 9-32 是 700℃时 KCl-$MgCl_2$-NaCl 三元系的等表面张力线图。图 9-32 中可见，随着 $MgCl_2$ 含量的增大，表面张力下降。按照静电荷相互作用的观点，$Mg^{2+}$ 与 $Cl^-$ 之间的相互作用，应该强于 $Na^+$、$K^+$ 与 $Cl^-$ 之间的库仑相互作用（$Mg^{2+}$、$Na^+$ 和 $K^+$ 的半径分别为 0.66×

$10^{-10}$m、$0.95\times10^{-10}$m 和 $1.33\times10^{-10}$m)。但是，$Mg^{2+}$是二价的，$MgCl_2$ 单键强度较小，所以随着 $MgCl_2$ 含量的增大，表面张力下降。

电解炼镁过程中，电解质与气相（$Cl_2$ 和空气）、固相（阴极、阳极、内衬及槽渣）和熔镁之间的界面张力具有重要的意义。Mg 能很好地在阴极上汇集长大，$Cl_2$ 能在阳极上附聚，以及 Mg 能在电解质表面汇集并为电解质覆盖保护，是获得高电流效率的必要条件。这些条件都与电解质与阴极、阳极、空气之间的界面张力有着密切的关系。

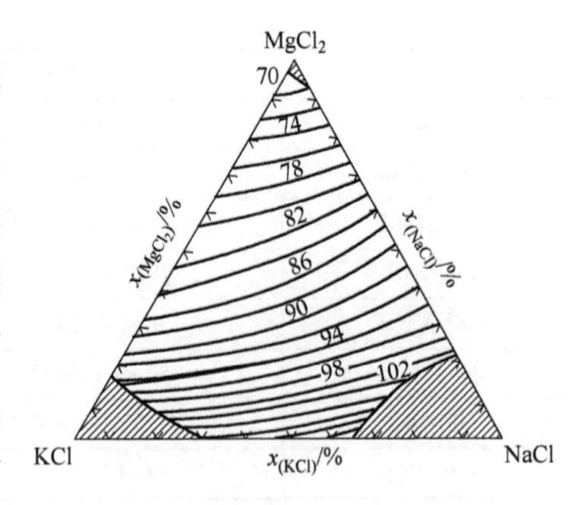


图 9-32　KCl-$MgCl_2$-NaCl 三元系等表面张力线图（$\times10^{-3}$N/m，800℃）

在电解质表面，Mg、电解质和空气三相共存的情况如图 9-33（a）所示。Mg 珠取上顶点处，并假想该点为面积无限小的“平面”（Mg 液珠顶点刚刚露出一点点的状态，“平头点”），然后可以确定各个表面张力之间的关系。平衡时，三相之间的界面张力有以下关系：

$$\sigma_{气\text{-}镁} = \sigma_{镁\text{-}电}\cos\theta + \sigma_{气\text{-}电} \tag{9-36}$$

即当 $\theta$ 小于 90°，$\sigma_{气\text{-}镁}>\sigma_{气\text{-}电}$时，镁能被电解质很好覆盖，将空气隔绝。由于浮力的作用，熔镁略高于电解质表面并呈扁平状，如图 9-33（b）所示。

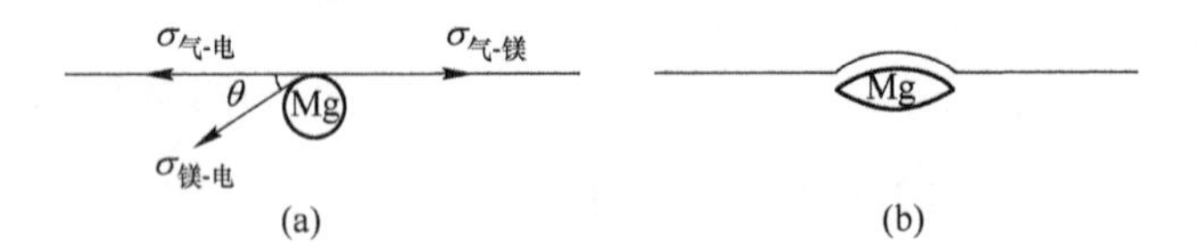


图 9-33　上浮的 Mg 珠与电解质表面张力平衡示意图

角度 $\theta$ 越小，Mg 珠被保护得越好。为此需要调节 $\theta$，使之具有合适的数值。分析可知，当温度一定时，$\sigma_{气\text{-}镁}$是固定的值，所以只能调节电解质的成分，使 $\sigma_{气\text{-}电}$减小。从图 9-32上看，$\sigma_{气\text{-}电}$随 NaCl 含量升高而升高，随 KCl 和 $MgCl_2$ 含量升高而降低。所以，从保护 Mg 珠的角度考虑，KCl 和 $MgCl_2$ 含量高时，Mg 珠被保护的效果好，而 NaCl 含量高时 Mg 珠得不到良好地保护。

Mg 的密度较低，但是因为阴极在底部，所以 Mg 珠上浮涉及 Mg 汇集到阴极上的问题。Mg 易氧化，因此在电解中涉及上浮 Mg 珠的保护问题。这两个问题都与电解质熔盐熔体的表面张力调节有关。对于保护 Mg、防止其氧化，需要利用表面张力的作用，使电解质仍然覆盖在 Mg 液滴上面。而对于收集 Mg，需要使 Mg 汇集在阴极上，因为 Mg 导电，不会使电压迅速升高。

Mg 能否汇聚到阴极表面上，主要取决于 Mg 珠在阴极表面的润湿情况。如图 9-34（a）所示，Mg 珠与阴极表面润湿不良，不利于 Mg 的收集；如图 9-34（b）所示，Mg 珠与阴极表面润湿良好，对 Mg 的收集有利。所以，需要调节电解质的表面性质。以图 9-34（b）情况为例，对于电解质而言，表面（界面）张力有如下关系：

$$\sigma_{阴-镁} = \sigma_{电-阴} + \sigma_{电-镁}\cos\theta \qquad (9\text{-}37)$$

式中，$\sigma_{阴-镁}$是不能调节的，所以只能调节电解质的组成，使$\theta$角度（大于90°）越大越好，所以需要增大$\sigma_{电-阴}$的数值。根据电解质表面张力的键强理论分析，需要加入$CaF_2$和NaF等，使表面张力增大。

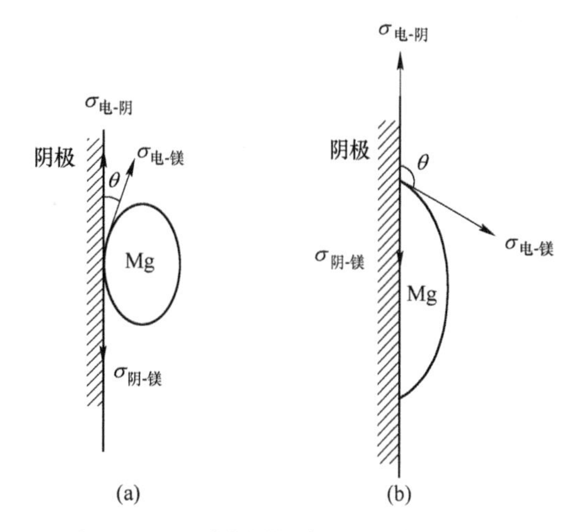

图9-34 Mg珠与阴极表面润湿情况示意图

图9-35是液体镁珠在铁阴极上汇集和分离过程的示意图。图9-35（a）过程为一次Mg珠的生成（图中未示出），图9-35（b）过程为形成薄层Mg，图9-35（c）过程为形成厚层Mg，图9-35（d）过程为Mg珠浮在电解质表面上，图9-35（e）过程为形成连续的Mg层。锥形结构有利于Mg珠的上浮。由于Mg和$Cl_2$都要上浮，为避免二者反应形成$MgCl_2$，阴阳极室需要隔开。

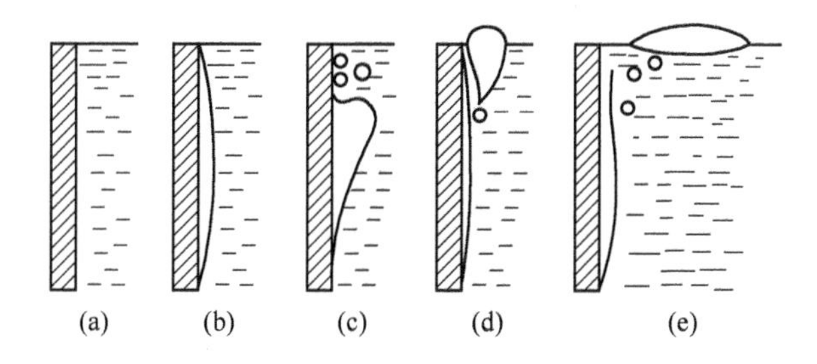

图9-35 Mg珠在阴极上汇集和分离过程示意图
（a）一次镁珠的生成；（b）形成薄层镁；（c）形成厚层镁；
（d）镁珠漂浮在电解质表面上；（e）形成连续的镁层

### 9.10.3 熔盐中质点的迁移

熔盐中质点的迁移主要靠离子的扩散。前文介绍过扩散知识，扩散系数的大小与温度、离子半径及黏度等有关。冶金熔体的性质章节，详细论述了熔盐的扩散和电导性质及其影响因素，这里就不再赘述了。

### 9.10.4 熔盐电解过程中的特殊现象

熔盐电解
特殊现象

与水溶液电解沉积相比，熔盐电解的最大特点是过程温度高，电解质为熔盐。这使得其具有不同于水溶液电解的特点，如阳极效应现象、熔盐与金属的相互作用、去极化明显、电流效率低等。

#### 9.10.4.1 阳极效应

阳极效应是碳阳极进行熔盐电解时呈现的一种特殊现象。发生阳极效应时，电解过程的槽电压会急剧上升，电流强度则急剧下降。同时，在电解质与浸入其中的阳极之间的界面上出现细微火花放电的光环。

阳极效应与气体在阳极表面的润湿状态有关。覆盖在阳极上的气膜并不是完全连续的，在某些点，阳极仍与周围的电解质保持简短的接触，如图 9-36（a）所示。在这些点上，产生很大的电流密度。产生阳极效应的最大电流密度称为临界电流密度。换句话说，它是这样的一个临界电流密度：当实际电流密度高于这个临界电流密度时，就会发生阳极效应。因此它越高越好。临界电流密度和许多因素有关，如熔盐的性质、表面活性离子的存在、阳极材料以及熔盐温度等。

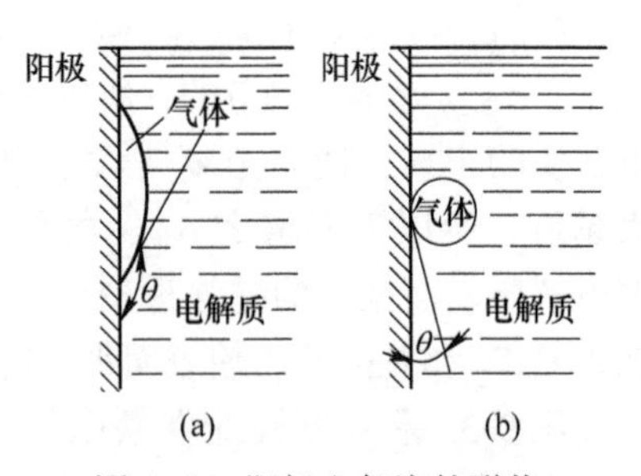


图 9-36 阳极上气泡的形状
（a）阳极效应；（b）正常电解

如图 9-36（b）所示，也就说 $\theta<90°$ 时，$\sigma_{气-液}$ 较小，不会发生阳极效应，此时有：

$$\sigma_{气-固} = \sigma_{气-液}\cos\theta + \sigma_{液-固} \tag{9-38}$$

为了避免阳极效应，要使电解质（液）与气相和固体的表面张力都减小，$\theta$ 角度也要减小，有两方面的因素需要考虑：一是改变电解质的组成，使表面张力下降；二是换电极材料，对于 Al 来讲，熔盐对金属氧化物电极润湿要好。

为使 $\sigma_{气-液}$ 变小，需要加入使熔盐表面张力降低的组分，比如加入粒径较大的阳离子，加入单键键能较小的盐类表面活性剂等。在二元熔盐体系中，表面活性组分能降低熔盐与固体表面间的界面张力，也就是能改善电解质对阳极的润湿性。

$Al_2O_3$ 是能降低熔融冰晶石与碳界面上的界面张力的表面活性组分。研究表明，熔盐对非碳质材料电极（如金属、氧化物等）的润湿边界角比对碳质材料的润湿边界角要小得多。

临界电流密度在用非碳质材料进行熔盐电解时比用碳质阳极时要高，温度升高时熔盐的流动性增大，从而熔盐对固体表面的润湿性得到改善。因此，升高电解质的温度将导致临界电流密度增大，使发生阳极效应的概率下降。

#### 9.10.4.2 去极化作用

去极化作用是指降低过电势，使电极过程向平衡方向移动。对于电解池，极化产生的本质是电荷积累，使电位偏离平衡位置，造成过电势。而去极化，就是要消耗掉这些积累的电荷。

在熔盐电解过程中，阴极的去极化现象比较显著。对于正常的阴极反应，采用提高反应速率的措施，可降低极化：对于化学反应控制的过程，可以提高温度降低极化；发生浓差极化时，可以增加搅拌等。此外，还有一些其他原因，使电极去极化。

（1）已析出的金属溶解到电解质中，使电极表面上金属活度降低，使反应 $Me^{2+}+2e =\!= Me$ 向正向移动，消耗掉电荷（电子），即发生了去极化，表现为电极电位的升高。根据能斯特方程式，去极化时有：

$$\varphi = \varphi^{\ominus} - \frac{RT}{zF}\ln\frac{a_{Me}}{a_{Me^{2+}}} - \eta \tag{9-39}$$

由上式可知：$a_{Me}$ 减小，电极电位上升。

（2）在电极上高价离子被还原为低价离子，消耗掉了部分电子，即发生了去极化。

（3）还原的金属形成了合金，相当于 Me 的活度降低，使还原反应向正向移动，消耗掉电荷（电子），即发生了去极化。

对于阳极而言，阳极去极化就是正电荷被电子“中和”，正电性降低。阳极去极化情况有：

（1）阳极产物再次被氧化，形成高价离子，向阳极提供电子，使阳极积累的正电荷减少。

（2）阳极材料本身发生氧化反应，向电极提供电子，如采用碳阳极时，会形成 CO、$CO_2$、$CF_4$等。

9.10.4.3 熔盐与金属的相互作用

金属在熔盐中溶解的多少是以溶解度来衡量的。金属在熔盐中的溶解度是指在一定温度和有过量金属时，在平衡条件下溶于密闭空间内的熔盐中的金属量。

金属在熔盐中的溶解是一种化学作用，并且这种作用可分为两类：金属与该金属熔盐或是与含有该金属离子的熔体之间的相互作用，例如：

$$MeX_2 + Me = 2MeX \tag{9-40}$$

$$Me^{2+} + Me = 2Me^+ \tag{9-41}$$

金属与不含同名阳离子的熔盐之间的相互作用，例如：

$$Me'X + Me = MeX + Me' \tag{9-42}$$

$$Me'^+ + Me = Me^+ + Me' \tag{9-43}$$

第一类相互反应的结果是在熔体中有低价化合物（阳离子）形成；第二类的相互作用中，金属在熔盐中的溶解是由于发生一种金属被另一种金属所取代的金属热还原反应。

熔盐与金属作用，使还原出来的金属重新溶解入电解质中，造成金属的损失，损失的量可以用图 9-37来描述，它与电流密度有关。最初金属的损失位置在 $a$ 点，对应的电流相当于交换电流密度；随着 $i$ 的增大，金属转化为低价离子，如 $Me^{2+}+Me = 2Me^+$，在 $b$ 处损失量达到最大值；当再增大 $i$ 时，可使 $Me^+$还原，损失量下降至 $c$ 处；若再增大电流，电势下降，使其他金属离子放电还原，金属损失继续下降，至 $d$ 点；再使 $i$ 增大，损失量几乎维持平稳。

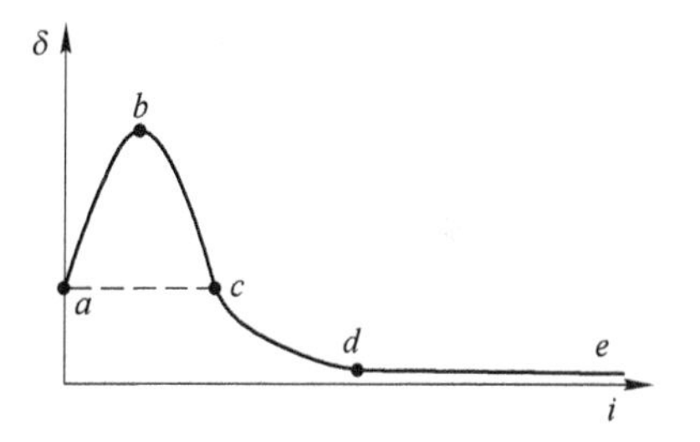

图 9-37 金属在熔盐中的损失曲线

熔盐与金属作用会造成金属的损失，降低电流效率。如前文所述，电流效率是指阴极上金属的析出量与在相同条件下按法拉第定律计算出的理论量之比。在实际电解过程中，电流效率一般都低于 100%，有的甚至只有 50%~70%。以 Al 电解为例，总有 10%左右的电流损失掉。原因大致有 4 个方面：

（1）电解产物的逆溶解损失（主要形式）。

（2）电流空耗（两种：离子的不完全放电和电子导电）。

（3）几种离子共同放电（当体系中几种离子析出电位较为接近时容易出现）。

（4）机械损失及其他损失等。机械损失，包括由于金属与电解质分离不好而造成的金属机械损失；金属与电解槽材料的相互作用以及低价化合物的挥发损失等。

在这 4 种损失中，第一种形式的电流损失是造成熔盐电解电流效率低的主要原因。影响电流效率的主要因素有温度、电流密度、极间距离以及电解质组成等。温度过高，金属溶解度增大，电流效率会降低。但温度又不能过低，因为温度过低又会使电解质黏度升高，而使金属的机械损失增大。电流密度增大电流效率提高，但是只能适可而止。因为电流密度过高，将会引起多种离子共同放电。电流密度过高，会使熔盐过热，导线和各接点上电压降增大，造成不必要的电能消耗。极间距离对电流效率的影响，主要表现为金属产物的溶解速率与极间距离有关。组成改变，电解质性质改变，必然影响电流效率。

## 复习思考题

9-1 什么称为极化，电极过程包括哪几个步骤？

9-2 浓差极化、化学极化和全极化的特征是什么？

9-3 什么是交换电流密度？

9-4 氢过电势有何现实意义？

9-5 阳离子在阴极同时放电的基本条件是什么，影响因素有哪些？

9-6 阳极钝化理论包括哪些模型，各理论要点是什么？

9-7 电解炼锌和炼铜的主要区别在哪里，试写出各阴、阳极的电极反应？

9-8 什么是槽电压、电流效率和电能效率，电流效率和电能效率的区别在哪里？

9-9 什么是阳极效应，阳极效应有哪些危害？

9-10 什么是去极化，阴、阳极去极化的原因是什么？

9-11 熔盐电解的电流效率一般比较低，其原因是什么，影响因素有哪些？

9-12 熔盐电解有哪些特殊现象，对电解过程有何影响？

# 附录　历年试题

扫二维码查阅历年试题（6套）。

历年试题1

历年试题2

历年试题3

历年试题4

历年试题5

历年试题6

# 参 考 文 献

[1] X Л斯特雷列茨．电解法制镁［M］．韩薇，等译．北京：冶金工业出版社，1981.
[2] Alain Vignes. Extractive Metallurgy［M］. ISTE Ltd and John Wiley & Sons Inc，2011.
[3] Allen J. Bard，Larry R. Faulkner. 电化学方法、原理及应用［M］．谷林锳，等译．北京：化学工业出版社，1986.
[4] Drew Myers. 表面、界面和胶体原理及应用［M］．2 版．吴大诚，等译．北京：化学工业出版社，2005.
[5] Fathi Habashi. Handbook of Extractive Metallurgy［M］. Wiley-VCH，1998.
[6] Gaskell David R. Introduction to the Thermodynamics of Materials［M］. 6th ed. Taylor and Francis，2018.
[7] Robert C，Dunne. SME Mineral Processing and Extractive Metallurgy Handbook［M］. The Society for Mining，Metallurgy & Exploration，2019.
[8] Tyiecote R. F. 世界冶金发展史［M］．华觉明，译．北京：科学技术文献出版社，1985.
[9] 安俊杰．冶金概论［M］．北京：中国工人出版社，2005.
[10] 陈新民，陈启元．冶金热力学导论［M］．北京：冶金工业出版社，1986.
[11] 陈新民．火法冶金过程物理化学［M］．2 版．北京：冶金工业出版社，1984.
[12] 陈新民．物理化学［M］．北京：冶金工业出版社，1987.
[13] 程述武，蔡文娟．物理化学（上）［M］．北京：冶金工业出版社，1982.
[14] 翟秀静，肖碧君，李乃军．还原与沉淀［M］．北京：冶金工业出版社，2008.
[15] 翟秀静．重金属冶金学［M］．北京：冶金工业出版社，2011.
[16] 东北工学院物理化学及冶金原理教研室．物理化学［M］．北京：冶金工业出版社，1959.
[17] 董若景．冶金原理［M］．北京：机械工业出版社，1980.
[18] 高子忠．轻金属冶金学［M］．北京：冶金工业出版社，1993.
[19] 华一新．有色冶金概论［M］．2 版．北京：冶金工业出版社，2007.
[20] 黄希祜．钢铁冶金原理［M］．4 版．北京：冶金工业出版社，2013.
[21] 贾梦秋，杨文胜．应用电化学［M］．北京：高等教育出版社，2004.
[22] 蒋汉瀛．高等学校教学用书"冶金电化学"［M］．北京：冶金工业出版社，1983.
[23] 景思睿，张鸣远．流体力学［M］．西安：西安交通大学出版社，2001.
[24] 李洪桂．冶金原理［M］．北京：科学出版社，2005.
[25] 李坚．轻稀贵金属冶金学［M］．北京：冶金工业出版社，2018.
[26] 李宁．化学镀镍基合金理论与技术［M］．哈尔滨：哈尔滨工业大学出版社，2000.
[27] 刘智恩．材料科学基础［M］．4 版．西安：西北工业大学出版社，2013.
[28] 卢宇飞．冶金原理［M］．北京：冶金工业出版社，2009.
[29] 罗庆文．有色冶金概论［M］．北京：冶金工业出版社，1986.
[30] 马荣骏．湿法冶金原理［M］．北京：冶金工业出版社，2007.
[31] 彭容秋．重金属冶金学［M］．2 版．长沙：中南大学出版社，2004.
[32] 邱竹贤．预焙槽炼铝［M］．3 版．北京：冶金工业出版社，2005.
[33] 邱竹贤．有色金属冶金学［M］．北京：冶金工业出版社，1988.
[34] 邱竹贤．冶金学（下） 有色金属冶金［M］．沈阳：东北大学出版社，2001.
[35] 沈文霞．物理化学核心教程［M］．北京：科学出版社，2009.
[36] 苏裕光．无机化工生产相图分析 1 基础理论［M］．北京：化学工业出版社，1985.
[37] 唐谟堂．火法冶金设备［M］．长沙：中南大学出版社，2003.

[38] 唐谟堂. 湿法冶金设备 [M]. 长沙：中南大学出版社，2004.
[39] 涂湘缃. 实用防腐蚀工程施工手册 [M]. 北京：化学工业出版社，2000.
[40] 王庆义. 冶金技术概论 [M]. 北京：冶金工业出版社，2006.
[41] 王毓华，邓海波. 铜矿选矿技术 [M]. 长沙：中南大学出版社，2012.
[42] 夏杰生，王庆. 冶金科学导游 3 [M]. 北京：冶金工业出版社，2002.
[43] 徐日瑶. 金属镁生产工艺学 [M]. 长沙：中南大学出版社，2003.
[44] 薛正良. 钢铁冶金概论 [M]. 北京：冶金工业出版社，2008.
[45] 杨熙珍，杨武. 金属腐蚀电化学热力学——电位-pH 图及其应用 [M]. 北京：化学工业出版社，1991.
[46] 杨显万. 湿法冶金 [M]. 2 版. 北京：冶金工业出版社，2011.
[47] 冶金报社，冶金部科技司. 冶金科学导游 2 [M]. 北京：科学技术出版社，1990.
[48] 冶金报社科技部. 冶金科学导游 1 [M]. 北京：冶金工业出版社，1985.
[49] 张家驹. 铁冶金学 [M]. 沈阳：东北工学院出版社，1988.
[50] 赵俊学. 冶金原理 [M]. 北京：冶金工业出版社，2012.
[51] 赵由才. 碱介质湿法冶金技术 [M]. 北京：冶金工业出版社，2009.
[52] 中南矿冶学院冶金研究室. 氯化冶金 [M]. 北京：冶金工业出版社，1978.
[53] 周柏青，陈志和. 热力发电厂水处理（上）[M]. 北京：中国电力出版社，2009.
[54] 朱祖芳. 有色金属的耐腐蚀性及其应用 [M]. 北京：化学工业出版社，1995.
[55] 朱祖泽，贺家齐. 现代铜冶金学 [M]. 北京：科学出版社，2003.